JN441471

Advanced Engineering Mathematics

솔직한 공학수학

4판

노태완 지음

TEXT BOOKS
텍스트북스

저자 소개

노태완 | twnoh@hongik.ac.kr

서울대학교 공과대학 원자핵공학과, 학사(1985)
서울대학교 대학원 원자핵공학과, 석사(1987)
한국원자력연구소 연구원(1985~1989)
University of California at Berkeley, Nuclear Engineering Department, Ph.D.
미국 Los Alamos National Laboratory 연구원(1992~1994)
홍익대학교 공과대학 기초과학과 교수(1994~현재)
한국공학교육학회 우수 강의록 Award(2007)

솔직한 공학수학, 4판

발행일 2019년 2월 28일
저자 노태완
발행인 이한성 **발행처** 텍스트북스 **주소** 서울특별시 마포구 독막로 320, 태영 데시앙 오피스텔 803호 (도화동)
전화 02-702-5725~6 **팩스** 02-702-5727 **웹사이트** www.textbooks.co.kr
등록번호 제2018-000190호

ISBN 978-89-93543-83-4 93410
정가 29,000원

머리말

『솔직한 공학수학』을 펴내며

저자의 주 전공은 원자력공학이지만 박사과정 때 부전공으로 응용수학을 선택한 것이 수학과 인연을 맺은 계기가 되었다.

미국에서 연구소에 근무하다가 홍익대학교에 부임한 이후 20년 동안 대학에서 공대생을 대상으로 '공학수학'을 강의하며 많은 경험을 하였다. 벡터에 대해 공학자와 이야기하면 힘이나 속도와 같은 벡터 물리량을 먼저 떠올리지만 수학자는 벡터공간을 먼저 떠올린다. 순수수학을 전공한 어떤 교수는 엡실론-델타 개념이 너무 중요하므로 공과대학 1학년 학생들에게도 이에 대해 철저히 가르쳐야 한다고 주장하지만 이러한 접근은 간혹 학생들에게 수학을 지루한 과목으로 생각하게 만들수도 있다.

언젠가 한 학생이 찾아와 Laplace 변환을 이용하여 미분방정식을 푸는 방법에 대해 질문하였다. 설명을 하며 학생의 기초가 너무 부족하여 수업시간에 안 배웠냐고 물었더니 함수의 Laplace 변환만 배웠고 미분방정식을 푸는 방법은 배우지 않고 넘어갔다고 대답했다. 당시 교재를 펼쳐보니 Laplace 변환을 이용하여 미분방정식을 푸는 부분의 제목이 'Laplace 변환의 응용'이었다. '공학수학'을 강의하시는 분들 중에 '응용'에 관련된 단원은 강의하지 않는 분이 많다는 것을 아는 나로서는 단원의 제목에 문제가 있다는 생각이 들었다.

(1) 강의는 학생 위주로 진행되어야 한다

교수는 학생들을 쉽게 잘 가르쳐서 학생들이 공부하는 데 도움을 주어야 한다. 강의하는 교수 역시 대학 1, 2학년 때 제대로 이해하지 못한 내용을 공부를 거듭하여 나중에야 그 뜻을 제대로 이해하는 경험을 한다. 교수도 그러하거늘 수학이 전공도 아닌 공대 1학년 학생들에게 그러한 내용을 강조하는 것은 강의자의 과욕이다. 교수가 중요하다고 생각하는 내용이 학생들에게는 그렇지 않을 수 있다. 공대 졸업생이 모두 교수가 되는 것이 아니며, 일부 공대생에게 깊이 있는 수학적 내용이 필요한 경우가 생기면 그때 공부하면 된다. 공대의 교육 목적은 유능한 공학인(engineer)을 양성하는 것이다. 당장 필요하지 않은 내용을 공부하는 데 지쳐 공대생이 필수적으로 알아야 할 내용까지 어렵게 생각하여 포기한다면 안타까운 일이 아닐 수 없다. 저자가 소속한 대학의 공대 1학년 과목인 '대학수학' 교재에 벡터와 행렬에 대한 부분이 있다. 강의를 담당하시는 어떤 분이 2학년 과정에 선형대수 과목이 따로 개설되어 있고 대학수학에 포함된 선형대수 내용이 너무 가볍고 시간도 부족하니 아예 빼는 것이 낫겠다는 의견을 내었다. 사실 그 부분은 내가 집필했지만 나는 그 부분을 선형대수라고 부른 적이 없다. 단지 물리, 역학 등 1학년 과정의 여러 과목에서 벡터와 관련된 기본적인 내용이 나오므로 학생들에게 당장 필요한 내용을 제공하기 위해 넣은 것뿐이다. 학문적 분류를 주장하기보다는 이러한 방법론을 터득하는 것이 공대 1학년 학생들에게는 더 시급한 내용이다. 선형대수학으로서 내용이 부족하다는 의견은 강의자 입장이지 학습자의 입장은 아니다.

(2) 공학수학의 강의 대상은 수학 전공자가 아닌 공대생이다

공대생에게 수학이 중요한 이유는 본인의 전공을 위한 도구로서의 가치 때문이지 수학 자체가 목적이 아니다. 따라서 엄밀한 증명 등이 일부 결여되어도 큰 문제가 없다. 요즘과 같은 정보 홍수시대에 처음부터 끝까지 모두 공부할 수는 없다. 대신에 수학의 방법론, 접근론을 제대로 이해하여 전공을 이해하는 데 도움이 되어야 한다. 공학(engineering)은 제품을 만드는 학문이다. 건축공학은 건물을, 토목공학은 도로, 항만과 같은 사회기반시설을, 전기전자공학은 전기 생산을 비롯하여, 컴퓨터, 휴대전화와 같은 전기전자 제품을, 화학공학은 각종 화학제품은 물론 이를 생산하기 위한 공정과 공장을, 도시공학은 도시 및 도시를 위한 각종 시설을, 재료공학은 제품을 만드는 재료를, 컴퓨터공학은 프로그램을, 산업공학은 제품을 만들기 위한 방법론을, 기계공학은 최종적인 제품의 형태를 설계하고 제작한다. 엔지니어가 되기 위해서는 수학 외에도 많은 것을 배워야 하며 이를 위한 도구로 수학이 필요한 것이다. 비행기를 만드는 엔지니어가 수학적으로 멋진 방법론을 사용하여 비행기를 설계했더라도 잘못된 설계로 인해 비행기가 추락하면 많은 사상자가 발생하고 비행기 제작회사는 도산할 것이다. 공학인은 설사 방법론이 수학적으로 매끄럽지 않더라도 결과가 정확해야 하며, 제품의 경쟁력을 위해서는 더 좋은 답을 알더라도 경제적인 이유로 포기해야 하는 경우도 있다. 공대생은 해석해가 존재하지 않더라도 컴퓨터 등 다른 수단을 동원해서라도 해를 찾아야 한다.

위의 주장이 수학의 결과(또는 공식)만을 암기하라는 뜻은 아니다. 너무 세부적이거나 또는 불필요하게 복잡한 내용에 많은 시간을 할애하기보다는 중요한 내용을 정확히 이해해야 한다는 뜻이다. 적절한 예일지 모르나 로그함수가 포함된 매우 복잡한 함수의 미적분에 시간을 할애하기보다는 지수함수의 역함수로 정의되는 로그함수가 있기에 이전에 불가능했던 $1/x$의 부정적분을 구할 수 있음을 큰 그림으로 이해하는 것이 중요하다. 저자 또한 공식은 책에 다 있고 앞으로 학생들이 사회에 나가더라도 참고자료 없이 문제를 해결해야 하는 경우는 없으니 공식을 암기할 필요가 없다고 말한다. 공대생의 장점은 문제 해결의 큰 방향이 정해지면 세부적인 방법론은 매우 잘 찾아낸다는 것이다. 컴퓨터 프로그램도 수학과 학생들에 비해 상대적으로 능숙하다. 수학에서 공부하는 내용이 공학적으로도 중요하다는 것을 알면, 즉 수학에 대한 동기가 부여되면 학생들이 수학을 매우 잘하는 경우를 자주 보았다.

이 교재는 이러한 저자의 취지에 맞도록 집필되었다. 수학자와 공학자의 입장이 많이 다르다는 것, 이 책을 읽는 학생들이 수학 논문을 쓸 사람이 아니라 앞으로 우리나라의 산업계를 책임져야 할 사람들이라는 것이 집필의 전제이다. 그렇다고 수학적으로 가벼운 내용만을 다룬 것은 아니다. 저자는 강의를 하면서 기존 공학수학 교재의 내용이 너무 방대하고 학생들이 이해하기 어렵게 기술되었다고 생각하여 나름대로 강의록을 만들기 시작하였다. 저자의 수업에 대해 학생들은 수학 수업인지 물리학 수업인지 분간하기 어렵다고도 말한다. 매년 조금씩 개선되는 강의록을 학생들에게 제공한 지 어느덧 25년이 되어 이제야 한 권의 책이 완성되었다. 이 교재의 특징은 다음과 같다.

- 공학수학 지식을 일방적으로 나열하는 기존의 방식에서 과감히 탈피하여 수학을 공부하는 공대생 입장에서 이해하기 쉽도록 설명을 신축성 있게 배분하고 다양한 예를 이용하여 공부한 내용에 대해 친근감과 자신감이 생기도록 획기적인 방법으로 집필하였다.
- 잘 모르는 내용을 단순히 암기하는 것이 아니라 학생이 질문하고, 이해하고, 스스로 생각하도록 유도하였다.
- 학생 입장에서 아는 것과 모르는 것을 정확히 짚어 수학적 형식에 얽매이지 않고 솔직하게 설명하고자 노력하였다.
- 문제를 수학적으로만 보지 않고 숨어 있는 물리적, 공학적 의미를 부여하도록 응용의 예를 물리학 및 공학 전 분야에서 적용하였고 되도록 많은 그림을 넣어 설명을 시각화하였다.
- 단원 중간에 '쉬어가기'를 넣어 해당 내용을 이해하는 데 필요한 이전 단계의 기초지식 또는 관련되는 응용의 예를 흥미로우면서도 깊이 있게 생각하도록 하였다.
- 정확한 이해가 필요한 부분에 대해 학생들이 간과하지 않도록 꼭 집어 질문하고 이에 답하게 하였다.
- 연습문제에 유사한 문제를 많이 포함시키는 기존의 방식을 버리고 반드시 풀어야 할 소수의 연습문제만을 엄선하였다. 이 교재에서는 짝수 번호 연습문제를 과제로 내었다가 학생들이 과제가 많다고 불평하면 3의 배수 문제로 바꾸어 주는 등의 무책임이 있을 수 없다. 학생들은 이 교재에 실린 모든 연습문제를 풀어야 한다.
- 연습문제에 답을 함께 수록하여 본인의 풀이를 즉시 확인할 수 있게 하였다.
- 수치해석의 기본적 개념과 함께 이 교재의 내용과 관련된 수치해법에 대한 설명을 포함시켜 지식의 활용성을 높였다.

세월이 지남에 따라 점차 살이 붙었지만 아직도 부족한 내용이 많이 보인다. 부족한 점은 개정판을 통해 개선할 것을 약속한다. 책이 나오기까지 뒷바라지해 준 아내, 저자의 강의를 들었던 많은 학생들, 교재 출간을 맡아 주신 '텍스트북스' 관계자 분들께 감사의 뜻을 전한다. 학생들 또한 이 교재로 공부하면서 수학을 사랑하고 실력을 증진하여 유능한 공학인으로 사회에 진출하기를 진심으로 바란다.

2019년 2월 홍익대학교 연구실에서 저자 노태완 교수

차 례

쉬어가기

1계 상미분방정식

1

이 장에서는 미분방정식의 기초개념과 1계 미분방정식의 풀이와 응용에 대해 공부하는 것이 목적이다. 먼저 1.1절에서 우리가 미분방정식에 대해 학습해야 하는 이유와 미분방정식에 대한 기초개념을 공부하고, 1.2절에서부터 1.4절까지는 1계 상미분방정식의 해법, 1.5절에서는 1계 상미분방정식의 응용에 대해 공부한다.

1.1 미분방정식

수학적 모형화

일반적으로 자연과학 또는 공학 분야에서 문제를 해결하는 방법은 대체로 비슷하여 그림 1.1.1과 같은 단계를 거치게 된다. 먼저 관심의 대상이 되는 자연현상이나 공학문제에 대하여 기존의 법칙, 관찰, 실험결과 등을 이용해 문제의 대상을 **수학적 모형화**(mathematical modeling)하여 방정식을 세운다. 과학적, 공학적 현상을 기술하는 많은 방정식들이 이미 유도되었다. 열전도방정식, 파동방정식, Maxwell 방정식, 확산방정식, 수송방정식 등이 예가 될 수 있는데, 이외에도 필요 또는 대상에 따라 얼마든지 새로운 방정식을 유도할 수 있다. 이러한 방정식들은 구해야 할 미지함수에 대해 사칙연산으로 표시되는 1차 및 2차 방정식과 같은 **대수방정식**(algebraic equation), 미지함수에 대한 미분이 포함되는 **미분방정식**(differential equation), 미지함수가 피적분함수에 포함된 **적분방정식**(integral equation), 미지함수에 대한 미분과 적분이 동시에 포함된 **미적분방정식**(integro-differential equation), 또는 이러한 방정식들이 여러 개 포함된 연립방정식 등으로 나타난다. 이러한 방정식은 수학적 방법론만을 사용하는 **해석적 방법**(analytic method) 또는 컴퓨터를 이용하는 **수치적 방법**(numerical method)을 사용하여 해(solution)를 구하며 구한 해를 원하는 분야에 응용한다.

그림 1.1.1 과학 및 공학적 문제 해결 단계.

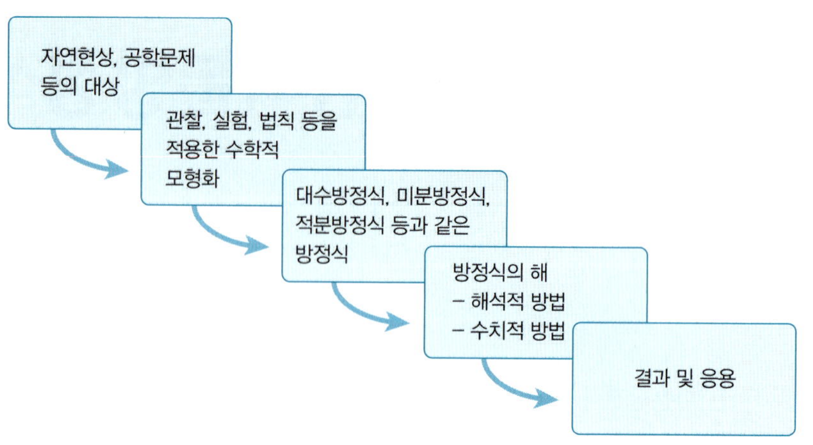

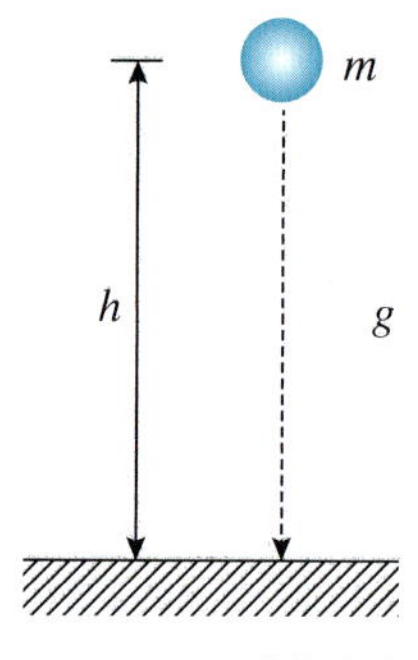

그림 1.1.2 자유낙하.

간단한 예로 그림 1.1.2와 같이 질량 m인 물체를 지표에서 높이 h인 곳에서 자유낙하(free fall)시켰을 때 물체가 지표에 닫는 순간의 최종 속도를 구해야 하는 경우를 생각해 보자. 최종 속도를 실험적으로 구할 수도 있겠지만 여기서는 Issac Newton(1642~1727, 영국)의 힘을 빌려보자.

이러한 문제에 대한 수학적 모형화를 위해 우리가 먼저 생각할 수 있는 것은 Newton 제2법칙

$$F = ma \tag{1.1.1}$$

이다. 여기서 F는 물체에 작용하는 힘이며 a는 물체의 가속도이다. g가 중력가속도일 때 질량 m에 작용하는 힘은 중력, 즉 무게 mg이고, 가속도는 속도의 시간에 대한 미분 $\frac{dv}{dt}$이므로 이들을 식 (1.1.1)에 대입하면

$$mg = m\frac{dv}{dt}$$

이다. 위 식에서 양변의 m을 상쇄하면

$$\frac{dv}{dt} = g \tag{1.1.2}$$

를 얻는다. 식 (1.1.2)는 물체의 자유낙하를 기술하는 방정식이며 미지함수인 속도 v가 시간 t에 대한 미분으로 표현되었는데, 이를 **미분방정식(differential equation)**이라 부른다. 여기서 우리가 구하고자 하는 미지함수 v가 종속변수(dependent variable)이고 t는 독립변수(independent variable)이다. 미분방정식의 **해(solution)**를 구하는 작업을 미분방정식을 푼다고 하며, 미분방정식을 푸는 여러 가지 방법을 터득하는 것이 우리가 앞으로 배워야 할 내용이다. 식 (1.1.2)는 형태가 매우 단순하여 추측으로도 해를 구할 수 있다. 중력가속도 g가 높이에 관계없이 일정한 값을 갖는 상수(constant)라고 가정하면 식 (1.1.2)의 해는

$$v(t) = gt + c \tag{1.1.3}$$

일 것이다. 여기서 c는 임의의 상수이다. 여러분은 미분방정식의 해인 식 (1.1.3)이 미분방정식 식 (1.1.2)를 만족함을 쉽게 확인할 수 있다. 식 (1.1.3)에서 상수 c의 값을 결정하려면 v에 대한 추가적인 조건이 필요한데, 여기서는 $t = 0$에서 물체의 속도가 0, 즉

$$v(0) = 0 \tag{1.1.4}$$

을 사용한다. 이러한 조건을 **초기조건(initial condition)**이라 한다. 식 (1.1.4)를 식 (1.1.3)에 적용하면 $c = 0$이 되므로 물체의 속도는

$$v(t) = gt \tag{1.1.5}$$

이다. 따라서 자유낙하하는 물체의 속도 v는 시간 t에 비례하고 비례상수가 g임을 알 수 있다. 속도 v의 시간 t에 대한 그래프는 그림 1.1.3이다.

우리는 위에서 문제의 대상인 특정한 자연현상을 수학적으로 모형화하여 미분방정식을 유도하였고, 미분방정식을 풀어 해를 구했다. 다음은 이를 이용하여 우리의 목표인 물체가 지표에 닿는 순간의 최종 속도를 구해 보자. 물체가 지표에 도달하는 시간을 t_f라 하면 물체가 시간 t_f 동안 거리 h를 이동했으므로

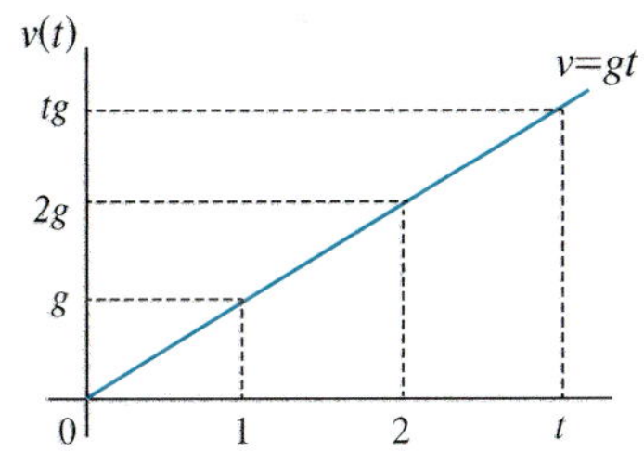

그림 1.1.3 자유낙하하는 물체의 속도.

$$h = \int_0^{t_f} v(t)dt = \int_0^{t_f} gtdt = \frac{1}{2}gt_f^2$$

에서

$$t_f = \sqrt{\frac{2h}{g}}$$

이다. 따라서 물체의 최종 속도는 식 (1.1.5)로부터

$$v(t_f) = g\sqrt{\frac{2h}{g}} = \sqrt{2gh}$$

이다. 최종 속도가 $\sqrt{h}$에 비례하므로 최종 속도를 2배 증가시키려면 4배 높은 곳에서 떨어뜨려야 할 것이다. 비록 간단한 예를 보였지만 공학 분야의 많은 일들이 이러한 과정을 통해 이루어짐을 이해하기 바란다. 공학도에게 있어 수학이라는 도구를 이용하여 공학문제를 이해하고 해결하는 능력을 높이는 것은 매우 중요하다.

☞ 위 예에서 Newton 제2법칙 대신에 역학적 에너지 보존법칙을 사용하면 물체가 높이 h에서 갖는 위치에너지가 지표에서 모두 운동에너지로 바뀌므로 $mgh = \frac{1}{2}mv^2$ 에서 바로 $v = \sqrt{2gh}$ 를 구할 수 있다. 이 경우에는 다른 법칙을 사용한 수학적 모형화를 통해 미분방정식이 아닌 대수방정식을 얻은 것이다.

쉬어가기 1.1 함수와 도함수

미분방정식에 대해 공부하기 전에 함수에 대해 간단히 알아보자. 먼저 수에는 상수와 변수가 있다. **상수**(constant)는 글자 그대로 일정한 값을 갖는 수이다. 보통 'constant'의 첫 글자를 따서 c로 쓴다. 반면에 **변수**(variable, 동사 'vary'를 생각하자)는 여러 값을 갖는 수로 다양한 문자를 사용하여 x, y 등으로 나타낸다. 우리는 일반적으로 **함수**(function)를 $y = f(x)$로 나타내는데(f는 함수를 나타내는 단어 function의 첫 글자이다), 이는 y가 x의 함수라는 의미로 두 변수 x와 y의 상관관계를 나타낸다. 예를 들어 1차 함수 $y = 2x + 1$은 그림 1.1.4와 같은 상관관계를 갖는다. 함수가 성립하려면 x값 하나에 대해 y값도 하나만 대응되어야 한다.

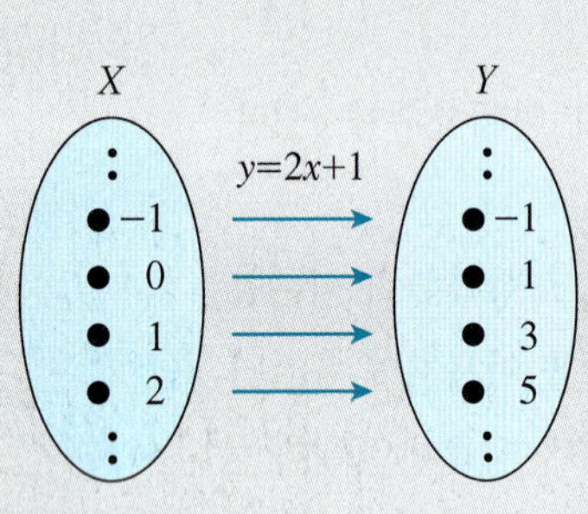

그림 1.1.4 함수 $y = 2x + 1$.

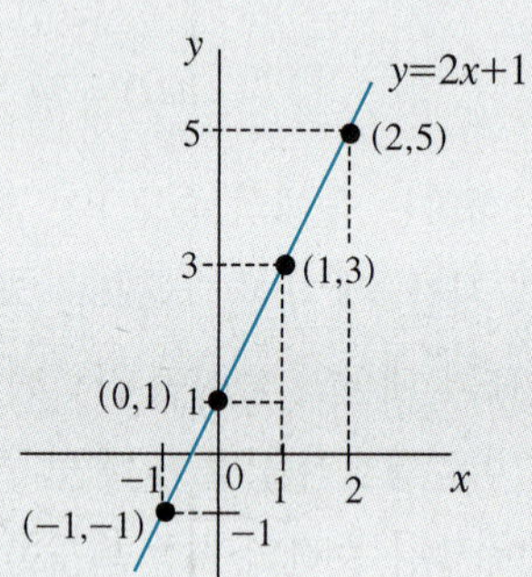

그림 1.1.5 함수 $y = 2x + 1$의 그래프.

여기서 변수 x는 스스로 변하므로 **독립변수**(independent variable)라 하고, 변수 y는 x에 의해 종속적으로 변하므로 **종속변수**(dependent variable)라 부른다. 독립변수의 집합을 **정의역**(domain), 종속변수의 집합을 **치역**(range)이라 하며, 특별한 제한이 없으면 함수 $y = 2x + 1$의 정의역은 $X = \{x \mid -\infty < x < \infty\}$, 치역은 $Y = \{y \mid -\infty < y < \infty\}$이다. 함수에 의해 대응되는 변수들의 관계를 그림으로 표시한 것을 **그래프**(graph)라 한다. 때때로 함수와 그래프를 같은 의미로 사용하기도 한다. 그림 1.1.5는 함수 $y = 2x + 1$을 그래프로 나타낸 것이다.

사람이 태어나면 키가 변한다. 따라서 사람의 키는 나이, 즉 시간의 함수이다. 이 책을 읽는 독자들도 어머님의 도움을 받는다면 시간을 t로 놓고 h를 자신의 키로 놓아 그래프를 그릴 수 있을 것이다. 물론 $h = f(t)$의 함수관계를 정확히 나타내는 f를 나타내는 것은 불가능하다.

함수 중에서 $y = f(x)$와 같이 독립변수가 하나인 함수를 **1변수 함수**(single variable function)라 한다. 그런데 실제로 1변수 함수는 거의 없다. 예를 들어 사람의 키가 시간만의 함수, 즉 1변수 함수일까? 아니다. 만약 사람의 키가 시간만의 함수라면 생년월일이 같은 사람의 키는 모두 같아야 한다. 사람의 키를 변화시키는 요인, 즉 독립변수는 시간뿐 아니라 유전적 영향, 식습관, 운동량 등 매우 다양할 것이다. 이렇게 독립변수가 여러 개인 함수를 **다변수 함수**(multiple variable function)라 한다. 예를 들어 2개의 독립변수를 갖는 함수 $z = f(x, y)$는 **2변수 함수**이다. 여기서 중요한 점은 변수 x, y가 모두 독립변수이고 z가 종속변수라는 점이다. 이와 유사하게 3변수 함수, 4변수 함수 등도 정의할 수 있다. 그림 1.1.6은 2변수 함수 $z = x^2 + y^2$의 그래프이다. xy 평면의 원점에서 멀어질수록 높이 z가 커짐을 확인하자. 1변수 함수의 그래프가 평면에

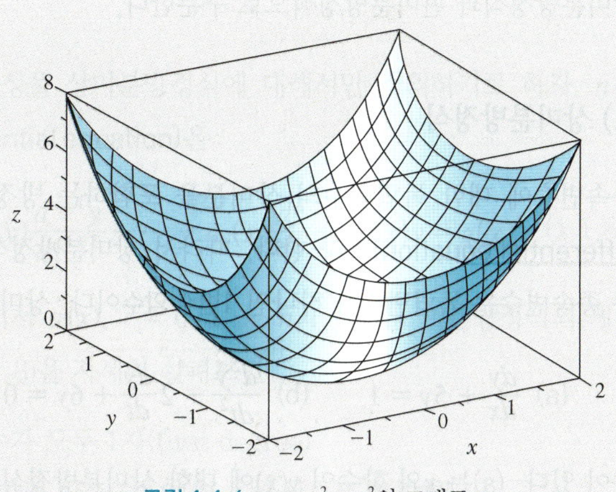

그림 1.1.6 $z = x^2 + y^2$의 그래프.

그려지는 것과 달리 2변수 함수는 2개의 독립변수 x, y에 의해 z가 정해지므로 3차원 입체 그래프로 나타난다. 3변수 함수 이상은 그래프로 그릴 수 없다. [3변수 함수의 그래프를 색을 다르게 표시하여 그리는 경우는 있다. 예를 들어 정육면체 내의 온도 T가 위치 x, y, z의 함수, 즉 $T = f(x, y, z)$일 때 정육면체 안에서 온도가 높은 부분을 붉은색으로, 낮은 부분을 파란색 등으로 표시할 수 있다.]

1변수 함수 $y = f(x)$에 대해 **상미분**(또는 **상도함수**, ordinary derivative)을

$$\frac{dy}{dx} \equiv \lim_{\Delta x \to 0} \frac{f(x + \Delta x) - f(x)}{\Delta x} \tag{1.1.6}$$

로 정의한다는 것은 고교 과정에서 배웠다. 식 (1.1.6)을 이용하여 $y = 2x + 1$의 미분을 구하면

$$\frac{dy}{dx} = \lim_{\Delta x \to 0} \frac{[2(x + \Delta x) + 1] - [2x + 1]}{\Delta x} = \lim_{\Delta x \to 0} \frac{2\Delta x}{\Delta x} = \lim_{\Delta x \to 0} (2) = 2$$

이다. 반면에 2변수 함수 $z = f(x, y)$는 독립변수가 2개이므로 미분도 x에 대한 미분과 y에 대한 미분 두 가지가 존재한다. 이를

$$\frac{\partial z}{\partial x} \equiv \lim_{\Delta x \to 0} \frac{f(x + \Delta x, y) - f(x, y)}{\Delta x}, \qquad \frac{\partial z}{\partial y} \equiv \lim_{\Delta y \to 0} \frac{f(x, y + \Delta y) - f(x, y)}{\Delta y} \tag{1.1.7}$$

로 정의하며, 이들을 **편미분**(또는 **편도함수**, partial derivative)이라 한다. 위의 정의에 따르면 편미분은 편미분하고자 하는 독립변수를 제외한 나머지 독립변수를 상수로 취급하여 미분하면 된다. 즉 $z = x^2 + y^2$에 대해 $\frac{\partial z}{\partial x} = 2x$, $\frac{\partial z}{\partial y} = 2y$이다. 식 (1.1.7)의 정의를 이용하여 결과를 확인해 보자. 다변수 함수와 이의 미분에 대한 자세한 내용은 기초 미적분학 또는 이 책의 8.1절을 참고하라.

미분방정식

종속변수에 대한 독립변수의 미분을 포함하는 방정식을 **미분방정식**(differential equation)이라 한다. 미분방정식에 포함된 미분이 상미분인지 편미분인지에 따라

로 정의하면 y_1, y_2가 식 (1.1.10)의 해이므로 $O(y_1) = 0$, $O(y_2) = 0$이다. 따라서 $y = c_1y_1 + c_2y_2$로 놓으면

$$
\begin{aligned}
O(y) &= O(c_1y_1 + c_2y_2) \\
&= a_2\frac{d^2}{dx^2}(c_1y_1 + c_2y_2) + a_1\frac{d}{dx}(c_1y_1 + c_2y_2) + a_0(c_1y_1 + c_2y_2) \\
&= a_2\left[c_1\frac{d^2y_1}{dx^2} + c_2\frac{d^2y_2}{dx^2}\right] + a_1\left[c_1\frac{dy_1}{dx} + c_2\frac{dy_2}{dx}\right] + a_0(c_1y_1 + c_2y_2) \\
&= c_1\left[a_2\frac{d^2y_1}{dx^2} + a_1\frac{dy_1}{dx} + a_0y_1\right] + c_2\left[a_2\frac{d^2y_2}{dx^2} + a_1\frac{dy_2}{dx} + a_0y_2\right] \\
&= c_1O(y_1) + c_2O(y_2) = 0 + 0 = 0
\end{aligned}
$$

이 성립한다. 즉 선형 미분방정식의 해가 y_1, y_2이면 이들의 1차 결합 $y = c_1y_1 + c_2y_2$도 해이다. 2.1절에서 설명하겠지만 이러한 성질을 선형 미분방정식의 해에 대한 **중첩의 원리(superposition principle)**라 하며, 비선형 미분방정식에 대해서는 중첩의 원리가 성립하지 않는다.

언젠가 대입 수시 면접을 하는데 어떤 학생이 본인의 문제풀이를 설명하면서 $\sin(x + y) = \sin x + \sin y$라고 하길래 몇 번이나 맞느냐고 되물었는데도 x와 y에 각각 사인을 취하면 그렇다고 대답한 적이 있었다. 모든 연산이 선형이면 얼마나 편할까? 그렇다면 $\sin(x + y) = \sin x\cos y + \cos x\sin y$와 같은 공식을 안 외워도 될 텐데……. 하지만 세상은 그렇지 않다. 선형 함수 또는 선형 연산자는 많지 않다.

(3) 제차성에 의한 분류

종속변수 y 또는 y의 도함수를 포함하지 않는 항이 있는지 없는지에 따라 미분방정식을 구분한다. 식 (1.1.8)에서 y 또는 y의 도함수를 포함하지 않는 항을 $g(x)$로 나타냈는데, $g(x) = 0$이면 **제차 미분방정식(homogeneous differential equation)**, $g(x) \neq 0$이면 **비제차 미분방정식(nonhomogeneous differential equation)**이라 한다. 즉 $dy/dx + y = 0$은 제차 미분방정식이고, $dy/dx + y = 1$은 비제차 미분방정식이다. $dy/dx + y - x = 0$은 비록 우변이 0이라도 $dy/dx + y = x$와 같으므로 비제차 미분방정식이다. 일반적으로 방정식의 해가 y일 때 상수 c에 대해 cy도 해인 방정식을 **제차 방정식**이라 한다.

보통 위와 같은 분류 기준을 동시에 사용하는데, 예를 들어 $dy/dx + 5y = 1$은 1계 비제차 선형 상미분방정식이다.

미분방정식의 해

독립변수 x의 함수인 종속변수 y에 대한 미분방정식을 만족하는 함수 y를 미분방정식의 **해(solution)**라 하는데, 이러한 해의 종류에 대하여 알아보자.

(1) 양해와 음해

함수를 양함수(explicit function)와 음함수(implicit function)로 구분하듯이 미분방정식의 해가 $y = f(x)$와 같은 양함수 형태면 **양해**(explicit solution)라 하고, $f(x, y) = 0$과 같은 음함수 형태면 **음해**(implicit solution)라 한다. 예를 들어 미분방정식 $dy/dx = 2xy$의 해 $y = ce^{x^2}$은 양해이고, $dy/dx = -x/y$의 해 $x^2 + y^2 = c$는 음해이다. 두 해가 각각 주어진 미분방정식을 만족함을 확인해 보라.

(2) 일반해와 특수해

미분방정식을 만족하는 함수는 여러 개 존재할 수 있는데 이를 **일반해**(general solution)라 하고, 미분방정식 외의 어떤 조건에 의해 해가 하나로 결정되면 이를 **특수해**(particular solution)라 한다. 예를 들어 미분방정식 $y' = y$의 일반해는 $y = ce^x$로, 상수 c의 값에 따른 여러 곡선들의 모임(family of curves)이 된다. 하지만 $y(0) = 1$과 같은 초기조건이 추가되면 $c = 1$로 정해지므로 특수해 $y = e^x$를 구할 수 있으며, 이는 여러 곡선 중 하나만을 나타낸다.

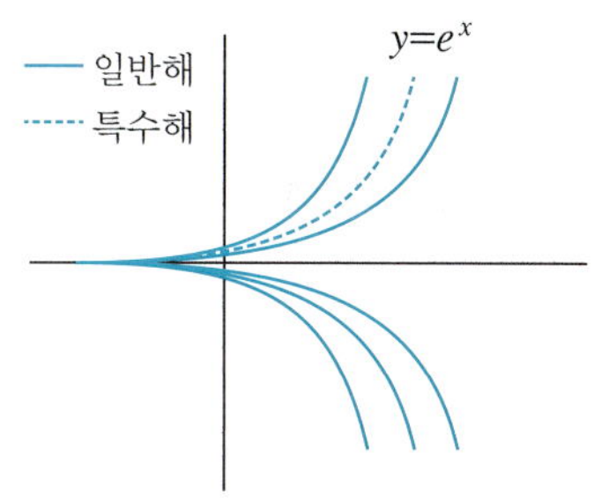

그림 1.1.7 일반해와 특수해.

(3) 특이해

일반해로 표현되지 않는 해를 **특이해**(singular solution)라 한다. 미분방정식 $y' = y^2 - 1$의 일반해는 $y = \dfrac{1 + ce^{2x}}{1 - ce^{2x}}$이다(풀이과정은 1.2절 예제 4 참고). 한편 $y = -1$도 주어진 미분방정식을 만족하지만 일반해에 포함되지 않는다. 다시 말해 $\dfrac{1 + ce^{2x}}{1 - ce^{2x}} = -1$로 놓으면 $1 + ce^{2x} = -1 + ce^{2x}$, 즉 $1 = -1$로 모순이다. 따라서 $y = -1$은 특이해다. 마찬가지로 $y = 1$도 해이지만 일반해로 나타낼 수 있으므로($c = 0$일 때) 특수해다.

예제 1

함수 $y = xe^x$는 구간 $(-\infty, \infty)$에서 미분방정식 $y'' - 2y' + y = 0$의 해임을 보여라.

(풀이) $y = xe^x$이므로 x의 모든 구간에서

$$y' = xe^x + e^x, \qquad y'' = xe^x + 2e^x$$

가 되고, 이를 미분방정식에 대입하면

$$y'' - 2y' + y = (xe^x + 2e^x) - 2(xe^x + e^x) + xe^x = 0$$

이므로 $y = xe^x$은 구간 $(-\infty, \infty)$에서 미분방정식 $y'' - 2y' + y = 0$의 해이다.

예제 2

해 $x^2 + y^2 = 4$가 미분방정식 $\frac{dy}{dx} = -\frac{x}{y}$를 만족하는지 확인하라.

(풀이) $x^2 + y^2 = 4$의 양변을 음함수 미분하면

$$\frac{d}{dx}(x^2) + \frac{d}{dx}(y^2) = \frac{d}{dx}(4), \quad 2x + 2y\frac{dy}{dx} = 0$$

이므로 $\frac{dy}{dx} = -\frac{x}{y}$를 만족한다.

☞ 주어진 해가 음해이므로 음함수 미분을 사용했음에 유의하자.

해의 형태가 다르지만 결국 동일한 해인 경우도 있다. 다음 예제를 보자.

예제 3

(1) 함수 $y = c_1e^{kx} + c_2e^{-kx}$가 해인 미분방정식을 구하라($k$는 상수).

(2) 함수 $y = c_1^*\cosh kx + c_2^*\sinh kx$가 해인 미분방정식을 구하라.

(3) (1), (2)의 해가 서로 동등함을 보여라.

(풀이) (1) $y' = kc_1e^{kx} - kc_2e^{-kx}$, $y'' = k^2c_1e^{kx} + k^2c_2e^{-kx} = k^2y$이므로 구하는 미분방정식은 $y'' - k^2y = 0$이다.

(2) (1)과 마찬가지 방법으로 $y' = kc_1^*\sinh kx + kc_2^*\cosh kx$, $y'' = k^2c_1^*\cosh kx + k^2c_2^*\sinh kx = k^2y$에서 구하는 미분방정식은 $y'' - k^2y = 0$이 되어 (1)의 경우와 같다.

(3) $\cosh kx = \frac{e^{kx} + e^{-kx}}{2}$, $\sinh kx = \frac{e^{kx} - e^{-kx}}{2}$임을 이용하면

$$y = c_1^*\cosh kx + c_2^*\sinh kx = c_1^*\left(\frac{e^{kx} + e^{-kx}}{2}\right) + c_2^*\left(\frac{e^{kx} - e^{-kx}}{2}\right) = c_1e^{kx} + c_2e^{-kx}$$

이므로 두 해는 동등하다. 여기서 $c_1 = \frac{1}{2}(c_1^* + c_2^*)$, $c_2 = \frac{1}{2}(c_1^* - c_2^*)$이다.

예제 3에서 **쌍곡선함수(hyperbolic function)** $\cosh x$와 $\sinh x$가 나왔다. 기초 수학에서 배운 내용이지만 많은 학생들이 대학에서 새롭게 배운 내용을 너무 어렵게 생각하여 자기 것으로 만들지 못하는 경향이 있다. 간단한 복습으로 삼각함수와 비슷하게 표기되는 쌍곡선함수를 내 것으로 만들어보자.

쉬어가기 1.3 쌍곡선함수

쌍곡선코사인(hyperbolic cosine)과 쌍곡선사인(hyperbolic sine) 함수를

$$\cosh x \equiv \frac{e^x + e^{-x}}{2}, \qquad \sinh x \equiv \frac{e^x - e^{-x}}{2} \tag{1.1.11}$$

로 정의한다는 것은 기억할 것이다. 이 함수들의 그래프를 그려보자. 식 (1.1.11)에 의하면 $y = \cosh x$는 $y_1 = e^x$와 $y_2 = e^{-x}$의 평균이고, $y = \sinh x$는 $y_1 = e^x$와 $y_2 = -e^{-x}$의 평균이다. 이를 이용하면 그림 1.1.8과 1.1.9와 같은 그래프를 쉽게 그릴 수 있다. 코사인, 사인 함수와 마찬가지로 쌍곡선코사인 함수는 우함수, 쌍곡선사인 함수는 기함수이고 $\cosh 0 = 1$, $\sinh 0 = 0$이다. 삼각함수와 유사한 형태를 갖는 나머지 쌍곡선 함수들의 정의가 부록 A17에 정리되어 있다.

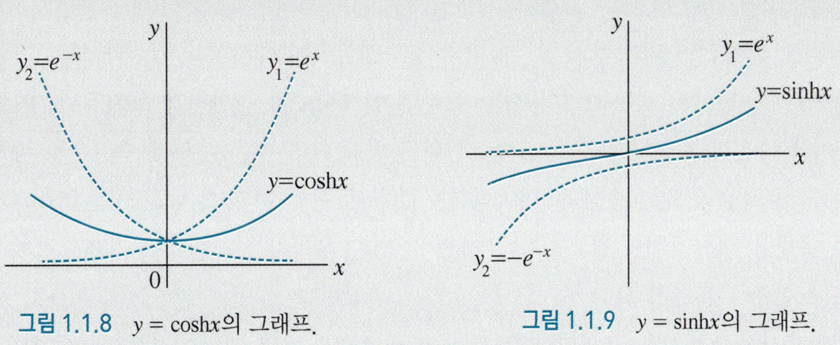

그림 1.1.8 $y = \cosh x$의 그래프.

그림 1.1.9 $y = \sinh x$의 그래프.

쌍곡선함수의 도함수는 무엇일까? 식 (1.1.11)의 정의를 이용하여 미분하면

$$(\cosh x)' = \left(\frac{e^x + e^{-x}}{2}\right)' = \frac{e^x - e^{-x}}{2} = \sinh x, \qquad (\sinh x)' = \left(\frac{e^x - e^{-x}}{2}\right)' = \frac{e^x + e^{-x}}{2} = \cosh x \tag{1.1.12}$$

이다. 결과만 보면 부호가 다른 경우는 있지만 삼각함수에서 $(\cos x)' = -\sin x$, $(\sin x)' = \cos x$인 것과 유사하다. 나머지 쌍곡선함수들의 도함수를 부록 A18에 정리하였다. 부록 A12의 삼각함수의 도함수와 비교하며 유사성을 확인해 보기 바란다. 쌍곡선함수의 도함수 공식을 모두 외울 필요는 없다. 삼각함수의 경우와 마찬가지로 부록 A18의 공식 (1), (2)만 알고 있으면 나머지 공식들은 고등학교 과정에서 배운 미분의 성질(부록 A3)을 이용하여 쉽게 유도할 수 있다.

부정적분은 미분의 반대 개념이므로 미분 공식으로부터 쉽게 부정적분을 구할 수 있다. 예를 들어 식 (1.1.12)의 첫 번째 공식에서

$$\int \sinh x dx = \cosh x + c \tag{1.1.13}$$

가 성립함을 알 수 있다. 몇 년 전 학생들에게 식 (1.1.13)을 묻는 쉬운(?) 문제를 출제한 적이 있다. 대부분의 학생들은 바른 답을 구했지만 공부를 게을리한 몇몇 학생들이 다음과 같은 답안을 제출한 기억이 난다. 이 학생들은 $\sin x$는 자주 보았지만 $\sinh x$는 처음 본 모양이다.

(학생 A) h를 상수로 보면 $\int \sinh x dx = \int \sin hx dx = -\frac{1}{h}\cos hx + c$.

(학생 B) sinh를 상수로 보면 $\int \sinh x dx = \sinh \int x dx = \sinh\left(\frac{1}{2}x^2 + c\right)$.

조금만 공부하면 수학을 아주 잘할 수 있는 학생들이었는데 아쉬웠다. 삼각함수에서 항등식 $\cos^2 x + \sin^2 x = 1$

이 성립한다. 쌍곡선함수에서도

$$\cosh^2 x - \sinh^2 x = \left(\frac{e^x + e^{-x}}{2}\right)^2 - \left(\frac{e^x - e^{-x}}{2}\right)^2 = 1 \tag{1.1.14}$$

이 성립한다. 이뿐 아니라 부록 A5~A10에 나오는 삼각함수 공식들이 쌍곡선함수에서도 유사하게 성립한다. 예를 들어 덧셈공식 $\sin(x + y) = \sin x\cos y + \cos x\sin y$가 성립하듯이

$$\begin{aligned}\sinh(x + y) &= \frac{e^{x+y} - e^{-(x+y)}}{2} = \left(\frac{e^x - e^{-x}}{2}\right)\left(\frac{e^y + e^{-y}}{2}\right) + \left(\frac{e^x + e^{-x}}{2}\right)\left(\frac{e^y - e^{-y}}{2}\right) \\ &= \sinh x\cosh y + \cosh x\sinh y\end{aligned}$$

가 성립한다. 나머지 공식들에 대해서도 삼각함수와 쌍곡선함수의 유사성을 확인해 보기 바란다. 쌍곡선함수는 실제로 지수함수지만 삼각함수와의 유사성 때문에 삼각함수와 유사하게 표기한다. 이렇게 설명을 해도 많은 학생들이 쌍곡선함수가 나오면 식 (1.1.11)의 정의에 따라 이를 다시 지수함수로 바꾸는 경우를 자주 보았다. **편리성 때문에 쌍곡선함수를 정의하여 사용하는 것이므로 특별한 경우를 제외하고는 이를 다시 지수함수로 바꾸지 않기 바란다.** 공학용 계산기에도 쌍곡선함수 기능이 있다. 우리가 삼각함수를 자연스럽게 사용하듯이 쌍곡선함수도 자연스럽게 사용해야 한다.

마지막으로 "쌍곡선함수는 2차 곡선인 쌍곡선(hyperbola)과 어떤 관계가 있기에 이름이 쌍곡선함수일까?"에 대해 생각해 보자. 사실 삼각함수는 그림 1.1.10과 같이 반지름이 1인 원의 둘레를 따라 등속으로 이동하는 점 P의 x좌표와 y좌표를 나타내는 함수로(부록 A4) 일종의 원함수(circular function)에 해당한다. $x = \cos\theta$, $y = \sin\theta$이므로 항등식 $\cos^2\theta + \sin^2\theta = 1$은 단위원 $x^2 + y^2 = 1$을 나타낸다.

이와 유사하게 쌍곡선함수는 그림 1.1.11과 같은 쌍곡선 위를 따라 등속으로 이동하는 점 P의 x좌표와 y좌표를 나타낸다. 삼각함수에서와 마찬가지로 $x = \cosh\theta$, $y = \sinh\theta$로 놓으면 쌍곡선함수에서 성립하는 항등식 $\cosh^2\theta - \sinh^2\theta = 1$은 쌍곡선 $x^2 - y^2 = 1$의 우측 곡선($x = \cosh\theta > 0$)을 나타낸다. 그림 1.1.11을 자세히 보면 점 P가 쌍곡선의 우측 곡선을 따라 이동할 때 점 P의 x좌표는 그림 1.1.8과 같은 $\cosh\theta$의 궤적을 따라 변하고, y좌표는 그림 1.1.9와 같은 $\sinh\theta$의 궤적을 따라 변하는 것을 알 수 있다. 여기서 θ는 어떤 각도를 의미하는 것은 아니고 단지 x와 y를 연결하는 매개변수이다.

설명을 하다 보니 긴 복습이 되었다. 하지만 기초적인 내용을 정확히 이해하려는 노력은 앞으로 수학을 재미있게 공부하는 데 도움이 될 것이다.

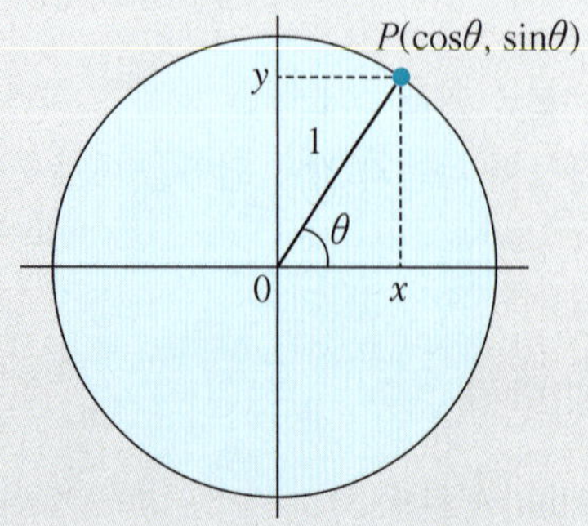

그림 1.1.10 원운동과 삼각함수.

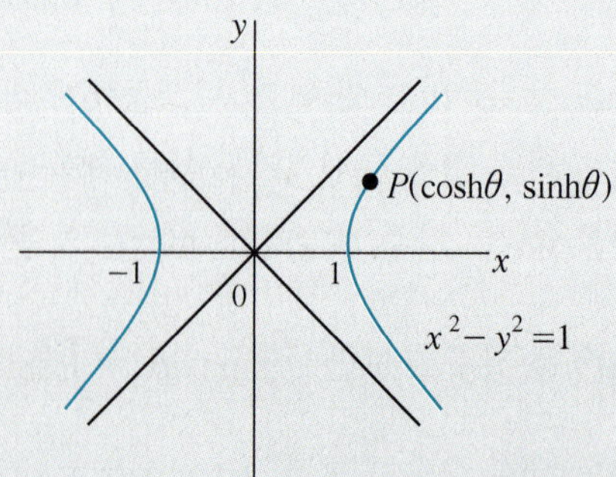

그림 1.1.11 쌍곡선운동과 쌍곡선함수.

초기값 문제

미분방정식과 초기조건이 결합된

$$a_1(x)\frac{dy}{dx} + a_0(x)y = g(x), \quad y(a) = A, \quad x \geq a \tag{1.1.15}$$

와 같은 문제를 **초기값 문제**(initial value problem, IVP)라 한다. 초기값 문제의 해는 당연히 **특수해**이다.

예제 4

$y' - 2y = 0$의 일반해가 $y = ce^{2x}$임을 보이고, 초기조건 $y(0) = 1$을 만족하는 특수해를 구하라.

(풀이) $y = ce^{2x}$에서 $y' = 2ce^{2x}$이고

$$y' - 2y = (2ce^{2x}) - 2(ce^{2x}) = 0$$

을 만족하므로 $y = ce^{2x}$는 $y' - 2y = 0$의 일반해이다. 주어진 초기조건을 이용하면

$$y(0) = ce^{2 \cdot 0} = 1$$

에서 $c = 1$이다. 따라서 초기값 문제를 만족하는 특수해는 $y = e^{2x}$로 유일하다.

2계 이상의 미분방정식에 대해서는 초기값 문제 외에도 **경계값 문제**(boundary value problem, BVP)가 있다. 이에 대해서는 2장에서 다시 설명하겠다.

1계 초기값 문제의 해의 존재성과 유일성

초기값 문제가 적어도 하나의 해를 가질 때 해가 존재한다고 하고, 존재하는 해가 단 하나이면 유일한 해를 갖는다고 한다. 예제 4에서와 같이 상수계수 미분방정식이 포함된 초기값 문제의 경우에는 항상 유일한 해를 갖는다. 일반적으로 식 (1.1.15)와 같은 1계 초기값 문제는 특정한 조건에서(미분방정식의 계수가 연속이라는 조건 등)만 해의 **존재성**(existence)과 **유일성**(uniqueness)이 확보된다. 하지만 이 책에서는 학생들의 지루함을 덜기 위해 이에 대한 구체적인 논의는 생략하며 다음 예제를 통해 여러 경우를 소개하는 것으로 대신한다. 자세한 내용에 관심 있는 학생은 참고문헌(Erwin Kreyszig, Advanced Engineering Mathematics 등)을 참고하라.

예제 5 초기값 문제의 해의 종류

미분방정식 $xy' = 2y$의 일반해는 $y = cx^2$이다. 초기조건이 (1) $y(0) = 1$, (2) $y(0) = 0$ (3), $y(1) = 1$로 주어질 때 각각의 해를 구하라.

(풀이) 일반해 $y = cx^2$에 주어진 초기조건을 적용하면

(1) $y(0) = c \cdot 0^2 = 0 \neq 1$이므로 미분방정식과 초기조건 모두를 만족하는 해는 존재하지 않는다.

(2) $y(0) = c \cdot 0^2 = 0$으로 c값에 관계없이 초기조건을 만족하므로 $y = cx^2$(c는 임의의 상수)이 모두 해이며 그 수는 무수히 많다.

(3) $y(1) = c \cdot 1^2 = 1$을 만족하려면 $c = 1$이므로 유일한 해 $y = x^2$을 갖는다.

쉬어가기 1.4 역삼각함수

연습문제 1.1의 문제 2(2)에 **역삼각함수** $\tan^{-1}x$가 등장한다. 역삼각함수 역시 미적분학 기초과정에서 배운 내용이지만 다시 간략히 설명하겠다. 먼저 **역함수**(inverse function)에 대해 알아보자. 그림 1.1.12와 같이 원래의 함수 $y = f(x)$가 x를 입력하여 y를 출력하는 대응관계일 때 역함수는 x와 y를 바꾸어 역으로 대응시키는 함수이며 $y = f^{-1}(x)$로 표현한다.

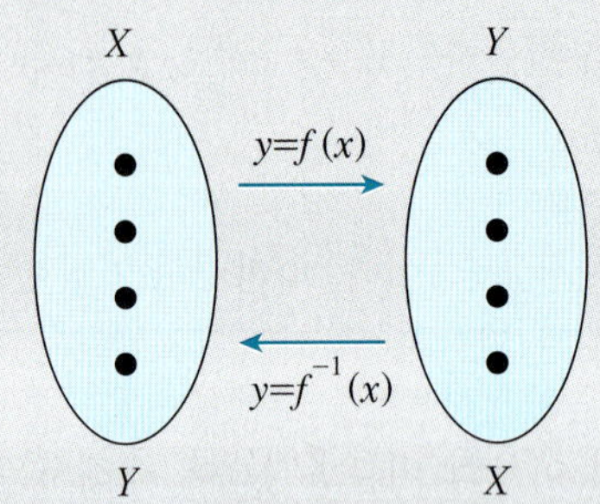

그림 1.1.12 함수와 역함수.

쉬어가기 1.1에서 함수는 하나의 x값에 대해 하나의 y값이 대응된다고 했다. 즉 그림 1.1.13과 같은 다대일 대응관계는 함수이고, 그림 1.1.14와 같은 일대다 대응관계는 함수가 아니다. 하지만 다대일 대응관계라도 이의 역은 일대다 대응관계이므로 함수가 될 수 없다. 따라서 역함수가 존재하려면 원래 함수는 그림 1.1.15와 같은 **일대일 대응함수**(one-to-one corresponding function)이어야 한다.

역함수를 구하려면 일대일 대응관계를 갖는 원래 함수의 x와 y를 바꾸고 y에 관해 정리하면 된다. 예를 들어 일대일 대응함수인 $y = 2x + 1$의 역함수를 구해 보자. 먼저 x와 y를 바꾸면 $x = 2y + 1$이고, 이를 y에

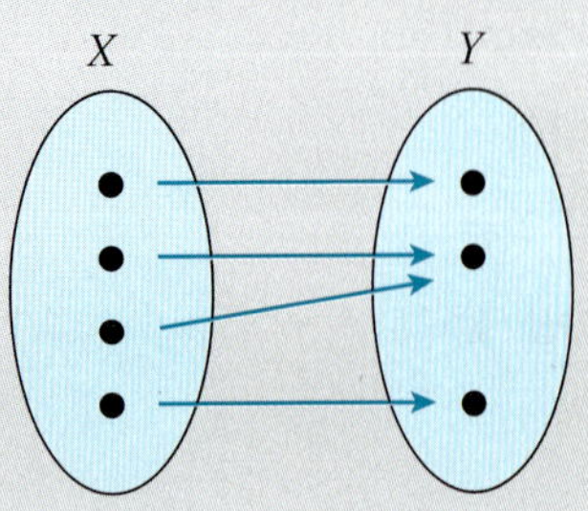

그림 1.1.13 다대일 대응.

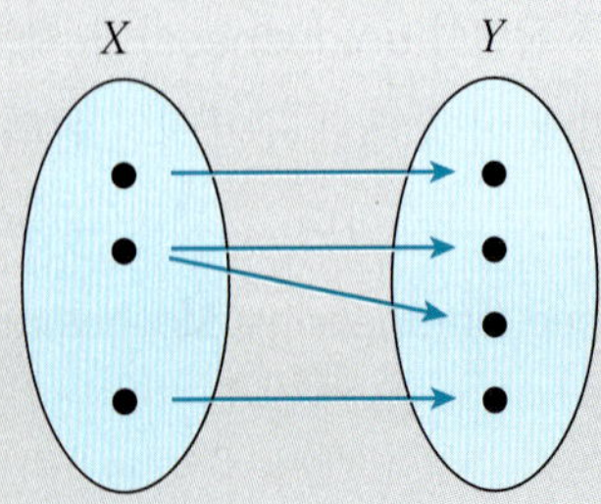

그림 1.1.14 일대다 대응.

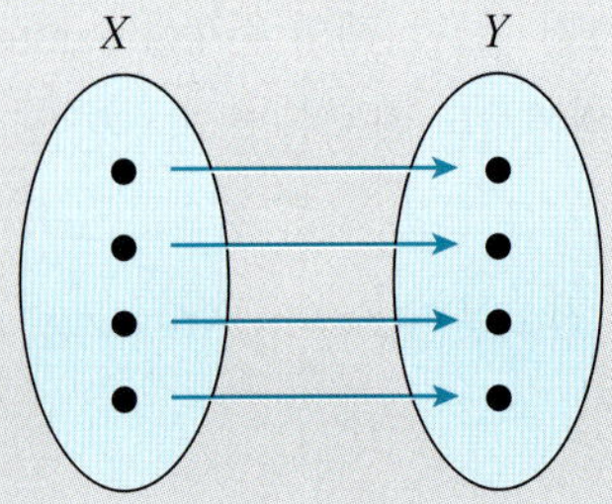

그림 1.1.15 일대일 대응.

대해 정리하면 $y = \frac{1}{2}(x-1)$이다. 이렇게 구한 역함수가 원래 함수의 역대응 관계임을 그림 1.1.16에서 확인하자. 함수와 역함수는 x와 y가 바뀐 대응관계이므로 두 그래프는 $y = x$에 대칭이다. 함수 $y = 2x + 1$과 역함수 $y = \frac{1}{2}(x-1)$의 그래프를 그림 1.1.17에 나타내었다.

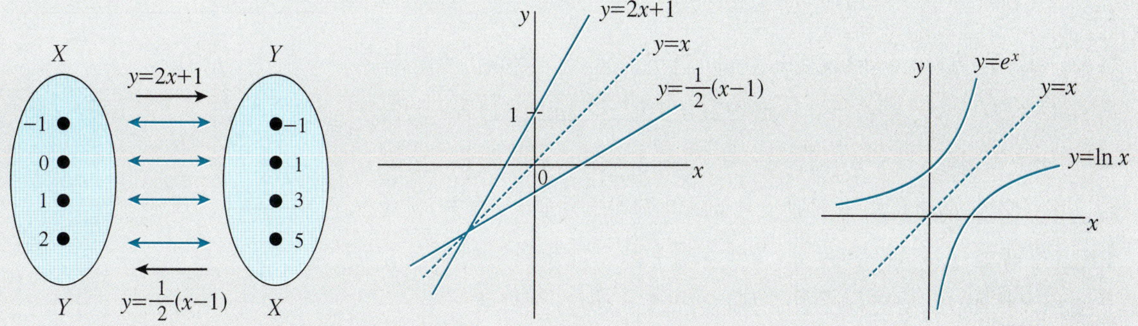

그림 1.1.16 함수와 역함수 관계.

그림 1.1.17 함수와 역함수의 그래프 .

그림 1.1.18 지수함수와 로그함수.

대표적인 함수−역함수 관계는 **지수함수**와 **로그함수**이다. 지수함수 $y = e^x(-\infty < x < \infty,\ y > 0)$는 일대일 대응함수이므로 역함수가 존재한다. x와 y를 바꾸어(정의역과 치역도 바뀐다) 역함수를 구하면 $x = e^y$이고, 이를

$$y = \ln x\ (x > 0,\ -\infty < y < \infty)$$

로 쓰기로 약속했다. 여기서 ln은 **자연로그**(natural logarithm)로 $\log_e$를 의미한다.

그렇다면 $y = \ln x$의 도함수는 무엇일까? [이미 $(\ln x)' = 1/x$임을 암기하고 있겠지만 지금은 로그함수가 지수함수의 역함수로 새롭게 정의된 함수라고 가정하자.] 도함수를 구하기 위해 $y = \ln x$의 음함수 형태인 $x = e^y$의 양변을 음함수 미분하면 $1 = e^y y'$에서

$$y' = \frac{1}{e^y} = \frac{1}{x} \tag{1.1.16}$$

을 구할 수 있다. $(\ln x)' = \frac{1}{x}$이라는 것은 $x > 0$일 때

$$\int \frac{1}{x}dx = \ln x + c \tag{1.1.17}$$

가 성립함을 의미한다. 식 (1.1.17)의 의미는 크다. 우리가 잘 아는 부정적분

$$\int x^n dx = \frac{1}{n+1}x^{n+1} + c \tag{1.1.18}$$

는 $n \neq -1$인 경우에만 성립하므로 로그함수가 정의되지 않았다면 $\int \frac{1}{x}dx$의 결과를 나타낼 방법이 없을 것이다. 역함수의 중요성이 부각되는 예이다.

역삼각함수(inverse trigonometric function) 또한 삼각함수의 역함수로 정의되는 함수이다. 먼저 사인함수의 역함수인 역사인함수를 구해 보자. $y = \sin x(-\infty < x < \infty,\ -1 \leq y \leq 1)$는 일대일 대응함수가 아니지만, 그림 1.1.19와 같이 정의역과 치역을 $-\pi/2 \leq x \leq \pi/2$,

$-1 \leqq y \leqq 1$로 제한하면 일대일 대응이 된다.

앞에서와 마찬가지로 $y = \sin x(-\pi/2 \leqq x \leqq \pi/2,\ -1 \leqq y \leqq 1)$에서 x와 y를 바꾸면 $x = \sin y$이고, 이를

$$y = \sin^{-1}x\ (-1 \leqq x \leqq 1,\ -\pi/2 \leqq y \leqq \pi/2) \qquad (1.1.19)$$

로 쓰기로 하고($y = \arcsin x$로도 쓴다) **역사인함수**라 부른다. 예를 들어 $\sin(-\pi/2) = -1$, $\sin 0 = 0$, $\sin(\pi/2) = 1$이므로 $\sin^{-1}(-1) = -\pi/2$, $\sin^{-1}(0) = 0$, $\sin^{-1}(1) = \pi/2$인 것이다. 물론 $y = \sin^{-1}x$의 그래프는 그림 1.1.19에서 실선으로 표시된 $y = \sin x$의 그래프를 $y = x$에 대해 대칭이동하면 된다. 여기서 $y = \sin^{-1}x$의 도함수를 구하기 위해 이의 음함수 형태 $x = \sin y$의 양변을 음함수 미분하면 $1 = \cos y\, y'$이므로

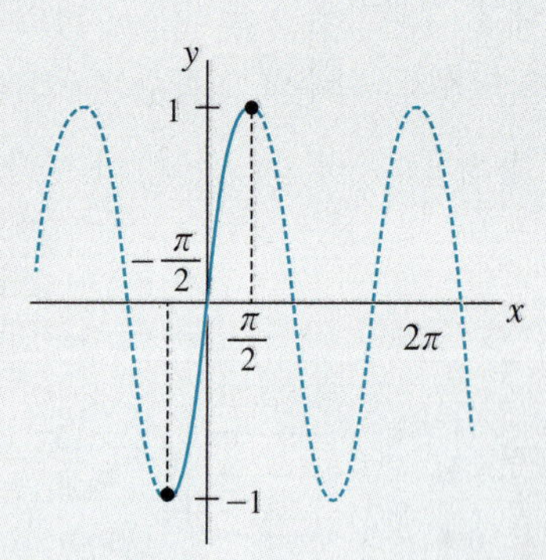

그림 1.1.19 $y = \sin x$.

$$y' = \frac{1}{\cos y} = \frac{1}{\sqrt{1-\sin^2 y}} = \frac{1}{\sqrt{1-x^2}} \quad \left(-1 < x < 1,\ -\frac{\pi}{2} < y < \frac{\pi}{2}\right) \qquad (1.1.20)$$

이다. 식 (1.1.20)에서 $\cos y = \pm\sqrt{1-\sin^2 y}$를 사용하였고, 구간 $-\pi/2 < y < \pi/2$에서 $\cos y > 0$이므로 근호 앞의 (−) 부호는 불필요하다. $x = \pm 1$에서는 식 (1.1.20)의 분모가 0이 되므로 구간에서 제외하였다. 식 (1.1.20)은 부정적분 공식

$$\int \frac{1}{\sqrt{1-x^2}}dx = \sin^{-1}x + c \qquad (1.1.21)$$

를 제공한다. **역코사인함수** $y = \cos^{-1}x$, **역탄젠트함수** $y = \tan^{-1}x$와 이들의 도함수들도 비슷한 방법으로 유도할 수 있으며, 그 결과를 부록 A20에 정리하였다. 부록 A21은 역삼각함수의 부정적분 공식이다.

1.1 연습문제

1. 미분방정식의 일반해를 추측하여 구하라.

(1) $y' = 2x$ (2) $y' - y = 0$ (3) $y' = \sin 3x$

(답) (1) $y = x^2 + c$ (2) $y = ce^x$ (3) $y = -\frac{1}{3}\cos 3x + c$

2. 미분방정식을 상미분방정식, 편미분방정식으로 구분하고 주어진 함수가 미분방정식의 해임을 보여라.

(1) $y'' = y$, $y = c_1e^x + c_2e^{-x}$ (상수 c_1, c_2) (2) $\frac{\partial^2 u}{\partial x^2} + \frac{\partial^2 u}{\partial y^2} = 0$, $u = \tan^{-1}\frac{y}{x}$

(답) (1) 상미분방정식 (2) 편미분방정식

3. 상미분방정식과 해에 대하여 미분방정식의 계, 선형성, 제차성을 말하고 해가 미분방정식을 만족함도 확인하라.

(1) $y' = -1$, $y = -x + c$ (2) $y'' + y = 0$, $y = c_1\cos x + c_2\sin x$

(3) $yy' = -x$, $x^2 + y^2 = 1$ (4) $y' + y = x^2 - 2$, $y = ce^{-x} + x^2 - 2x$

(5) $y'' + 2y' + 2y = 0$, $y = e^{-x}(c_1\cos x + c_2\sin x)$

(답) (1) 1계 선형 비제차 (2) 2계 선형 제차 (3) 1계 비선형 비제차

(4) 1계 선형 비제차 (5) 2계 선형 제차

4. 미분방정식 $(y')^2 - xy' + y = 0$에 대해 답하라.

(1) $y = cx - c^2$(임의의 상수 c)이 미분방정식을 만족함을 보이고 해의 종류를 말하라.

(2) (1)에서 $c = 1$인 경우, 즉 $y = x - 1$이 미분방정식을 만족함을 보이고 해의 종류를 말하라.

(3) 포물선 $y = x^2/4$이 미분방정식을 만족함을 보이고 해의 종류를 말하라.

(답) (1) 일반해 (2) 특수해 (3) 특이해

5. (1) ω가 상수일 때 함수 $y = c_1\sin\omega t + c_2\cos\omega t$를 미분하여 y가 해인 미분방정식을 구하라.

(2) 함수 $y = c_1^*\sin(\omega t + c_2^*)$를 미분하여 y가 해인 미분방정식을 구하라.

(3) 문제 (1), (2)의 해가 서로 동등함을 보여라.

(답) (1) $y'' + \omega^2 y = 0$ (2) $y'' + \omega^2 y = 0$

6. (1) 초기값 문제 $yy' = 2t$, $y(1) = \sqrt{3}$ 에 대해 일반해가 $y^2 = 2t^2 + c$임을 보이고 초기조건을 만족하는 특수해를 구하라.

(2) 초기값 문제 $y'' - y = 0$, $y(0) = 1$, $y'(0) = 0$의 일반해가 $y = c_1\cosh x + c_2\sinh x$임을 보이고 초기조건을 만족하는 특수해를 구하라.

(답) (1) $y^2 = 2t^2 + 1$ (2) $y = \cosh x$

7. 초기값 문제 $|y'| + |y| = 0$, $y(0) = 1$의 해를 구하라.

(답) 해가 존재하지 않음(일반해 $y = 0$이 초기조건을 만족하지 않음).

8. 삼각함수에서는 $\sin 2x = 2\sin x\cos x$가 성립한다. 쉬어가기 1.3에서 설명한 방법을 이용하여 $\sinh 2x = 2\sinh x\cosh x$가 성립함을 보여라.

9. 쉬어가기 1.4에서 설명한 방법을 이용하여 다음을 보여라.

$$(\tan^{-1}x)' = \frac{1}{1+x^2}, \qquad \int \frac{1}{1+x^2}\,dx = \tan^{-1}x + c$$

1.2 변수분리법

1계 미분방정식의 풀이에 대해 공부한다. 먼저 간단한 예로 미분방정식

$$\frac{dy}{dx} = x \qquad (1.2.1)$$

의 해를 구하는 경우를 생각해 보자. 식 (1.2.1)의 양변을 x에 대해 적분하면 $\int \frac{dy}{dx}dx = \int xdx$ 로부터 미분방정식의 해

$$y = \frac{1}{2}x^2 + c \qquad (1.2.2)$$

를 구할 수 있다. 식 (1.2.2)는 적분 $\int 1dy = \int xdx$ 의 결과와 같으므로 식 (1.2.1)의 미분방정식을 $dy = xdx$와 같이 표현하기도 한다. 미분방정식이

$$g(y)dy = f(x)dx \qquad (1.2.3)$$

와 같이 종속변수 y와 독립변수 x가 서로 분리되는 경우 이를 **변수분리형 미분방정식**이라 한다. 식 (1.2.3)과 같은 변수분리형 미분방정식은

$$\int g(y)dy = \int f(x)dx$$

와 같이 양변을 적분하여 해를 구할 수 있는데, 이러한 방법을 **변수분리법(method of separation of variables)**이라 한다. 결국 변수분리법으로 미분방정식을 풀기 위해서는 다양한 함수를 적분할 수 있어야 한다.

☞ 미분방정식 $dy/dx = 1$의 일반해가 $y = x + c$임은 추측으로도 쉽게 알 수 있다. 변수분리법을 사용하여 동일한 해를 구하자. $dy/dx = 1$을 $dy = dx$로 변수분리하고 양변을 적분하면 $\int 1dy = \int 1dx$에서 $y + c_1 = x + c_2$ 또는 $y = x + c_2 - c_1$을 얻을 수 있는데, 여기서 $c = c_2 - c_1$으로 놓으면 $y = x + c$가 된다. 이와 같이 변수분리형 미분방정식의 양변을 적분할 때 적분상수는 한 번만 쓰면 된다.

예제 1

미분방정식 $9y\frac{dy}{dx} + 4x = 0$을 풀라.

(풀이) 미분방정식을 $9ydy = -4xdx$로 나타내고, 양변을 $\int 9ydy = \int (-4x)dx$ 와 같이 적분하면

$\frac{9}{2}y^2 = -2x^2 + c^*$ 이고, 양변을 18로 나누고 $c = c^*/18$이라 하면 일반해는

$$\left(\frac{x}{3}\right)^2 + \left(\frac{y}{2}\right)^2 = c$$

이고, c값에 따라 그림 1.2.1과 같이 여러 개의 타원을 나타낸다.

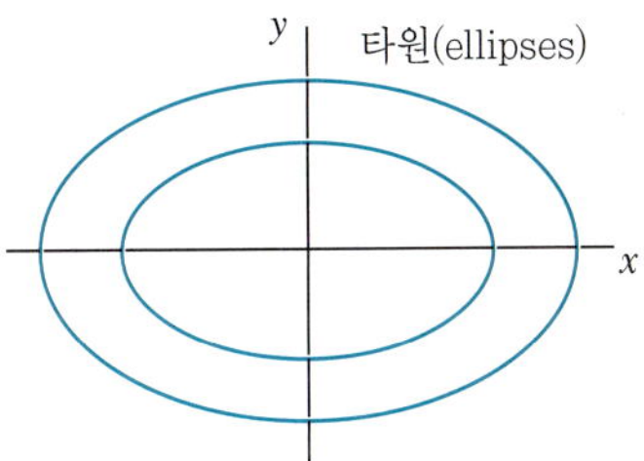

그림 1.2.1 예제 1의 일반해.

예제 2

$y' = 1 + y^2$의 해를 구하라.

(풀이) $y' = \frac{dy}{dx}$ 이므로 미분방정식을 변수분리하면 $\frac{dy}{1+y^2} = dx$ 이고, 양변을 $\int \frac{dy}{1+y^2} = \int dx$ 와 같이 적분하면 $\tan^{-1}y = x + c$이므로

$$y = \tan(x + c).$$

☞ $y = \tan x + c (c \neq 0)$는 해가 아니다.

예제 3

초기값 문제 $y' = -2xy$, $y(0) = 1$의 해를 구하라.

(풀이) $y \neq 0$일 때 미분방정식을 $\frac{dy}{y} = -2xdx$ 와 같이 변수분리하고 양변을 적분하면 $\ln|y| = -x^2 + c_1$ 에서

$$|y| = e^{-x^2 + c_1} = e^{c_1}e^{-x^2} = c_2 e^{-x^2}$$

을 얻는다. 여기서 $c_2 = e^{c_1} > 0$ 인데, 좌변의 $|y|$가 양이므로 우변도 양이 됨은 당연하다. 그렇다고 y가 양일 필요는 없으므로 일반해는 임의의 상수 c(부호에 관계없이)에 대해

$$y = ce^{-x^2} \tag{1.2.4}$$

으로 쓸 수 있고 그래프는 그림 1.2.2와 같다. $y = 0$ 또한 주어진 미분방정식을 만족하므로 해가 되지만 이는 식 (1.2.4)에서 $c = 0$인 경우이므로 따로 구분하여 나타낼 필요는 없다. 식 (1.2.4)에 초기조건 $y(0) = 1$을

적용하면 $c = 1$이므로 구하려는 특수해는 $y = e^{-x^2}$ 이다.

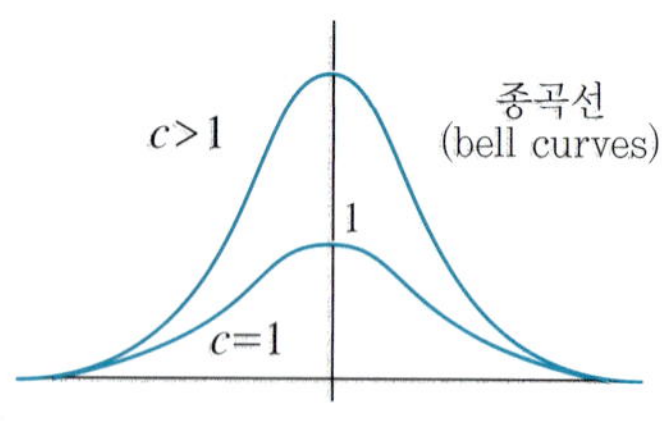

그림 1.2.2 예제 3의 일반해.

☞ 예제 3의 해 $y = e^{-x^2}$ 의 그래프(그림 1.2.2)를 그려보자. 우선 x에 $-x$를 대입해도 y가 같으므로 우함수, 즉 y축 대칭이다. $y(0) = 1$, $\lim_{x\to\infty} y = 0$ 이므로 그래프는 y축과 1에서 만나고 x가 증가함에 따라 x축에 가까워진다. $y' = -2xe^{-x^2} = 0$ 이 $x = 0$ 에서만 성립하므로 $x = 0$에서만 접선의 기울기가 0이고, $x > 0$에서 $y' < 0$이므로 그래프는 단조감소한다. 고등학교 과정에서 배운 내용이지만 별 생각 없이 공부했다면 이번에는 이유를 생각하며 그려보기 바란다.

예제 3에서 $\int \frac{dx}{x} = \ln|x| + c$ 가 나왔다. 쉬운 내용이지만 정확히 알고 넘어가자.

적분 $\int \frac{1}{x} dx$:

(i) $x > 0$: $\int \frac{1}{x} dx = \ln x + c$

(ii) $x < 0$: $x = -t\ (t > 0)$로 놓으면

$$\int \frac{1}{x} dx = \int \frac{1}{-t}(-dt) = \int \frac{1}{t} dt = \ln t + c = \ln(-x) + c$$

따라서 (i), (ii)에 의해 $\int \frac{1}{x} dx = \ln|x| + c$ 이다.

예제 4

1.1절에서 특이해를 설명할 때 소개했던 미분방정식

$$y' = y^2 - 1 \tag{1.2.5}$$

의 해를 구하라.

(풀이) 주어진 미분방정식을 변수분리하면 $y \neq \pm 1$일 때

$$\frac{dy}{y^2 - 1} = dx \tag{1.2.6}$$

이다. 좌변에 대해 부분분수를 이용하는 적분을 수행하면

$$\int \frac{dy}{y^2-1} = \frac{1}{2}\int\left(\frac{1}{y-1}-\frac{1}{y+1}\right)dy = \frac{1}{2}[\ln|y-1| - \ln|y+1|] = \frac{1}{2}\ln\left|\frac{y-1}{y+1}\right|$$

이므로, 식 (1.2.6)의 양변을 적분한 결과는 $\frac{1}{2}\ln\left|\frac{y-1}{y+1}\right| = x + c$ 또는 $\ln\left|\frac{y-1}{y+1}\right| = 2x + c$이다. 따라서 $\frac{y-1}{y+1} = ce^{2x}$, 즉

$$y = \frac{1+ce^{2x}}{1-ce^{2x}} \tag{1.2.7}$$

가 일반해이다. $y=1$은 미분방정식 식 (1.2.5)를 만족하므로 해이지만, 이는 이미 식 (1.2.7)에 포함된다 ($c=0$일 때). $y=-1$ 또한 미분방정식을 만족하지만 식 (1.2.7)의 일반해로 표시되지 않으므로 특이해이다.

☞ 예제 4의 풀이에서

$$\frac{1}{2}\ln\left|\frac{y-1}{y+1}\right| = x + c_1,\ \ln\left|\frac{y-1}{y+1}\right| = 2x + c_2\ (c_2 = 2c_1), \cdots$$

와 같이 상수를 엄밀하게 구분하여 써야 할 것이다. 하지만 서로 다른 표현 c_1, c_2도 결국 임의의 상수를 나타내므로 편의상 이들을 구분하지 않고 모두 c로 나타내었다. 이후로도 편의상 임의의 상수 그대로 특별한 구분 없이 나타낼 것이다.

변수분리형 미분방정식으로의 변환

변수분리형이 아닌 것처럼 보이는 미분방정식도 새로운 종속변수를 사용하면 변수분리가 되는 경우가 있다.

(1) $y' = f\left(\frac{y}{x}\right)$ 형태

미분방정식 $y' = f\left(\frac{y}{x}\right)$에 대해 원래의 종속변수 y를 대신할 새로운 종속변수 u를 사용해 보자. $u = y/x$로 놓으면 $y = ux$이고 $y' = u'x + u$이다. 이들을 $y' = f\left(\frac{y}{x}\right)$에 대입하면 $u'x + u = f(u)$ 또는 $u'x = f(u) - u$가 되므로

$$\frac{du}{f(u)-u} = \frac{dx}{x}$$

와 같이 종속변수 u와 독립변수 x에 대해 변수분리된 미분방정식이 된다.

예제 5

미분방정식 $2xyy' = y^2 - x^2$을 풀라.

(풀이) 미분방정식의 양변을 $2xy$로 나누면

$$y' = \frac{1}{2}\left(\frac{y}{x} - \frac{x}{y}\right)$$

이다. 식 (1.3.10)의 해는 $\phi = e^{x^2/y} = c$이므로 $x^2/y = c$ 또는

$$y = cx^2 \tag{1.3.11}$$

이다. 참고로 식 (1.3.10)의 양변을 $e^{x^2/y}$로 나누면

$$\frac{2x}{y}dx - \frac{x^2}{y^2}dy = 0 \tag{1.3.12}$$

이 되는데, 이 또한 완전미분방정식이며 식 (1.3.11)을 해로 갖는다. 하지만 식 (1.3.12)의 양변에 다시 y^2을 곱하여

$$2xydx - x^2dy = 0$$

으로 쓰면 이는 더 이상 완전미분방정식이 아님에 유의해야 한다(확인해 보자).

1.3 연습문제

1. $\phi(x, y)$에 대해 완전미분방정식 $d\phi = 0$의 형태를 쓰고 해를 구하라.

(1) $\phi = x^2 + 4y^2$ (2) $\phi = \tan(y^2 - x^3)$

(답) (1) $2xdx + 8ydy = 0$, $x^2 + 4y^2 = c$ (2) $-3x^2dx + 2ydy = 0$, $\tan(y^2 - x^3) = c$ 또는 $y^2 = x^3 + c$

2. 미분방정식이 완전미분방정식임을 보이고 해를 구하라.

(1) $2xydx + x^2dy = 0$ (2) $\sinh x \cos y dx - \cosh x \sin y dy = 0$

(3) $e^{-2\theta}(rdr - r^2d\theta) = 0$ (4) $\frac{2}{y}\cos 2xdx - \frac{1}{y^2}\sin 2xdy = 0$, $y\left(\frac{\pi}{4}\right) = 3.8$

(5) $[(x+1)e^x - e^y]\,dx - xe^ydy = 0$, $y(1) = 0$

(답) (1) $x^2y = c$ (2) $\cosh x \cos y = c$ (3) $r = ce^{\theta}$ (4) $y = 3.8\sin 2x$ (5) $x(e^x - e^y) = e - 1$

3. 문제 2(2)의 해를 변수분리법으로 구하라.

(답) $\cosh x \cos y = c$

1.4 1계 선형 미분방정식

일반적인 1계 선형 미분방정식은 $a_1(x) \neq 0$일 때

$$a_1(x)\frac{dy}{dx} + a_0(x)y = g(x)$$

이고, 양변을 $a_1(x)$로 나누면 **1계 선형 미분방정식의 표준형**

$$\frac{dy}{dx} + p(x)y = r(x) \tag{1.4.1}$$

를 얻는다. 여기서 $p(x) = a_0(x)/a_1(x)$, $r(x) = g(x)/a_1(x)$이다. 식 (1.4.1)에서 $r(x) = 0$이면 제차, $r(x) \neq 0$이면 비제차 미분방정식임은 이미 1.1절에서 설명하였다.

1계 선형 제차 미분방정식

식 (1.4.1)에서 $r(x) = 0$인 경우 1계 선형 제차 미분방정식

$$\frac{dy}{dx} + p(x)y = 0 \tag{1.4.2}$$

이 된다. 이 경우에는 변수분리가 가능하므로 양변을 적분하면

$$\int \frac{dy}{y} = -\int p(x)dx, \quad \ln|y| = -\int p(x)dx + c_1$$

$$|y| = e^{-\int p(x)dx + c_1} = c_2 e^{-\int p(x)dx} \quad (c_2 = e^{c_1} > 0)$$

에서 일반해

$$y = ce^{-\int p(x)dx} \tag{1.4.3}$$

를 구할 수 있다. $|y|$는 양이므로 상수 c_2가 양이었지만 식 (1.4.3)의 y에 대해서는 상수 c가 양이 될 이유가 없다.

1계 선형 비제차 미분방정식

식 (1.4.1)에서 $r(x) \neq 0$인 경우에 대해 일반해를 구하는 방법을 소개한다. 2.1절에서 다시 설명하겠지만 비제차 선형 미분방정식의 일반해는 **제차해**(homogeneous solution, y_h)에 특수해(particular solution, y_p)를 더하여 구한다. 즉

$$y = y_h + y_p \tag{1.4.4}$$

이다. 여기서 제차해 y_h는 **비제차 미분방정식에 대응하는 제차 미분방정식의 일반해**를 말하고, 특수해 y_p는 **비제차 미분방정식 자체를 만족하며 임의의 상수를 포함하지 않는 해**이다. (비제차 미분방정식의 특수해는 초기값 문제의 특수해와 용어는 같지만 서로 다른 개념이다.) 식 (1.4.4)를 식 (1.4.1)에 대입하면

$$\frac{dy}{dx} + py = \frac{d(y_h + y_p)}{dx} + p(y_h + y_p) = \left(\frac{dy_h}{dx} + py_h\right) + \left(\frac{dy_p}{dx} + py_p\right) = 0 + r(x) = r(x)$$

와 같이 비제차 미분방정식을 만족함을 확인할 수 있다.

따라서 비제차 미분방정식의 일반해를 구하기 위해서는 특수해 y_p를 구해야 하는데, 여기서는 **매개변수변환법**(method of variation of parameters)을 사용하여 특수해를 구하는 방법을 소개한다. 매개변수변환법은 제차해를 이용하여 특수해를 구하는 방법으로, 일반적인 매개변수변환법에 대해서는 2.6절에서 자세히 설명할 것이다. 먼저 특수해를 $y_p = u(x)y_1(x)$로 가정한다(쉬어가기 1.5참고). 여기서 u는 구해야 할 임의의 함수이며, y_1은 이미 알고 있는 제차해에서 임의의 상수 c를 1로 바꾼 간단한 형태이다. 가정된 특수해가 비제차 미분방정식[식 (1.4.1)]을 만족해야 하므로

$$y_p' + py_p = (uy_1)' + p(uy_1) = u'y_1 + uy_1' + puy_1 = y_1u' + (y_1' + py_1)u = r(x)$$

가 성립한다. y_1이 제차해이므로 $y_1' + py_1 = 0$, $y_1u' = r(x)$에서 $u = \int \frac{r(x)}{y_1}dx$ 이다. 따라서 특수해는 $y_p = uy_1$, 즉

$$y_p = y_1 \int \frac{r(x)}{y_1} dx \tag{1.4.5}$$

이다. 실제로 제차 미분방정식의 해 $y_1 = e^{-\int p(x)dx}$ [식 (1.4.3)에서 상수 c를 1로 놓은 형태]를 식 (1.4.5)에 대입하면

$$y_p = e^{-\int p(x)dx} \int r(x) e^{\int p(x)dx} dx \tag{1.4.6}$$

를 얻는다. 결국 1계 선형 비제차 미분방정식[식 (1.4.1)]의 일반해는 식 (1.4.4)에 의해 제차해[식 (1.4.3)]와 특수해[식 (1.4.6)]를 더하여

$$y = e^{-\int p(x)dx}\left(c + \int r(x) e^{\int p(x)dx} dx\right) \tag{1.4.7}$$

가 된다. 결국 식 (1.4.7)은 식 (1.4.1)로 표현되는 1계 선형 미분방정식의 **해의 공식**이다. 물론 $r(x) = 0$인 경우 식 (1.4.7)과 (1.4.3)은 같다.

쉬어가기 1.5 수학은 헤쳐나가는 것이다.

매개변수변환법으로 특수해를 구하는 식 (1.4.5)를 유도하는 과정에서 $y_p = uy_1$으로 가정했다. 이에 대해 "특수해 y_p가 제차해 y_1에 어떤 함수 u를 곱한 것인지 어떻게 아느냐?" 혹은 틀린 질문이지만 "y_1이 y_p의 기저(basis)냐?"라는 질문을 받은 적이 있다. 여기서 유의해야 할 점은 u가 상수가 아니라 x의 함수라는 점이다. 따라서 식 (1.4.5)로 구한 y_p는 y_1과 함수의 형태가 완전히 다르다. 예를 들어 $y_1 = e^x$라도 $u = \sin x/e^x$이면 $y_p = \sin x$이다. 특히 2.1절에서 공부할 Wronskian을 이용하면 $y_1(x) \neq 0$, $r(x) \neq 0$일 때

$$W[y_1, y_p] = \begin{vmatrix} y_1 & y_1 \int \frac{r}{y_1} dx \\ y_1' & y_1' \int \frac{r}{y_1} dx + r \end{vmatrix} = ry_1 \neq 0$$

이므로 모든 x에서 y_1과 y_p는 1차 독립이다. 결론적으로 말하면 y_p를 직접 구하기 위해서는 $r(x) \neq 0$일 때 식 (1.4.1)을 풀어야 하는데, 이것이 불가능하므로 $y_p = uy_1$으로 놓고 $y_1' + py_1 = 0$임을 이용하여 간단한 $u' = r/y_1$을 풀어 u를 구한 것이다.

자연은 우리에게 친절한 설명을 주지 않는다. 단지 우리가 수학적, 과학적 방법을 동원하여 우리 나름의 방식으로 자연을 설명하는 것뿐이다. 우주가 어떻게 만들어졌는지 아직 정확히 알 수 없으나 만약 창조주가 있더라도 아마도 그 분은 e^x나 $\sin x$를 모를 수도 있다. 이러한 함수들은 인간이 만든 것에 불과하기 때문이다. 한 때 고대인들은 우주의 삼라만상이 공기, 물, 불, 흙의 4대 원소로 이루어졌다고 믿었고, 이를 이용하여 자연현상을 설명하려고 노력했다. 하지만 지금은 100개가 넘는 원소가 발견되었고 계속 새로운 원소가 발견될 것이다. 미래에는 새로운 이론이 기존의 원소 개념을 대체할지도 모른다. 과학 발전과 함께 수학도 계속 발전될 것이다.

물에 빠진 사람은 지푸라기라도 잡으려 한다. 지푸라기를 잡고 물에서 빠져나온 사람에게 왜 지푸라기를 잡았느냐고 따질 수는 없다. 아마 옆에 공기 튜브가 있었다면 튜브를 잡았을 것이다.

예제 1

1계 선형 비제차 미분방정식 $y' + y = 1$에 대하여 제차해 y_h, 특수해 y_p, 일반해 y를 구하라.

(풀이) 주어진 미분방정식을 식 (1.4.1)과 비교하면 $p(x) = r(x) = 1$이다. 따라서 식 (1.4.3)에 의해 제차해는

$$y_h = ce^{-\int p(x)dx} = ce^{-\int 1dx} = ce^{-x}$$

이다. 따라서 $y_1 = e^{-x}$이고, 이를 식 (1.4.6)에 대입하여 특수해를 구하면

$$y_p = y_1 \int \frac{r(x)}{y_1} dx = e^{-x} \int e^x dx = e^{-x}e^x = 1$$

이다. 결국 일반해는 식 (1.4.4)에 의해

$$y = y_h + y_p = ce^{-x} + 1.$$

☞ 위의 특수해를 구하는 과정에서 부정적분에 나타나는 적분상수를 무시하였다. 그 이유는 적분상수를 포함하더라도 해의 최종 형태가 달라지지 않기 때문이다. 즉

$$y_p = e^{-x} \int e^x dx = e^{-x}(e^x + c_1) = 1 + c_1 e^{-x}$$

이더라도

$$y = y_h + y_p = ce^{-x} + 1 + c_1 e^{-x} = c_2 e^{-x} + 1 \quad (c_2 = c + c_1)$$

로 결과는 같다. 이후의 설명에서도 불필요한 적분상수는 생략한다.

예제 2

예제 1의 미분방정식의 일반해를 식 (1.4.7)을 이용하여 직접 구하라.

(풀이) $p(x) = r(x) = 1$이므로 식 (1.4.7)에 의해

$$y = e^{-\int 1dx}\left(c + \int 1e^{\int 1dx}dx\right) = e^{-x}\left(c + \int e^x dx\right) = e^{-x}(c + e^x) = ce^{-x} + 1$$

이 되어 예제 1의 결과와 같다.

위의 두 예제를 통해 1계 선형 비제차 미분방정식의 일반해를 구하는 두 가지 방법을 소개했다. 지금부터 더욱 간단한 방법에 대해 알아보자. 새로운 방법을 이용하면 식 (1.4.5) 또는 (1.4.7)을 암기할 필요가 없다.

1계 선형 미분방정식의 일반해인 식 (1.4.7)의 양변에 $e^{\int p(x)dx}$를 곱하면

$$e^{\int p(x)dx} y = c + \int r(x) e^{\int p(x)dx} dx \tag{1.4.8}$$

가 되고, 양변을 x로 미분하면

$$\frac{d}{dx}[e^{\int p(x)dx}y] = r(x)e^{\int p(x)dx} \tag{1.4.9}$$

이다. 좌변은 $e^{\int p(x)dx}$와 y의 곱에 대한 미분이므로[미분공식 $(fg)' = f'g + fg'$ 사용] 식 (1.4.9)는

$$e^{\int p(x)dx}\frac{dy}{dx} + p(x)e^{\int p(x)dx}y = r(x)e^{\int p(x)dx} \tag{1.4.10}$$

가 되고, 다시 양변을 $e^{\int p(x)dx}$로 나누면 원래의 미분방정식[식 (1.4.1)]을 얻는다. 새로운 풀이법은 위의 설명을 역순으로 수행하는 것이다. 즉 식 (1.4.1)의 1계 선형 미분방정식의 양변에 $e^{\int p(x)dx}$를 곱하여 식 (1.4.10)의 형태를 만들면 이는 식 (1.4.9)와 같이 좌변이 $e^{\int p(x)dx}$와 y의 곱에 대한 전체 미분이 되고, 이를 적분하여 식 (1.4.8)을 얻고, 다시 양변을 $e^{\int p(x)dx}$로 나누어 해[식 (1.4.7)]를 구할 수 있다. 여기서 처음에 미분방정식의 양변에 곱하는 $e^{\int p(x)dx}$를 **적분인자(integrating factor)**라 부른다.

적분인자 $e^{\int p(x)dx}$의 재해석

식 (1.4.10)을 $F_1(x, y)dx + F_2(x, y)dy = 0$[식 (1.3.6)]의 형태로 다시 쓰면

$$[p(x)y - r(x)]e^{\int p(x)dx}dx + e^{\int p(x)dx}dy = 0 \tag{1.4.11}$$

이 되어 $F_1 = [p(x)y - r(x)]e^{\int p(x)dx}$, $F_2 = e^{\int p(x)dx}$이다. 그런데

$$\frac{\partial F_1}{\partial y} = p(x)e^{\int p(x)dx} = \frac{\partial F_2}{\partial x}$$

이므로 식 (1.4.11)은 완전미분방정식이다. 결론적으로 말하면 적분인자 $e^{\int p(x)dx}$를 1계 선형 미분방정식 $\frac{dy}{dx} + p(x)y = r(x)$의 양변에 곱함으로써 1계 선형 미분방정식이 완전미분방정식이 되는 것이다.

적분인자를 사용한 1계 선형 미분방정식의 풀이

(i) 적분인자 $e^{\int p(x)dx}$를 구한다.

(ii) 적분인자를 미분방정식의 양변에 곱하여 미분방정식의 좌변을 적분인자와 y의 곱에 대한 미분 형태로 만든다.

(iii) 양변을 x에 대해 적분한다.

(iv) 양변을 적분인자로 나눈다.

다음 예제에서 1계 선형 미분방정식의 해를 위의 순서로 구해 보자.

예제 3

예제 1의 미분방정식 $y' + y = 1$의 일반해를 적분인자를 사용하여 구하라.

(풀이) (i) $y' + y = 1$에서 $p(x) = 1$이므로 적분인자는

$$e^{\int p(x)dx} = e^{\int 1dx} = e^x$$

이다.

(ii) 적분인자를 미분방정식의 양변에 곱하면 $e^x y' + e^x y = e^x$가 되는데, 이는

$$\frac{d}{dx}[e^x y] = e^x$$

와 같이 쓸 수 있다.

(iii) 위 식의 양변을 x로 적분하면 $\int \frac{d}{dx}[e^x y]dx = \int e^x dx$ 에서

$$e^x y = e^x + c$$

이다.

(iv) 양변을 다시 적분인자 e^x로 나누면

$$y = 1 + ce^{-x}$$

가 된다. 이는 예제 1 또는 2의 결과와 같다.

☞ 예제 3의 풀이에서 $\frac{d}{dx}[e^x y] = e^x$ 를 $d[e^x y] = e^x dx$로 나타내고, 양변을 적분하여 $\int d[e^x y] = \int e^x dx$ 로 표현해도 이후의 결과는 같다.

$$\int d[e^x y] = \int (1) d[e^x y] = e^x y$$

이기 때문이다. 이는 $e^x y$를 새로운 종속변수로 놓고 종속변수 $e^x y$와 독립변수 x를 변수분리하여 해를 구한 것에 해당한다.

예제 4

$\frac{dy}{dx} - y = e^{2x}$ 의 해를 구하라.

(풀이) 적분인자 $e^{\int p(x)dx} = e^{\int (-1)dx} = e^{-x}$ 를 미분방정식의 양변에 곱하면

$$e^{-x}\frac{dy}{dx} - e^{-x} y = e^x \qquad \text{또는} \qquad \frac{d}{dx}[e^{-x} y] = e^x$$

이다. 적분

$$\int d[e^{-x} y] = \int e^x dx$$

를 수행하면 $e^{-x}y = e^{x} + c$ 또는

$$y = e^{2x} + ce^{x}.$$

예제 5

$\dfrac{dy}{dx} + 2y = e^{x}(3\sin 2x + 2\cos 2x)$를 풀라.

(풀이) $p = 2$인 1계 선형 미분방정식이므로 적분인자 $e^{\int 2dx} = e^{2x}$를 양변에 곱하면

$$e^{2x}\frac{dy}{dx} + 2e^{2x}y = e^{3x}(3\sin 2x + 2\cos 2x)$$

또는

$$\frac{d}{dx}[e^{2x}y] = e^{3x}(3\sin 2x + 2\cos 2x)$$

이다. 양변을 적분하여

$$\int d[e^{2x}y] = \int e^{3x}(3\sin 2x + 2\cos 2x)dx$$

로 나타내고, 우변의 부분적분을 수행하면

$$e^{2x}y = e^{3x}\sin 2x + c$$

이다. 따라서

$$y = e^{x}\sin 2x + ce^{-2x}.$$

예제 6

$\dfrac{dy}{dx} + (\tan x)y = \sin 2x,\ y(0) = 1$ 의 해를 구하라.

(풀이) 적분인자 $e^{\int \tan x dx} = e^{-\ln|\cos x|} = \sec x$ (아래 참고)를 미분방정식의 양변에 곱하면

$$\sec x\frac{dy}{dx} + \tan x\ \sec x \cdot y = \sec x\ \sin 2x$$

이고, $\sin 2x = 2\sin x\ \cos x$이므로

$$\frac{d}{dx}[\sec x \cdot y] = 2\sin x.$$

적분 $\int d[\sec x \cdot y] = 2\int \sin x dx$를 계산하면 $\sec x \cdot y = -2\cos x + c$ 또는

$$y = -2\cos^2 x + c\cos x.$$

초기조건에서 $1 = -2\cos^2 0 + c\cos 0$이므로 $c = 3$이고, 따라서

$$y = 3\cos x - 2\cos^2 x.$$

☞ 예제 6에서 적분인자는 $e^{\int \tan x dx} = e^{-\ln|\cos x|} = |\sec x|$이므로 $\sec x$의 양과 음에 따라 $+\sec x$ 또는 $-\sec x$가 되어야 한다. 하지만 어느 것을 미분방정식에 곱하더라도 결과는 같다.

Bernoulli 방정식

비선형 미분방정식이 간단한 치환에 의해 선형 미분방정식이 될 수 있다.

$$\frac{dy}{dx} + p(x)y = r(x)y^{\gamma} \tag{1.4.12}$$

로 나타나는 Bernoulli(베르누이) 방정식이 그 예이다. 여기서 γ는 임의의 실수이며, γ가 0 또는 1이면 식 (1.4.12)는 선형이고 그렇지 않으면 비선형이다. 새로운 종속변수를 $u(x) = y(x)^{1-\gamma}$로 놓으면 $\frac{du}{dx} = (1-\gamma)y^{-\gamma}\frac{dy}{dx}$이고, 식 (1.4.12)에서 $\frac{dy}{dx} = r(x)y^{\gamma} - p(x)y$이므로

$$\frac{du}{dx} = (1-\gamma)y^{-\gamma}[ry^{\gamma} - py] = (1-\gamma)(r - pu)$$

가 된다. 즉

$$\frac{du}{dx} + (1-\gamma)p(x)u = (1-\gamma)r(x) \tag{1.4.13}$$

와 같이 $u(x)$에 대해 1계 선형 미분방정식이 되므로 적분인자를 사용하여 해를 구할 수 있다.

예제 7

a, b가 양의 실수일 때

$$\frac{dy}{dx} = ay - by^2 \tag{1.4.14}$$

의 해를 구하라.

(풀이) 주어진 미분방정식을 식 (1.4.12)와 비교하면 $\gamma = 2$인 경우이므로 $u = y^{1-\gamma} = y^{1-2} = y^{-1}$로 치환하면

$$\frac{du}{dx} = -\frac{1}{y^2}\frac{dy}{dx} = -\frac{1}{y^2}(ay - by^2) = -\frac{a}{y} + b = -au + b$$

이다. 즉 선형 미분방정식

$$\frac{du}{dx} + au = b$$

를 얻는다. 위 식의 양변에 적분인자 $e^{\int a dx} = e^{ax}$를 곱하면

$$e^{ax}\frac{du}{dx} + ae^{ax}u = be^{ax} \quad \text{또는} \quad \frac{d(e^{ax}u)}{dx} = be^{ax}$$

가 되어, 적분 $\int d(e^{ax}u) = \int be^{ax}dx$에 의해 $e^{ax}u = \frac{b}{a}e^{ax} + c$ 또는

$$u(x) = \frac{b}{a} + ce^{-ax}$$

이다. 따라서

$$y(x) = \frac{1}{u(x)} = \frac{1}{b/a + ce^{-ax}} \tag{1.4.15}$$

이다.

예제 7은 변수분리법으로도 해를 구할 수 있다. 연습문제를 참고하라.

1.4 연습문제

1. $\frac{dy}{dx} - y = x$에 대해 물음에 답하라.

(1) 변수분리법을 사용하여 제차해 y_h를 구하라.
(2) 식 (1.4.5)를 이용하여 특수해 y_p를 구하라
(3) 식 (1.4.4)를 이용하여 일반해 y를 구하라.
(4) 식 (1.4.7)을 이용하여 일반해 y를 구하라.
(5) 적분인자를 사용하여 일반해를 y를 구하라.

(답) (1) $y_h = ce^x$ (2) $y_p = -x - 1$ (3), (4), (5) $y = ce^x - x - 1$

2. 미분방정식의 일반해를 적분인자를 이용하여 구하라.

(1) $y' - y = 4$ (2) $y' + 3xy = 0$ (3) $y' + ky = e^{-kx}$ (상수 k)
(4) $xy' = 2y + x^3e^x$ (5) $y' = (y-2)\cot x$

(답) (1) $y = -4 + ce^x$ (2) $y = ce^{-3x^2/2}$ (3) $y = (x+c)e^{-kx}$
(4) $y = x^2(e^x + c)$ (5) $y = 2 + c\sin x$

3. 초기값 문제의 해를 적분인자를 이용하여 구하라.

(1) $y' = 2(y-1)\tanh 2x,\ y(0) = 4$ (2) $y' + 3y = \sin x,\ y\left(\frac{\pi}{2}\right) = 0.3$

(답) (1) $y = 1 + 3\cosh 2x$ (2) $y = \frac{1}{10}(3\sin x - \cos x)$

4. 예제 7의 해를 변수분리법으로 구하라. 미분방정식을 $\frac{dy}{(a-by)y} = dx$ 와 같이 변수분리하고 좌변을 부분분수로 바꾸어 적분한다.

5. Bernoulli 방정식 $y' + xy = xy^{-1}$의 해를 구하라.

(답) $y^2 = 1 + ce^{-x^2}$

1.5 1계 미분방정식의 응용

1계 상미분방정식이 포함된 초기값 문제로 표현되는 여러 가지 현상에 대해 알아보자. 여기서 소개하는 예가 아니더라도 자연과학 심지어 사회과학 분야에서도 각 전공 분야에 여러 가지 응용의 예가 있을 것이다. 학생들은 미분방정식을 푸는 방법을 공부하면서도 정작 이를 이용하는 응용문제는 간과하는 경우가 많다. 예를 들어 $\frac{dy}{dx} + 5y = 10$ 으로 주어지는 문제는 학생들이 쉽게 접근하지만, 그림 1.5.11과 같은 전기회로의 특성이 미분방정식 $L\frac{di}{dt} + Ri = E(t)$ 로 주어지며 $L = 1,\ R = 5,\ E(t) = 10$일 때 전류 $i(t)$를 구하라는 문제는 막연히 어렵게 생각한다. 사실 두 문제는 동일한 문제이다. 공대생들이 수학을 배우는 이유가 수학적 지식을 본인의 전공 학습에 이용하기 위함이라는 것을 생각한다면 그래서는 안 된다. 다음에 소개하는 응용문제에 대해 사전지식이 없어 미리 겁을 먹는 학생들도 있을 것이다. 하지만 여기서 소개하는 응용의 예는 공대생이면 누구나 이해할 수 있는 초보적인 수준이고, 문제에 대한 자세한 설명이 교재에 곁들여지므로 자신감을 가지고 공부하기 바란다. 독자들은 이 단원을 공부하며 수학뿐만 아니라 과학적·공학적 지식도 함께 신장되고, 이공학 분야에서 자주 사용하는 용어에도 익숙해질 것이다.

개체의 증가 및 감소

집단의 개체수가 증가하거나 감소하는 현상을 나타내는 수학적 모형으로 초기값 문제

$$\frac{dP}{dt} = kP, \qquad P(0) = P_0 \tag{1.5.1}$$

가 자주 사용된다. 여기서 $P(t)$는 시간 t에서 개체수(population), k는 비례상수이다. 따라서 식 (1.5.1)의 미분방정식은 "개체수의 변화율은 당시의 개체수에 비례한다", 초기조건은 "특정한 시점($t = 0$)에서 개체수가 P_0이다"를 의미한다. k가 양수이면 증가 모형, k가 음수이면 감소 모형이다.

예제 1 인구 증가

어떤 마을의 인구가 당시 인구수에 비례하여 연속적으로 증가한다. 인구증가율은 5%/년이고, 2010년 마을 인구는 1,000명이다.

(1) 2020년에는 인구가 얼마가 되는가?

(2) 인구가 2010년에 비해 2배 증가하여 2,000명이 되는 해는 언제인가?

(풀이) $P(t)$를 시간 t에서 마을 인구수라 하고 2010년을 $t = 0$으로 택하면 이 문제에 대한 초기값 문제는 식 (1.5.1)에 의해

$$\frac{dP}{dt} = 0.05P, \quad P(0) = 1000$$

이다. 변수분리법을 사용해 $\frac{dP}{P} = 0.05dt$ 의 양변을 $\int \frac{dP}{P} = 0.05\int dt$ 와 같이 적분하면 $\ln P = 0.05t + c$ 에서($P > 0$) $P(t) = ce^{0.05t}$이다. 여기에 초기조건을 적용하면 $P(0) = ce^{0.05(0)} = 1000$에서 $c = 1000$이므로

$$P(t) = 1000e^{0.05t}.$$

(1) 2020년의 인구는 $P(10) = 1000e^{0.05\cdot 10} = 1000\sqrt{e} \simeq 1650$ 명이다.

(2) $P(t) = 2000$이 되는 t를 구하면 $2000 = 1000e^{0.05t}$, 즉 $2 = e^{0.05t}$ 양변에 로그를 취하여 $\ln 2 = 0.05t$에서 $t = \frac{\ln 2}{0.05} \simeq 13.9$ 년이다. 즉 2023년 후반부이다.

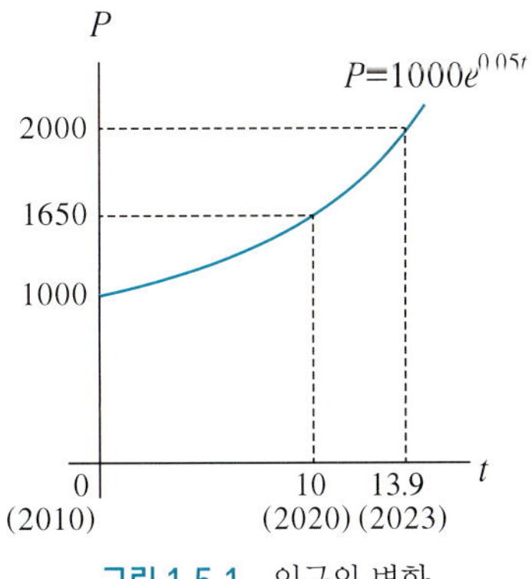

그림 1.5.1 인구의 변화.

☞ (1) 인구 증가율이 5%/년이라는 것은 $\frac{dP/dt}{P} = 0.05$ /년이라는 의미다. 이러한 값을 상대적 증가율(relative growth rate)이라 한다. (2) 예제 1의 문제 (2)에서와 같이 어떤 값이 2배로 증가하는 데 걸리는 시간을 배가시간(doubling time)이라 한다.

(풀이) 방사성 물질의 양이 25%로 감소한 시간을 t로 놓고 식 (1.5.5)를 이용하면

$$\frac{1}{4}N_0 = N_0 e^{-(\ln 2)t/t_{1/2}}$$

에서

$$t = 2t_{1/2} = 2(5,730) = 11,460\text{년}.$$

☞ 예제 3의 답을 미리 예측할 수 있다. C-14의 비율이 원래보다 1/4로 감소했으므로 반감기가 두 번 지났기 때문이다. 하지만 화석의 C-14의 현재 비율이 예를 들어 13.5%라면 예제 3과 같은 풀이를 수행해야 한다.

가열 및 냉각

Newton의 가열 및 냉각 법칙(Newton's law of heating and cooling)을

$$\frac{dT}{dt} = -k(T - T_s) \tag{1.5.6}$$

로 나타낸다. 여기서 T는 어떤 물체의 온도이고, T_s는 물체를 둘러싸고 있는 주변의 온도, k는 비례상수, t는 시간이다. 다음 문장을 읽기 전에 각자 식 (1.5.6)을 한국어로 번역해 보자. 정답은

"물체의 온도 변화율은 물체의 온도와 주변 온도의 차에 비례한다."

이다. T가 물체의 온도이므로 dT/dt는 시간에 대한 온도 변화율이고, $T - T_s$는 물체의 온도와 주변 온도의 차이이니 당연하다. 이런 의미에서 저자는 강의 시간에 식 (1.5.6)과 같은 표현을 '수학나라 말'이라고 강조한다. 수학나라 말은 세계 공통어이다. 식 (1.5.6)에서 비례상수 k가 양일 때 $T > T_s$이면 $dT/dt < 0$, 즉 시간이 지나면서 T가 감소하므로 '냉각'이고, 반대로 $T < T_s$이면 '가열'이다. 예를 들어 갓 구운 뜨거운 빵을 오븐에서 꺼내면 시간이 지남에 따라 빵이 식을 것이며, 얼음을 냉장고에서 꺼내면 녹을 것이다. 식 (1.5.6)의 우변에 (−) 부호를 붙인 이유는 비례상수 k

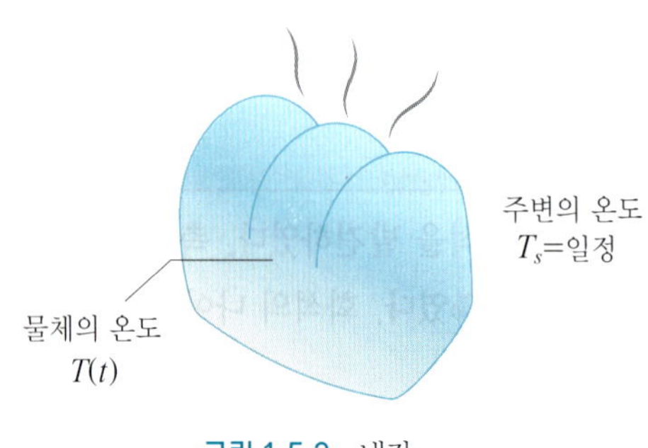

그림 1.5.3 냉각.

를 양으로 유지하기 위함이다. 다음 예제를 보자.

예제 4 Newton의 냉각법칙

오후 9시에($t = 0$) 보일러를 끌 때 집 안의 온도는 22°C였는데, 1시간 후 잠자리에 들 때 20°C가 되었다. 다음 날 새벽 5시에($t = 8$) 집 안의 온도는 얼마인가? 집 바깥의 온도는 10°C로 일정하다고 가정한다.

(풀이) 집 안의 온도를 T라 하면 식 (1.5.6)은

$$\frac{dT}{dt} = -k(T - 10)$$

이다. 변수분리를 하면 $\frac{dT}{T - 10} = -kdt$ 이고, 양변을 적분하여 일반해

$$T(t) = 10 + ce^{-kt}$$

를 얻는다. 초기조건 $T(0) = 22 = 10 + c$에서 $c = 12$이고, 상수 k를 결정하기 위해 $t = 1$에서의 조건 $T(1) = 20 = 10 + 12e^{-k \cdot 1}$을 이용하면 $k = \ln(6/5)$이 되어 특수해는

$$T(t) = 10 + 12e^{-\ln(6/5)t}$$

이다. 따라서 $t = 8$일 때 온도는

$$T(8) = 10 + 12e^{-\ln(6/5) \cdot 8} = 12.8°C$$

이다.

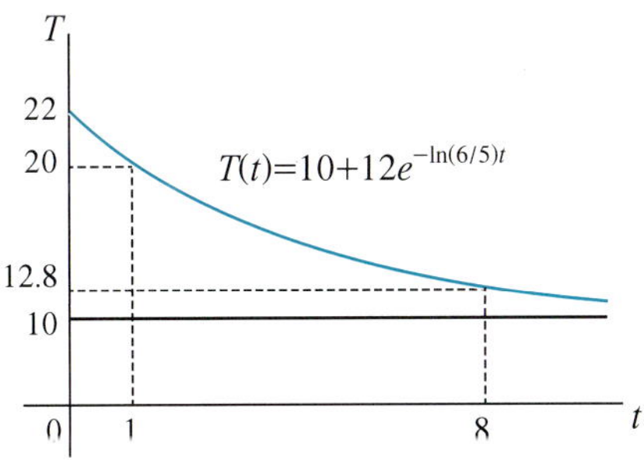

그림 1.5.4 집 안의 온도 변화.

예제 4에서 시간이 충분히 지나면($t \to \infty$) 집 안의 온도는 얼마가 될까?

$$\lim_{t \to \infty} T(t) = \lim_{t \to \infty}[10 + 12e^{-\ln(6/5) \cdot t}] = 10$$

이므로 시간이 지나더라도 집 안의 온도는 10°C에 한없이 가까워지며 그 이하로 내려가지는 않는다. 이는 식 (1.5.6)에서 미리 짐작할 수 있다. 물체의 온도 변화율이 물체의 온도와 주변 온도의 차에 비례하므로 물체의 온도가 주변 온도에 가까워질

수록 물체의 온도 변화율은 0에 가까워지므로 온도는 일정해진다. 즉 $T \to T_s$이면 $dT/dt \to 0$이므로 T는 일정하다. 그림 1.5.4에서 시간이 지남에 따라 T의 접선의 기울기가 0이 되는 이유이다.

엄밀히 말하면 집 안에서도 위치에 따라 온도가 다를 것이다. 하지만 예제 4에서는 집 안의 온도가 위치에 관계없이 같은 것으로 가정하여 위치변수를 제거한 시간 t만의 함수로 나타내었다. 이처럼 문제의 대상이 되는 물체의 위치변수를 무시하고 시간에 대한 변화만 나타내는 모형을 **점모형**(point model)이라 한다. 1.1절에서 설명한 자유낙하도 점모형이다. 낙하하는 물체의 형태와 이에 따른 공기저항까지 고려한다면 위치변수가 포함된 매우 복잡한 문제가 될 것이다. 공학의 여러 분야에서 사용되는 점모형은 간단한 수학적 모형을 이용하여 해석 대상이 시간에 따라 어떻게 변하는지를 예측하는 유용한 방법이다.

공기저항을 고려한 낙하운동

1.1절에서 물체의 자유낙하에 대해 공부했다. 하지만 그때는 자유낙하하는 물체에 작용하는 공기저항을 고려하지 않았다. 공기저항을 간단하게 고려한 자유낙하에 대해 생각해 보자.

예제 5 공기저항을 고려한 낙하

질량 m인 물체가 속도에 비례하는(비례상수 β) 공기 저항력을 받으며 초기속도 0으로 떨어진다. 물체의 속도 $v(t)$를 구하라. 충분한 시간이 경과할 때 속도는 계속 증가하는가 아니면 일정한 값으로 수렴하는가? 수렴한다면 그 값은 얼마인가?

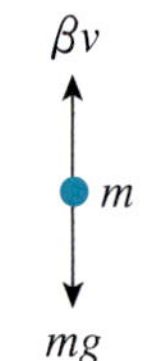

그림 1.5.5 공기저항과 자유낙하.

(풀이) 물체에 작용하는 힘은 물체의 무게 mg와 물체의 운동 방향에 반대 방향으로 작용하는 공기 저항력 βv이므로 Newton 제2법칙 $F = ma$에 의해

$$mg - \beta v = m\frac{dv}{dt}$$

이다. 여기서 물체가 떨어지는 방향을 (+)로 정했다. 위의 미분방정식을 다시 쓰면

$$\frac{dv}{dt} + \frac{\beta}{m}v = g$$

이고, 이는 1계 선형 미분방정식이다. 따라서 양변에 적분인자 $e^{\int \beta/m dt} = e^{\beta t/m}$를 곱하여 적분하면

$$\frac{d}{dt}[e^{\beta t/m}v] = ge^{\beta t/m}$$

$$e^{\beta t/m}v = g\int e^{\beta t/m}dt = \frac{mg}{\beta}e^{\beta t/m} + c$$

에서

$$v(t) = \frac{mg}{\beta} + ce^{-\beta t/m}$$

이고, 초기조건 $v(0) = \frac{mg}{\beta} + c = 0$을 적용하면 $c = -\frac{mg}{\beta}$이므로

$$v(t) = \frac{mg}{\beta}(1 - e^{-\beta t/m})$$

이다. $\lim_{t\to\infty} e^{-\beta t/m} = 0$이므로 시간이 충분히 경과하면 속도는 $\lim_{t\to\infty} v(t) = \frac{mg}{\beta}$(상수)로 수렴한다. 최종속도가 질량 m에 비례하고 공기저항 계수 β에 반비례함을 알 수 있다.

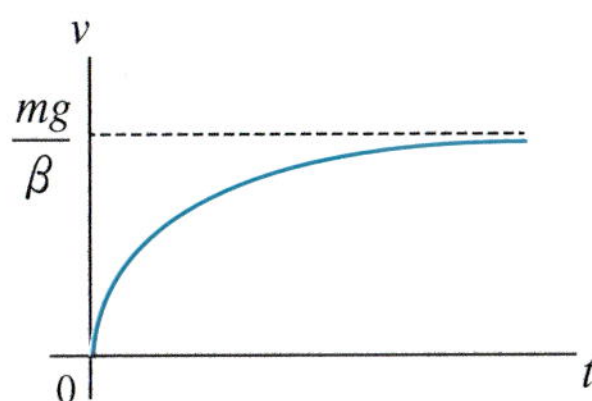

그림 1.5.6 공기저항을 받으며 낙하하는 물체의 속도.

☞ 예제 5의 미분방정식은 $\frac{dv}{mg - \beta v} = \frac{dt}{m}$와 같이 변수분리가 가능하다. 변수분리법으로 해를 구하여 예제 5의 결과와 비교해 보라.

용액의 농도 변화

서로 다른 농도를 갖는 용액이 혼합되는 현상도 미분방정식으로 기술된다.

예제 6 용액의 혼합

소금물 200 m^3이 들어 있는 수조가 있다. 농도가 2 kg/m^3인 소금물이 5 m^3/min의 속도로 수조로 유입되고, 수조 안에서 잘 섞인 소금물이 같은 속도로 수조 밖으로 유출된다. 처음 수조 안에 40 kg의 소금이 녹아 있었다면 임의의 시간 t에 수조 안에 있는 소금의 무게를 구하라.

(풀이) 이러한 문제에 대해 바로 답을 아는 사람은 아무도 없다. 문제의 뜻을 정확히 파악하고 꼼꼼하게 생각하는 사람이 문제를 해결한다. 이런 면에서 보면 수학을 잘하고 못하고는 지식이나 지능의 문제라기보다는 성격의 문제일 수도 있다. 먼저 문제의 내용을 이해하기 위해 간단한 그림을 그려보자.

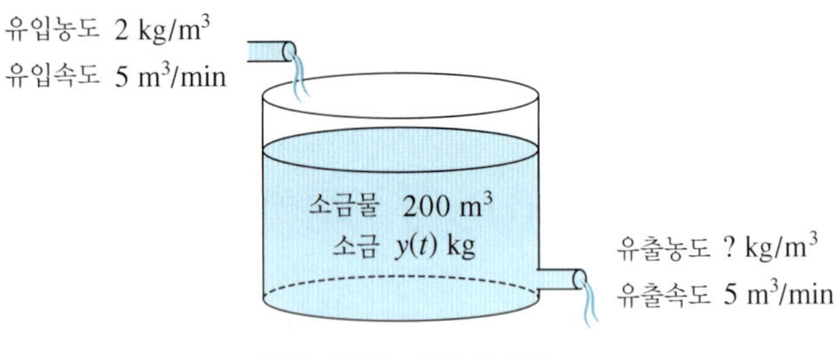

그림 1.5.7 용액의 혼합.

시간 t에서 수조 안의 소금의 무게를 $y(t)$ kg이라 하면

$$\text{수조 안의 소금의 변화율}(dy/dt) = \text{소금의 유입률}(R_{in}) - \text{소금의 유출률}(R_{out})$$

이다. 소금의 유입률은 소금물 농도에 유입속도를 곱하면 되므로

$$R_{in} = 2\text{ kg/m}^3 \times 5\text{ m}^3\text{/min} = 10\text{ kg/min}$$

이고, 시간 t에서 수조 안의 소금물 농도는 $\dfrac{y}{200}$ kg/m³이므로 소금의 유출률은

$$R_{out} = \frac{y}{200}\text{ kg/m}^3 \times 5\text{ m}^3\text{/min} = \frac{y}{40}\text{ kg/min}$$

이다. 따라서 주어진 문제를 초기값 문제

$$\frac{dy}{dt} = 10 - \frac{y}{40}, \quad y(0) = 40$$

으로 쓸 수 있다. 미분방정식을 변수분리하면

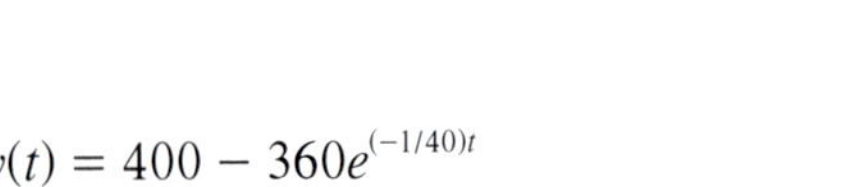

$$\frac{dy}{y - 400} = -\frac{1}{40}dt$$

이고, 양변을 적분하여

$$\ln|y - 400| = -\frac{1}{40}t + c \quad \text{또는} \quad y = 400 + ce^{(-1/40)t}$$

을 구한다. 초기조건에서 $y(0) = 40 = 400 + ce^0$, $c = -360$이므로

$$y(t) = 400 - 360e^{(-1/40)t}$$

이다.

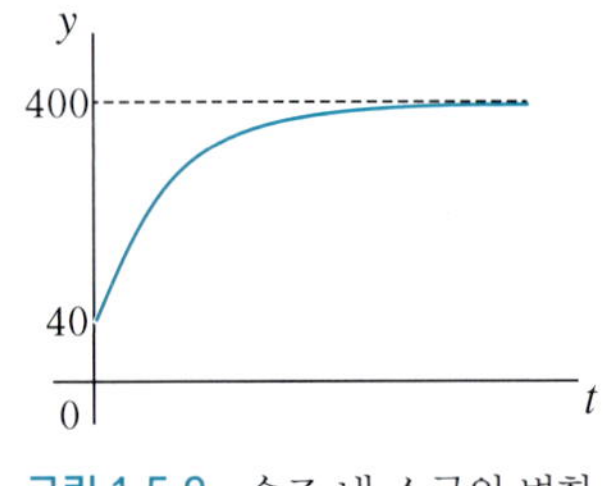

그림 1.5.8 수조 내 소금의 변화.

☞ 충분한 시간이 경과한 후 수조 안의 소금의 무게는

$$\lim_{t\to\infty} y(t) = \lim_{t\to\infty}\left[400 - 360e^{(-1/40)t}\right] = 400\text{ kg}$$

이다. 이를 물리적으로 생각해 보자. 시간이 충분히 지나면 수조 안의 소금물 농도는 유입농도와 같은 2 kg/m³이 될 것이고 수조의 용량이 200 m³이므로 수조 안의 소금은 2 kg/m³ × 200 m³ = 400 kg이다.

지구 탈출

오래전부터 많은 사람들이 물체를 지구로부터 탈출시키는 문제를 생각했다. 이에 관한 공상과학 소설도 꽤 많았다. 우리도 이러한 문제를 생각해 보자. 로켓과 같이 자체 추진력으로 움직이는 물체가 아니고 쏘아 올린 물체임에 유의하자.

예제 7 지구 탈출속도

지표에서 수직 방향으로 쏘아 올린 물체가 지구로부터 탈출할 수 있는 최소 초기속도를 계산하라. 단, 쏘아 올린 물체는 중력 외에는 어떠한 힘도 받지 않는다고 가정한다. 지구 반지름은 $R = 6{,}372$ km, 지구 표면에서 중력가속도는 $g = 9.8\ \text{m/sec}^2$이다.

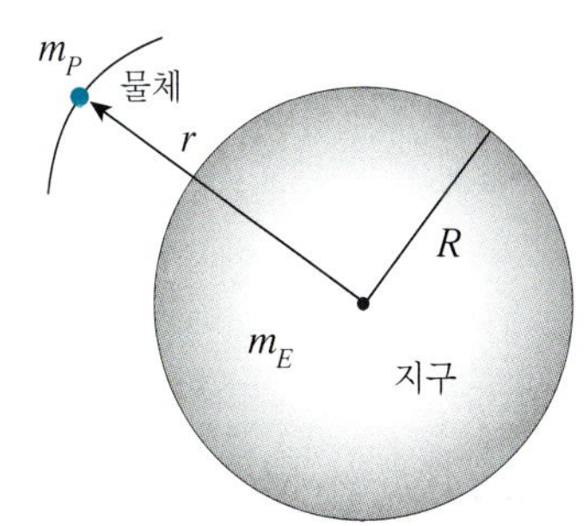

그림 1.5.9 지구 탈출속도.

(풀이) 물체의 질량 m_P, 지구 질량 m_E, 물체와 지구 중심 사이의 거리 r, 중력상수를 G라 하면 물체가 받는 힘은 Newton의 중력법칙에 의해 물체와 지구 사이에 작용하는 인력 $F = G\dfrac{m_p m_E}{r^2}$이다. 쏘아 올린 물체에 Newton 제2법칙 $F = ma$를 적용하면 $G\dfrac{m_p m_E}{r^2} = -m_p a$ 또는

$$a(r) = -\frac{Gm_E}{r^2} \tag{1.5.7}$$

이다. 여기서 (−) 부호는 인력의 방향이 물체 진행 방향의 반대 방향으로 작용함을 의미한다. 한편 지구 표면($r = R$)에서 중력가속도가 g이므로 $m_p g = G\dfrac{m_p m_E}{R^2}$에서 $m_E = \dfrac{gR^2}{G}$이고, 식 (1.5.7)은

$$a(r) = -\frac{gR^2}{r^2} \tag{1.5.8}$$

이 된다. 식 (1.5.8)을 연쇄율

$$a(r) = \frac{dv}{dt} = \frac{dv}{dr}\frac{dr}{dt} = v\frac{dv}{dr} \tag{1.5.9}$$

을 이용하여 다시 쓰면

$$v\frac{dv}{dr} = -\frac{gR^2}{r^2} \tag{1.5.10}$$

이다. 식 (1.5.10)을 변수분리하여 적분하면 $\dfrac{1}{2}v^2 = \dfrac{gR^2}{r} + c$ 또는

$$v^2 = \frac{2gR^2}{r} + c \tag{1.5.11}$$

이다. 초기조건, 즉 지구 표면($r = R$)에서 물체의 속도를 v_0라 하고 이를 식 (1.5.11)에 적용하면 $v_0^2 = \dfrac{2gR^2}{R} + c$에서 $c = v_0^2 - 2gR$이므로

$$v^2 = v_0^2 - 2gR\left(1 - \frac{R}{r}\right) \tag{1.5.12}$$

이다. 여기서 $r \to \infty$일 때 $v^2 \to v_0^2 - 2gR$이 됨에 유의하자. $v = 0$이 되면 물체는 정지 후 다시 지구를 향해 낙하하게 되므로 $v_0^2 \geq 2gR$이어야 하며, 물체가 지구로부터 탈출할 수 있는 초기속도의 최소값은

$$v_0 = \sqrt{2gR} \tag{1.5.13}$$

이다. 식 (1.5.13)에 $R = 6{,}372$ km, $g = 9.8$ m/sec^{2}을 대입하면

$$v_0 = \sqrt{2(9.8)(6.372 \times 10^6)} = 1.12 \times 10^4 \text{ m/sec}$$

이다. 즉 지구 탈출을 위한 최소속도는 11.2 km/sec이다.

☞ 예제 7에서 연쇄율[식 (1.5.9)]을 사용한 이유는 무엇일까? 가속도 a가 r의 함수로 표현되므로 속도 또한 r의 함수로 나타내기 위해 연쇄율을 사용하였다.

예제 7의 결과를 보면 11.2 km/sec의 속도로 물체를 쏘아 올려야 물체를 지구에서 탈출시킬 수 있다. 이러한 속도로 쏘아 올리는 것은 불가능하므로 실제로는 로켓에 연료를 장착하여 자체 추진력을 이용한다. 다음은 위와 같은 문제를 위치에너지의 개념을 이용하여 해결하는 방법을 설명한다. 관심 있는 학생은 참고하라.

쉬어가기 1.6 지구 탈출속도를 구하는 다른 방법

물체가 지구 중심으로부터 거리 r에서 무한대로 멀어지는 동안 중력이 물체에 한 일

$$W = \int_r^\infty F dr = \int_r^\infty \left(-\frac{Gm_p m_E}{r^2}\right) dr = -Gm_p m_E \int_r^\infty \frac{dr}{r^2} = -Gm_p m_E \left[-\frac{1}{r}\right]_r^\infty = -\frac{Gm_p m_E}{r}$$

를 중력에 의한 **위치에너지(potential energy)**라 하고, 이를

$$U = -\frac{Gm_p m_E}{r}$$

로 표현한다. 물체가 지구로부터 멀어져 r이 증가하면 중력은 (−)의 일을 하며, 이때 물체의 위치에너지 U는 증가한다. (절대값이 큰 음수에서 절대값이 작은 음수로 증가함.) 반대로 물체가 지구에 가까워져 r이 감소하면 중력은 (+)의 일을 하며, 이때 물체의 위치에너지 U는 감소한다. (절대값이 작은 음수에서 절대값이 큰 음수로 감소함.) 물체가 지구에서 무한히 떨어져 있을 때($r = \infty$)의 위치에너지는 0이다. 이러한 위치에너지 개념을 이용하면 예제 7을 보다 간단히 해결할 수 있다. 예제 7에서 일을 하는 유일한 힘은 보존력(conservative force, 보존력에 의한 일의 양은 경로에 무관하다)인 중력이므로 위치 r_1, r_2에서의 역학적 에

너지는 보존되어 $K_1 + U_1 = K_2 + U_2$이다. 여기서 K와 U는 각각 물체의 운동에너지와 위치에너지이다. 물체의 지구 탈출속도의 최소값을 구하기 위해 물체가 지구로부터 무한히 떨어졌을 때의 운동에너지를 0으로 하면 이때 물체의 위치에너지 또한 0이다. 따라서 물체가 발사될 때, 즉 $r = R$에서의 운동에너지와 위치에너지의 합도 0이 되어야 하므로

$$\frac{1}{2}m_p v_0^2 + \left(-\frac{Gm_p m_E}{R}\right) = 0$$

에서 $v_0 = \sqrt{\frac{2Gm_E}{R}}$가 되는데, 여기서 $m_E = \frac{gR^2}{G}$이므로

$$v_0 = \sqrt{2gR}$$

이 되어 식 (1.5.13)과 동일하다.

로지스틱 미분방정식(비선형 증가 및 감소)

식 (1.5.1)로 나타나는 개체의 증가 및 감소 모형에서 비례상수 k를 상수로 간주하였다. 하지만 이러한 가정은 실제와 잘 맞지 않을 수 있다. 예를 들어 어떤 곤충의 개체수가 증가하면 먹이가 부족해지고 환경이 악화되는 등 생존을 위한 경쟁이 심화되어 증가율이 감소하기 때문이다. 따라서 a, b가 양의 상수일 때 식 (1.5.1)에서 $k = a - bP$, 즉 개체수 P가 증가할수록 감소하도록 하면

$$\frac{dP}{dt} = (a - bP)P, \quad P(0) = P_0 \tag{1.5.14}$$

와 같이 비선형 미분방정식이 포함된 초기값 문제가 된다. 이를 **로지스틱 방정식**(logistic equation)이라 부르는데, 1840년경 인구문제를 연구하던 벨기에의 수학자 겸 생물학자인 P.F. Verhulst가 제안하였다. 로지스틱 방정식의 해는 **로지스틱 함수**(logistic function), 이 함수의 그래프는 **로지스틱 곡선**(logistic curve)이다.

식 (1.5.14)의 미분방정식을 다시 쓰면

$$\frac{dP}{dt} = aP - bP^2 \tag{1.5.15}$$

이고, 이는 Bernoulli 방정식[식 (1.4.12)]으로 1.4절 예제 7과 동일하다. 따라서 해는 예제 7에 의해 $P(t) = \frac{1}{b/a + ce^{-at}}$이고, 여기에 초기조건 $P(0) = P_0$를 적용하면 $P(0) = \frac{1}{b/a + c} = P_0$에서 $c = \frac{a - bP_0}{aP_0}$이므로 식 (1.5.14)의 해는 로지스틱 함수

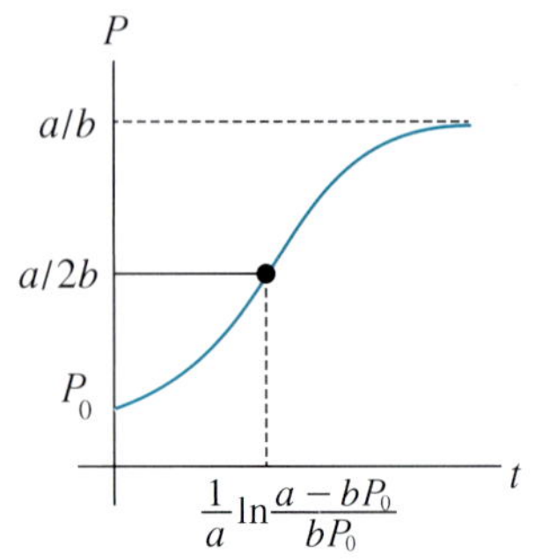

그림 1.5.10 로지스틱 곡선.

$$P(t)=\frac{aP_0}{bP_0+(a-bP_0)e^{-at}} \tag{1.5.16}$$

이다. 식 (1.5.16)에서 $t\to\infty$이면 $P(t)\to a/b$이므로 예제 1의 증가 모형에서와 같이 시간이 지남에 따라 개체수가 한없이 커지는 것이 아니라 일정한 값 a/b에 수렴한다. 식 (1.5.16)을 그래프로 나타낸 로지스틱 곡선은 그림 1.5.10과 같다.

예제 8 로지스틱 증가 모형

외부로부터 격리되고 1,000명이 재학 중인 대학 캠퍼스에 감기에 걸린 학생이 한 명 있다. 4일이 지나자 감기에 걸린 학생수는 50명이 되었다. 감기에 걸리는 학생수의 증가율이 감기에 걸린 학생수와 감기에 걸리지 않은 학생수의 곱에 비례한다면 6일 후 감기에 걸린 학생수는 얼마인가?

(풀이) 시간 t에 감기에 걸린 학생수를 $P(t)$라 하자. 문제 설명에 의하면

$$\frac{dP}{dt}=kP(1000-P) \tag{1.5.17}$$

이고 $P(0)=1$, $P(4)=50$이다. 식 (1.5.17)은 식 (1.5.14)에서 $a=1000k$, $b=k$인 경우이고, $P_0=1$이므로 해는 식 (1.5.16)에 의해 $P(t)=\dfrac{1000}{1+999e^{-1000kt}}$이다. $P(4)=\dfrac{1000}{1+999e^{-1000k(4)}}=50$에서 $k=-\dfrac{1}{4000}\ln\left(\dfrac{19}{999}\right)$이므로

$$P(t)=\frac{1000}{1+999e^{\frac{1}{4}\ln\left(\frac{19}{999}\right)t}}$$

이고, 따라서

$$P(6)=\frac{1000}{1+999e^{\frac{1}{4}\ln\left(\frac{19}{999}\right)(6)}}\simeq 276\text{명}$$

이다.

전기회로

전기회로의 특성도 미분방정식으로 표현한다. 우리는 물리학 과목을 통해 다음과 같은 기본 지식을 알고 있다. 전기적으로 대전된 입자는 **전하(electric charge)** $q(t)$를 가지며 단위는 C(coulomb)이다. 전하의 이동을 **전류(electric current)** $i(t)$라 하는데, 이는 전하의 시간 변화율, 즉 $i(t)=dq(t)/dt$이며 단위는 A(ampere)로 이는 C/sec에 해당한다.

옴의 법칙에 의해 전류 i가 흐르는 **저항**(resistance) $R(\Omega)$ 양단의 전위차는 $\triangle E_R = Ri$이고, 전하 q가 저장된 **전기용량**(capacitance) C(F, faraday)인 축전기 양단의 전위차는 $\triangle E_C = q/C$, **인덕턴스**(inductance)가 L(H, henry)인 인덕터 양단의 전위차는 $\triangle E_L = L\dfrac{di}{dt}$이다.

표 1.5.1 전기소자에 의한 전압강하.

저항(resistor)	축전기(capacitor)	인덕터(inductor)
R	C	L
$\triangle E_R = Ri$	$\triangle E_C = q/C$	$\triangle E_L = L\dfrac{di}{dt}$

저항(R)과 인덕터(L)를 갖는 회로를 RL-회로, 저항(R)과 축전기(C)를 갖는 회로를 RC-회로라 한다. 이러한 회로의 특성이 1계 미분방정식으로 나타난다. 저항(R), 인덕터(L), 축전기(C)를 동시에 갖는 RLC-회로의 특성은 2계 미분방정식으로 나타나며, 이에 대해서는 2장에서 다룬다.

RL-회로

그림 1.5.11과 같이 저항 R과 인덕터 L이 직렬로 연결된 회로에서 전류 i가 저항 R과 인덕터 L을 통과할 때 손실되는 전위가 외부 기전력에 의해 공급되어야 하므로 전류 i는 미분방정식

$$L\frac{di}{dt} + Ri = E(t) \qquad (1.5.18)$$

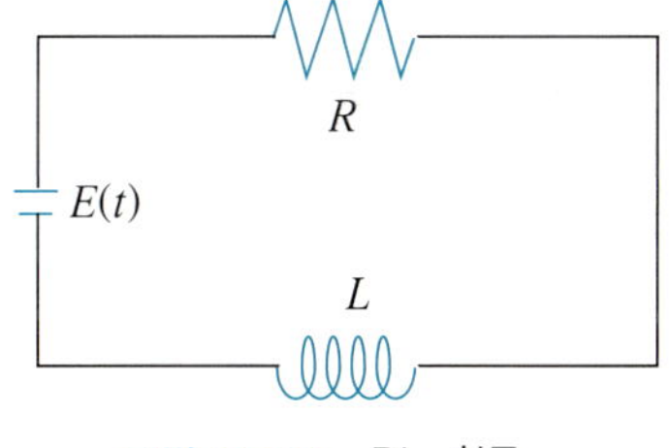

그림 1.5.11 RL-회로.

를 만족한다. 직류전원과 같이 기전력이 일정한 경우와 교류전원과 같이 기전력이 시간에 따라 변하는 경우에 대해 전류의 시간적 변화를 알아보자.

(1) 기전력이 일정한 경우[직류전원 $E(t) = E_0$]

식 (1.5.18)에서 $E(t) = E_0$이므로 미분방정식은 $L\dfrac{di}{dt} + Ri = E_0$ 이다. 양변을 L로 나누면

$$\frac{di}{dt} + \frac{R}{L}i = \frac{E_0}{L} \qquad (1.5.19)$$

이다. 양변에 적분인자 $e^{\int R/L dt} = e^{Rt/L}$를 곱하여 정리하면

$$\frac{d}{dt}(e^{Rt/L} \cdot i) = \frac{E_0}{L}e^{Rt/L}$$

이고, 적분에 의해

$$e^{Rt/L} \cdot i = \frac{E_0}{L} \int e^{Rt/L} dt = \frac{E_0}{R} e^{Rt/L} + c$$

또는

$$i(t) = \frac{E_0}{R} + ce^{-Rt/L}$$

가 된다. 만약 $t = 0$에서 전원을 연결했다면 초기조건 $i(0) = 0$에서 $c = -E_0/R$이므로

$$i(t) = \frac{E_0}{R}(1 - e^{-Rt/L}) \tag{1.5.20}$$

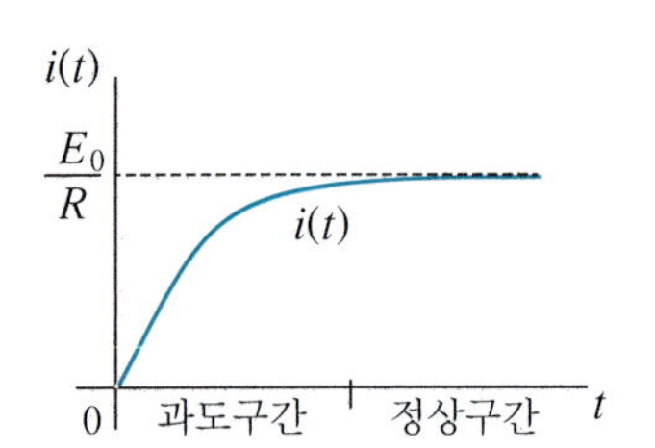

그림 1.5.12 RL-회로의 전류(직류전원).

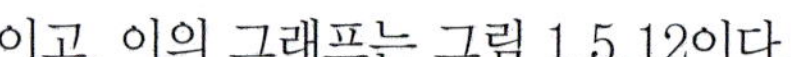

이고, 이의 그래프는 그림 1.5.12이다.

처음에는 인덕터의 영향으로 전류가 시간에 따라 변하지만 시간이 충분히 지난 후에는 $\lim_{t\to\infty} i(t) = E_0/R$ 이므로 저항만 있는 회로에 기전력 E_0를 가했을 때 흐르는 전류와 같아진다. 식 (1.5.19)는 비제차 미분방정식이므로 식 (1.4.4)와 같이 일반해는 제차해 i_h와 특수해 i_p의 합이다. 식 (1.5.20)을 다시 쓰면

$$i(t) = -\frac{E_0}{R} e^{-Rt/L} + \frac{E_0}{R}$$

이고, 여기서 $i_h = -\frac{E_0}{R} e^{-Rt/L}$, $i_p = \frac{E_0}{R}$ 이다. 즉 i_h는 시간에 따라 감소하는 함수이고 i_p는 시간에 무관하게 일정한 함수이므로 제차해 i_h를 **과도해**(transient solution), 특수해 i_p를 **정상해**(steady state solution)라고도 부른다. 과도해가 영향을 미치는 시간 구간을 **과도구간**(transient region), 과도해가 대부분 소멸하여 정상해만 남는 시간 구간을 **정상구간**(steady state region)이라 한다.

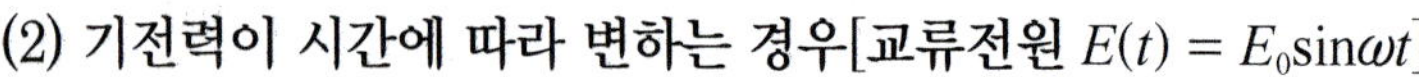

(2) 기전력이 시간에 따라 변하는 경우[교류전원 $E(t) = E_0 \sin \omega t$]

이 경우 식 (1.5.18)은

$$L\frac{di}{dt} + Ri = E_0 \sin \omega t$$

가 되며, 양변을 L로 나누면 $\frac{di}{dt} + \frac{R}{L} i = \frac{E_0}{L} \sin \omega t$이다. (1)에서 구한 적분인자를 양변에 곱하면 $\frac{d}{dt}(e^{Rt/L} \cdot i) = \frac{E_0}{L} e^{Rt/L} \sin \omega t$ 가 되고, 양변을 적분하면

$$e^{Rt/L} \cdot i = \frac{E_0}{L} \int e^{Rt/L} \sin \omega t dt \tag{1.5.21}$$

이다. 부분적분에 의해

$$I = \int e^{Rt/L} \sin\omega t dt = \frac{L}{R^2 + \omega^2 L^2} e^{Rt/L} (R\sin\omega t - \omega L\cos\omega t) \quad (1.5.22)$$

이므로(연습문제 참고) 식 (1.5.21)에서

$$i(t) = \frac{E_0}{R^2 + \omega^2 L^2}(R\sin\omega t - \omega L\cos\omega t) + ce^{-Rt/L}$$

를 구한다. 초기조건이 $i(0) = 0$이면 $c = \dfrac{\omega LE_0}{R^2 + \omega^2 L^2}$ 이므로

$$i(t) = \frac{E_0}{R^2 + \omega^2 L^2}(R\sin\omega t - \omega L\cos\omega t) + \frac{\omega LE_0}{R^2 + \omega^2 L^2} e^{-Rt/L}$$

이다. **삼각함수 합성**(부록 A11)에 의해

$$R\sin\omega t - \omega L\cos\omega t = \sqrt{R^2 + \omega^2 L^2}\sin(\omega t - \theta), \quad \theta = \tan^{-1}\frac{\omega L}{R}$$

이므로

$$i(t) = \frac{E_0}{\sqrt{R^2 + \omega^2 L^2}}\sin(\omega t - \theta) + \frac{\omega LE_0}{R^2 + \omega^2 L^2} e^{-Rt/L}$$

이다. 여기서 특수해(또는 정상해)를 $i_p(t) = \dfrac{E_0}{\sqrt{R^2 + \omega^2 L^2}}\sin(\omega t - \theta)$, 제차해(또는 과도해)를 $i_h(t) = \dfrac{\omega LE_0}{R^2 + \omega^2 L^2} e^{-Rt/L}$ 로 놓으면 $i(t) = i_p(t) + i_h(t)$로 쓸 수 있다. $R = 1\ \Omega$, $L = 0.1$ H, $\omega = 12\pi\ \text{sec}^{-1}$, $E_0 = 100$ V일 때 해의 그래프는 그림 1.5.13이다.

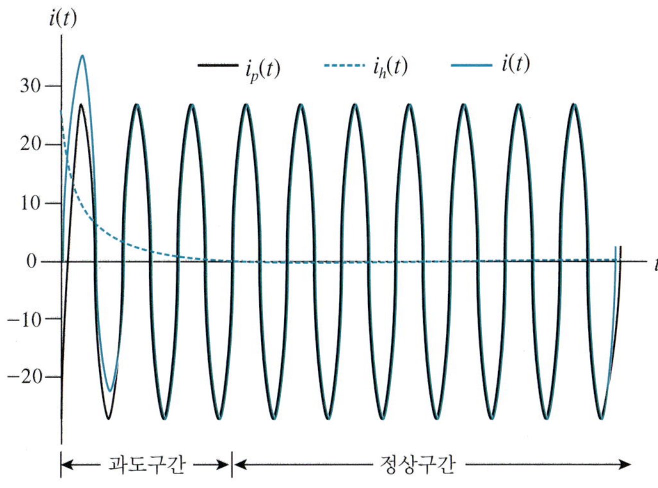

그림 1.5.13 RL-회로의 전류(교류전원).

RC-회로

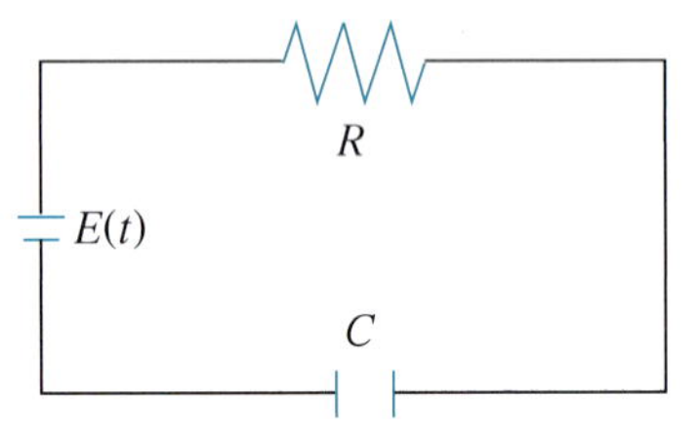

그림 1.5.14 RC-회로.

그림 1.5.14와 같은 RC-회로의 특성은 전하 $q(t)$에 관한 미분방정식

$$R\frac{dq}{dt}+\frac{1}{C}q(t)=E(t) \tag{1.5.23}$$

로 나타난다.[1)]

(1) 기전력이 일정한 경우[직류전원 $E(t)=E_0$]

식 (1.5.23)에 $E(t)=E_0$를 대입하면 $R\frac{dq}{dt}+\frac{1}{C}q=E_0$ 또는

$$\frac{dq}{dt}+\frac{1}{RC}q=\frac{E_0}{R}$$

이다. 위 미분방정식을 RL-회로의 경우와 같이 적분인자 $e^{\int dt/RC}=e^{t/RC}$를 이용하여 풀면

$$q(t)=E_0C+ce^{-t/RC}$$

가 되는데, 전류 $i(t)$는 위 식의 양변을 t로 미분하여

$$i(t)=\frac{dq}{dt}=\tilde{c}e^{-t/RC}$$

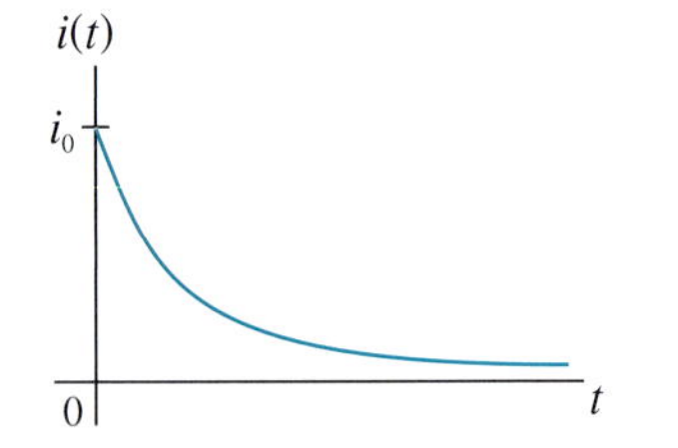

그림 1.5.15 RC-회로의 전류(직류전원).

와 같이 구할 수 있다. 여기서 $\tilde{c}=-\frac{c}{RC}$이다. 초기조건이 $i(0)=i_0$이면 $\tilde{c}=i_0$이므로

$$i(t)=i_0e^{-t/RC}$$

가 된다.

(2) 기전력이 시간에 따라 변하는 경우[교류전원 $E(t)=E_0\sin\omega t$]

식 (1.5.23)은 $R\frac{dq}{dt}+\frac{1}{C}q=E_0\sin\omega t$ 또는

$$\frac{dq}{dt}+\frac{1}{RC}q=\frac{E_0}{R}\sin\omega t$$

가 되고, RL-회로에서와 같은 방법으로

---

1) 식 (1.5.23)을 전류 $i(t)$에 대한 적분방정식 $Ri(t)+\frac{1}{C}\int i(t)dt=E(t)$로 나타낼 수 있고, 양변을 t로 미분하여 $R\frac{di}{dt}+\frac{1}{C}i=\frac{dE}{dt}$로 나타낼 수도 있다.

$$q(t) = \frac{E_0 C}{1+\omega^2 R^2 C^2}(\sin\omega t - \omega RC\cos\omega t) + ce^{-t/RC}$$

를 구할 수 있다. 위 식의 양변을 t로 미분하여 전류

$$i(t) = \frac{\omega E_0 C}{1+\omega^2 R^2 C^2}(\cos\omega t + \omega RC\sin\omega t) + \tilde{c}e^{-t/RC}$$

를 구할 수 있으며($\tilde{c} = -c/RC$), 초기조건 $i(0) = i_0$에서 $\tilde{c} = i_0 - \dfrac{\omega E_0 C}{1+\omega^2 R^2 C^2}$이므로

$$i(t) = \frac{\omega E_0 C}{1+\omega^2 R^2 C^2}(\cos\omega t + \omega RC\sin\omega t) + \left(i_0 - \frac{\omega E_0 C}{1+\omega^2 R^2 C^2}\right)e^{-t/RC}$$

또는 삼각함수 합성에 의해

$$i(t) = \frac{\omega E_0 C}{\sqrt{1+\omega^2 R^2 C^2}}\sin(\omega t + \theta) + \left(i_0 - \frac{\omega E_0 C}{1+\omega^2 R^2 C^2}\right)e^{-t/RC}$$

가 된다. 여기서 $\theta = \tan^{-1}\dfrac{1}{\omega RC}$이다.

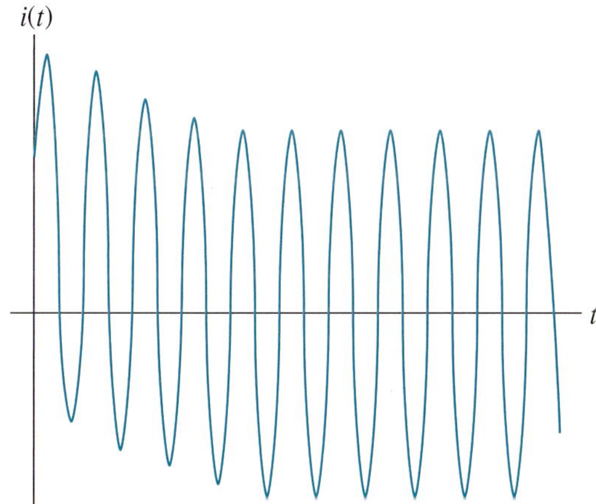

그림 1.5.16 RC-회로의 전류(교류전원).

1.5 연습문제

1. 박테리아 증식: 실험실 배양기에서 박테리아를 증식한다. 박테리아 수의 증가율 dN/dt가 시간 t에서의 박테리아의 수 $N(t)$에 비례한다. 처음 박테리아의 수 N_0가 하루 만에 $2N_0$가 되었다면 3일과 1주일이 지난 후의 박테리아 수를 각각 구하라. 결과를 먼저 예측해 보고 계산값과 비교해 보라.

(답) $8N_0$, $128N_0$

2. Newton의 냉각법칙: 5°C를 가리키고 있는 온도계를 22°C의 방 안으로 옮겼고 1분 후에 온도계는 12°C를 가리켰다. 온도계의 눈금이 21.9°C가 되는 데 걸리는 시간을 구하라.

(답) 9.7분

3. 반감기: Ra−226의 붕괴상수가 1.4×10^{-11} sec^{-1}일 때 반감기를 연 단위로 구하라.

(답) 1,570년

4. 방사붕괴: Ra−224의 반감기는 3.6일이다. 처음 1 g의 Ra−224가 있었다면 1일과 1년이 지난 후에 존재하는 양을 각각 구하라.

(답) 0.825 g, 3.01×10^{-31} g

5. 탄소 연대측정: 3,000년이 지난 것으로 추정되는 화석 상태의 나무가 있다. 나무에 포함된 C−14의 비율은 현재 대기에 포함된 C−14 비율의 몇 %일까? C−14의 반감기는 5,730년이다.

(답) 69.6%

6. 이상기체에 대한 Boyle-Charles의 법칙: 이상기체(ideal gas)의 압력 P, 온도 T, 부피 V 사이의 관계를 나타내는 식은 $\frac{dP}{P} + \frac{dV}{V} = \frac{dT}{T}$ 이다. 이를 이용하여 P, V, T의 관계식을 구하라.

(답) $\frac{PV}{T} = c$

7. 용액의 혼합: 예제 6에서 유입되는 소금물의 농도가 $(1 + \cos t)$ kg/m^{3}일 때 $y(t)$를 구하고 그래프로 그려라.

(답) $y = 200 + \frac{200}{1601}(\cos t + 40\sin t) - \left(160 + \frac{200}{1601}\right)e^{-1/40 \cdot t}$

8. 탈출속도: 예제 7에 의하면 지상에서 쏘아 올린 물체의 최소 탈출속도는 $v_0 = \sqrt{2gR} = 11.2$ km/sec 이다. 만약 물체를 지구 상공 1,000 km에 위치한 우주정거장에서 쏜다면 최소 탈출속도는 얼마인가?

(답) $v_0 = \sqrt{\frac{2gR^2}{R + 1000}} = 10.39$ km/sec

9. 호르몬 분비: 어떤 호르몬의 분비현상이 미분방정식 $y'(t) = a + b\cos(\pi t/12) - ky$로 나타난다. 여기서 t는 시간, $y(t)$는 혈액 속의 호르몬 양, a는 호르몬의 평균 분비율이고 $b\cos(\pi t/12)$, 즉 $b\cos(2\pi t/24)$는 호르몬의 일별 분비 주기, ky는 혈액 속에서의 호르몬 흡수율을 나타낸다. $a = b = k = 1$이고 $y(0) = 2$일 때 $y(t)$를 구하고 그래프로 그려라.

(답) $y = 1 + \frac{1}{1 + \pi^2/144}\left(\cos\frac{\pi t}{12} + \frac{\pi}{12}\sin\frac{\pi t}{12}\right) + \left(1 - \frac{1}{1 + \pi^2/144}\right)e^{-t}$

$\approx 1 + 0.936\cos\frac{\pi t}{12} + 0.245\sin\frac{\pi t}{12} + 0.064e^{-t}$

10. 그림 1.5.10의 로지스틱 곡선의 변곡점이 $\left(\frac{1}{a}\ln\frac{a-bP_0}{bP_0}, \frac{a}{2b}\right)$임을 보여라.

11. 비선형 증가 모형: 어떤 도시에서 CCTV를 설치한 편의점 수 $C(t)$가 초기값 문제

$$\frac{dC}{dt} = (1 - 0.0005C)C, \quad C(0) = 1$$

로 기술된다. $t = 10$에 CCTV를 설치한 편의점 수는 얼마인가?

(답) $C(10) = (0.0005 + 0.9995e^{-10})^{-1} \simeq 1834$

12. RL-회로: $R = 2\ \Omega$, $L = 0.1$ H인 RL-회로에서 다음의 기전력에 대한 전류 $i(t)$를 구하고 그래프로 그려라. 초기전류는 0 A이다.

(1) $E(t) = 100$ V (2) $E(t) = 100\sin(120\pi t)$ V

(답) (1) $i(t) = 50(1-e^{-20t})$

(2) $$i(t) = \frac{50}{\sqrt{1+36\pi^2}}\sin(120\pi t - \theta) + \frac{300\pi}{1+36\pi^2}e^{-20t}$$

$$\simeq 2.649\sin(120\pi t - 1.518) + 2.645e^{-20t}$$, 여기서 $\theta = \tan^{-1}6\pi \simeq 1.518$

13. RC-회로: $R = 5\ \Omega$, $C = 0.01$ F인 RC-회로에서 문제 12와 같은 기전력에 대해 전류 $i(t)$를 구하고 그래프로 그려라. 초기전류는 20 A이다.

(답) (1) $i(t) = 20e^{-20t}$

(2) $$i(t) = \frac{120\pi}{\sqrt{1+36\pi^2}}\sin(120\pi t + \theta) + \left(20 - \frac{120\pi}{1+36\pi^2}\right)e^{-20t}$$

$$\simeq 19.97\sin(120\pi t + 0.053) + 18.94e^{-20t}$$, 여기서 $\theta = \tan^{-1}\frac{1}{6\pi} \simeq 0.053$

14. 부분적분을 사용하여 본문의 식 (1.5.22)

$$I = \int e^{Rt/L}\sin\omega t dt = \frac{L}{R^2+\omega^2L^2}e^{Rt/L}(R\sin\omega t - \omega L\cos\omega t)$$

가 성립함을 보여라.

2계 및 고계 상미분방정식

2

1장에서는 1계 미분방정식의 풀이와 응용에 대해 공부했다. 그러나 자연적, 공학적 현상이 2계 또는 그 이상의 고계 미분방정식으로 나타나는 경우도 많다. 이 장에서는 2계 이상의 미분방정식 중 상수계수 미분방정식과 Cauchy-Euler 미분방정식의 해법과 응용에 대해 공부한다.

2.1 기초학습

함수의 1차 결합, 1차 독립과 1차 종속

1차 결합

상수 $c_1, c_2, \cdots, c_n$에 대해

$$c_1 f_1(x) + c_2 f_2(x) + \cdots + c_n f_n(x)$$

를 함수 $f_1(x), f_2(x), \cdots, f_n(x)$의 **1차 결합(linear combination)**이라 한다.

1차 독립과 1차 종속

구간 I의 모든 x에서 함수 $f_1(x), f_2(x), \cdots, f_n(x)$의 1차 결합에 대해

$$c_1 f_1(x) + c_2 f_2(x) + \cdots + c_n f_n(x) = 0 \qquad (2.1.1)$$

이 오직 $c_1 = c_2 = \cdots = c_n = 0$에 대해서만 성립하면 함수 $f_1(x), f_2(x), \cdots, f_n(x)$를 **1차 독립(linear independent)**이라 하고, 1차 독립이 아닐 때, 즉 모두 0은 아닌(not all zero) $c_i (1 \leqq i \leqq n)$에 대해 식 (2.1.1)이 성립하면 **1차 종속(linear dependent)**이라 한다.

☞ 함수 $f_1(x)$와 $f_2(x)$가 1차 종속이면 $c_1f_1(x) + c_2f_2(x) = 0$을 만족하는 둘 다 0은 아닌(not both zero) c_1과 c_2가 존재한다. 만약 $c_1 \neq 0$이라면 양변을 c_1으로 나누어

$$f_1(x) = -\frac{c_2}{c_1}f_2(x)$$

로 쓸 수 있으며, 이는 $f_1(x)$가 단순히 $f_2(x)$의 상수곱(constant multiple)임을 의미한다. 함수 $f_1(x)$와 $f_2(x)$가 1차 독립이면 하나의 함수가 나머지 함수의 상수곱으로 표현되지 않는다.

Wronskian

함수 $f_1(x), f_2(x), \cdots, f_n(x)$가 적어도 $n-1$ 계 도함수를 가질 때, 행렬식

$$W[f_1(x), f_2(x), \cdots, f_n(x)] = \begin{vmatrix} f_1(x) & f_2(x) & \cdots & f_n(x) \\ f_1'(x) & f_2'(x) & \cdots & f_n'(x) \\ \vdots & \vdots & \ddots & \vdots \\ f_1^{(n-1)}(x) & f_2^{(n-1)}(x) & \cdots & f_n^{(n-1)}(x) \end{vmatrix} \quad (2.1.2)$$

을 함수 $f_1(x), f_2(x), \cdots, f_n(x)$의 Wronskian(론스키안)이라 한다.

함수의 Wronskian을 이용하면 함수의 1차 독립 또는 1차 종속을 판단할 수 있다. 구간 I에서 정의되는 두 함수 $f_1(x)$와 $f_2(x)$의 1차 결합이 0이 되는 경우, 즉

$$c_1f_1(x) + c_2f_2(x) = 0 \quad (2.1.3)$$

을 생각하자. 식 (2.1.3)의 양변을 미분하면

$$c_1f_1'(x) + c_2f_2'(x) = 0 \quad (2.1.4)$$

이고, 식 (2.1.3)과 (2.1.4)는 **제차 선형계**(homogeneous linear system)

$$\begin{bmatrix} f_1(x) & f_2(x) \\ f_1'(x) & f_2'(x) \end{bmatrix}\begin{bmatrix} c_1 \\ c_2 \end{bmatrix} = \begin{bmatrix} 0 \\ 0 \end{bmatrix} \quad (2.1.5)$$

을 이룬다. 두 함수 $f_1(x)$와 $f_2(x)$가 **1차 종속**이면 모든 x에 대해 c_1, c_2가 동시에 0이 되어서는 안 되므로 식 (2.1.5)의 제차 선형계는 **비자명해**(nontrivial solution)를 가져야 한다(7.4절 참고). 따라서 구간 I의 모든 점에서

$$W[f_1(x), f_2(x)] = \begin{bmatrix} f_1(x) & f_2(x) \\ f_1'(x) & f_2'(x) \end{bmatrix} = 0$$

이어야 한다. 한편 두 함수 $f_1(x)$와 $f_2(x)$가 1차 독립이면 x의 적어도 한 점에서 $c_1 = c_2 = 0$이어야 하는데, 이는 식 (2.1.5)의 제차 선형계가 **자명해**(trivial solution)를 가짐을 의미한다. 따라서 구간 I의 적어도 한 점에서

$$W[f_1(x), f_2(x)] = \begin{bmatrix} f_1(x) & f_2(x) \\ f_1'(x) & f_2'(x) \end{bmatrix} \neq 0$$

이어야 한다. 이러한 성질은 n개의 함수 $f_1(x), f_2(x), \cdots, f_n(x)$에 대해서도 동일하게 적용되어 다음의 정리를 얻는다.

1차 독립, 1차 종속과 Wronskian

> 구간 I의 모든 점에서 $W[f_1, f_2, \cdots, f_n] = 0$이면 함수 $f_1(x), f_2(x), \cdots, f_n(x)$는 구간 I에서 **1차 종속**이고, 구간 I의 적어도 한 점에서 $W[f_1, f_2, \cdots, f_n] \neq 0$이면 함수 $f_1(x), f_2(x), \cdots, f_n(x)$는 구간 I에서 **1차 독립**이다. 이의 역도 성립한다.

예제 1

모든 x에 대해 $f_1(x) = x$, $f_2(x) = 2x$의 1차 독립 또는 1차 종속성을 보여라.

(풀이) 모든 x에 대해

$$W[f_1, f_2] = \begin{bmatrix} x & 2x \\ 1 & 2 \end{bmatrix} = 2x - 2x = 0$$

이므로 $f_1(x), f_2(x)$는 모든 x의 구간에서 1차 종속이다.

☞ x와 $2x$는 서로 상수곱 차이뿐이므로 1차 종속이 당연하다.

예제 2

모든 x에 대해 $f_1(x) = e^{m_1 x}$, $f_2(x) = e^{m_2 x}(m_1 \neq m_2)$의 1차 독립 또는 1차 종속성을 보여라.

(풀이) 모든 x에 대해

$$W[f_1, f_2] = \begin{vmatrix} e^{m_1 x} & e^{m_2 x} \\ m_1 e^{m_1 x} & m_2 e^{m_2 x} \end{vmatrix} = m_2 e^{(m_1+m_2)x} - m_1 e^{(m_1+m_2)x} = (m_2 - m_1)e^{(m_1+m_2)x} \neq 0$$

이므로 $f_1(x), f_2(x)$는 모든 x에 대해 1차 독립이다.

예제 3

$x > 0$에서 $y_1 = x^{m_1}$, $y_2 = x^{m_2}(m_1 \neq m_2)$의 1차 독립 또는 1차 종속성을 보여라.

☞ 1.4절에서도 언급했지만 비제차 미분방정식의 특수해는 초기값 문제 또는 경계값 문제의 특수해와 용어는 같지만 서로 다른 개념이다.

예제 6

비제차 미분방정식 $y'' - 9y = 27$의 특수해는 $y_p = -3$이다. 왜냐하면 $y_p'' - 9y_p = 0 - 9(-3) = 27$이기 때문이다. 한편 제차해는 예제 5에 의해 $y_h = c_1 e^{3x} + c_2 e^{-3x}$이다.

비제차 선형 미분방정식의 일반해

비제차 선형 미분방정식의 특수해가 y_p이고 제차해가 $y_h = c_1 y_1 + c_2 y_2 + \cdots + c_n y_n$일 때, 비제차 선형 미분방정식의 일반해는

$$y = y_h + y_p = c_1 y_1 + c_2 y_2 + \cdots + c_n y_n + y_p \tag{2.1.10}$$

이다.

식 (2.1.10)으로 정의된 일반해가 2계 비제차 선형 미분방정식을 만족함을 다음에서 확인할 수 있다.

$$\begin{aligned}
& a_2(x)y'' + a_1(x)y' + a_0(x)y \\
&= a_2(x)[y_h + y_p]'' + a_1(x)[y_h + y_p]' + a_0(x)[y_h + y_p] \\
&= a_2(x)[y_h'' + y_p''] + a_1(x)[y_h' + y_p'] + a_0(x)[y_h + y_p] \\
&= [a_2(x)y_h'' + a_1(x)y_h' + a_0(x)y_h] + [a_2(x)y_p'' + a_1(x)y_p' + a_0(x)y_p] \\
&= 0 + g(x) = g(x)
\end{aligned}$$

예제 7

미분방정식 $y'' - 9y = 27$의 일반해를 구하라.

(풀이) 예제 6에서 주어진 비제차 선형 미분방정식의 특수해가 $y_p = -3$, 제차해가 $y_h = c_1 e^{3x} + c_2 e^{-3x}$임을 알고 있으므로 일반해는

$$y = y_h + y_p = c_1 e^{3x} + c_2 e^{-3x} - 3$$

이다.

☞ 예제 7에서 비제차 선형 미분방정식의 일반해를 제차해와 특수해의 합으로 구했다. 이를 단순히 암기하려 하지말고 이렇게 구해진 일반해는 임의의 c_1, c2에 대해 항상 예제 7의 비제차 미분방정식을 만족한다는 점을 이해하기 바란다.

초기값 문제와 경계값 문제

대부분의 경우 과학 및 공학 분야에서 미분방정식은 초기조건 또는 경계조건과 함께 주어져 초기값 문제 또는 경계값 문제로 나타난다. 여기서는 이들을 2계 선형 미분방정식의 형태로 설명하겠다.

(1) 초기값 문제

미분방정식

$$a_2(x)\frac{d^2y}{dx^2} + a_1(x)\frac{dy}{dx} + a_0(x)y = g(x), \quad x \geqq a \tag{2.1.11}$$

와 x의 시작점 $x = a$에서 y 또는 y의 도함수 값이 주어지는 초기조건(initial condition, IC), 예를 들면

$$y(a) = A, \quad y'(a) = B \tag{2.1.12}$$

를 합하여 **초기값 문제(initial value problem, IVP)**라 한다.

☞ 일반적으로 초기값 문제에서는 x 대신 t를 사용하는 경우가 많으며, 초기조건도 보통 $t = 0$에서 주어진다.

(2) 경계값 문제

미분방정식

$$a_2(x)\frac{d^2y}{dx^2} + a_1(x)\frac{dy}{dx} + a_0(x)y = g(x), \quad a \leqq x \leqq b \tag{2.1.13}$$

와 x의 경계 $x = a$ 및 $x = b$에서 y 또는 y의 도함수 값이 주어지는 경계조건(boundary condition, BC), 예를 들면

$$y(a) = A, \quad y(b) = B \tag{2.1.14}$$

를 합하여 **경계값 문제(boundary value problem, BVP)**라 한다.

초기값 또는 경계값 문제를 풀면 무한히 많은 해를 포함하는 **일반해**(general solution)가 아닌 유일한 **특수해**(particular solution)를 구할 수 있다. 조건이 하나만 필요한 1계 미분방정식의 경우에는 초기값 문제와 경계값 문제를 구분할 수 없으므로 보통 초기값 문제라 부른다. 시간 t와 위치변수 x를 모두 포함하는 편미분방정식의 경우에는 초기조건과 경계조건이 모두 필요하여 초기값 문제이면서 동시에

경계값 문제이다. 경계값 문제에 나타나는 다양한 경계조건에 대해서는 11장에서 다룬다.

2계 선형 미분방정식을 포함하는 초기값 문제는 적절한 조건하에서 **유일해**(unique solution)를 갖는다는 것은 이미 증명되어 있다. 이러한 증명이 이 책의 목적이 아니므로 소개하지는 않겠다. 경계값 문제는 주어진 경계조건에 따라 무수히 많은 해, 유일한 해, 또는 해가 존재하지 않을 수도 있는데, 다음 예제를 통해 이를 확인하는 것으로 만족하자.

예제 8

$y'' + y = 0$의 일반해는 $y = c_1\cos x + c_2\sin x$이다. 다음 경계조건에 대해 특수해를 구하라.

(1) $y(0) = 0,\ y(2\pi) = 0$ (2) $y(0) = 0,\ y(\pi/2) = 0$ (3) $y(0) = 0,\ y(2\pi) = 1$

(풀이)

(1) $y(0) = c_1\cos(0) + c_2\sin(0) = c_1 \cdot 1 + c_2 \cdot 0 = c_1 = 0$이고, $y(2\pi) = c_2\sin(2\pi) = c_2 \cdot 0 = 0$이 모든 c_2에 대해 성립하므로 특수해는 모든 c_2에 대해 $y = c_2\sin x$이다. 즉 무수히 많은 해를 갖는다. 다음 그래프는 미분방정식과 경계조건을 만족하는 여러 해 가운데 몇 개를 보여준다.

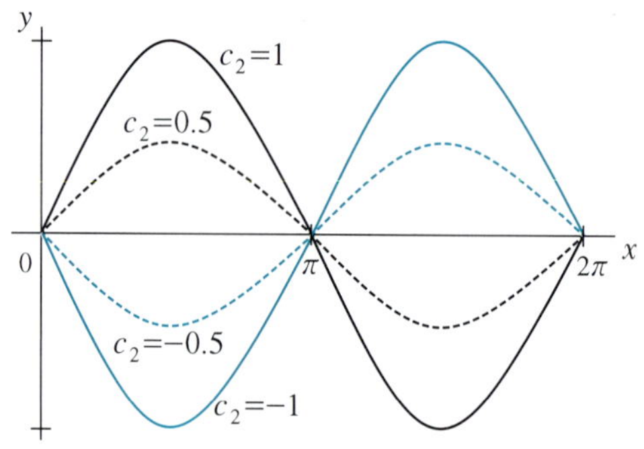

그림 2.1.1 경계값 문제 (1)의 여러 해.

(2) $y(0) = c_1 = 0$이고, $y(\pi/2) = c_2 = 0$이므로 $y = 0$이 유일한 해이다.

(3) $y(0) = c_1 = 0$이고, $y(2\pi) = c_2 \cdot 0 = 1$을 만족하는 c_2가 존재하지 않으므로 해도 존재하지 않는다.

공학에서는 수학적으로 엄밀한 **해석해**(analytic solution)가 존재하지 않거나 구할 수 없는 문제에 대해서도 컴퓨터를 사용하는 수치적 방법(numerical method)을 통해 **근사해**(approximate solution)라도 구해야 하는 경우가 많다. 수학이 크게 발전했지만 아직도 복잡한 공학적 문제들에 대해 해석해를 구할 수 없으므로 다양한 전산코드를 사용하여 근사해를 구한다.

2.1 연습문제

1. Wronskian을 사용하여 주어진 구간에서 함수의 1차 독립 또는 1차 종속을 구분하라.

(1) $\sin mx$, $\cos mx$ $(m \neq 0)$: $(-\infty,\ \infty)$ (2) e^x, xe^x: $(-\infty,\ \infty)$

(3) x, x^2, $4x - 3x^2$: $(-\infty,\ \infty)$ (4) x, $x\ln x$, $x^2\ln x$: $(0,\ \infty)$

(답) (1) 1차 독립 (2) 1차 독립 (3) 1차 종속 (4) 1차 독립

2. 미분방정식 $y'' + (y')^2 = 0$에 대해 답하라.

(1) $y_1 = 1$과 $y_2 = \ln x$가 구간 $(0,\ \infty)$에서 미분방정식의 해임을 확인하라.

(2) $y_1 + y_2$도 해인가?

(3) 임의의 상수 c_1, c_2에 대해 $c_1y_1 + c_2y_2$도 해인가? 해가 아니라면 그 이유를 설명하라.

(답) (2) 해 (3) 해 아님. 비선형 미분방정식

3. 함수가 주어진 구간에서 미분방정식의 기본 해집합이 됨을 보이고 일반해를 써라.

(1) $y'' - 4y = 0$: $\cosh 2x$, $\sinh 2x$, $(-\infty,\ \infty)$

(2) $x^2y'' - 6xy' + 12y = 0$: x^3, x^4, $(0,\ \infty)$

(답) (1) $y = c_1\cosh 2x + c_2\sinh 2x$ (2) $y = c_1x^3 + c_2x^4$

4. 함수 $y = c_1e^{2x} + c_2e^{5x} + 6e^x$가 구간 $(-\infty,\ \infty)$에서 미분방정식 $y'' - 7y' + 10y = 24e^x$의 일반해임을 보여라.

5. 어떤 선형계 또는 선형장치(linear system 또는 linear device)의 특성이 미분방정식

$$a_2(t)\frac{d^2y}{dt^2} + a_1(t)\frac{dy}{dt} + a_0(t)y = g(t)$$

로 기술된다. 입력(input) $g_1(t)$, $g_2(t)$에 대한 출력(output) 또는 응답(response)이 각각 $y_1(t)$, $y_2(t)$일 때 입력 $g_1(t) + g_2(t)$에 대한 출력이 $y_1(t) + y_2(t)$가 됨을 보여라.

$$\begin{array}{ccc} g_1(t) \longrightarrow & \boxed{a_2(t)\dfrac{d^2y}{dt^2} + a_1(t)\dfrac{dy}{dt} + a_0(t)y = g(t)} & \longrightarrow y_1(t) \\ g_2(t) \longrightarrow & & \longrightarrow y_2(t) \end{array}$$

6. 미분방정식 $y'' - y = 0$의 일반해는 $y = c_1e^x + c_2e^{-x}$이다. 다음 조건이 주어지는 초기값 또는 경계값 문제의 특수해를 구하라.

(1) 초기조건: $y(0) = 0$, $y'(0) = 1$ (2) 경계조건: $y(0) = 0$, $y(1) = 1$

(답) (1) $y = \frac{1}{2}(e^x - e^{-x})$ (2) $y = \frac{e}{e^2 - 1}(e^x - e^{-x})$

2.2 주어진 해를 이용하여 나머지 해를 구하는 방법

일반적으로 2계 선형 미분방정식은 1차 독립인 2개의 해를 갖는다. 이 절에서는 2계 선형 미분방정식의 알고 있는 하나의 해를 이용하여 나머지 해를 구하는 방법을 소개하며 여기에서 학습한 내용을 2.3절 이후에 자주 사용할 것이다.

2계 미분방정식 $a_2(x)y'' + a_1(x)y' + a_0(x)y = 0$, $a_2(x) \neq 0$의 양변을 $a_2(x)$로 나누면

$$y'' + p(x)y' + q(x)y = 0 \tag{2.2.1}$$

이 되는데, 여기서 $p(x) = a_1(x)/a_2(x)$, $q(x) = a_0(x)/a_2(x)$이다. 이를 **2계 제차 선형 미분방정식의 표준형**이라 한다. 식 (2.2.1)의 일반해는

$$y = c_1y_1 + c_2y_2 \tag{2.2.2}$$

가 되어야 하는데, 앞으로 y_1만 구할 수 있고 y_2를 구하지 못하는 경우가 자주 발생한다. 이를 위해 알고 있는 하나의 해 y_1을 이용하여 나머지 해 y_2를 구하는 방법을 소개한다.

알고 있는 하나의 해를 $y_1(x)$라 하자. 구간 I의 모든 x에서 $y_1(x) \neq 0$이다. 주어진 $y_1(x)$를 이용하여 또 다른 해 $y_2(x)$를 구하기 위해 $y_2(x) = u(x)y_1(x)$라 하자. 여기서 $u(x)$는 우리가 구해야 할 함수이다. y_2를 미분하여

$$\begin{aligned} y_2' &= u'y_1 + uy_1' \\ y_2'' &= u''y_1 + u'y_1' + u'y_1' + uy_1'' = u''y_1 + 2u'y_1' + uy_1'' \end{aligned}$$

을 식 (2.2.1)에 대입하면

$$\begin{aligned} &y_2'' + p(x)y_2' + q(x)y_2 \\ &\quad = [u''y_1 + 2u'y_1' + uy_1''] + p(x)[u'y_1 + uy_1'] + q(x)[uy_1] \\ &\quad = u[y_1'' + p(x)y_1' + q(x)y_1] + y_1u'' + [2y_1' + p(x)y_1]u' \\ &\quad = 0 + y_1u'' + [2y_1' + p(x)y_1]u' = 0 \end{aligned}$$

즉

$$y_1u'' + [2y_1' + p(x)y_1]u' = 0$$

을 얻는데, 이는 u에 관한 2계 미분방정식이다. $\omega = u'$로 치환하면

$$y_1\omega' + [2y_1' + p(x)y_1]\omega = 0$$

이 되고, 이는 ω에 대한 1계 미분방정식이므로

$$\frac{d\omega}{\omega}+\left(\frac{2y_1'}{y_1}+p\right)dx=0$$

과 같이 변수분리하여 적분하면

$$\ln|\omega|+2\ln|y_1|+\int p dx+c=0$$
$$\ln|\omega y_1^2|=-\int p dx+c$$
$$\omega y_1^2=c_1 e^{-\int p dx}$$

의 과정을 거쳐 $\omega=c_1\frac{e^{-\int p dx}}{y_1^2}$를 얻는다. $u'=\omega$이므로 ω를 다시 적분하면

$$u=c_1\int\frac{e^{-\int p dx}}{y_1^2}dx+c_2$$

이고

$$y_2(x)=u(x)y_1(x)=c_1 y_1(x)\int\frac{e^{-\int p(x)dx}}{y_1^2(x)}dx+c_2 y_1(x)$$

이다. 위 식에서 $c_1=1$, $c_2=0$을 택하면 구하려는 두 번째 해는 다음과 같다.

$$y_2(x)=y_1(x)\int\frac{e^{-\int p(x)dx}}{y_1^2(x)}dx \tag{2.2.3}$$

☞ y_2를 구하는 과정에서 $c_1=1$, $c_2=0$으로 선택하여 결과를 간단하게 표현하였다. 그래도 되는 이유를 생각해 보자(연습문제 참고).

마지막으로 반드시 짚고 넘어가야 할 점은 식 (2.2.3)으로 구한 y_2가 y_1과 1차 독립이어야 한다는 것이다. 이를 위해 Wronskian을 계산하면 구간 I에서

$$W[y_1,y_2]=\begin{vmatrix} y_1 & y_1\int\frac{e^{-\int p dx}}{y_1^2}dx \\ y_1' & y_1'\int\frac{e^{-\int p dx}}{y_1^2}dx+\frac{e^{-\int p dx}}{y_1}\end{vmatrix}=e^{-\int p dx}\neq 0 \tag{2.2.4}$$

이므로 1차 독립을 확인할 수 있다.

예제 1

$y_1=e^x$는 구간 $(-\infty,\ \infty)$에서 $y''-y=0$의 해이다. 일반해를 구하라.

(풀이) 식 (2.2.3)을 직접 사용하면

$$y_2 = y_1 \int \frac{e^{-\int p dx}}{y_1^2} dx = e^x \int \frac{e^{-\int 0 dx}}{e^{2x}} dx = e^x \int e^{-2x} dx = e^x\left(-\frac{1}{2}e^{-2x} + c\right) = -\frac{1}{2}e^{-x} + ce^x$$

를 얻는다. 여기서 두 번째 항 ce^x는 y_1과 중복이며, 첫째 항 $-\frac{1}{2}e^{-x}$가 두번째 해 y_2이지만 중첩의 원리에서 의해 y_2가 해이면 y_2에 임의의 상수를 곱한 것도 모두 해이므로 두 번째 해를 간단히 $y_2 = e^{-x}$로 쓰겠다. 따라서 일반해는

$$y = c_1 y_1 + c_2 y_2 = c_1 e^x + c_2 e^{-x}.$$

예제 2

$y_1 = x^2$이 $(0, \infty)$에서 $x^2y'' - 3xy' + 4y = 0$의 해일 때, y_1과 1차 독립인 해 y_2를 구하라.

(풀이) 미분방정식에서 2계 미분항의 계수가 1이 아니므로 양변을 x^2으로 나누고 식 (2.2.3)을 이용하여 구한다.

$$\begin{aligned} y_2 &= y_1 \int \frac{e^{-\int p dx}}{y_1^2} dx = x^2 \int \frac{e^{-\int (-3/x) dx}}{x^4} dx = x^2 \int \frac{e^{3\ln x}}{x^4} dx \\ &= x^2 \int \frac{x^3}{x^4} dx = x^2 \int \frac{1}{x} dx = x^2 \ln x \end{aligned}$$

2.2 연습문제

문제 1, 2번의 답에서 두 번째 해 y_2를 가장 간단한 형태로 표현했음에 유의하자.

1. (1) $y_2 = uy_1$으로 놓는 방법, (2) 식 (2.2.3)을 이용하는 방법으로 두 번째 해 y_2를 구하고 결과를 비교하라.

(1) $y'' + 5y' = 0$; $y_1 = 1$ (2) $y'' + 16y = 0$; $y_1 = \cos 4x$

(답) (1) $y_2 = e^{-5x}$ (2) $y_2 = \sin 4x$

2. 식 (2.2.3)을 사용하여 두 번째 해 y_2를 구하라. 적절한 x의 구간을 가정한다.

(1) $xy'' + y' = 0$; $y_1 = \ln x$ (2) $x^2y'' - xy' + 2y = 0$; $y_1 = x\sin(\ln x)$

(답) (1) $y_2 = 1$ (2) $y_2 = x\cos(\ln x)$

3. 식 (2.2.3)을 유도하는 과정에서 $c_1 = 1$, $c_2 = 0$을 선택하였다. c_1, c_2에 어떠한 값도 대입하지 않고 그대로 유지해도 최종적으로 나타나는 일반해의 형태는 같음을 보여라.

2.3 상수계수 2계 미분방정식

이 절에서는 상수계수(constant coefficient)를 가지는 2계 제차 선형 미분방정식의 해법에 대해 공부한다. 계수가 각각 상수 a, b, c인 2계 제차 선형 미분방정식

$$ay'' + by' + cy = 0 \tag{2.3.1}$$

을 생각하자. 해를 $y = e^{mx}$로 가정하면

$$y' = me^{mx}, \qquad y'' = m^2e^{mx}$$

이므로, 이들을 식 (2.3.1)에 대입하면

$$ay'' + by' + cy = am^2e^{mx} + bme^{mx} + ce^{mx} = e^{mx}(am^2 + bm + c) = 0$$

이 된다. 여기서 $e^{mx} \neq 0$이므로

$$am^2 + bm + c = 0 \tag{2.3.2}$$

이 성립해야 하는데, 이를 식 (2.3.1)의 **특성방정식(characteristic equation)**이라 부른다.

식 (2.3.2)는 m에 대한 2차 방정식으로 다음과 같은 세 가지 형태의 근(root)이 존재한다.

(i) 서로 다른 두 실근 m_1, m_2를 갖는 경우

식 (2.3.1)의 해를 $y = e^{mx}$로 가정했으므로 $m = m_1$, m_2이면 한 해는 $y_1 = e^{m_1x}$이고 다른 해는 $y_2 = e^{m_2x}$이다. 2.1절의 예제 2에서 $m_1 \neq m_2$일 때 e^{m_1x}와 e^{m_2x}는 구간 $(-\infty, \infty)$에서 1차 독립임을 보였으므로 식 (2.3.1)의 일반해는

$$y = c_1e^{m_1x} + c_2e^{m_2x} \tag{2.3.3}$$

이다.

(ii) 중근 m_1을 갖는 경우

특성방정식은 하나의 해 $y_1 = e^{m_1x}$만을 제공하는데, 또 다른 해를 식 (2.2.3)을 사용하여 구할 수 있다. 즉

$$y_2 = y_1\int\frac{e^{-\int p\,dx}}{y_1^2}dx = e^{m_1x}\int\frac{e^{-\int\frac{b}{a}dx}}{e^{2m_1x}}dx = e^{m_1x}\int\frac{e^{-\frac{b}{a}x}}{e^{2m_1x}}dx$$

이고, 식 (2.3.2)로 표현되는 특성방정식의 중근은 $m_1 = -\dfrac{b}{2a}$ 이므로

$$y_2 = e^{m_1 x}\int \frac{e^{2m_1 x}}{e^{2m_1 x}}dx = e^{m_1 x}\int dx = xe^{m_1 x}$$

이다. 식 (2.2.4)에서 이렇게 구한 y_2가 y_1과 1차 독립임을 보였으므로 일반해는

$$y = c_1 e^{m_1 x} + c_2 xe^{m_1 x} \tag{2.3.4}$$

이다.

(iii) 허근 $m = \alpha \pm i\beta(\beta \neq 0)$를 갖는 경우

두 허근을 이용하면 일반해는

$$y = c_1^* e^{(\alpha + i\beta)x} + c_2^* e^{(\alpha - i\beta)x} = e^{\alpha x}(c_1^* e^{i\beta x} + c_2^* e^{-i\beta x}) \tag{2.3.5}$$

이다. 하지만 식 (2.3.5)는 허수 단위 i를 포함하므로 다음에서 보다 편리한 실수형 공식을 유도한다. Euler 공식(4.1절 참고)

$$e^{ix} = \cos x + i\sin x \tag{2.3.6}$$

를 이용하여 식 (2.3.5)를 다시 쓰면

$$\begin{aligned} y &= e^{\alpha x}[c_1^*(\cos\beta x + i\sin\beta x) + c_2^*(\cos\beta x - i\sin\beta x)] \\ &= e^{\alpha x}[(c_1^* + c_2^*)\cos\beta x + i(c_1^* - c_2^*)\sin\beta x] \end{aligned}$$

가 되고, $c_1^* + c_2^* = c_1$, $i(c_1^* - c_2^*) = c_2$로 나타내면

$$y = e^{\alpha x}(c_1\cos\beta x + c_2\sin\beta x) \tag{2.3.7}$$

인 실수형 공식을 얻는다.

이제까지의 내용을 정리하면 표 2.3.1과 같다. 표의 공식은 공학 각 분야에서는 물론 이 교재의 다른 부분에서도 자주 나오므로 암기하기 바란다. 해를 $y = e^{mx}$로 가정하여 공식을 유도했음을 기억하면 쉽게 암기할 수 있을 것이다.

표 2.3.1 상수계수 2계 미분방정식 해의 종류

특성방정식 $am^2 + bm + c = 0$의 근	미분방정식 $ay'' + by' + cy = 0$의 일반해
(1) 서로 다른 두 실근: m_1, m_2	$y = c_1 e^{m_1 x} + c_2 e^{m_2 x}$
(2) 중근: m_1	$y = c_1 e^{m_1 x} + c_2 xe^{m_1 x}$
(3) 허근: $m = \alpha \pm i\beta$	$y = e^{\alpha x}(c_1\cos\beta x + c_2\sin\beta x)$

☞ 공식 (1)의 특수한 경우로 서로 다른 두 실근 $m = \pm m_1$ 인 경우에는 $y = c_1 e^{m_1 x} + c_2 e^{-m_1 x}$ 와 $y = c_1\cosh m_1 x + c_2\sinh m_1 x$가 모두 해이다(1.1절 예제 3 참고).

때때로 학생들이 상수계수 2계 미분방정식의 해를 $y = e^{mx}$와 같이 지수함수로 가정하는 이유에 대해 질문한다. 그 이유는 e^{mx}와 같은 지수함수는 미분해도 상수곱 차이만 날 뿐 같은 지수함수이고, 우리가 풀어야 할 미분방정식 또한 상수계수이기 때문이다. 다음 절에 나오는 Cauchy–Euler 미분방정식은 상수계수 미분방정식이 아니므로 다른 형태의 해를 가정해야 한다.

예제 1

표 2.3.1 의 공식을 사용하여 다음 미분방정식의 일반해를 구하라.

(1) $2y'' - 5y' - 3y = 0$　　(2) $y'' - 2y' + y = 0$　　(3) $y'' + y' + y = 0$

(풀이) (1) $2m^2 - 5m - 3 = (2m + 1)(m - 3) = 0$, $m = -1/2, 3$ $\therefore y = c_1e^{-x/2} + c_2e^{3x}$

(2) $m^2 - 2m + 1 = (m - 1)^2 = 0$, $m = 1$(중근) $\therefore y = c_1e^x + c_2xe^x$

(3) $m^2 + m + 1 = 0$, $m = \dfrac{-1 \pm \sqrt{3}\,i}{2}$ $\therefore y = e^{-x/2}\left(c_1\cos\dfrac{\sqrt{3}}{2}x + c_2\sin\dfrac{\sqrt{3}}{2}x\right)$

이 절을 이대로 끝낸다면 수학이 재미없을 것 같다.

미분방정식 $y'' = 0$도 상수계수 2계 미분방정식이다. 두 번 미분하여 0이 되는 함수는 1차 함수, 즉 $y = c_1 + c_2x$이므로 이것이 해일 것이라 추측할 수 있다. 실제로 $y'' = 0$을 위에서 설명한 방법으로 풀면 특성방정식 $m^2 = 0$의 해가 중근 $m = 0$이므로 표 2.3.1의 공식 (2)를 사용하면 $y = c_1e^{0x} + c_2xe^{0x} = c_1 + c_2x$가 되어 추측하여 구한 해와 같다. 수학을 너무 어렵게만 생각하지 말기 바란다. 다음 예제를 보자.

예제 2

다음 미분방정식을 풀라. 풀기 전에 먼저 해를 추측해 보자.

(1) $y'' - y = 0$　　(2) $y'' + y = 0$　　(3) $y'' - 9y = 0$　　(4) $y'' + 9y = 0$

(풀이) (1) 주어진 미분방정식은 $y'' = y$와 같다. 두 번 미분하여 원래의 함수와 같아지는 함수는 e^x와 e^{-x}이므로 일반해를 $y = c_1e^x + c_2e^{-x}$로 추측할 수 있을 것이다. [$y'' = y$를 막연히 수식으로만 보지 말고 “두 번 미분하면 원래의 함수와 같다”라는 의미(message)를 전달하는 문장으로 이해하자.] 실제로 미분방정식을 공식을 사용하여 풀면 $m^2 - 1 = (m - 1)(m + 1) = 0$, $m = \pm 1$이므로 표 2.3.1의 공식 (1)에 의해

$$y = c_1e^x + c_2e^{-x} \tag{2.3.8}$$

이고, 이는 추측한 해와 정확히 같다. 어떤 학생은 두 번 미분하여 원래의 함수와 같아지는 함수가 $\cosh x$와 $\sinh x$이므로 일반해가

예제 4 단진자

길이 l인 줄에 질량 m인 추가 매달려 단진자 운동(simple pendulum)을 할 때, 운동의 주기 T를 구하라. 단진자 운동을 발생시키기 위해 $t=0$에서 θ_0만큼 회전시킨 후에 정지상태(각속도=0)에서 놓았다. 즉 초기조건은 $\theta(0)=\theta_0$, $\left.\frac{d\theta}{dt}\right|_{t=0}=0$이다.

(풀이) 그림 2.3.1은 임의 시간 t에서 단진자 운동의 정지사진이다. 추의 무게 $W=mg$를 줄에 평행한 방향과 줄에 수직한 방향으로 분해하면 줄에 평행한 방향의 힘 $mg\cos\theta$는 줄에 작용하는 장력과 비기고(따라서 줄의 연장선 방향으로는 추의 움직임이 없다), 줄에 수직한 방향의 힘 $mg\sin\theta$가 추의 접선방향 운동을 발생시킨다. 추의 가속도 a는 추가 움직이는 거리 $s(t)=l\theta(t)$를 시간으로 두 번 미분한 양이고, 줄의 길이 l은 시간에 관계없이 일정하므로

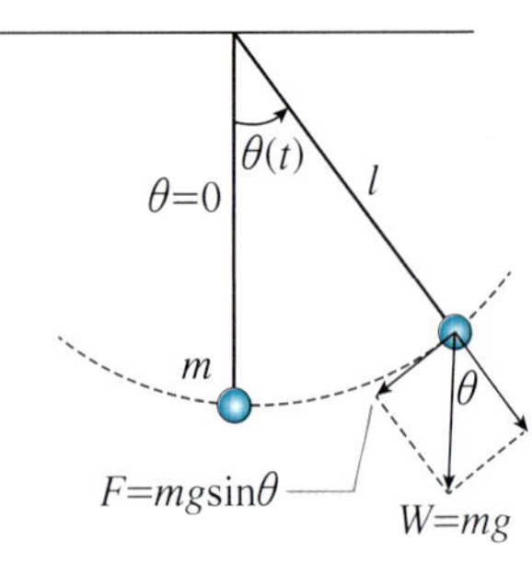

그림 2.3.1

$$a=\frac{d^2(l\theta)}{dt^2}=l\frac{d^2\theta}{dt^2}$$

이다. 따라서 추에 대해 Newton 제2법칙 $F=ma$를 적용하면 단진자 운동방정식

$$-mg\sin\theta=ml\frac{d^2\theta}{dt^2}$$

을 얻는다. 여기서 (−) 부호를 붙인 이유는 힘의 방향이 θ가 증가하는 방향의 반대 방향으로 작용하기 때문이다. 양변을 ml로 나누고 $\omega^2=g/l$로 놓으면 위 식은

$$\frac{d^2\theta}{dt^2}+\omega^2\sin\theta=0 \tag{2.3.12}$$

이 되는데, 이는 비선형 미분방정식이다. (왜? 종속변수가 θ인데 좌변 둘째 항의 θ가 1차가 아니고 $\sin\theta$이기 때문이다.) 하지만 각 θ가 크지 않을 때 $\sin\theta\approx\theta$로 근사할 수 있으며, 이때 식 (2.3.12)는

$$\frac{d^2\theta}{dt^2}+\omega^2\theta=0 \tag{2.3.13}$$

과 같은 선형 미분방정식이 된다. 식 (2.3.13)의 특성방정식 $m^2+\omega^2=0$의 해가 $m=\pm\omega i$이므로 일반해는

$$\theta(t)=c_1\cos\omega t+c_2\sin\omega t$$

이다. 여기에 초기조건을 적용하면 $c_1=\theta_0$, $c_2=0$이므로 특수해는

$$\theta(t)=\theta_0\cos\omega t \tag{2.3.14}$$

이다. 식 (2.3.14)로 표현되는 운동의 주기는 $\omega^2=g/l$임을 이용하면

$$T = \frac{2\pi}{\omega} = 2\pi\sqrt{\frac{l}{g}} \tag{2.3.15}$$

이다.

쉬어가기 2.1 할머니댁 추시계

예제 4에서 선형화 과정을 거쳐 문제를 해결하는 예를 보았다. 예제 4의 결과에 대해 더 이상의 생각 없이 지나치는 것은 자연과학이나 공학을 전공하는 학생으로서의 올바른 태도가 아니다. 우리는 항상 수학에서 공부한 내용이 어떤 물리적, 공학적 의미를 갖는지 이해해야 한다. 이러한 습관을 들이면 수학을 쉽고 재미있게 공부할 수 있고 전공 학습에도 큰 도움이 될 것이다. 인류는 처음에 해시계를 사용했지만 밤이나 실내에서는 시간을 알 수 없었다. 지동설을 주장했던 갈릴레이(1564~1642, 이탈리아)가 처음으로 "길이가 같은 진자는 질량에 관계없이 주기가 같다"는 진자의 등시성을 발견하였다. 바람이 심하게 부는 날 피사 성당의 천장에 매달려 있는 샹들리에가 흔들리는 것을 보고 진자의 등시성을 발견했다고 하는데, 시계가 없던 그 시절에 갈릴레이는 어떻게 등시성을 알았을까? 본인의 맥박이 규칙적으로 박동하는 점을 이용했다고 한다.

그림 2.3.2

진자의 발견 이후 태엽을 감아 단진자 운동을 지속적으로 발생시켜 시간을 표시하는 추시계를 많이 사용했다.(요즘도 추시계가 있지만 모양만 추시계이지 사실은 전자시계이다.) 할머니댁을 방문했는데 마루에 있는 오래된 추시계가 시간이 느리게 간다고 하셨다. 시계 안을 살펴보니 추 하단에 추의 길이를 조절하는 작은 나사가 있었다. 추의 길이를 늘여야 할까 아니면 줄여야 할까? 이러한 질문에 대한 답은 식 (2.3.15)에서 얻을 수 있다. 식 (2.3.15)에 의하면 단진자 운동의 주기는 $\sqrt{l}$ 에 비례한다. 따라서 추의 길이를 줄여야 주기가 짧아져 시간이 빨리 갈 것이다. 할머니이 좋아하실 것 같다.

2.3 연습문제

1. 함수들이 구간 $(-\infty, \infty)$에서 1차 독립임을 보여라.

(1) $y_1 = e^{m_1 x}$, $y_2 = xe^{m_1 x}$ (2) $y_1 = e^{\alpha x}\cos\beta x$, $y_2 = e^{\alpha x}\sin\beta x$, $\beta \neq 0$

2. 미분방정식을 풀라(k, ω는 적절한 상수이다).

(1) $4y'' + 4y' - 3y = 0$ (2) $2y'' - 9y' = 0$

(3) $y'' + 2ky' + k^2 y = 0$ (4) $y'' + 2.2y' + 1.17y = 0$

(5) $\dfrac{d^2y}{dx^2} - 2\dfrac{dy}{dx} + 2y = 0$ (6) $\dfrac{d^2x}{dt^2} + 4\dfrac{dx}{dt} + (4 + \omega^2)x = 0, \quad \omega \neq 0$

(7) $y'' + 2ky' + (k^2 + k^{-2})y = 0$

(답) (1) $y = c_1e^{x/2} + c_2e^{-3x/2}$ (2) $y = c_1 + c_2e^{9x/2}$ (3) $y = c_1e^{-kx} + c_2xe^{-kx}$

(4) $y = c_1e^{-0.9x} + c_2e^{-1.3x}$ (5) $y = e^x[c_1\cos x + c_2\sin x]$

(6) $x(t) = e^{-2t}[c_1\cos\omega t + c_2\sin\omega t]$ (7) $y = e^{-kx}\left[c_1\cos\dfrac{x}{k} + c_2\sin\dfrac{x}{k}\right]$

3. 초기값 문제를 풀라.

(1) $y'' + 4y' + 4y = 0,\ y(0) = 1,\ y'(0) = 1$

(2) $4y'' + 16y' + 17y = 0,\ y(0) = -0.5,\ y'(0) = 1$

(답) (1) $y = e^{-2x} + 3xe^{-2x}$ (2) $y = -0.5e^{-2x}\cos(x/2)$

4. 경계값 문제를 풀라.

(1) $y'' - y = 0,\ y(0) = 1,\ y(\infty) = 0$ (2) $y'' + y = 0,\ y'(0) = 0,\ y'(\pi/2) = 2$

(답) (1) $y = e^{-x}$ (2) $y = -2\cos x$

☞ 문제 (1)에 포함된 미분방정식의 일반해는 $y = c_1e^x + c_2e^{-x}$ 또는 $y = c_1\cosh x + c_2\sinh x$이지만 정의역이 $-0 \leqq x < \infty$이므로 $y = c_1e^x + c_2e^{-x}$를 사용하는 것이 편리하다.

5. 미분방정식 $y'' - 2y' + 2y = 0$의 특성방정식 $m^2 - 2m + 2 = 0$의 근이 $m = 1 \pm i$이므로 표 2.3.1의 공식 (3)에 의해 일반해는 $y = e^x(c_1\cos x + c_2\sin x)$이다.

(1) 함수 $y = c_1e^{(1+i)x} + c_2e^{(1-i)x}$를 미분방정식에 대입하여 해가 됨을 확인하라.

(2) 문제 (1)의 해를 실수형으로 나타내라.

(답) (2) $y = e^x(c_1^*\cos x + c_2^*\sin x)$

6. 단진자 운동에서 추의 질량 m, 줄의 길이 l, 초기변위 θ_0, 중력가속도 g 중에서 주기에 영향을 미치는 요인은 무엇일까? 질량을 바꾸면 주기가 달라질까? 또 단진자 운동을 이용하는 추시계를 달에 가져간다면 시간이 빨리 갈까 아니면 느리게 갈까?

(답) l, g만 주기에 영향을 미친다. 질량 m, 초기변위 θ_0는 주기에 영향을 미치지 않는다. 달에서는 시간이 느리게 간다.

2.4 Cauchy-Euler 미분방정식

일반적으로 변수계수(variable coefficient)를 갖는 미분방정식의 해는 4장에서 소개하는 무한급수를 이용하여 구하지만, 변수계수 미분방정식이라도 특별한 경우에는 무한급수 해법을 사용하지 않고 해를 구할 수 있다. 여기서는 변수계수 미분방정식 중 Cauchy-Euler 방정식이라 불리는 미분방정식의 해법을 소개한다.

상수 a, b, c에 대해 $x > 0$에서 정의되는 변수계수 2계 미분방정식

$$ax^2y'' + bxy' + cy = 0 \tag{2.4.1}$$

을 **Cauchy-Euler(코시-오일러) 미분방정식**이라 한다. 식 (2.4.1)에서 y'', y', y의 계수에 포함된 x의 차수가 각각 x^2, x, 상수임에 유의하자. 해를 $y = x^m$이라 가정하면

$$y' = mx^{m-1}, \qquad y'' = m(m-1)x^{m-2}$$

이므로 식 (2.4.1)은

$$\begin{aligned} ax^2y'' + bxy' + cy &= ax^2m(m-1)x^{m-2} + bxmx^{m-1} + cx^m \\ &= x^m[am(m-1) + bm + c] = 0 \end{aligned}$$

으로 각 항의 차수가 같아지므로 식 (2.4.1)을 **동차 방정식**(equi-dimensional equation)이라고도 부른다. 마지막 식에서 $x \neq 0$이므로

$$am(m-1) + bm + c = 0 \tag{2.4.2}$$

을 얻는데, 이는 식 (2.4.1)의 **특성방정식**이다. 2.3절에서와 같이 식 (2.4.2)는 m에 대한 2차 방정식으로 세 가지 형태의 근이 존재한다.

(i) 서로 다른 두 실근 m_1, m_2를 갖는 경우

식 (2.4.1)의 해를 $y = x^m$으로 가정했으므로 하나의 해는 $y_1 = x^{m_1}$이고 다른 해는 $y_2 = x^{m_2}$이다. 2.1절 예제 3에서 $m_1 \neq m_2$일 때 x^{m_1}과 x^{m_2}는 $x > 0$에서 1차 독립임을 보였으므로 일반해는

$$y = c_1x^{m_1} + c_2x^{m_2} \tag{2.4.3}$$

이다.

(ii) 중근 m_1을 갖는 경우

하나의 해는 $y_1 = x^{m_1}$ 이고 다른 해는 식 (2.2.3)을 이용하여 구한다. 즉

$$y_2 = y_1 \int \frac{e^{-\int p dx}}{y_1^2} dx = x^{m_1} \int \frac{e^{-\int \frac{b}{ax}dx}}{x^{2m_1}} dx = x^{m_1} \int \frac{e^{-\frac{b}{a}\ln x}}{x^{2m_1}} dx$$

이고, 식 (2.4.2)의 중근이 $m_1 = \dfrac{a-b}{2a}$ 이므로 $-\dfrac{b}{a} = 2m_1 - 1$ 에서

$$\begin{aligned} y_2 &= x^{m_1} \int \frac{e^{(2m_1-1)\ln x}}{x^{2m_1}} dx = x^{m_1} \int \frac{e^{\ln x^{2m_1-1}}}{x^{2m_1}} dx = x^{m_1} \int \frac{x^{2m_1-1}}{x^{2m_1}} dx \\ &= x^{m_1} \int \frac{1}{x} dx = x^{m_1} \ln x \end{aligned}$$

이다. 식 (2.2.4)에 의해 y_1과 y_2는 1차 독립이므로 일반해는

$$y = c_1 x^{m_1} + c_2 x^{m_1} \ln x \tag{2.4.4}$$

이다.

(iii) 허근 $m = \alpha \pm i\beta$ $(\beta \neq 0)$를 갖는 경우

2개의 허근을 이용하면 일반해는

$$y = c_1^* x^{(\alpha + i\beta)} + c_2^* x^{(\alpha - i\beta)} = x^{\alpha}(c_1^* x^{i\beta} + c_2^* x^{-i\beta}) \tag{2.4.5}$$

이다. 실수형 공식을 유도하기 위해 $x = e^{\ln x}$와 Euler 공식을 이용하면 식 (2.4.5)는

$$\begin{aligned} y &= x^{\alpha}\left[c_1^* e^{\ln x^{i\beta}} + c_2^* e^{\ln x^{-i\beta}}\right] = x^{\alpha}\left[c_1^* e^{i\beta \ln x} + c_2^* e^{-i\beta \ln x}\right] \\ &= x^{\alpha}\{c_1^*[\cos(\beta \ln x) + i\sin(\beta \ln x)] + c_2^*[\cos(\beta \ln x) - i\sin(\beta \ln x)]\} \\ &= x^{\alpha}[(c_1^* + c_2^*)\cos(\beta \ln x) + i(c_1^* - c_2^*)\sin(\beta \ln x)] \end{aligned}$$

가 되고, $c_1^* + c_2^* = c_1$ 과 $i(c_1^* - c_2^*) = c_2$ 라 하면

$$y = x^{\alpha}[c_1 \cos(\beta \ln x) + c_2 \sin(\beta \ln x)] \tag{2.4.6}$$

가 된다. 공식을 정리하면 표 2.4.1과 같다.

표 2.4.1 Cauchy-Euler 미분방정식 해의 종류

특성방정식 $am(m-1) + bm + c = 0$의 근	미분방정식 $ax^2y'' + bxy' + cy = 0$의 일반해
(1) 서로 다른 두 실근: m_1, m_2	$y = c_1 x^{m_1} + c_2 x^{m_2}$
(2) 중근: m_1	$y = c_1 x^{m_1} + c_2 x^{m_1} \ln x$
(3) 허근: $m = \alpha \pm i\beta$	$y = x^{\alpha}[c_1 \cos(\beta \ln x) + c_2 \sin(\beta \ln x)]$

☞ 표 2.3.1의 공식에서 x 대신 $\ln x$를 사용하면 표 2.4.1의 공식과 같아짐을 확인해 보라.

예제 1

다음 미분방정식을 풀라.

(1) $x^2y'' - 2xy' - 4y = 0$ (2) $x^2y'' - 3xy' + 4y = 0$ (3) $x^2y'' + 7xy' + 13y = 0$

(풀이) (1) $m(m-1) - 2m - 4 = (m+1)(m-4) = 0,\quad m = -1, 4 \quad \therefore\ y = c_1x^{-1} + c_2x^4$

(2) $m(m-1) - 3m + 4 = (m-2)^2 = 0,\quad m = 2$(중근) $\quad \therefore\ y = c_1x^2 + c_2x^2\ln x$

(3) $m(m-1) + 7m + 13 = 0,\quad m = -3 \pm 2i \quad \therefore\ y = x^{-3}[c_1\cos(2\ln x) + c_2\sin(2\ln x)]$

예제 2

다음 미분방정식을 풀라.

(1) $x^2y'' + xy' - k^2y = 0,\ k \neq 0$ (2) $x^2y'' + xy' = 0$

(풀이) (1) $m(m-1) + m - k^2 = (m+k)(m-k) = 0,\quad m = \pm k \quad \therefore\ y = c_1x^k + c_2x^{-k}$

(2) $m(m-1) + m = m^2 = 0,\quad m = 0$(중근) $\quad \therefore\ y = c_1 + c_2\ln x$

예제 3

미분방정식 $\frac{1}{4}(2x-1)^2\frac{d^2y}{dx^2} - (2x-1)\frac{dy}{dx} - 4y = 0$의 해를 구하라.

(풀이) $t = 2x - 1$로 놓으면 $\frac{dt}{dx} = 2$이므로 미분의 연쇄율에 의해

$$\frac{dy}{dx} = \frac{dy}{dt}\frac{dt}{dx} = 2\frac{dy}{dt},\quad \frac{d^2y}{dx^2} = \frac{d}{dx}\left(\frac{dy}{dx}\right) = \frac{d}{dt}\left(2\frac{dy}{dt}\right)\frac{dt}{dx} = 4\frac{d^2y}{dt^2}$$

이므로, 주어진 미분방정식은 Cauchy–Euler 방정식

$$t^2\frac{d^2y}{dt^2} - 2t\frac{dy}{dt} - 4y = 0$$

이 된다. 특성방정식 $m(m-1) - 2m - 4 = (m-4)(m+1) = 0$의 근이 $m = 4, -1$이므로 해는

$$y = c_1t^4 + c_2t^{-1} = c_1(2x-1)^4 + c_2(2x-1)^{-1}.$$

Cauchy–Euler 미분방정식으로 기술되는 경계값 문제를 다루어보자. 예제 4의 문제 (1)은 문제 (2)를 이해하기 위한 사전 단계이다.

예제 4

전하를 포함하지 않은 매질에서 전위 V는 Laplace 방정식 $\nabla^2 V = 0$을 만족한다.

(1) 전하를 포함하지 않는 두 평면 사이(slab이라 부른다)에서 전위 $V(x)$가 x만의 함수이고 $V(1) = 0$, $V(2) = 100$일 때 $x = 1.5$에서 전위를 구하라. xyz-좌표계에서 Laplace 방정식은

$$\nabla^2 V = \frac{\partial^2 V}{\partial x^2} + \frac{\partial^2 V}{\partial y^2} + \frac{\partial^2 V}{\partial z^2} = 0 \qquad (2.4.7)$$

이다.

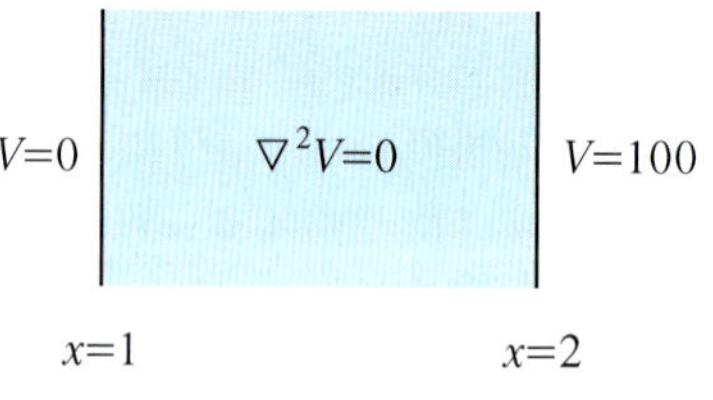

그림 2.4.1 Slab 영역.

(2) 전하를 포함하지 않는 2개의 동심 원기둥(concentric cylinders) 사이에서 전위 $V(r)$이 원기둥 반지름 r만의 함수이고 $V(1) = 0$, $V(2) = 100$일 때 $r = 1.5$에서 전위를 구하라. $r\theta z$-원기둥좌표계에서 Laplace 방정식은

$$\nabla^2 V = \frac{\partial^2 V}{\partial r^2} + \frac{1}{r}\frac{\partial V}{\partial r} + \frac{1}{r^2}\frac{\partial^2 V}{\partial \theta^2} + \frac{\partial^2 V}{\partial z^2} = 0 \qquad (2.4.8)$$

이다.

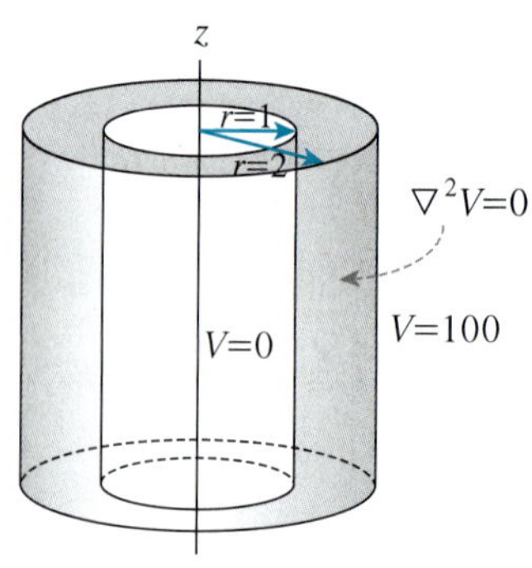

그림 2.4.2 원기둥 영역.

(풀이) (1) V가 x만의 함수이므로 1차원 문제이며, 편미분방정식인 식 (2.4.7)의 Laplace 방정식은 상미분방정식

$$\frac{d^2 V}{dx^2} = 0 \qquad (2.4.9)$$

이 된다. 식 (2.4.9)의 해는 특성방정식 $m^2 = 0$, $m = 0$(중근)으로부터 $V(x) = c_1 + c_2 x$이다. (특성방정식을 이용하지 않아도 해를 쉽게 추측할 수 있을 것이다.) 여기에 주어진 경계조건 $V(1) = 0$, $V(2) = 100$을 적용하면 $c_1 = -100$, $c_2 = 100$이므로

$$V(x) = 100(x - 1) \qquad (2.4.10)$$

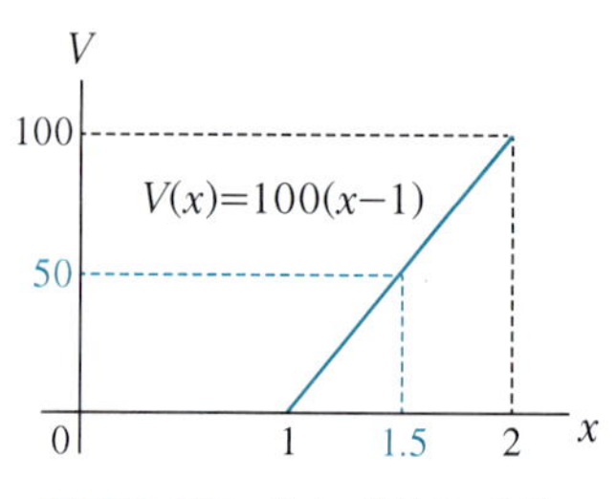

그림 2.4.3 Slab 내부의 전위.

이다. 따라서 $x = 1.5$에서 전위는

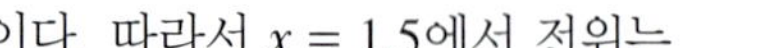

$$V(1.5) = 100(1.5 - 1) = 50 \text{ V}.$$

(2) V가 r만의 함수이므로 식 (2.4.8)의 Laplace 방정식은 상미분방정식

$$\frac{d^2 V}{dr^2} + \frac{1}{r}\frac{dV}{dr} = 0 \qquad (2.4.11)$$

이 된다. 식 (2.4.11)은 Cauchy-Euler 방정식이고(양변에 r^2을 곱해보자), 특성방정식 $m(m-1)+m=m^2=0$, $m=0$(중근)으로부터 $V(r)=c_1+c_2\ln r$이다. 여기에 주어진 경계조건 $V(1)=0$, $V(2)=100$을 적용하면 $c_1=0$, $c_2=100/\ln 2$이므로

$$V(r)=\frac{100}{\ln 2}\ln r \qquad (2.4.12)$$

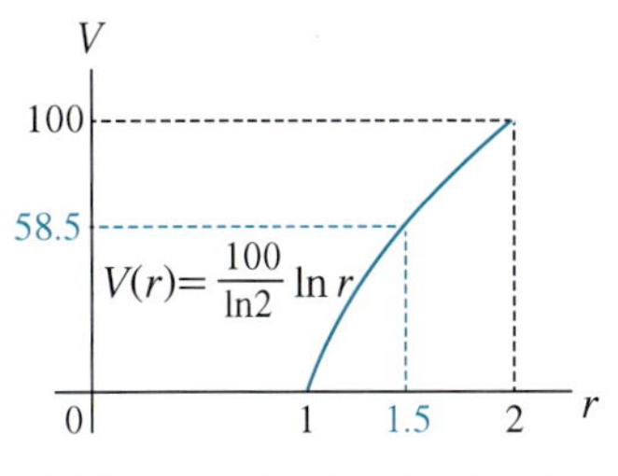

그림 2.4.4 원기둥 내부의 전위.

이다. 따라서 $r=1.5$에서 전위는

$$V(1.5)=\frac{100}{\ln 2}\ln(1.5)=58.5\ \text{V}\cdot$$

☞ 원기둥좌표계에서 Laplace 방정식을 식 (2.4.8) 대신에

$$\nabla^2 V=\frac{1}{r}\frac{\partial}{\partial r}\left(r\frac{\partial V}{\partial r}\right)+\frac{1}{r^2}\frac{\partial^2 V}{\partial \theta^2}+\frac{\partial^2 V}{\partial z^2}=0 \qquad (2.4.8')$$

으로 나타내는 경우도 있다. 식 (2.4.8′)의 우변 첫째 항의 미분을 수행하면

$$\frac{1}{r}\frac{\partial}{\partial r}\left(r\frac{\partial V}{\partial r}\right)=\frac{1}{r}\left(\frac{\partial V}{\partial r}+r\frac{\partial^2 V}{\partial r^2}\right)=\frac{\partial^2 V}{\partial r^2}+\frac{1}{r}\frac{\partial V}{\partial r}$$

이므로 식 (2.4.8)과 (2.4.8′)은 같은 식이다. 예제 4의 문제 (2)에서 식 (2.4.8′)을 사용하면 식 (2.4.11) 대신에

$$\frac{1}{r}\frac{d}{dr}\left(r\frac{dV}{dr}\right)=0 \quad \text{또는} \quad \frac{d}{dr}\left(r\frac{dV}{dr}\right)=0$$

을 풀어야 한다. 따라서 두 번의 적분을 이용하면 $r\frac{dV}{dr}=c_1$, $\frac{dV}{dr}=\frac{c_1}{r}$에서 $V=c_1\ln r+c_2$가 되어 문제 (2)의 풀이와 같아진다.

예제 4의 문제 (1)을 좀 더 현실적으로 생각해 보자. 두께가 1인 무한히 넓은 평면이 있다. 판의 두께 방향을 x축 방향이라 할 때 $x=0$인 면 전체가 전위 0 V로 유지되고, $x=1$인 면 전체는 100 V로 유지되는 상황이다. 따라서 평면 내부의 전위 V는 판에 평행한 다른 두 방향인 y 또는 z에는 의존하지 않고 판의 두께 x에만 의존할 것이다. 이러한 이유 때문에 문제 (1)에서 V를 x만의 함수인 $V(x)$로 간주한 것이다. 또한 예제 4에서 알 수 있듯이 문제 (1)과 (2)는 동일한 방정식 $\nabla^2 V=0$과 동일한 경계조건 $V(1)=0$, $V(2)=100$이 주어졌지만 대상 물체의 기하학적 형태가 다르기 때문에 결과적으로 전위 V의 형태가 달라진다. 식 (2.4.10)은 1차 함수, 식 (2.4.12)는 로그함수임에 주목하자. 매질이 구형인 경우에는 연습문제를 참고하라. 물체의 형태가 예제 4와 동일하더라도 경계조건이 달라지면 2차원 또는 3차원 문제가 되어 편미분방정식을 풀어야 할 경우도 있다. 예를 들어 문제 (2)의 원기둥 내벽에서 경계조건이 r의 회전각 θ에 따라 다르게 주어진다면 V는 r과 θ의 함수인 $V(r,\theta)$가 될 것이며, 이때는 2차원 문제가 되므로 편미분방정식

$$\nabla^2 V = \frac{\partial^2 V}{\partial r^2} + \frac{1}{r}\frac{\partial V}{\partial r} + \frac{1}{r^2}\frac{\partial^2 V}{\partial \theta^2} = 0 \tag{2.4.13}$$

을 풀어야 한다. 물론 원기둥의 높이 z에 대해 값이 다른 경계조건이 추가로 주어지면 3차원 문제가 되어

$$\nabla^2 V = \frac{\partial^2 V}{\partial r^2} + \frac{1}{r}\frac{\partial V}{\partial r} + \frac{1}{r^2}\frac{\partial^2 V}{\partial \theta^2} + \frac{\partial^2 V}{\partial z^2} = 0 \tag{2.4.14}$$

과 같은 편미분방정식을 풀어야 한다. 문제의 차원은 대상 물체의 형태로 결정되는 것이 아니고 물체에 영향을 미치는 독립변수의 수로 결정됨을 기억하기 바란다. 이는 공학 문제를 접근하는 데 매우 중요한 개념이다. 예제 4에서 전위 V 대신에 물체의 **정상온도**(steady-state temperature, 시간 t를 고정시킨 상태에서의 온도) T를 사용하면 **정상상태**(steady state)의 열전도 문제가 된다. 원기둥좌표계와 구좌표계에 대해서는 9장에서, 편미분방정식의 풀이에 대해서는 11장 이후에 자세히 다룬다.

2.4 연습문제

1. 함수들이 구간 (0, ∞)에서 1차 독립임을 보여라.

(1) $y_1 = x^{m_1}$, $y_2 = x^{m_1}\ln x$ (2) $y_1 = x^{\alpha}\cos(\beta \ln x)$, $y_2 = x^{\alpha}\sin(\beta \ln x)$, $\beta \neq 0$

2. 미분방정식을 풀라.

(1) $xy'' + 2y' = 0$ (2) $10x^2y'' + 46xy' + 32.4y = 0$ (3) $x^2y'' - xy' + 2y = 0$

(답) (1) $y = c_1 + c_2x^{-1}$ (2) $y = c_1x^{-1.8} + c_2x^{-1.8}\ln x$ (3) $y = x[c_1\cos(\ln x) + c_2\sin(\ln x)]$

3. 초기값 문제의 해를 구하라.

(1) $x^2y'' - 2xy' + 2y = 0$, $y(1) = 1.5$, $y'(1) = 1$

(2) $4x^2y'' + 24xy' + 25y = 0$, $y(1) = 2$, $y'(1) = -6$

(3) $x^2y'' + xy' + 9y = 0$, $y(1) = 2$, $y'(1) = 0$

(답) (1) $y = 2x - \frac{1}{2}x^2$ (2) $y = 2x^{-5/2} - x^{-5/2}\ln x$ (3) $y = 2\cos(3\ln x)$

4. 전하를 포함하지 않는 2개의 동심구(concentric spheres) 사이에서 전위 V가 구의 반지름 ρ만의 함수일 때 $\rho = 1.5$에서 전위를 구하라. 전위분포는 어떤 함수로 나타나는가? $\rho\theta\phi$-구좌표계에서 Laplace 방정식은

$$\nabla^2 V = \frac{\partial^2 V}{\partial \rho^2} + \frac{2}{\rho}\frac{\partial V}{\partial \rho} + \frac{1}{\rho^2 \sin^2\phi}\frac{\partial^2 V}{\partial \theta^2} + \frac{1}{\rho^2}\frac{\partial^2 V}{\partial \phi^2} + \frac{\cot\phi}{\rho^2}\frac{\partial V}{\partial \phi} = 0 \tag{2.4.15}$$

또는

$$\nabla^2 V = \frac{1}{\rho^2}\frac{\partial}{\partial \rho}\left(\rho^2 \frac{\partial V}{\partial \rho}\right) + \frac{1}{\rho^2 \sin^2\phi}\frac{\partial^2 V}{\partial \theta^2} + \frac{1}{\rho^2 \sin\phi}\frac{\partial}{\partial \phi}\sin\phi\frac{\partial V}{\partial \phi} = 0 \qquad (2.4.15')$$

이다. 식 (2.4.15)와 (2.4.15′)이 동일한 식임을 보이고, 식 (2.4.15)와 (2.4.15′)을 이용하는 두 가지 방법으로 계산하라.

(답) 66.6 V, 분수함수

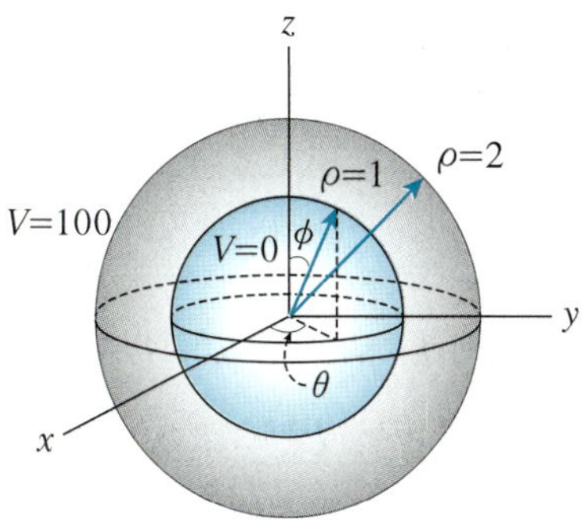

그림 2.4.5 구 영역.

☞ 문제 4는 중심으로부터의 거리 ρ만 같으면 전위 V도 같으므로 1차원 문제다.

쉬어가기 2.2 1차원 수박, 다차원 수박?

냉장고에 오래 보관하여 겉과 속의 온도가 모두 일정하게 차가운 수박을 냉장고 밖으로 꺼냈다. 수박은 완전한 구형이라고 가정한다. 꺼낸 수박을 온도가 일정한 공기 중에 놓으면 수박의 바깥쪽부터 온도가 서서히 올라가게 되고, 수박 중심에서의 거리만 같으면 온도도 같을 것이다. 즉 수박의 온도는 반지름 ρ만의 함수이다. 이번에는 수박을 아래쪽 반만 차가운 물속에 넣는 경우를 생각하자. 수박의 위쪽은 더운 공기와 닿아 빨리 더워지는 반면에 차가운 물속에 잠긴 아래쪽은 서서히 더워질 것이다. 이 경우 수박의 반지름 ρ가 같더라도 온도는 같지 않고 물에 잠긴 부위냐 아니면 공기와 접한 부위냐에 따라 온도가 달라진다. 즉 수박의 온도가 ρ뿐 아니라 각 ϕ의 함수가 되어 2차원 문제가 된다. 더 나아가 물에 잠긴 수박의 한쪽 면에 선풍기를 틀어 식힌다면 수박의 온도는 ρ, θ, ϕ의 함수가 될 것이다. 실제로 수박은 3차원 물체이다. 하지만 주변 상황(경계조건)에 따라 수박의 온도를 1차원, 2차원 또는 3차원으로 각기 다르게 해석할 수 있는 것이다. 공학에서는 이러한 경우가 자주 발생한다. 어떤 문제의 특성을 파악하고자 할 때 목적에 따라 차원을 결정한다. 예를 들어 원형 관을 통과하는 유체에 대해 관의 진행 방향에 대한 유체의 속도 변화만을 알고자 하면 1차원으로 해석하고, 관의 단면 방향에 대한 속도 변화를 알고자 한다면 2차원으로 해석해야 한다.

그림 2.4.6 1차원 수박과 2차원 수박.

2.5 상수계수 비제차 미분방정식: 미정계수법

2.3절과 2.4절에서 2계 선형 제차 미분방정식의 풀이에 대해 공부하였다. 이 절에서는 2계 선형 비제차 미분방정식의 해법에 대해 공부한다. 1계 선형 비제차 미분방정식에 대해서는 1.4절에서 공부한 바 있다.

2.3절 식 (2.3.1)에 해당하는 **상수계수 2계 비제차 선형 미분방정식**은 $g(x) \neq 0$일 때

$$ay'' + by' + cy = g(x) \tag{2.5.1}$$

이다. 2.1절의 설명에 의하면 식 (2.5.1)의 일반해는 식 (2.5.1)에 해당하는 제차 미분방정식

$$ay'' + by' + cy = 0 \tag{2.5.2}$$

의 일반해인 제차해 $y_h = c_1y_1 + c_2y_2$와 식 (2.5.1)의 특수해 y_p의 합

$$y = y_h + y_p = c_1y_1 + c_2y_2 + y_p$$

이다. 제차해 y_h를 구하는 방법은 2.3절에서 이미 소개했으므로 이 절에서는 특수해 y_p를 구하는 방법을 소개한다. 먼저 다음 예제를 보자.

예제 1

비제차 미분방정식 $y'' - y = x - 1$의 일반해를 구하라.

(풀이) 주어진 비제차 방정식에 해당하는 제차 방정식은 $y'' - y = 0$이다. 특성방정식

$$m^2 - 1 = (m-1)(m+1) = 0, \quad m = \pm 1$$

에 의해 제차해는

$$y_h = c_1e^x + c_2e^{-x}$$

이다. 특수해를 $y_p = Ax + B$로 가정하면 $y_p' = A$, $y_p'' = 0$이므로

$$y_p'' - y_p = 0 - Ax - B = x - 1$$

에서 $A = -1$, $B = 1$을 얻는다. 따라서 $y_p = -x + 1$이고, 일반해는

$$y = y_h + y_p = c_1e^x + c_2e^{-x} - x + 1$$

이다.

☞ 예제 1의 풀이에서 $y_p = Ax + B$로 가정하는 이유에 대해 생각해 보자. 우변의 비제차항이 다항함수 $x - 1$인데 $y_p = A\sin x$와 같이 다항함수가 아닌 다른 함수로 가정할 수 있을까?

표 2.5.1 비제차항에 따라 가정되는 특수해의 형태

$g(x)$	y_p
1. 3 (임의의 상수)	A
2. $2x + 3$	$Ax + B$
3. $2x^2$	$Ax^2 + Bx + C$
4. e^{3x}	Ae^{3x}
5. $\sin 2x$	$A\cos 2x + B\sin 2x$
6. $\cos 2x$	$A\cos 2x + B\sin 2x$
7. $\sinh 2x$	$A\cosh 2x + B\sinh 2x$
8. $\cosh 2x$	$A\cosh 2x + B\sinh 2x$
9. x^2e^{3x}	$(Ax^2 + Bx + C)e^{3x}$
10. $3x^2\sin 2x$	$(Ax^2 + Bx + C)(D\cos 2x + E\sin 2x)$
11. $e^{3x}\cosh 2x$	$e^{3x}(A\cosh 2x + B\sinh 2x)$

예제 1에서 시도한 바와 같이 특수해를 구하기 위해 주어진 미분방정식의 우변에 위치한 비제차항 $g(x)$의 형태에 따라 미정계수를 포함하는 적절한 특수해를 가정하고 이를 미분방정식에 대입하여 계수의 값을 결정하는데, 이러한 방법을 **미정계수법**(method of undetermined coefficients)이라 한다. 이러한 미정계수법은 방법의 특성에 의해 상수계수 미분방정식인 경우에만 적용할 수 있는 제한적인 방법임에 유의해야 한다.

일반적으로 비제차항 $g(x)$에 따라 가정되는 특수해 y_p의 예를 표 2.5.1에 나타내었다. 유의해야 할 점은 표 2.5.1의 3과 같이 비제차항이 x의 1차 항이나 상수항을 포함하지 않는 2차 함수라도 가정되는 특수해는 1차 항과 상수항을 포함한다는 것이다. 왜냐하면 가정된 특수해의 2차 항은 식 (2.5.1)의 좌변의 미분항 y'', y'에 의해 1차 항과 상수항을 추가적으로 발생시키기 때문이다. 마찬가지로 표 2.5.1의 5와 같이 비제차항은 사인함수만 포함하지만 가정되는 특수해는 좌변의 미분항에 의해 사인함수 외에 코사인함수도 발생시킨다. 만약 사인함수만을 사용하여 특수해를 가정하게 되면 식 (2.5.1)의 우변의 1계 도함수 y' 항에 의해 코사인함수가 나타나는데, 가정된 특수해에는 이와 비교할 코사인 항이 없으므로 특수해를 구할 수 없다.

미정계수법은 1계 미분방정식의 특수해를 구하는 경우에도 사용할 수 있다. 1.4절의 예제 4를 다시 풀어보자.

예제 2

$\frac{dy}{dx} - y = e^{2x}$의 해를 구하라.

(풀이) 주어진 비제차 방정식에 해당하는 제차 방정식은 $\frac{dy}{dx} - y = 0$ 이므로 변수분리에 의해

$$\int \frac{dy}{y} = \int dx, \qquad \ln|y| = x + c_1, \qquad |y| = e^{x+c_1} = c_2 e^x \ (c_2 = e^{c_1} > 0)$$

로부터 $y_h = ce^x$이다. 특수해를 $y_p = Ae^{2x}$로 가정하면 $y_p' = 2Ae^{2x}$이므로

$$y_p' - y_p = 2Ae^{2x} - Ae^{2x} = Ae^{2x} = e^{2x}$$

에서 $A = 1$, 따라서 $y_p = e^{2x}$. 즉 일반해는

$$y = y_h + y_p = ce^x + e^{2x}$$

가 되어 1.4절 예제 2의 결과와 같다.

예제 3

$y'' - y' + y = 2\sin 3x$의 특수해를 구하라.

(풀이) $y_p = A\cos 3x + B\sin 3x$로 가정하면

$$y_p' = -3A\sin 3x + 3B\cos 3x, \quad y_p'' = -9A\cos 3x - 9B\sin 3x$$

$$y_p'' - y_p' + y_p = (-9A\cos 3x - 9B\sin 3x) - (-3A\sin 3x + 3B\cos 3x) + (A\cos 3x + B\cos 3x)$$

$$=(-8A - 3B)\cos 3x + (3A - 8B)\sin 3x = 2\sin 3x$$

$$-8A - 3B = 0, \quad 3A - 8B = 2 \longrightarrow A = 6/73, \ B = -16/73$$

$$\therefore \ y_p = \frac{6}{73}\cos 3x - \frac{16}{73}\sin 3x.$$

☞ 예제 2에서 $y_p = A\sin 3x$로 가정하여 풀이를 시도해 보자. 특수해를 구할 수 없을 것이다.

예제 4

가장 간단한 형태의 특수해를 가정하여 $y'' - y = \sin x$의 특수해를 구하라.

(풀이) 표 2.5.1에 의하면 비제차항 $\sin x$에 대해 가정되는 특수해는 $y_p = A\sin x + B\cos x$이다. 하지만 주어진 미분방정식에는 1계 도함수 y' 항이 없으므로 $y_p = A\sin x$로 가정해도 무방하다. 즉

$$y_p'' - y_p = -A\sin x - A\sin x = -2A\sin x = \sin x$$

에서 $A = -1/2$이므로

$$y_p = -\frac{1}{2}\sin x.$$

예제 5

$y'' - 5y' + 4y = 8e^x$의 특수해를 구하라.

(풀이) 우변의 비제차항이 $8e^x$이므로 $y_p = Ae^x$로 가정하고 주어진 미분방정식에 대입하면

$$y_p'' - 5y_p' + 4y_p = Ae^x - 5Ae^x + 4Ae^x = 0$$

이 되어 비제차항 $8e^x$가 될 수 없다. 무엇이 잘못되었을까? 주어진 미분방정식에 대응하는 제차 미분방정식과 제차해는 각각 $y'' - 5y' + 4y = 0$, $y_h = c_1e^x + c_2e^{4x}$인데, 가정한 특수해 $y_p = Ae^x$는 이미 제차해에 포함되어 있으므로 미분방정식에 대입했을 때 우변이 0이 된 것이다. 이번에는 특수해를 $y_p = Axe^x$로 가정하자. $y_p' = A(x+1)e^x$, $y_p'' = A(x+2)e^x$임을 이용하면

$$y_p'' - 5y_p' + 4y_p = A(x+2)e^x - 5A(x+1)e^x + 4Axe^x = -3Ae^x = 8e^x$$

에서 $A = -8/3$이므로 구하는 특수해는 $y_p = -\frac{8}{3}xe^x$이다.

예제 5에서와 같이 상수계수 비제차 미분방정식에 대해 **가정된 특수해가 이미 제차해에 포함된 경우에는 특수해의 형태가 제차해에 포함되지 않을 때까지 x를 곱해야 한다**(쉬어가기 2.3 참고).

예제 6

$y'' - 2y' + y = e^x$의 특수해를 구하라.

(풀이) 주어진 미분방정식의 제차해는

$$y_h = c_1e^x + c_2xe^x$$

이다. 특수해 $y_p = Ae^x$나 $y_p = Axe^x$는 이미 제차해에 포함되어 있으므로 $y_p = Ax^2e^x$로 가정한다.

$$y_p' = A(x^2 + 2x)e^x, \quad y_p'' = A(x^2 + 4x + 2)e^x$$

이므로

$$y_p'' - 2y_p' + y_p = \cdots = 2Ae^x = e^x$$

에서 $A = 1/2$이고, 따라서

$$y_p = \frac{1}{2}x^2e^x.$$

쉬어가기 2.3 비제차 미분방정식의 제차화

미정계수법으로 특수해를 구하는 경우 가정하려는 특수해가 제차해와 중복되면 특수해에 지속적으로 x를 곱하여 제차해와 중복성을 없애야 한다고 하였다. 그 이유에 대해 알아보자. 설명을 간단히 하기 위해 2.8절에서 소개하는 기호 $D = d/dx$를 사용하겠다.

예를 들어 미분방정식 $y' = 1$, 즉 $Dy = 1$의 일반해는 $y = x + c$(상수 c)다. 1장에서 공부한 변수분리법 또는 단순한 추측에 의해서도 해를 쉽게 구할 수 있을 것이다. 만약 같은 해를 미정계수법으로 구하면 비제차 미분방정식 $Dy = 1$의 해는 제차해와 특수해의 합이다. 이때 제차해는 $Dy = 0$의 해 $y_h = c$이고 우변 비제차항이 상수 1이므로, 특수해를 A(상수)에 x를 곱하여 $y_p = Ax$로 가정하여 미분방정식에 대입하면 $A = 1$이므로 $y_p = x$, 즉 $y = y_h + y_p = c + x$로 동일한 해를 얻는다. 여기서 우변의 비제차항은 1인데 특수해를 A가 아닌 Ax로 가정할까?

비제차 미분방정식을 제차 미분방정식으로 바꾸어 해를 구하는 방법을 생각해 보자. $Dy = 1$의 우변 비제차항 1을 0으로 만들기 위해 양변을 미분하면 $D(Dy) = D(1)$, 즉 $D^2y = 0$이고 이는 2계 제차 미분방정식이다. 따라서 특성방정식 $m^2 = 0$의 해가 $m = 0$(중근)이므로 일반해는 $y = c_1e^{0x} + c_2xe^{0x} = c_1 \cdot 1 + c_2 \cdot x$이다. 여기서 1은 $Dy = 1$의 제차해이므로 x가 특수해가 되어야 한다. 결론적으로 상수계수 비제차 미분방정식의 비제차항이 제차해와 형태가 같은 경우는 이에 대응하는 상수계수 제차 미분방정식의 특성방정식이 중근을 갖게 되어 비제차항에 x가 곱해진 형태가 특수해가 되는 것이다.

예제 5의 경우는 단순히 양변을 미분하는 것으로 비제차항 $8e^x$를 0으로 만들 수 없다. $(D-1)(8e^x) = 0$임을 이용하여 $(D-1)(D-4)y = 8e^x$의 양변에 $(D-1)$을 수행하여 $(D-1)^2(D-4)y = 0$으로 만들어야 한다. 나머지는 2.7절 연습문제를 참고하자. 쉬어가기라고 해놓고 머리를 더 복잡하게 만들지 않았나 싶다.

2.5 연습문제

1. 미정계수법을 사용하여 미분방정식을 풀라.

(1) $y'' + 3y' = 28\cosh 4x$ (2) $y'' + 2y' + 10y = 25x^2 + 3$

(3) $y'' + 2y' - 35y = 12e^{5x} + 37\sin 5x$ (4) $y'' + 10y' + 25y = e^{-5x}$

(답) (1) $y = c_1 + c_2e^{-3x} + 4\cosh 4x - 3\sinh 4x$ (2) $y = e^{-x}[c_1\cos 3x + c_2\sin 3x] + \frac{5}{2}x^2 - x$

(3) $y = c_1e^{5x} + c_2e^{-7x} + xe^{5x} - \frac{6}{10}\sin 5x - \frac{1}{10}\cos 5x$ (4) $y = c_1e^{-5x} + c_2xe^{-5x} + \frac{1}{2}x^2e^{-5x}$

2. 미정계수법을 사용하여 초기값 문제를 풀라.

(1) $y'' - 4y = e^{-2x} - 2x$, $y(0) = 0$, $y'(0) = 0$

(2) $y'' + 1.2y' + 0.36y = 4e^{-0.6x}$, $y(0) = 0$, $y'(0) = 1$

(답) (1) $y = -\frac{1}{16}e^{2x} + \frac{1}{16}e^{-2x} - \frac{1}{4}xe^{-2x} + \frac{1}{2}x$ (2) $y = xe^{-0.6x} + 2x^2e^{-0.6x}$

2.6 비제차 미분방정식: 매개변수변환법

2.5절에서 비제차 미분방정식의 특수해를 구하는 방법으로 미정계수법에 대하여 알아보았다. 하지만 미정계수법은 용도가 매우 제한적이다. 미정계수법에서는 비제차항 $g(x)$의 형태에 의해 특수해를 가정하므로 상수계수 미분방정식, 그것도 비제차항의 형태가 표 2.5.1에 수록된 함수인 경우에만 가능하다. 이 절에서는 비제차 미분방정식의 특수해를 구하는 일반적인 방법으로 **매개변수변환법**(method of variation of parameters)을 소개한다. 매개변수변환법을 사용하면 제차해가 존재하는 모든 비제차 미분방정식의 특수해를 구할 수 있고, 변수계수 미분방정식에도 적용 가능하다. 1계 선형 미분방정식에 대해 매개변수변환법을 적용하여 특수해를 구하는 과정은 1.4절에서 이미 공부하였다. 여기서는 2계 선형 비제차 미분방정식의 특수해를 구하는 매개변수변환법을 공부한다.

2계 비제차 선형 미분방정식의 표준형을

$$y'' + p(x)y' + q(x)y = r(x) \tag{2.6.1}$$

로 쓰자. 여기서 미분방정식의 계수 $p(x)$, $q(x)$가 일반적으로 상수가 아닌 변수계수임을 기억하자. 식 (2.6.1)의 제차해가 $y_h = c_1y_1 + c_2y_2$일 때, 구하려는 특수해를

$$y_p = uy_1 + vy_2 \tag{2.6.2}$$

로 가정한다. 여기서 $u(x)$와 $v(x)$는 우리가 구해야 할 함수로, 식 (2.6.2)가 식 (2.6.1)을 만족하도록 결정되어야 한다. 식 (2.6.2)의 양변을 미분하면

$$y_p' = u'y_1 + uy_1' + v'y_2 + vy_2' \tag{2.6.3}$$

이다. 그런데 여기서 우리가 유의해야 할 점은 구해야 할 미지함수는 u와 v 2개인 반면에 이들을 구하기 위해 우리가 사용할 수 있는 식은 식 (2.6.2)로 가정된 y_p를 식 (2.6.1)에 대입하여 얻게 되는 식 하나뿐이라는 것이다. 따라서 주가적인 식이 하나 더 필요한데, 이를

$$u'y_1 + v'y_2 = 0 \tag{2.6.4}$$

이라고 가정하자. 그러면 식 (2.6.3)은

$$y_p' = uy_1' + vy_2' \tag{2.6.5}$$

으로 단순해지며 [사실 y_p'을 단순한 형태로 만들기 위해 식 (2.6.4)를 가정한 것이다],

$$y_p'' = u'y_1' + uy_1'' + v'y_2' + vy_2'' \tag{2.6.6}$$

이 된다. 이제 식 (2.6.2), (2.6.5), (2.6.6)을 식 (2.6.1)에 대입하면

$$y_p'' + py_p' + qy_p = (u'y_1' + uy_1'' + v'y_2' + vy_2'') + p(uy_1' + vy_2') + q(uy_1 + vy_2)$$
$$= u(y_1'' + py_1' + qy_1) + v(y_2'' + py_2' + qy_2) + u'y_1' + v'y_2' = r$$

이 되는데, 여기서 $y_1'' + py_1' + qy_1 = 0$, $y_2'' + py_2' + qy_2 = 0$이므로

$$u'y_1' + v'y_2' = r \tag{2.6.7}$$

을 얻는다. 결과적으로 식 (2.6.4)와 (2.6.7)은 선형계(linear system)

$$\begin{bmatrix} y_1 & y_2 \\ y_1' & y_2' \end{bmatrix} \begin{bmatrix} u' \\ v' \end{bmatrix} = \begin{bmatrix} 0 \\ r \end{bmatrix}$$

를 이룬다. 여기서

$$W = \begin{vmatrix} y_1 & y_2 \\ y_1' & y_2' \end{vmatrix}, \quad W_1 = \begin{vmatrix} 0 & y_2 \\ r & y_2' \end{vmatrix}, \quad W_2 = \begin{vmatrix} y_1 & 0 \\ y_1' & r \end{vmatrix}$$

로 놓으면 **크래머(Cramer) 공식**(7.6절)에 의해

$$u' = \frac{W_1}{W}, \quad v' = \frac{W_2}{W}$$

이다. 적분에 의해 특수해는

$$u = \int \frac{W_1}{W} dx, \quad v = \int \frac{W_2}{W} dx$$

이고, 결과적으로 식 (2.6.2)에 의해 특수해는

$$y_p = y_1 \int \frac{W_1}{W} dx + y_2 \int \frac{W_2}{W} dx \tag{2.6.8}$$

가 된다. 이는 2계 비제차 선형 미분방정식 (2.6.1)에 대해 알고 있는 제차해 y_1, y_2를 이용하여 특수해를 구하는 식이다. 식 (2.6.8)에서 W는 y_1, y_2의 Wronskian이고, W_1과 W_2는 각각 W의 첫 번째 열과 두 번째 열을 $[0, r]^T$로 대체한 행렬식이다. 식 (2.6.8)과 1계 비제차 선형 미분방정식의 특수해를 구하는 식 (1.4.5)와 비교해 보면 연관성을 알 수 있을 것이다.

다음 예제는 2.5절의 예제 1과 동일한 문제이다. 2.5절에서는 미정계수법으로 특수해를 구했지만 이번에는 매개변수변환법으로 특수해를 구해 보자.

예제 1

비제차 미분방정식 $y'' - y = x - 1$의 특수해를 구하라.

(풀이) 제차해는 2.5절 예제 1의 경우와 같이

$$y_h = c_1e^x + c_2e^{-x}$$

이다. 따라서 $y_1 = e^x$, $y_2 = e^{-x}$로 놓으면

$$W = \begin{vmatrix} y_1 & y_2 \\ y_1' & y_2' \end{vmatrix} = \begin{vmatrix} e^x & e^{-x} \\ e^x & -e^{-x} \end{vmatrix} = -2$$

$$W_1 = \begin{vmatrix} 0 & y_2 \\ r & y_2' \end{vmatrix} = \begin{vmatrix} 0 & e^{-x} \\ x-1 & -e^{-x} \end{vmatrix} = -(x-1)e^{-x}$$

$$W_2 = \begin{vmatrix} y_1 & 0 \\ y_1' & r \end{vmatrix} = \begin{vmatrix} e^x & 0 \\ e^x & x-1 \end{vmatrix} = (x-1)e^x$$

이다. 식 (2.6.8)을 이용하면 특수해는

$$\begin{aligned} y_p &= y_1\int \frac{W_1}{W}dx + y_2\int \frac{W_2}{W}dx \\ &= e^x\int\left[\frac{1}{2}(x-1)e^{-x}\right]dx + e^{-x}\int\left[-\frac{1}{2}(x-1)e^x\right]dx \\ &= \frac{1}{2}(-x) - \frac{1}{2}(x-2) = -x+1 \end{aligned}$$

로 2.5절 예제 1의 결과와 같다.

다음 예제는 미정계수법으로 특수해를 구하는 것이 불가능하지만(이유는? 상수계수 미분방정식이지만 비제차항 sec$x$에 대해 특수해를 가정할 수 없으므로), 매개변수변환법으로는 특수해를 구할 수 있다.

예제 2

$y'' + y = \sec x$를 풀라.

(풀이) 특성방정식 $m^2 + 1 = 0$의 근이 $m = \pm i$이므로 제차해는 $y_h = c_1\cos x + c_2\sin x$이다.

$$W = \begin{vmatrix} y_1 & y_2 \\ y_1' & y_2' \end{vmatrix} = \begin{vmatrix} \cos x & \sin x \\ -\sin x & \cos x \end{vmatrix} = \cos^2 x + \sin^2 x = 1$$

$$W_1 = \begin{vmatrix} 0 & y_2 \\ r & y_2' \end{vmatrix} = \begin{vmatrix} 0 & \sin x \\ \sec x & \cos x \end{vmatrix} = -\sec x\sin x = -\tan x$$

$$W_2 = \begin{vmatrix} y_1 & 0 \\ y_1' & r \end{vmatrix} = \begin{vmatrix} \cos x & 0 \\ -\sin x & \sec x \end{vmatrix} = \cos x\sec x = 1$$

이므로 식 (2.6.8)에서

$$y_p = y_1 \int \frac{W_1}{W} dx + y_2 \int \frac{W_2}{W} dx$$
$$= \cos x \int (-\tan x) dx + \sin x \int 1 dx = \cos x \ln|\cos x| + x \sin x$$

이고, 일반해 $y = y_h + y_p$는

$$y = c_1 \cos x + c_2 \sin x + \cos x \ln|\cos x| + x \sin x.$$

다음 예제에서는 변수계수 미분방정식인 Cauchy–Euler 방정식의 특수해를 구하는 과정을 보여준다.

예제 3

미분방정식 $x^2 \dfrac{d^2 y}{dx^2} + x \dfrac{dy}{dx} - y = \dfrac{1}{x^2}$ 의 일반해를 구하라.

(풀이) 미분방정식을 식 (2.6.1)과 같은 표준형으로 나타내기 위해 양변을 x^2으로 나누면

$$\frac{d^2 y}{dx^2} + \frac{1}{x}\frac{dy}{dx} - \frac{1}{x^2} y = \frac{1}{x^4}$$

이다. 특성방정식을 풀면 $m(m-1) + m - 1 = (m-1)(m+1) = 0$, $m = \pm 1$이므로

$$y_h = c_1 x + \frac{c_2}{x}$$

에서 $y_1 = x$, $y_2 = \dfrac{1}{x}$ 이다. 따라서

$$W = \begin{vmatrix} x & \frac{1}{x} \\ 1 & -\frac{1}{x^2} \end{vmatrix} = -\frac{2}{x}, \quad W_1 = \begin{vmatrix} 0 & \frac{1}{x} \\ \frac{1}{x^4} & -\frac{1}{x^2} \end{vmatrix} = -\frac{1}{x^5}, \quad W_2 = \begin{vmatrix} x & 0 \\ 1 & \frac{1}{x^4} \end{vmatrix} = \frac{1}{x^3}$$

이므로 특수해는

$$y_p = x \int \frac{1}{2x^4} dx + \frac{1}{x} \int \left(-\frac{1}{2x^2}\right) dx = x\left(-\frac{1}{6}x^{-3}\right) + \frac{1}{x}\left(\frac{1}{2}x^{-1}\right) = \frac{1}{3x^2}$$

이고, 일반해는

$$y = c_1 x + \frac{c_2}{x} + \frac{1}{3x^2}.$$

쉬어가기 2.4 다른 가정을 하면 특수해가 달라지는가?

이 단원을 강의하면서 학생들로부터 자주 질문을 받는다. (요즘 학생들이 별로 질문을 하지 않으므로 주로 질문을 유도하는 경우가 많지만…….) 질문의 요지는 (1) "마음대로 식 (2.6.4)를 가정해도 되는가?" (2) "식 (2.6.4) 대신에 다른 형태의 식을 가정하면 다른 특수해가 구해지는 것 아닌가?"라는 것들이다. 충분히 공감이 가는 질문이다. 질문 (1)에 대해 생각해 보자. 간단한 예를 들겠다. 방정식

$$x_1 + x_2 = 2 \tag{2.6.9}$$

는 미지수가 x_1, x_2 2개인 반면에 식은 하나이므로 해가 무수히 많을 것이다. $x_1 = x_2 = 1$뿐만 아니라 $x_1 = 2$, $x_2 = 0$ 등도 모두 해이다. 여기에

$$x_1 - x_2 = 0 \tag{2.6.10}$$

이라는 방정식을 추가하면 식 (2.6.9)와 (2.6.10)을 만족하는 해는 $x_1 = x_2 = 1$ 하나로 결정되지만, 이 역시 식 (2.6.9)를 만족한다. 물론 추가되는 방정식의 형태가 다르면 다른 해를 얻겠지만, 이 해 또한 원래의 방정식을 만족할 것이다. 본문에서 식 (2.6.4)를 추가적으로 가정했지만 식 (2.6.2)는 여전히 특수해인 것이다. 다음은 질문 (2)에 대해 생각해 보자. 본문에서와 같이 식 (2.6.4)를 사용하여 구한 특수해를 y_{p1}, 식 (2.6.4) 대신에 다른 형태의 방정식을 가정하여 구한 특수해를 y_{p2}라 하자. 그러면 y_{p1}, y_{p2}는 비제차 미분방정식의 해이므로

$$y_{p1}'' + py_{p1}' + qy_{p1} = r \tag{2.6.11}$$

$$y_{p2}'' + py_{p2}' + qy_{p2} = r \tag{2.6.12}$$

이 성립한다. 식 (2.6.11)에서 식 (2.6.12)를 빼면

$$(y_{p1} - y_{p2})'' + p(y_{p1} - y_{p2})' + q(y_{p1} - y_{p2}) = 0$$

이므로 $y_{p1} - y_{p2}$는 식 (2.6.1)의 제차해다. 즉 $y_{p2} = y_{p1} + y_h$로, 두 특수해는 제차해 차이만 날 뿐이므로 최종적인 일반해의 형태에는 아무런 차이가 없다.

2.6 연습문제

1. 매개변수변환법을 사용하여 미분방정식을 풀라.

(1) $y'' - 4y' + 4y = \dfrac{e^{2x}}{x}$

(2) $y'' + 2y' + y = e^{-x}\cos x$

(3) $x^2y'' - 4xy' + 6y = 21x^{-4}$

(4) $\dfrac{d^2y}{dx^2} + 2\dfrac{dy}{dx} + 2y = 4e^{-x}\sec^3 x$

(답) (1) $y = e^{2x}(c_1 + c_2x + x\ln|x|)$

(2) $y = c_1e^{-x} + c_2xe^{-x} - e^{-x}\cos x$

(3) $y = c_1x^2 + c_2x^3 + \dfrac{1}{2}x^{-4}$

(4) $y = c_1e^{-x}\cos x + c_2e^{-x}\sin x - 2e^{-x}\dfrac{\cos 2x}{\cos x}$

2. (1) 본문에서 식 (2.6.4) 대신에 $u'y_1 + v'y_2 = f(x)$로 놓았을 때 W, W_1, W_2를 구하라.
(2) 문제 (1)의 결과에 $f(x) = x$를 이용하여 예제 1의 특수해를 구하라. 결과가 같은가?

(답) (1) $W = \begin{vmatrix} y_1 & y_2 \\ y_1' & y_2' \end{vmatrix}$, $W_1 = \begin{vmatrix} f & y_2 \\ r - f' - pf & y_2' \end{vmatrix}$, $W_2 = \begin{vmatrix} y_1 & f \\ y_1' & r - f' - pf \end{vmatrix}$

(2) $y_p = -x + 1$로 같다.

2.7 고계 미분방정식

3계 이상의 미분방정식을 보통 고계 미분방정식(high order differential equation)이라 한다. 자연현상이나 공학문제의 대부분이 1계 또는 2계 미분방정식으로 표현되지만 **보의 휨**(beam deflection) 현상과 같이 4계 미분방정식으로 표현되는 경우도 있다. 또한 1계 또는 2계 미분방정식이 연립방정식으로 주어지면 해를 구하는 과정에서 고계 미분방정식을 풀어야 하는 경우도 있다(2.8절 참고). 고계 미분방정식에 대해 특별한 해법이 따로 있는 것은 아니며, 앞에서 공부한 2계 미분방정식의 해법을 그대로 확장하여 적용한다. 다음 예제를 보자.

제차 미분방정식

예제 1

$y''' - 2y'' - y' + 2y = 0$의 해를 구하라.

(풀이) 2.3절의 상수계수 2계 미분방정식의 풀이에서 해를 $y = e^{mx}$로 가정한 것을 기억한다면 주어진 3계 미분방정식의 특성방정식이 $m^3 - 2m^2 - m + 2 = 0$이 됨을 쉽게 생각할 수 있을 것이다.

$$m^3 - 2m^2 - m + 2 = (m + 1)(m - 1)(m - 2) = 0$$

에서 특성방정식의 근이 $m = -1, 1, 2$이므로 일반해는

$$y = c_1e^{-x} + c_2e^{x} + c_3e^{2x}.$$

예제 2

$y''' - y'' + 100y' - 100y = 0$, $y(0) = 4$, $y'(0) = 11$, $y''(0) = -299$를 풀라.

(풀이) $m^3 - m^2 + 100m - 100 = (m-1)(m^2+100) = 0$에서 $m = 1, \pm 10i$이므로 일반해는

$$y = c_1e^x + c_2\cos 10x + c_3\sin 10x$$

이다. 초기조건 $y(0) = 4 = c_1 + c_2$, $y'(0) = 11 = c_1 + 10c_3$, $y''(0) = -299 = c_1 - 100c_2$를 적용하면 $c_1 = 1$, $c_2 = 3$, $c_3 = 1$이므로 특수해는

$$y = e^x + 3\cos 10x + \sin 10x.$$

예제 3

$y^{(5)} - 3y^{(4)} + 3y''' - y'' = 0$을 풀라.

(풀이) $m^5 - 3m^4 + 3m^3 - m^2 = m^2(m-1)^3 = 0$에서 $m = 0$(중근), $m = 1$(삼중근)이므로 해는

$$y = c_1 + c_2x + c_3e^x + c_4xe^x + c_5x^2e^x.$$

예제 4

$y^{(4)} + 2y'' + y = 0$을 풀라.

(풀이) $m^4 + 2m^2 + 1 = (m^2+1)^2 = 0$, $m = \pm i$(중근). 따라서

$$y = c_1\cos x + c_2\sin x + c_3x\cos x + c_4x\sin x.$$

비제차 미분방정식

고계 비제차 미분방정식의 특수해를 구하기 위해 2계 비제차 미분방정식의 경우와 같이 미정계수법과 매개변수변환법을 사용할 수 있다. 구체적인 내용은 예제를 통해 쉽게 확인할 수 있다.

(1) 미정계수법

예제 5

$y''' + 3y'' + 3y' + y = 30e^{-x}$, $y(0) = 3$, $y'(0) = -3$, $y''(0) = -47$을 풀라.

(풀이) 특성방정식 $m^3 + 3m^2 + 3m + 1 = (m+1)^3 = 0$에서 $m = -1$(삼중근)이다. 따라서 제차해는

$$y_h = c_1e^{-x} + c_2xe^{-x} + c_3x^2e^{-x} = (c_1 + c_2x + c_3x^2)e^{-x}$$

이다. 주어진 미분방정식의 우변에 위치한 비제차항이 $30e^{-x}$이지만 제차해와의 중복을 고려하여 특수해를 $y_p = Ax^3e^{-x}$로 가정하면

$$y_p' = A(3x^2 - x^3)e^{-x}, \quad y_p'' = A(6x - 6x^2 + x^3)e^{-x}, \quad y_p''' = A(6 - 18x + 9x^2 - x^3)e^{-x}$$

이므로

$$\begin{aligned} & y_p''' + 3y_p'' + 3y_p' + y_p \\ &= Ae^{-x}(6 - 18x + 9x^2 - x^3 + 18x - 18x^2 + 3x^3 + 9x^2 - 3x^3 + x^3) \\ &= 6Ae^{-x} = 30e^{-x} \end{aligned}$$

로부터 $A = 5$이다. 따라서 $y_p = 5x^3e^{-x}$이고, 일반해는

$$y = y_h + y_p = (c_1 + c_2x + c_3x^2)e^{-x} + 5x^3e^{-x} = (c_1 + c_2x + c_3x^2 + 5x^3)e^{-x}$$

이다.

$$\begin{aligned} y' &= [(c_2 - c_1) + (2c_3 - c_2)x + (15 - c_3)x^2 - 5x^3]e^{-x} \\ y'' &= [(c_1 - 2c_2 + 2c_3) + (30 + c_2 - 4c_3)x + (-30 + c_3)x^2 + 5x^3]e^{-x} \end{aligned}$$

에 초기조건을 적용하면

$$y(0) = 3 = c_1, \quad y'(0) = -3 = -c_1 + c_2, \quad y''(0) = -47 = c_1 - 2c_2 + 2c_3$$

로부터 $c_1 = 3$, $c_2 = 0$, $c_3 = -25$이다. 따라서 구하려는 해는

$$y = (3 - 25x^2 + 5x^3)e^{-x}.$$

(2) 매개변수변환법

1계 및 2계 선형 비제차 미분방정식의 특수해를 구하는 공식을 각각 식 (1.4.5)와 (2.6.8)로 나타난 것과 마찬가지로 **n계 선형 비제차 미분방정식의 표준형**

$$y^{(n)} + p_{n-1}y^{(n-1)} + \cdots + p_1y' + p_0y = r(x) \tag{2.7.1}$$

에 대한 특수해는

$$y_p = y_1\int\frac{W_1}{W}dx + y_2\int\frac{W_2}{W}dx + \cdots + y_n\int\frac{W_n}{W}dx \tag{2.7.2}$$

이다. 여기서 W는 식 (2.7.1)의 제차해 $y_1, y_2, \cdots, y_n$의 Wronskian이고 W_i는 W의 i번째 열을 $[0, 0, \cdots, r]^T$로 대체한 행렬식이다.

예제 6

3계 Cauchy-Euler 방정식 $x^3y''' - 3x^2y'' + 6xy' - 6y = x^4\ln x$의 특수해를 구하라.

(풀이) 2계 Cauchy-Euler 방정식에 대한 설명은 2.4절을 참고하라. 주어진 미분방정식을 식 (2.7.1)과 같은 표준형으로 나타내기 위해 양변을 x^3으로 나누면

$$y''' - \frac{3}{x}y'' + \frac{6}{x^2}y' - \frac{6}{x^3}y = x\ln x$$

이고, 2.4절에서 Cauchy-Euler 방정식의 해를 $y_h = x^m$으로 가정한 것을 기억하면 특성방정식이

$$m(m-1)(m-2) - 3m(m-1) + 6m - 6 = (m-1)(m-2)(m-3) = 0$$

임을 알 수 있고, 근이 $m = 1, 2, 3$이므로 제차해는 $y_h = c_1x + c_2x^2 + c_3x^3$이다.

$$W = \begin{vmatrix} x & x^2 & x^3 \\ 1 & 2x & 3x^2 \\ 0 & 2 & 6x \end{vmatrix} = 2x^3, \qquad W_1 = \begin{vmatrix} 0 & x^2 & x^3 \\ 0 & 2x & 3x^2 \\ x\ln x & 2 & 6x \end{vmatrix} = x^5\ln x,$$

$$W_2 = \begin{vmatrix} x & 0 & x^3 \\ 1 & 0 & 3x^2 \\ 0 & x\ln x & 6x \end{vmatrix} = -2x^4\ln x, \qquad W_3 = \begin{vmatrix} x & x^2 & 0 \\ 1 & 2x & 0 \\ 0 & 2 & x\ln x \end{vmatrix} = x^3\ln x$$

이므로 식 (2.7.2)에서

$$\begin{aligned} y_p &= y_1\int \frac{W_1}{W}dx + y_2\int \frac{W_2}{W}dx + y_3\int \frac{W_3}{W}dx \\ &= \frac{x}{2}\int x^2\ln x dx - x^2\int x\ln x dx + \frac{x^3}{2}\int \ln x dx \\ &= \frac{x}{2}\left(\frac{1}{3}x^3\ln x - \frac{x^3}{9}\right) - x^2\left(\frac{1}{2}x^2\ln x - \frac{x^2}{4}\right) + \frac{x^3}{2}(x\ln x - x) \\ &= \frac{1}{6}x^4\ln x - \frac{11}{36}x^4 = \frac{x^4}{36}(6\ln x - 11). \end{aligned}$$

☞ 예제 6의 풀이에서 다음을 이용하였다.

$$\int \ln x dx = x\ln x - x$$

$$\int x\ln x dx = \frac{x^2}{2}\ln x - \int \frac{x^2}{2}\cdot\frac{1}{x}dx = \frac{1}{2}x^2\ln x - \frac{x^2}{4}$$

$$\int x^2\ln x dx = \frac{x^3}{3}\ln x - \int \frac{x^3}{3}\cdot\frac{1}{x}dx = \frac{1}{3}x^3\ln x - \frac{x^3}{9}$$

고계 미분방정식의 응용

4계 미분방정식으로 나타나는 보의 휨을 다루는 경계값 문제를 풀어보자.

예제 7

단면이 균일하고 길이가 L인 보(또는 막대)에 단위 길이당 하중 $W(x)$가 수직으로 작용할 때 보의 처짐은

$$EI\frac{d^4y}{dx^4} = W(x)$$

로 기술된다. 여기서 $y(x)$는 아래쪽이 양의 방향인 보 중심선의 수직변위를 나타내고 E는 Young의 탄성계수, I는 단면의 관성 모멘트이다. 보의 양단이 다른 벽체에 고정된 경우에는 경계조건이 $y(0) = y'(0) = 0$, $y(L) = y'(L) = 0$이다. $W(x) = 1$, $EI = 1/24$, $L = 1$로 놓고 변위 y를 구하라. 결과를 그래프로 그리고 y의 최대값을 구하라.

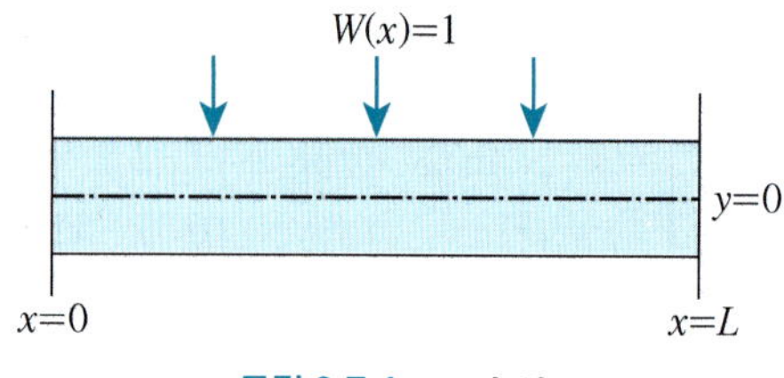

그림 2.7.1 보의 휨.

(풀이) (1) $W(x) = 1$, $EI = 1/24$이므로 미분방정식은

$$\frac{d^4y}{dx^4} = 24 \tag{2.7.3}$$

이고, 특성방정식 $m^4 = 0$에서 $m = 0$(4중근)이므로 제차해는

$$y_h = c_1 + c_2x + c_3x^2 + c_4x^3$$

이다. 제차해와의 중복성을 고려하여 특수해를 $y_p = Ax^4$으로 가정하고 미분방정식에 대입하면 $24A = 24$에서 $A = 1$이므로 일반해는

$$y = y_h + y_p = c_1 + c_2x + c_3x^2 + c_4x^3 + x^4 \tag{2.7.4}$$

이다. 경계조건 $y(0) = y'(0) = 0$을 적용하면 $c_1 = c_2 = 0$이고, 경계조건 $y(1) = y'(1) = 0$에서 $c_3 = 1$, $c_4 = -2$를 얻는다. 따라서

$$y(x) = x^2 - 2x^3 + x^4 = x^2(x-1)^2$$

이다. 한편 $y'(x) = 2x(x-1)(2x-1) = 0$으로부터 $x = 1/2$에서

$$y_{max} = 1/16 = 0.0625$$

이다.

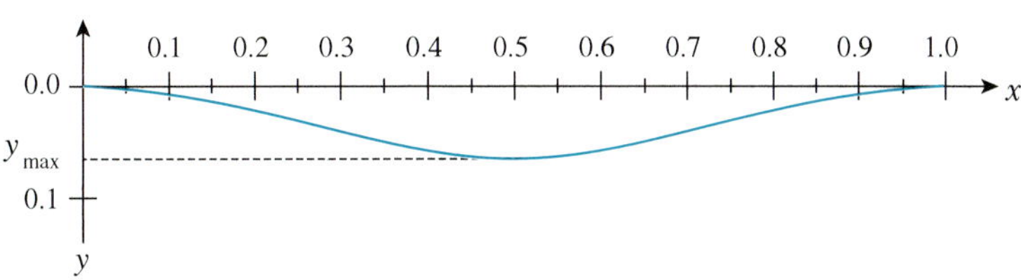

그림 2.7.2 보의 휨곡선.

☞ (1) 예제 7의 풀이에서는 식 (2.7.3)의 해를 구하기 위해 특성방정식과 미정계수법을 사용하였다. 하지만 단순한 추측으로도 식 (2.7.3)의 해가 식 (2.7.4)가 됨을 쉽게 할 수 있을 것이다.
(2) 예제 7에서는 보에 작용하는 하중이 연속함수였다. 하중이 불연속 함수인 경우는 10.3절 예제 3에서 소개한다.

2.7 연습문제

1. 미분방정식 또는 초기값 문제를 풀라.

(1) $y^{(4)} - 16y = 0$ (2) $y''' + 9y'' + 27y' + 27y = 0$

(3) $(D^3 - D^2 - D + 1)y = 0$

(4) $y^{(4)} = 0,\ y(0) = 1,\ y'(0) = 16,\ y''(0) = -4,\ y'''(0) = 24$

(5) $(D^4 + 10D^2 + 9)y = 0,\ y(0) = 0,\ y'(0) = 0,\ y''(0) = 32,\ y'''(0) = 0$

(답) (1) $y = c_1e^{2x} + c_2e^{-2x} + c_3\cos 2x + c_4\sin 2x$ (2) $y = c_1e^{-3x} + c_2xe^{-3x} + c_3x^2e^{-3x}$

(3) $y = c_1e^{-x} + c_2e^{x} + c_3xe^{x}$ (4) $y = 1 + 16x - 2x^2 + 4x^3$

(5) $y = 4\cos x - 4\cos 3x$

2. 미분방정식 또는 초기값 문제를 미정계수법으로 풀라.

(1) $y''' + 3y'' + 3y' + y = 8e^x + x + 3$

(2) $y^{(4)} + 10y'' + 9y = 40\sinh x,\ y(0) = 0,\ y'(0) = 6,\ y''(0) = 0,\ y'''(0) = -26$

(답) (1) $y = c_1e^{-x} + c_2xe^{-x} + c_3x^2e^{-x} + e^x + x$ (2) $y = \sin x + \sin 3x + 2\sinh x$

3. 미분방정식 또는 초기값 문제를 매개변수변환법으로 풀라.

(1) $y''' + 3y'' + 3y' + y = 8e^x + x + 3$ [문제 2(1)의 결과와 비교하라.]

예제 3의 해는 외부힘이 작용하지 않을 때, 즉 $F(t) = 0$인 경우의 해인 제차해 $y_h(t) = 5e^{-t} - e^{-3t}$와 외부힘이 작용할 때의 해인 특수해 $y_p = \cos t + 2\sin t$의 합으로 구성되어 있다. 그림 2.9.13에 제차해 y_h, 특수해 y_p와 이의 합인 $y = y_h + y_p$를 함께 그렸다. 감쇠력이 '과감쇠'로 작용하는 경우이므로 제차해 y_h는 짧은 시간에 소멸하며, 특수해 y_p는 지속적으로 작용하는 외부힘에 의해 감쇠되지 않고 결국 외부힘과 같은 진동수 $f = 1/2\pi$ Hz로 일정하게 진동한다. 따라서 두 운동의 합 y의 진폭은 y_h가 소멸하는 동안에는 크기가 변하고 이후에는 일정한 값을 갖는데, 이렇게 진폭이 변화하는 시간 구간을 **과도구간**(transient region), 그렇지 않은 구간을 **정상구간**(steady state region)이라 한다. 마찬가지 이유로 제차해 y_h를 **과도해**(transient solution), 특수해 y_p를 **정상해**(steady state solution)라고도 부른다. 이는 1.6절의 RL-회로에 대한 설명과 유사하다.

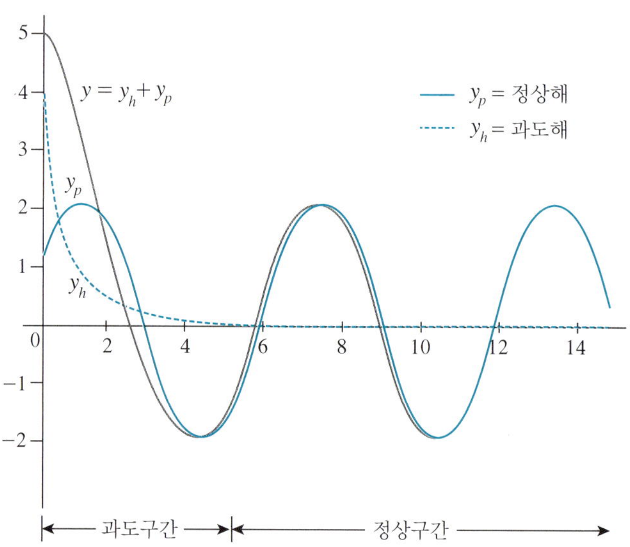

그림 2.9.13 과도해와 정상해.

(4) 강제비감쇠 운동과 순수공진

강제감쇠 운동을 나타내는 식 (2.9.12)에서 $\beta = 0$이면 이는 **강제비감쇠 운동**(forced undamped motion)

$$m\frac{d^2y}{dt^2} + ky = f(t) \tag{2.9.14}$$

가 되고, 식 (2.9.14)의 양변을 m으로 나누면

$$\frac{d^2y}{dt^2} + \omega^2 y = F(t) \tag{2.9.15}$$

이다. 다음 예제를 보자.

예제 4

F가 상수이고 $\omega \neq \gamma$일 때 $\dfrac{d^2y}{dt^2} + \omega^2 y = F\sin\gamma t$, $y(0) = 0$, $\left.\dfrac{dy}{dt}\right|_{t=0} = 0$을 풀라.

(풀이) 제차해는

$$y_h(t) = c_1\cos\omega t + c_2\sin\omega t$$

이며, $\omega \neq \gamma$이므로 특수해를 $y_p(t) = A\sin\gamma t$로 가정하면 $y_p' = \gamma A\cos\gamma t$, $y_p'' = -\gamma^2 A\sin\gamma t$이므로

$$y_p'' + \omega^2 y_p = A(\omega^2 - \gamma^2)\sin\gamma t = F\sin\gamma t$$

에서 $A = \dfrac{F}{\omega^2 - \gamma^2}$이다. 따라서 $y_p(t) = \dfrac{F}{\omega^2 - \gamma^2}\sin\gamma t$이고, 일반해는

$$y(t) = c_1\cos\omega t + c_2\sin\omega t + \frac{F}{\omega^2 - \gamma^2}\sin\gamma t$$

이다. 초기조건을 이용하여 $c_1 = 0$, $c_2 = -\dfrac{\gamma F}{\omega(\omega^2 - \gamma^2)}$를 구할 수 있으므로

$$y(t) = \frac{F}{\omega(\omega^2 - \gamma^2)}(\omega\sin\gamma t - \gamma\sin\omega t) \tag{2.9.16}$$

이다.

식 (2.9.16)은 제차해 $y_h = -\dfrac{\gamma F}{\omega(\omega^2 - \gamma^2)}\sin\omega t$와 특수해 $y_p = \dfrac{\omega F}{\omega(\omega^2 - \gamma^2)}\sin\gamma t$의 합이다. y_h는 예제 3에서와 마찬가지로 외부힘이 작용하지 않을 때의 해인데, 감쇠력이 작용하지 않는 경우이므로 감쇠 없이 질량–용수철계의 고유진동수 $f_\omega = \omega/2\pi$로 계속 진동한다. y_p는 외부힘이 작용할 때의 해로 역시 감쇠 없이 외부힘과 같은 진동수 $f_\gamma = \gamma/2\pi$로 진동한다. 결과적으로 $y = y_h + y_p$는 감쇠 없이 서로 다른 진동수 f_ω와 f_γ를 갖는 두 진동의 **중첩**(superposition)으로 과도구간도 존재하지 않는다. 예를 들어 식 (2.9.16)에 $\omega = 2$, $\gamma = 1$, $F = 6$을 대입하면 $y = 2\sin t - \sin 2t$가 되고, 이의 그래프는 그림 2.9.14이다.

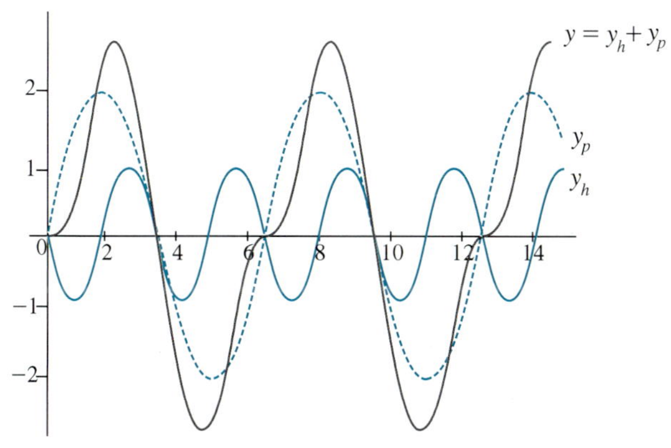

그림 2.9.14 서로 다른 진동수를 갖는 두 진동의 중첩.

그렇다면 강제비감쇠 운동에서 질량–용수철계의 고유진동수 f_ω와 외부힘의 진동수 f_γ가 같아지면 어떤 일이 발생할까? 이런 경우에 해를 구하려면 예제 4의 문제에서 γ를 ω로 바꾸어 풀면 될 것이다(연습문제 참고). 하지만 여기서는 예제 4의 결과에서 γ를 ω에 접근시킬 때의 극한값을 계산하여 같은 해를 구하겠다. 즉 $\gamma \to \omega$일 때 식 (2.9.16)의 극한은 로피탈(L'hopital) 정리를 사용하여

$$y(t) = \lim_{\gamma \to \omega} \frac{F}{\omega(\omega^2 - \gamma^2)}(\omega \sin\gamma t - \gamma \sin\omega t)$$

$$= F \lim_{\gamma \to \omega} \frac{\frac{d}{d\gamma}(\omega \sin\gamma t - \gamma \sin\omega t)}{\frac{d}{d\gamma}\omega(\omega^2 - \gamma^2)} = F \lim_{\gamma \to \omega} \frac{\omega t \cos\gamma t - \sin\omega t}{-2\omega\gamma}$$

$$= F \frac{\omega t \cos\omega t - \sin\omega t}{-2\omega^2} = \frac{F}{2\omega^2}(\sin\omega t - \omega t \cos\omega t)$$

가 되는데, $\theta = \tan^{-1}\omega t$라 놓으면 삼각함수 합성에 의해

$$y(t) = \frac{F}{2\omega^2}\sqrt{1 + \omega^2 t^2}\,\sin(\omega t - \theta) \qquad (2.9.17)$$

가 된다. 식 (2.9.17)을 보면 진폭 $A(t) = \frac{F}{2\omega^2}\sqrt{1 + \omega^2 t^2}$ 이 t에 대해 증가 함수임을 알 수 있다. 그림 2.9.15는 식 (2.9.17)에 $\omega = \gamma = 2$, $F = 1$을 대입한 경우로 시간에 따라 진폭이 증가함을 보인다.

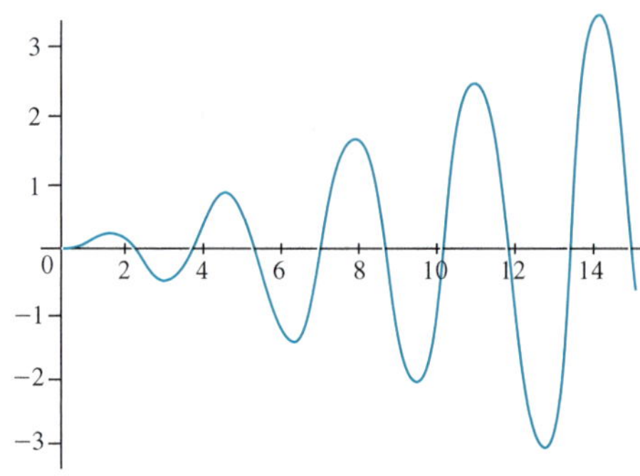

그림 2.9.15 순수공진.

이러한 현상을 **공진**(resonance)이라 하는데, 외부힘의 진동수와 질량–용수철계의 고유진동수가 같을 때 발생한다. 특히 위의 경우와 같이 감쇠력이 전혀 없을 때 발생하는 공진을 **순수공진**(pure resonance)이라 한다.

쉬어가기 2.6 공진현상

공진현상은 우리 주변에서 쉽게 발견할 수 있다.

(1) 2011년 여름 서울 강변역에 위치한 테크노마트 건물이 심하게 진동하였다. 대한건축학회는 이를 건물 12층에 위치한 헬스클럽에서 여러명의 사람들이 박자에 맞춰 발을 구르는 진동이 증폭되어 생긴 공진현상으로 설명하였다. 즉 사람들이 규칙적으로 발을 구르는 진동수가 건물의 고유진동수와 우연히 같아져 건물에 큰 진동을 유발한 것이다.

(2) 공진의 사례로 미국 워싱턴 주에 있던 타코마(Tacoma) 다리의 붕괴가 자주 나온다. 그림 2.9.16의 타코마 다리는 타코마 해협을 가로지르는 현수교로 1940년 7월에 개통되었는데, 심한 진동으로 같은 해 11월에 무너졌다. 전문가들은 해협을 통과하는 바람에 의해 공진이 발생하여 붕괴되었다고 주장한다.

(3) 영국의 브로스턴 다리는 1831년 군인들이 발맞춰 행군하면서 생긴 진동이 다리의 고유진동수와 같았기 때문에 무너졌다고 알려져 있다. 군대의 야전규범(field manual, FM)에 의하면 장교가 병사를 인솔하여 다리를 건널 때는 구호에 발을 맞추지 않고 자유롭게 걷게 해야 한다.

(4) 소리도 공기의 진동이므로 그림 2.9.17과 같이 소리로 유리잔을 진동시킬 수 있다. 이때 소리의 진동수와 유리잔의 고유진동수가 같으면 유리잔의 진동이 점점 커져 마침내 유리잔이 깨진다.

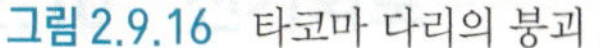

그림 2.9.16 타코마 다리의 붕괴 .

그림 2.9.17 소리와 공진.

이외에도 공진현상의 예는 무수히 많다. 1950년대 말과 1960년대 초에 같은 기종의 두 비행기가 추락하여 많은 사상자를 냈다. 사고 후 조사에서 두 비행기가 약 400 mph(miles per hour)의 속도에 달했을 때 양 날개가 심하게 진동하여 부러지면서 사고를 낸 것으로 밝혀졌다. 엔진의 진동이 비행기 날개에 공진을 일으켜 생긴 사고였다. 공진이 반드시 파괴적인 것만은 아니다. 다음 절에서 소개하겠지만 질량-용수철계에서 공부한 내용은 다음 절에서 소개할 RLC-전기회로에도 그대로 적용된다. 우리는 각기 다른 주파수를 가진 전파에 노출되어 있지만 라디오의 주파수 조절 손잡이를 돌려 특정한 주파수의 방송을 들을 수 있는 것도 공진을 이용한 것이다.

표 3.1.1 기본함수의 Laplace 변환

	$f(t)$	$\mathcal{L}[f(t)]$		$f(t)$	$\mathcal{L}[f(t)]$
1	1	$\dfrac{1}{s}$	6	e^{at}	$\dfrac{1}{s-a}$
2	t	$\dfrac{1}{s^2}$	7	$\sin at$	$\dfrac{a}{s^2+a^2}$
3	t^2	$\dfrac{2!}{s^3}$	8	$\cos at$	$\dfrac{s}{s^2+a^2}$
4	$t^n(n=0, 1, 2, \cdots)$	$\dfrac{n!}{s^{n+1}}$	9	$\sinh at$	$\dfrac{a}{s^2-a^2}$
5	$t^a(a>-1)$	$\dfrac{\Gamma(a+1)}{s^{a+1}}$	10	$\cosh at$	$\dfrac{s}{s^2-a^2}$

☞ 표 3.1.1의 공식 8과 10의 유도과정은 각각 공식 7과 9를 유도하는 과정과 유사하다.

쉬어가기 3.1 0! = 1과 감마함수

특수함수의 하나인 감마함수(gamma function)를

$$\Gamma(x) \equiv \int_0^\infty e^{-t}t^{x-1}dt \tag{3.1.3}$$

로 정의한다. $x>0$에 대해[1]

$$\Gamma(x+1) = \int_0^\infty e^{-t}t^x dt = -e^{-t}t^x\Big|_0^\infty - \int_0^\infty (-e^{-t})xt^{x-1}dt = x\int_0^\infty e^{-t}t^{x-1}dt = x\Gamma(x)$$

가 되어 감마함수의 성질

$$\Gamma(x+1) = x\Gamma(x) \tag{3.1.4}$$

가 성립한다. $\Gamma(1) = \int_0^\infty e^{-t}dt = -e^{-t}\Big|_0^\infty = 1$ 이므로

$$\begin{aligned} \Gamma(2) &= 1\Gamma(1) = 1 \\ \Gamma(3) &= 2\Gamma(2) = 2\cdot 1 = 2! \\ \Gamma(4) &= 3\Gamma(3) = 3\cdot 2! = 3! \\ &\vdots \end{aligned}$$

즉 감마함수는 $n = 0, 1, 2\cdots$에 대해

$$\Gamma(n+1) = n! \tag{3.1.5}$$

1) $\lim\limits_{t\to 0} e^{-t}t^x = 0$은 $x>0$에서만 성립한다. $x<0$인 경우 $x=-\alpha$, $\alpha>0$으로 놓으면 $\lim\limits_{t\to 0} e^{-t}t^x = \lim\limits_{t\to 0}\dfrac{1}{e^t t^\alpha} = \infty$ 이다.

을 만족한다. 이러한 이유로 감마함수를 **일반화된 계승함수**(generalized factorial function)라 부른다. 식 (3.1.5)에 $n = 0$을 대입하면 $\Gamma(1) = 0!$이고 $\Gamma(1) = 1$이므로 $0! = 1$로 정의한다. 감마함수의 그래프는 그림 3.1.1과 같다.

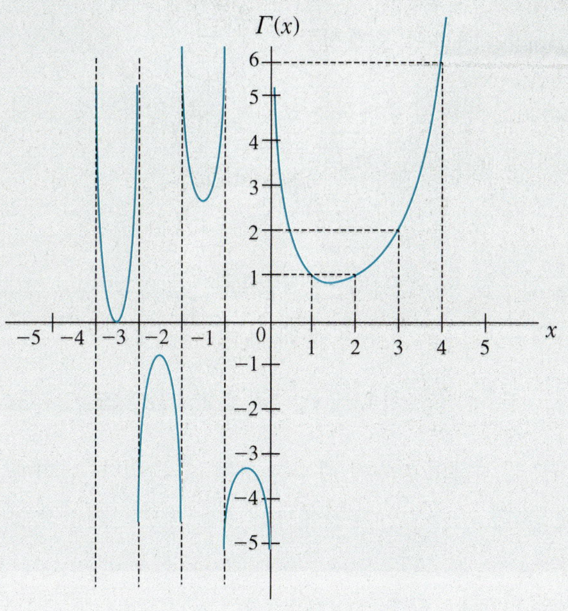

그림 3.1.1 감마함수의 그래프.

다음에는 $\Gamma(\frac{1}{2})$의 값을 구해 보자. 감마함수의 정의에서

$$\Gamma(1/2) = \int_0^\infty e^{-t}t^{-1/2}dt:\ t = x^2,\ dt = 2xdx \text{ 로 치환}$$

$$= \int_0^\infty e^{-x^2}x^{-1}2xdx = 2\int_0^\infty e^{-x^2}dx$$

가 되는데, 9.1절 예제 11에서 $\int_0^\infty e^{-x^2}dx = \frac{\sqrt{\pi}}{2}$ 이므로 $\Gamma\left(\frac{1}{2}\right) = \sqrt{\pi}$ 이다. 식 (3.1.4)를 이용하면

$$\Gamma\left(\frac{3}{2}\right) = \frac{1}{2}\Gamma\left(\frac{1}{2}\right) = \frac{1}{2}\sqrt{\pi} = \frac{\sqrt{\pi}}{2}$$

등이 된다.

다양한 형태를 갖는 함수들의 Laplace 변환을 구해 보자.

예제 1

$\mathscr{L}[t^3]$, $\mathscr{L}[e^{-4t}]$, $\mathscr{L}[\cos 2t]$, $\mathscr{L}[\sinh 3t]$를 각각 구하라.

(풀이) 표 3.1.1에서 적절한 공식을 선택하여 적용하면 각각

$$\mathcal{L}[t^3] = \frac{3!}{s^4}, \quad \mathcal{L}[e^{-4t}] = \frac{1}{s+4}, \quad \mathcal{L}[\cos 2t] = \frac{s}{s^2+4}, \quad \mathcal{L}[\sinh 3t] = \frac{3}{s^2-9}$$

이다.

Laplace 변환의 존재성

Laplace 변환이 존재하는 조건에 대해 알아보자. 그림 3.1.2와 같이 상수 c, $M>0$, $t_0>0$에 대해 모든 $t>t_0$에서

$$|f(t)| \leqq Me^{ct} \tag{3.1.6}$$

를 만족할 때 함수 $f(t)$가 **지수적 차수**(exponential order) c를 갖는다고 한다. 예를 들어 $f(t)=1$, t, e^{-t}, $2\cos t$는 그림 3.1.3과 같이

$$|1| \leqq e^t, \quad |t| \leqq e^t, \quad |e^{-t}| \leqq e^t, \quad |2\cos t| \leqq 2e^t$$

이므로 이들의 지수적 차수는 모두 $c=1$이다. 반면에 $f(t)=e^{t^2}$은 그림 3.1.4에서 보듯이 $t>c>0$인 구간에서 $e^{t^2}>e^{ct}$이므로 지수적 차수를 갖지 않는다.

그림 3.1.2 지수적 차수

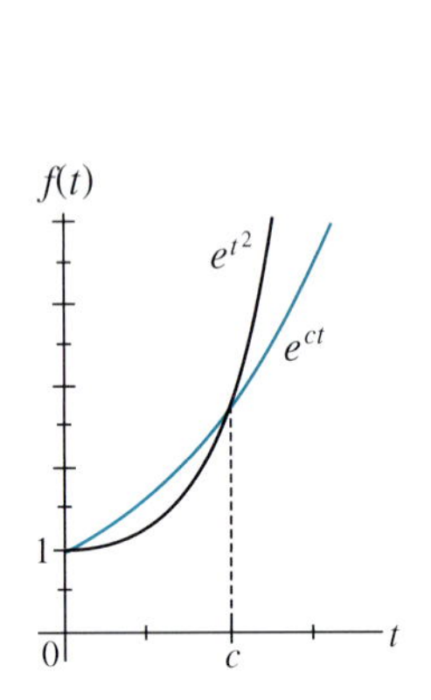

그림 3.1.4 지수적 차수가 존재하지 않음

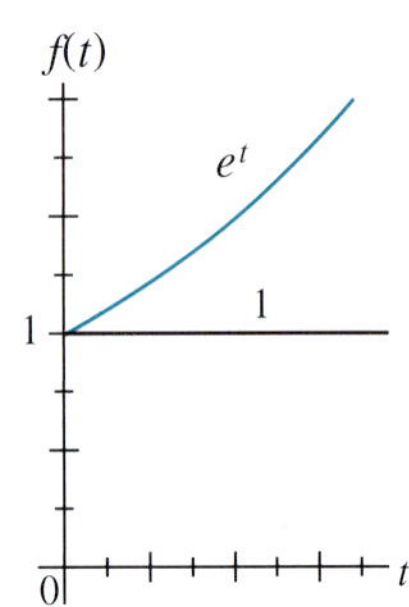

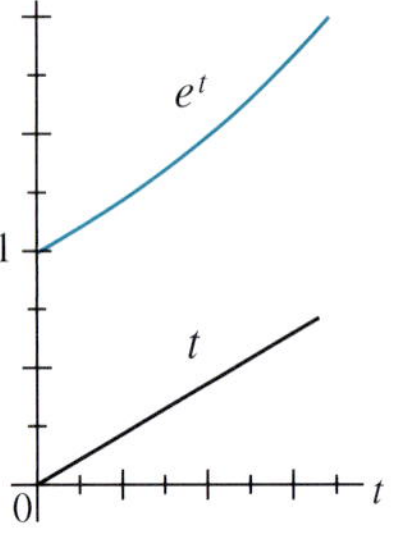

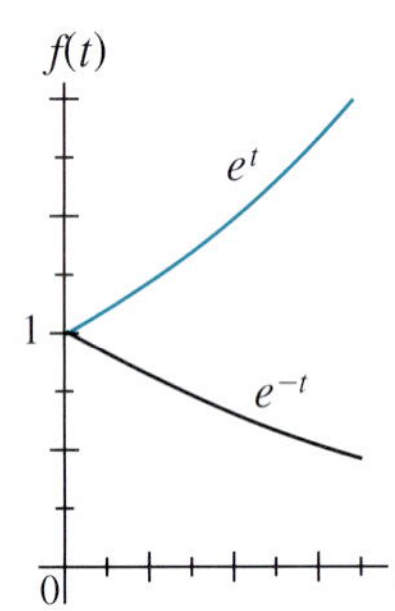

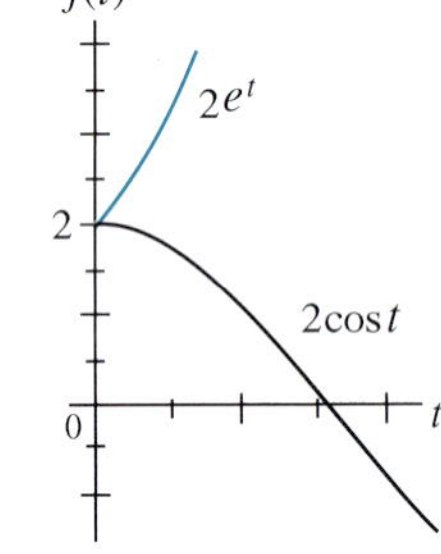

그림 3.1.3 함수의 지수적 차수($c=1$)의 예

> 함수 $f(t)$가 구간 $[0,\infty)$에서 구간별 연속이고 $t>t_0$에서 지수적 차수가 c이면 $s>c$인 s에 대해 $\mathcal{L}[f(t)]$가 존재한다.

(증명) $\mathcal{L}[f(t)] = \int_0^\infty e^{-st} f(t)\,dt = \int_0^{t_0} e^{-st} f(t)\,dt + \int_{t_0}^\infty e^{-st} f(t)\,dt = I_1 + I_2$

로 놓으면 I_1은 구간별 연속함수에 대한 유한한 구간의 적분이므로 수렴하고, $s>c$에 대해

$$\begin{aligned} |I_2| &= \int_{t_0}^\infty |e^{-st} f(t)|\,dt \leq \int_{t_0}^\infty e^{-st} Me^{ct}\,dt = M\int_{t_0}^\infty e^{-(s-c)t}\,dt \\ &= -M\,\frac{e^{-(s-c)t}}{s-c}\Big|_{t_0}^\infty = M\,\frac{e^{-(s-c)t_0}}{s-c} \end{aligned}$$

로 수렴하므로 $\mathscr{L}[f(t)]$가 존재한다.

Laplace 변환의 선형성

Laplace 변환은 적분변환이므로

$$\mathscr{L}[c_1 f(t) + c_2 g(t)] = \int_0^{\infty} e^{-st}[c_1 f(t) + c_2 g(t)]dt$$
$$= c_1 \int_0^{\infty} e^{-st} f(t)dt + c_2 \int_0^{\infty} e^{-st} g(t)dt = c_1 \mathscr{L}[f(t)] + c_2 \mathscr{L}[g(t)]$$

에 의해

$$\mathscr{L}[c_1 f(t) + c_2 g(t)] = c_1 \mathscr{L}[f(t)] + c_2 \mathscr{L}[g(t)] \qquad (3.1.7)$$

가 성립한다. Laplace 변환이 선형연산임을 이용하면 다양한 함수의 Laplace 변환을 쉽게 구할 수 있다.

예제 2

$\mathscr{L}[2 + 3t]$를 구하라.

(풀이) $\mathscr{L}[2 + 3t] = 2\mathscr{L}[1] + 3\mathscr{L}[t] = 2 \cdot \frac{1}{s} + 3 \cdot \frac{1}{s^2} = \frac{2}{s} + \frac{3}{s^2}$

예제 3

a, b가 상수일 때 $f(t) = ae^{2t} + b\sin t$의 Laplace 변환을 구하라.

(풀이) $\mathscr{L}[ae^{2t} + b\sin t] = a\mathscr{L}[e^{2t}] + b\mathscr{L}[\sin t] = \frac{a}{s-2} + \frac{b}{s^2+1}$

예제 4

$\sin^2 t$의 Laplace 변환을 구하라.

(풀이) 삼각함수 공식을 사용한다.

$$\mathscr{L}[\sin^2 t] = \mathscr{L}\left[\frac{1-\cos 2t}{2}\right] = \frac{1}{2}(\mathscr{L}[1] - \mathscr{L}[\cos 2t]) = \frac{1}{2}\left(\frac{1}{s} - \frac{s}{s^2+4}\right)$$

예제 5

$t^{1/2}$의 Laplace 변환을 구하라.

(풀이) 표 3.1.1의 공식 5를 사용하면

가 되고, $v = t - a$로 치환하면

$$\mathcal{L}[f(t-a)U(t-a)] = \int_0^\infty e^{-s(v+a)}f(v)dv = e^{-as}\int_0^\infty e^{-sv}f(v)dv = e^{-as}\mathcal{L}[f(t)]$$

이다. 즉 $\mathcal{L}[f(t)] = F(s)$일 때

$$\mathcal{L}[f(t-a)U(t-a)] = e^{-as}F(s) \tag{3.2.4}$$

가 성립하고, 이를 **제2이동정리**라 한다. 이의 역변환 형태는

$$\mathcal{L}^{-1}[e^{-as}F(s)] = f(t-a)U(t-a) \tag{3.2.5}$$

이다. 제2이동정리를 t 영역에서 a만큼 평행이동된다는 의미로 't-shift'라고 부른다.

예제 8

$\mathcal{L}[U(t-a)]$, $\mathcal{L}[U(t)]$, $\mathcal{L}[(t-2)^2U(t-2)]$를 각각 구하라.

(풀이) $\mathcal{L}[U(t-a)] = \mathcal{L}[1\cdot U(t-a)] = e^{-as}\mathcal{L}[1] = e^{-as}\cdot\dfrac{1}{s} = \dfrac{e^{-as}}{s}$

$$\mathcal{L}[U(t)] = \mathcal{L}[1\cdot U(t)] = e^{-0s}\mathcal{L}[1] = \frac{1}{s}$$

$$\mathcal{L}[(t-2)^2U(t-2)] = e^{-2s}\mathcal{L}[t^2] = e^{-2s}\cdot\frac{2!}{s^3} = \frac{2e^{-2s}}{s^3}$$

☞ $f(t-2) = (t-2)^2$이면 $f(t) = t^2$이고, $f(t-a) = 1$이면 $f(t) = 1$이다.

예제 9

$f(t) = \sin t\, U(t-2\pi)$의 Laplace 변환을 구하라.

(풀이) $\sin t = \sin(t-2\pi)$이므로

$$\mathcal{L}[\sin t\, U(t-2\pi)] = \mathcal{L}[\sin(t-2\pi)U(t-2\pi)] = e^{-2\pi s}\mathcal{L}[\sin t] = \frac{e^{-2\pi s}}{s^2+1}.$$

예제 10

다음 함수의 Laplace 변환을 구하라.

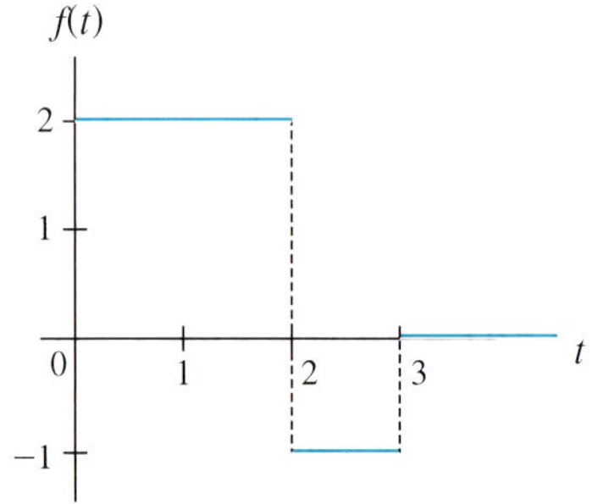

그림 3.2.7 함수 $f(t)$.

(풀이) 그림 3.2.7의 함수를 예제 6 또는 7과 같이 단위계단함수를 사용하여 나타내면

$$f(t) = 2[1 - U(t-2)] - 1[U(t-2) - U(t-3)] = 2 - 3U(t-2) + U(t-3)$$

이므로

$$\mathscr{L}[f(t)] = \mathscr{L}[2] - 3\mathscr{L}[U(t-2)] + \mathscr{L}[U(t-3)] = \frac{2}{s} - \frac{3e^{-2s}}{s} + \frac{e^{-3s}}{s}.$$

예제 11

$\dfrac{e^{-\pi s}}{s^2+1}$의 Laplace 역변환을 구하라.

(풀이) 식 (3.2.5)에서 $f(t) = \mathscr{L}^{-1}\left|\dfrac{e^{-\pi s}}{s^2+1}\right| = \sin(t-\pi)U(t-\pi)$이고 $\sin(t-\pi) = -\sin t$이므로

$$f(t) = -\sin t\, U(t-\pi).$$

예제 12

$F(s) = \dfrac{2}{s^2} - \dfrac{e^{-2s}}{s^2} - \dfrac{2e^{-2s}}{s} + \dfrac{e^{-s}}{s-1}$의 Laplace 역변환을 구하라.

(풀이) $f(t) = \mathscr{L}^{-1}\left[\dfrac{2}{s^2} - \dfrac{e^{-2s}}{s^2} - \dfrac{2e^{-2s}}{s} + \dfrac{e^{-s}}{s-1}\right]$

$$= 2t - (t-2)U(t-2) - 2U(t-2) + e^{t-1}U(t-1)$$
$$= 2t - tU(t-2) + e^{t-1}U(t-1)$$

3.2 연습문제

1. 함수의 Laplace 변환을 구하라.

(1) $f(t) = e^{3t}t^3$　　(2) $f(t) = (t+1)^2 e^t$

(3) $f(t) = t(e^t + e^{2t})$　　(4) $f(t) = e^{3t}\left(9 - 4t + 10\sin\frac{t}{2}\right)$

(답) (1) $\dfrac{6}{(s-3)^4}$　　(2) $\dfrac{2}{(s-1)^3} + \dfrac{2}{(s-1)^2} + \dfrac{1}{s-1}$

(3) $\dfrac{1}{(s-1)^2} + \dfrac{1}{(s-2)^2}$　　(4) $\dfrac{9}{(s-3)} - \dfrac{4}{(s-3)^2} + \dfrac{5}{(s-3)^2 + 1/4}$

2. 함수의 Laplace 역변환을 구하라.

(1) $F(s) = \dfrac{1}{(s-1)^3}$　　(2) $F(s) = \dfrac{3}{s^2 + 6s + 18}$

(4) $\mathcal{L}[t^2 \sin at] = \frac{d^2}{ds^2}\mathcal{L}[\sin at] = \frac{d^2}{ds^2}\left(\frac{a}{s^2+a^2}\right) = \frac{6as^2 - 2a^3}{(s^2+a^2)^3}$

☞ 문제 (1)을 제1이동정리로 풀고 결과를 비교하자.

예제 2

$\frac{1}{(s-2)^2}$ 의 Laplace 역변환을 구하라.

(풀이) $\frac{d}{ds}\left(\frac{1}{s-2}\right) = -\frac{1}{(s-2)^2}$ 임을 이용하면

$$\mathcal{L}^{-1}\left[\frac{1}{(s-2)^2}\right] = -\mathcal{L}^{-1}\left[\frac{d}{ds}\left(\frac{1}{s-2}\right)\right] = t\,\mathcal{L}^{-1}\left[\frac{1}{s-2}\right] = te^{2t}$$

로 예제 1의 (1)의 경우와 같다. 물론 식 (3.3.2)를 이용하면 더욱 간단히 구할 수 있다.

예제 3

$\mathcal{L}^{-1}\left[\frac{s^2-\pi^2}{(s^2+\pi^2)^2}\right]$를 구하라.

(풀이) $\mathcal{L}^{-1}\left[\frac{s}{s^2+\pi^2}\right] = \cos \pi t$ 이고 $\frac{d}{ds}\left(\frac{s}{s^2+\pi^2}\right) = -\frac{s^2-\pi^2}{(s^2+\pi^2)^2}$ 이므로 식 (3.3.2)에 의해

$$\mathcal{L}^{-1}\left[\frac{s^2-\pi^2}{(s^2+\pi^2)^2}\right] = -\mathcal{L}^{-1}\left[\frac{d}{ds}\left(\frac{s}{s^2+\pi^2}\right)\right] = t\,\mathcal{L}^{-1}\left(\frac{s}{s^2+\pi^2}\right) = t\cos \pi t\,.$$

Laplace 변환의 적분

s의 함수 $F(s)$를 구간 $[s, \infty]$에 대해 적분하고, 적분의 순서를 바꾸면

$$\int_s^\infty \mathcal{L}F(s)ds = \int_s^\infty \left[\int_0^\infty e^{-st}f(t)dt\right]ds = \int_0^\infty f(t)\left[\int_s^\infty e^{-st}ds\right]dt$$

$$= \int_0^\infty f(t)\left[-\frac{e^{-st}}{t}\right]_s^\infty dt = \int_0^\infty f(t)\left(\frac{e^{-st}}{t}\right)dt = \int_0^\infty e^{-st}\left[\frac{f(t)}{t}\right]dt = \mathcal{L}\left[\frac{f(t)}{t}\right]$$

이다. 즉 $\mathcal{L}[f(t)] = F(s)$일 때

$$\mathcal{L}\left[\frac{f(t)}{t}\right] = \int_s^\infty F(s)ds \tag{3.3.4}$$

이고, 이에 대응하는 Laplace 역변환은

$$\mathcal{L}^{-1}\left[\int_s^\infty F(s)ds\right] = \frac{f(t)}{t} \tag{3.3.5}$$

이다. 식 (3.3.1)에서 $tf(t)$의 Laplace 변환이 $F(s)$의 s에 대한 미분으로 표현되었는데, 식 (3.3.4)에서는 $f(t)/t$의 Laplace 변환이 $F(s)$의 s에 대한 적분으로 표현되었다. 흥미 있는 결과이다.

예제 4

$\dfrac{e^{at}-e^{bt}}{t}$의 Laplace 변환을 구하라.

(풀이) $s>a$, $s>b$에서 $\mathcal{L}[e^{at}-e^{bt}]=\dfrac{1}{s-a}-\dfrac{1}{s-b}$ 이므로, 식 (3.3.4)에서

$$\begin{aligned}\mathcal{L}\left[\frac{e^{at}-e^{bt}}{t}\right]&=\int_s^\infty \mathcal{L}[e^{at}-e^{bt}]ds=\int_s^\infty\left(\frac{1}{s-a}-\frac{1}{s-b}\right)ds\\&=\lim_{c\to\infty}\int_s^c\left(\frac{1}{s-a}-\frac{1}{s-b}\right)ds\\&=\lim_{c\to\infty}[\ln(s-a)-\ln(s-b)]_s^c=\lim_{c\to\infty}\left[\ln\frac{s-a}{s-b}\right]_s^c=\lim_{c\to\infty}\left[\ln\frac{c-a}{c-b}-\ln\frac{s-a}{s-b}\right]\\&=\lim_{c\to\infty}\left[\ln\frac{1-a/c}{1-b/c}-\ln\frac{s-a}{s-b}\right]=-\ln\frac{s-a}{s-b}=\ln\frac{s-b}{s-a}.\end{aligned}$$

☞ 예제 4에서 이상적분 $\int_a^\infty f(x)dx$를 $\lim_{c\to\infty}\int_a^c f(x)dx$로 계산하였다.

예제 5

$\ln\left(1+\dfrac{a^2}{s^2}\right)$의 Laplace 역변환을 구하라.

(풀이) $$\frac{d}{ds}\ln\left(1+\frac{a^2}{s^2}\right)=\frac{1}{1+\dfrac{a^2}{s^2}}\cdot\frac{-2a^2}{s^3}=\frac{-2a^2}{s(s^2+a^2)}=-\frac{2}{s}+\frac{2s}{s^2+a^2}=-2\left(\frac{1}{s}-\frac{s}{s^2+a^2}\right)$$

이므로

$$\ln\left(1+\frac{a^2}{s^2}\right)=2\int_s^\infty\left(\frac{1}{s}-\frac{s}{s^2+a^2}\right)ds \tag{a}$$

이다. 식 (3.3.5)를 이용하면

$$\mathcal{L}^{-1}\left[\ln\left(1+\frac{a^2}{s^2}\right)\right]=\mathcal{L}^{-1}\left[2\int_s^\infty\left(\frac{1}{s}-\frac{s}{s^2+a^2}\right)ds\right]=\frac{2}{t}(1-\cos at).$$

☞ 미분

$$\frac{d}{ds}\ln\left(1+\frac{a^2}{s^2}\right)=-2\left(\frac{1}{s}-\frac{s}{s^2+a^2}\right)$$

이 성립하므로 상수 c에 대해

$$-2\int\left(\frac{1}{s}-\frac{s}{s^2+a^2}\right)ds=\ln\left(1+\frac{a^2}{s^2}\right)+c$$

이다. 따라서

$$-2\int_s^{\infty}\left(\frac{1}{s}-\frac{s}{s^2+a^2}\right)ds=\left[\ln\left(1+\frac{a^2}{s^2}\right)\right]_s^{\infty}=\ln 1-\ln\left(1+\frac{a^2}{s^2}\right)=-\ln\left(1+\frac{a^2}{s^2}\right)$$

이므로 (a)가 성립한다.

주기함수의 Laplace 변환

함수 $f(t)$가 $f(t+T)=f(t)$를 만족하면 $f(t)$는 주기가 T인 **주기함수(periodic function)**이다. 주기함수는 주기 T마다 같은 값을 가지므로 주기함수의 Laplace 변환을 구하기 위해 $0 \leqq t < \infty$ 전체 구간에 대해 적분할 필요가 없다. 따라서 주기가 T인 함수 $f(t)$의 Laplace 변환을 구하기 위해 적분 구간을

$$\mathcal{L}[f(t)]\equiv\int_0^{\infty}e^{-st}f(t)dt=\int_0^{T}e^{-st}f(t)dt+\int_T^{\infty}e^{-st}f(t)dt \quad (3.3.6)$$

와 같이 나눈다. 두 번째 적분에서 $t=h+T$로 치환하고 $f(h+T)=f(h)$임을 이용하면

$$\int_T^{\infty}e^{-st}f(t)dt=\int_0^{\infty}e^{-s(h+T)}f(h+T)dh=e^{-sT}\int_0^{\infty}e^{-sh}f(h)dh=e^{-sT}\mathcal{L}[f(t)]$$

이므로, 식 (3.3.6)에서 주기가 T인 주기함수 $f(t)$의 Laplace 변환은

$$\mathcal{L}[f(t)]=\frac{1}{1-e^{-sT}}\int_0^{T}e^{-st}f(t)dt \quad (3.3.7)$$

가 된다. Laplace 변환을 구하기 위해 한 주기에 대해서만 적분했음에 주목하자.

예제 6

그림 3.3.1과 같은 주기함수 $f(t)$의 Laplace 변환을 구하라.

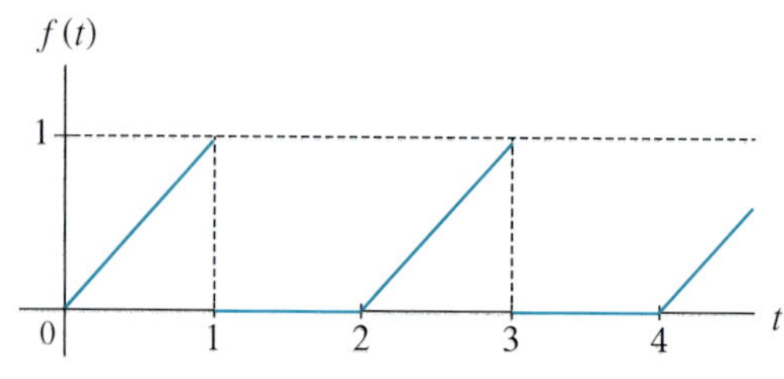

그림 3.3.1 주기함수 $f(t)$.

(풀이) 함수는 $f(t)=\begin{cases} t, & 0 \leqq t < 1 \\ 0, & 1 \leqq t < 2 \end{cases}$ 이고 주기가 2이므로 식 (3.3.7)을 이용하면

$$\begin{aligned} \mathscr{L}[f(t)] &= \frac{1}{1-e^{-2s}}\int_0^2 e^{-st}f(t)dt = \frac{1}{1-e^{-2s}}\left[\int_0^1 e^{-st}tdt + \int_1^2 e^{-st}\cdot 0dt\right] \\ &= \frac{1}{1-e^{-2s}}\int_0^1 e^{-st}tdt = \frac{1}{1-e^{-2s}}\left[-\frac{1}{s}e^{-st}t\Big|_0^1 + \frac{1}{s}\int_0^1 e^{-st}dt\right] \\ &= \frac{1}{1-e^{-2s}}\left(-\frac{e^{-s}}{s} - \frac{e^{-s}}{s^2} + \frac{1}{s^2}\right). \end{aligned}$$

예제 6에서는 $f(t)$의 Laplace 변환을 구하기 위한 적분을 직접 계산하였다. 같은 문제에 대해 적분을 계산하지 않고 우리가 이미 알고 있는 Laplace 변환공식을 이용하는 방법을 생각해 보자.

예제 7

예제 6의 주기함수에 대해 적분 계산을 하지 않고 Laplace 변환을 구하라.

(풀이) 먼저 그림 3.3.2와 같은 비주기함수 $g(t)=\begin{cases} t, & 0 \leqq t < 1 \\ 0, & t \geqq 1 \end{cases}$ 을 정의하자.

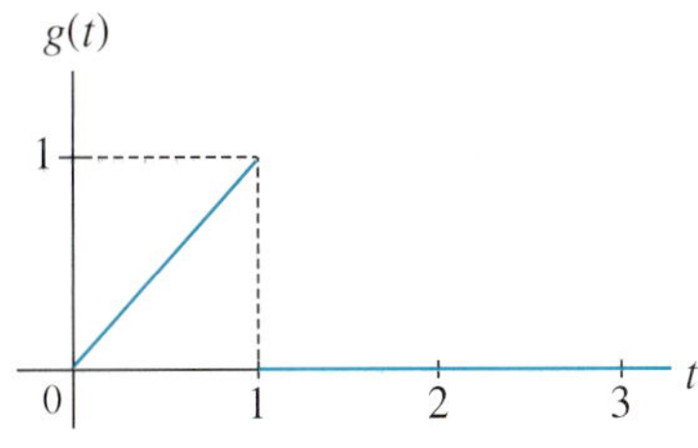

그림 3.3.2 비주기함수 $g(t)$.

함수 $g(t)$를 단위계단함수를 사용하여 나타내면

$$g(t) = t[1-U(t-1)] = t-(t-1)U(t-1) - U(t-1)$$

이다. 예제 6의 풀이에서는 $\int_0^2 e^{-st}f(t)dt$를 직접 계산했지만, 구간 $0 \leqq t \leqq 2$에서 $g(t)$와 $f(t)$가 같으므로

$$\int_0^2 e^{-st}f(t)dt = \int_0^\infty e^{-st}g(t)dt$$

임을 이용하면

$$\mathscr{L}[f(t)] = \frac{1}{1-e^{-2s}}\int_0^2 e^{-st}f(t)dt = \frac{1}{1-e^{-2s}}\int_0^\infty e^{-st}g(t)dt$$
$$= \frac{1}{1-e^{-2s}}\mathscr{L}[g(t)] = \frac{1}{1-e^{-2s}}\mathscr{L}[t-(t-1)U(t-1)-U(t-1)]$$
$$= \frac{1}{1-e^{-2s}}\left(\frac{1}{s^2}-\frac{e^{-s}}{s^2}-\frac{e^{-s}}{s}\right)$$

이다. 적분 계산을 하지 않고 예제 6의 풀이와 동일한 결과를 얻었다.

3.3 연습문제

1. Laplace 변환의 미분을 이용하여 다음을 구하라.

(1) $\mathscr{L}[te^t]$ (2) $\mathscr{L}[t^2\cosh\pi t]$ (3) $\mathscr{L}[te^{-t}\sin t]$

(4) $\mathscr{L}^{-1}\left[\frac{1}{(s-1)^2}\right]$ (5) $\mathscr{L}^{-1}\left[\frac{1}{(s-1)^3}\right]$

(답) (1) $\frac{1}{(s-1)^2}$ (2) $\frac{2s(s^2+3\pi^2)}{(s^2-\pi^2)^3}$ (3) $\frac{2(s+1)}{[(s+1)^2+1]^2}$ (4) te^t (5) $\frac{1}{2}t^2e^t$

2. $\frac{2(1-\cosh at)}{t}$의 Laplace 변환을 구하라.

(답) $\ln\frac{s^2-a^2}{s^2}$

3. Laplace 역변환을 구하라.

(1) $\ln\frac{s^2+1}{(s-1)^2}$ (2) $\cot^{-1}\frac{s}{\pi}$ [힌트: $(\cot^{-1}x)' = -\frac{1}{1+x^2}$]

(답) (1) $\frac{2}{t}(e^t-\cos t)$ (2) $\frac{1}{t}\sin\pi t$

4. 주기함수의 Laplace 변환을 구하라.

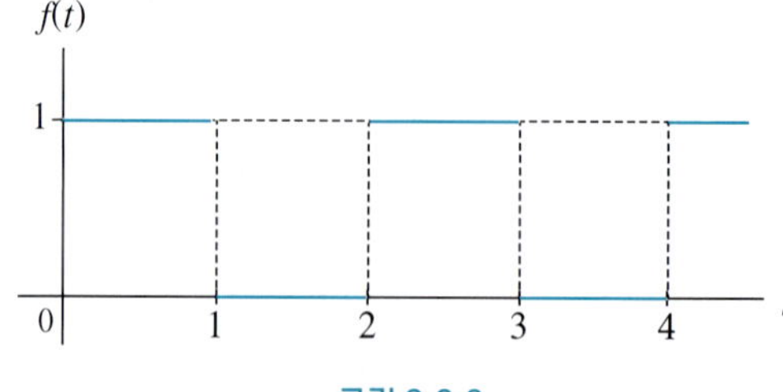

그림 3.3.3

(답) $\frac{1}{s(1+e^{-s})}$

3.4 Laplace 변환을 이용한 초기값 문제의 풀이

Laplace 변환을 이용하면 미분방정식이 포함된 초기값 문제의 해를 쉽게 구할 수 있으며, 미분방정식의 계수가 불연속적이거나 순간적으로 충격적인 경우 또는 복잡한 주기함수로 표현되는 경우에도 해를 구할 수 있다. 이를 위해 먼저 도함수의 Laplace 변환에 대해 알아본다.

도함수의 Laplace 변환

함수 $f(t)$의 도함수 $f'(t)$를 Laplace 변환하면

$$\mathcal{L}[f'(t)] = \int_0^\infty e^{-st}f'(t)dt = e^{-st}f(t)\Big|_0^\infty - \int_0^\infty (-se^{-st})f(t)dt = -f(0) + s\,\mathcal{L}[f(t)]$$

이다. 즉 $\mathcal{L}[f(t)] = F(s)$일 때 1계 도함수 $f'(t)$의 Laplace 변환은

$$\mathcal{L}[f'(t)] = sF(s) - f(0) \tag{3.4.1}$$

이다. 식 (3.4.1)을 2계 도함수에 적용하면

$$\begin{aligned}\mathcal{L}[f''(t)] &= s\,\mathcal{L}[f'(t)] - f'(0) = s\{s\,\mathcal{L}[f(t)] - f(0)\} - f'(0)\\ &= s^2\mathcal{L}[f(t)] - sf(0) - f'(0)\end{aligned}$$

이므로

$$\mathcal{L}[f''(t)] = s^2F(s) - sf(0) - f'(0) \tag{3.4.2}$$

이다. 일반적으로

$$\mathcal{L}[f^{(n)}(t)] = s^nF(s) - s^{n-1}f(0) - \cdots - sf^{(n-2)}(0) - f^{(n-1)}(0) \tag{3.4.3}$$

이 성립한다.

Laplace 변환을 이용한 초기값 문제의 풀이

위에서 유도한 도함수의 Laplace 변환을 이용하면 초기값 문제의 해를 간단하게 구할 수 있다. 먼저 쉬운 예를 보자.

예제 1

초기값 문제 $y' = y$, $y(0) = 1$의 해를 Laplace 변환법으로 구하라.

(풀이) 먼저 $\mathscr{L}[y(t)] = Y(s)$라 놓는다. 식 (3.4.1)에 의해 $\mathscr{L}[y'] = sY(s) - y(0)$이므로 주어진 미분방정식 $y' = y$의 양변을 Laplace 변환하면

$$sY(s) - y(0) = Y(s)$$

이다. 초기조건 $y(0) = 1$을 사용하고 $Y(s)$에 대해 풀면

$$Y(s) = \frac{1}{s-1}$$

이고, 마지막으로 $Y(s)$를 Laplace 역변환하여

$$y(t) = \mathscr{L}^{-1}[Y(s)] = \mathscr{L}^{-1}\left[\frac{1}{s-1}\right] = e^t$$

를 구할 수 있다.

☞ 예제 1을 1장에서 공부한 변수분리법으로 풀면 $dy/dt = y$에서 $dy/y = dt$이므로 양변을 적분하여 $\ln|y| = t + c^*$, 즉 $y = ce^t$이고 초기조건 $y(0) = 1$에서 $c = 1$이므로 $y = e^t$이다.

예제 1과 같이 Laplace 변환법으로 미분방정식의 해를 구하는 경우에는 먼저 $y(t)$에 대한 미분방정식을 Laplace 변환하여 $Y(s)$에 대한 대수방정식을 유도하고, 이를 풀면 $Y(s)$를 구한 다음에 다시 Laplace 역변환하여 $y(t)$를 구한다. 이를 정리하면 그림 3.4.1과 같다.

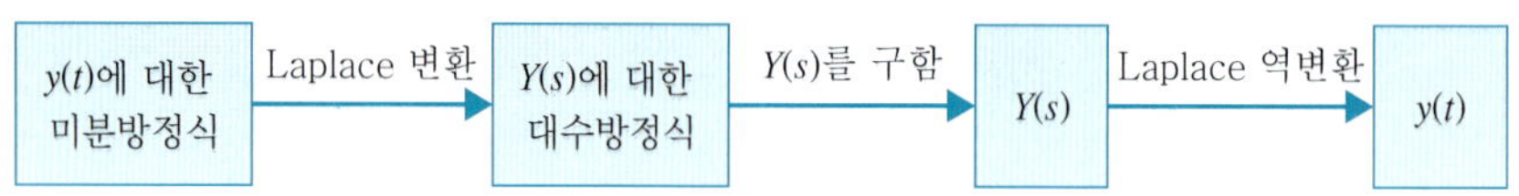

그림 3.4.1 Laplace 변환법으로 미분방정식의 해를 구하는 순서.

미분방정식을 Laplace 변환법으로 푸는 경우에는 반드시 초기조건이 주어져야 한다. 다음에는 2계 미분방정식이 포함된 초기값 문제에 대해 공부하자.

예제 2

$y'' - y = t$, $y(0) = 1$, $y'(0) = 1$의 해를 Laplace 변환법으로 구하라.

(풀이) $\mathscr{L}[y(t)] = Y(s)$라 놓고 미분방정식을 Laplace 변환하면

$$s^2Y(s) - sy(0) - y'(0) - Y(s) = \frac{1}{s^2}$$

이고, 초기조건이 $y(0) = 1$, $y'(0) = 1$이므로 $(s^2 - 1)Y(s) = \frac{1}{s^2} + s + 1$ 또는

$$Y(s) = \frac{1}{s^2(s-1)(s+1)} + \frac{1}{s-1}$$

이다. 한편 마지막 식의 우변 첫째 항을 부분분수로 변환하기 위해

$$\frac{1}{s^2(s-1)(s+1)} = \frac{A}{s} + \frac{B}{s^2} + \frac{C}{s-1} + \frac{D}{s+1}$$

로 놓으면

$$1 = As(s-1)(s+1) + B(s-1)(s+1) + Cs^2(s+1) + Ds^2(s-1)$$

이고 $s = 0$, $s = 1$, $s = -1$을 대입하여 $B = -1$, $C = 1/2$, $D = -1/2$을 구한다. 다시 마지막 식의 양변을 s로 미분하면

$$0 = A[(s-1)(s+1) + s(s+1) + s(s-1)] + B[(s+1) + (s-1)]$$
$$+ C[(2s(s+1) + s^2] + D[2s(s-1) + s^2]$$

이며, $s = 0$을 대입하여 $A = 0$을 구한다. 따라서

$$Y(s) = -\frac{1}{s^2} + \frac{1}{2}\left(\frac{1}{s-1} - \frac{1}{s+1}\right) + \frac{1}{s-1} = -\frac{1}{s^2} + \frac{3}{2}\frac{1}{s-1} - \frac{1}{2}\frac{1}{s+1}$$

이고, 이를 역변환하여

$$y(t) = -t + \frac{3}{2}e^{t} - \frac{1}{2}e^{-t}$$

를 얻는다.

☞ 예제 2를 상수계수 비제차 2계 미분방정식의 해법(2.5절)을 이용하여 풀고 결과를 비교하라.

Laplace 변환법은 특히 불연속 함수가 포함된 미분방정식의 해를 구하는 것을 가능하게 한다. Laplace 변환을 이용한 미분방정식의 풀이의 큰 장점이 아닐 수 없다.

예제 3

$r(t)$가 그림 3.4.2로 주어질 때 $y'' + 2y' + y = r(t)$, $y(0) = 0$, $y'(0) = 0$의 해를 구하라.

3.5 연습문제

1. 연립 미분방정식의 해를 구하라.

(1) $y_1' = 2y_1 - 4y_2 + U(t-1)e^t,\ y_2' = y_1 - 3y_2 + U(t-1)e^t;\ y_1(0) = 3,\ y_2(0) = 0$

(2) $y_1' + y_2' = 2\sinh t,\ y_2' + y_3' = e^t,\ y_3' + y_1' = 2e^t + e^{-t};\ y_1(0) = 1,\ y_2(0) = 1,\ y_3(0) = 0$

(3) $x'' + y'' = t^2,\ x'' - y'' = 4t;\ x(0) = 8,\ x'(0) = 0,\ y(0) = 0,\ y'(0) = 0$

(답) (1) $y_1(t) = 4e^t - e^{-2t} + \frac{1}{3}(e^t - e^{-2t+3})U(t-1)$

$y_2(t) = e^t - e^{-2t} + \frac{1}{3}(e^t - e^{-2t+3})U(t-1)$

(2) $y_1(t) = e^t,\ y_2(t) = e^{-t},\ y_3(t) = e^t - e^{-t}$

(3) $x(t) = 8 + \frac{1}{24}t^4 + \frac{1}{3}t^3,\ y(t) = \frac{1}{24}t^4 - \frac{1}{3}t^3$

2. 2.8절 연습문제 4를 Laplace 변환법으로 풀고 결과를 비교하라.

3. 2.8절 연습문제 5를 Laplace 변환법으로 풀고 결과를 비교하라.

3.6 합성곱의 Laplace 변환과 미적분방정식

이 절에서는 적분연산에 대한 Laplace 변환에 대해 공부하고, 이를 이용하는 적분방정식 또는 미적분방정식의 Laplace 해법에 대하여 알아본다.

합성곱

함수 $f(t)$, $g(t)$가 구간 $[0, \infty]$에서 구간별 연속일 때

$$f * g = \int_{\tau=0}^{t} f(\tau)g(t-\tau)d\tau \tag{3.6.1}$$

를 f와 g의 **합성곱(convolution)**이라 한다.

☞ 합성곱을 $f * g = \int_{-\infty}^{\infty} f(\tau)g(t-\tau)d\tau$로 정의하기도 한다. 10장 Fourier 변환을 참고하자.

예제 1

$f(t) = e^t,\ g(t) = \sin t$일 때 f와 g의 합성곱과 합성곱의 Laplace 변환을 구하라.

(풀이) $f*g = \int_{\tau=0}^{t} f(\tau)g(t-\tau)d\tau = \int_0^t e^\tau \sin(t-\tau)d\tau$

$$= e^\tau \sin(t-\tau)|_0^t - \int_0^t e^\tau[-\cos(t-\tau)]d\tau = -\sin t + \int_0^t e^\tau \cos(t-\tau)d\tau$$

$$= -\sin t + e^\tau \cos(t-\tau)|_0^t - \int_0^t e^\tau \sin(t-\tau)d\tau$$

$$= -\sin t + e^t - \cos t - f*g$$

이므로

$$f*g = \frac{1}{2}(-\sin t + e^t - \cos t)$$

이고, 이의 Laplace 변환은

$$\mathcal{L}[f*g] = \frac{1}{2}\mathcal{L}[-\sin t + e^t - \cos t] = \frac{1}{2}\left(-\frac{1}{s^2+1} + \frac{1}{s-1} - \frac{s}{s^2+1}\right) = \frac{1}{(s-1)(s^2+1)}.$$

예제 1의 결과를 자세히 관찰하면 $\mathcal{L}[e^t * \sin t] = \mathcal{L}[e^t]\,\mathcal{L}[\sin t]$가 됨을 알 수 있다. 일반적인 합성곱의 Laplace 변환에 대해 알아보자.

합성곱의 Laplace 변환

함수 $f(t)$와 $g(t)$의 Laplace 변환을 각각

$$\mathcal{L}[f(t)] = \int_{t=0}^{\infty} e^{-st}f(t)dt = \int_{\alpha=0}^{\infty} e^{-s\alpha}f(\alpha)d\alpha$$

$$\mathcal{L}[g(t)] = \int_{t=0}^{\infty} e^{-st}g(t)dt = \int_{\beta=0}^{\infty} e^{-s\beta}f(\beta)d\beta$$

로 쓰자. t 대신 α와 β를 사용한 것은 두 변수를 구별하기 위함이다. 두 변환의 곱은

$$\mathcal{L}[f(t)]\mathcal{L}[g(t)] = \int_{\alpha=0}^{\infty} e^{-s\alpha}f(\alpha)d\alpha \int_{\beta=0}^{\infty} e^{-s\beta}g(\beta)d\beta$$

$$= \int_{\alpha=0}^{\infty} f(\alpha)\left[\int_{\beta=0}^{\infty} e^{-s(\alpha+\beta)}g(\beta)d\beta\right]d\alpha$$

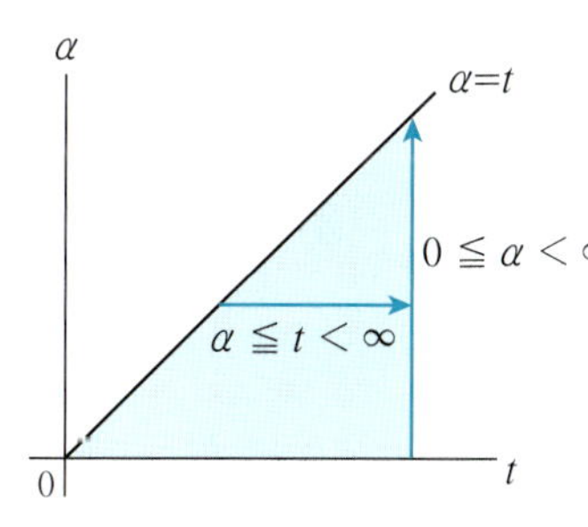

그림 3.6.1 $0 \leqq \alpha < \infty,\ \alpha \leqq t < \infty.$

가 된다. 여기서 $\alpha + \beta = t$로 치환하면 $d\beta = dt$이고, 괄호 안의 적분에서 α는 고정된 값, 즉 상수이므로 적분 순서를 바꾸어 계산하면

$$\mathcal{L}[f(t)]\mathcal{L}[g(t)] = \int_{\alpha=0}^{\infty} f(\alpha)\left[\int_{t=\alpha}^{\infty} e^{-st}g(t-\alpha)dt\right]d\alpha$$

$$= \int_{t=\alpha}^{\infty} e^{-st}\left[\int_{\alpha=0}^{\infty} f(\alpha)g(t-\alpha)d\alpha\right]dt$$

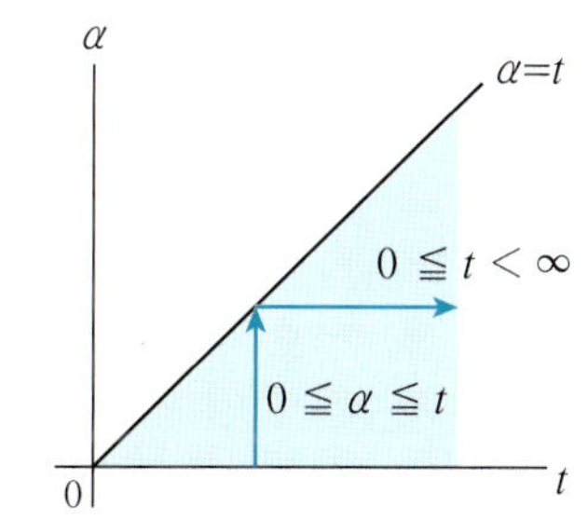

그림 3.6.2 $0 \leqq t < \infty,\ 0 \leqq \alpha \leqq t.$

이다. 한편 그림 3.6.1과 3.6.2에서 알 수 있듯이 구간 $0 \leqq \alpha < \infty$, $\alpha \leqq t < \infty$는 구간 $0 \leqq t < \infty$, $0 \leqq \alpha \leqq t$와 대응되므로

$$\mathcal{L}[f(t)]\mathcal{L}[g(t)] = \int_{t=0}^{\infty} e^{-st}\left[\int_{\alpha=0}^{t} f(\alpha)g(t-\alpha)d\alpha\right]dt = \int_{t=0}^{\infty} e^{-st} f * g dt = \mathcal{L}[f*g]$$

즉

$$\mathcal{L}[f*g] = \mathcal{L}[f(t)]\mathcal{L}[g(t)] = F(s)G(s) \qquad (3.6.2)$$

이다. 이의 역변환은

$$\mathcal{L}^{-1}[F(s)G(s)] = f(t)*g(t) \qquad (3.6.3)$$

이다.

예제 2

$e^t * \sin t$의 Laplace 변환을 구하라.

(풀이) 식 (3.6.2)에 의해

$$\mathcal{L}[e^t * \sin t] = \mathcal{L}[e^t]\mathcal{L}[\sin t] = \frac{1}{s-1}\cdot\frac{1}{s^2+1} = \frac{1}{(s-1)(s^2+1)}$$

로 예제 1의 결과와 동일하다.

예제 3

$\dfrac{1}{(s-1)(s+4)}$의 Laplace 역변환을 구하라.

(풀이) $\mathcal{L}^{-1}\left[\dfrac{1}{s-1}\right] = e^t$, $\mathcal{L}^{-1}\left[\dfrac{1}{s+4}\right] = e^{-4t}$ 이므로, 식 (3.6.3)에 의해

$$\mathcal{L}^{-1}\left[\frac{1}{(s-1)(s+4)}\right] = e^t * e^{-4t} = \int_0^t e^{\tau} e^{-4(t-\tau)} d\tau = e^{-4t}\int_0^t e^{5\tau} d\tau$$

$$= e^{-4t}\left[\frac{1}{5}e^{5\tau}\right]_0^t = e^{-4t}\cdot\frac{1}{5}(e^{5t}-1) = \frac{1}{5}(e^t - e^{-4t}).$$

☞ 예제 3을 부분분수법으로 풀어 결과를 비교해 보라.

적분의 Laplace 변환

Laplace 변환을 이용하여 미적분방정식이나 적분방정식의 해도 구할 수 있다. 먼저 적분의 Laplace 변환에 대해 알아본다. 식 (3.6.2)에 $g(t) = 1$을 대입하면

$$\mathcal{L}[f*1] = \mathcal{L}[f(t)]\mathcal{L}[1] = \frac{\mathcal{L}[f(t)]}{s}$$

가 되는데, 합성곱의 정의식 (3.6.1)에서 $f * 1 = \int_0^t f(\tau)d\tau$ 이므로

$$\mathcal{L}\left[\int_0^t f(\tau)d\tau\right] = \frac{\mathcal{L}[f(t)]}{s} \tag{3.6.4}$$

이다. 식 (3.6.4)는 $f(t)$의 적분에 대한 Laplace 변환식이다. 이를 $f(t)$의 미분에 대한 Laplace 변환식 (3.4.1)과 비교해 보면 매우 흥미롭다. 미분의 Laplace 변환은 원래 함수의 변환에 s가 곱해진 반면에 적분의 Laplace 변환은 원래 함수의 변환을 s로 나눈다. 식 (3.6.4)의 역변환은 $\mathcal{L}[f(t)] = F(s)$일 때

$$\mathcal{L}^{-1}\left[\frac{F(s)}{s}\right] = \int_0^t f(\tau)d\tau \tag{3.6.5}$$

이다. 식 (3.6.5)는 분모에 s^n, $n = 1, 2, \cdots$을 포함하는 함수의 역변환 계산에 유용하게 사용된다.

예제 4

$\int_0^t e^\tau \sin\tau d\tau$ 의 Laplace 변환을 구하라.

(풀이) 식 (3.6.4)에서

$$\mathcal{L}\left[\int_0^t e^\tau \sin\tau d\tau\right] = \frac{1}{s}\mathcal{L}[e^t \sin t] = \frac{1}{s}\cdot\frac{1}{(s-1)^2+1}.$$

예제 5

$\frac{1}{s^3 - s}$ 의 Laplace 역변환을 구하라.

(풀이) 식 (3.6.5)에 의해

$$\mathcal{L}^{-1}\left[\frac{1}{s^3-s}\right] = \mathcal{L}^{-1}\left[\frac{1}{s(s^2-1)}\right] = \mathcal{L}^{-1}\left[\frac{1}{s}\cdot\frac{1}{s^2-1}\right] = \int_0^t \sinh\tau d\tau = \cosh t - 1.$$

적분방정식

피적분함수에 미지함수가 포함된 식을 **적분방정식**(integral equation)이라 한다. 합성곱의 Laplace 변환을 이용하여 적분방정식의 해를 구할 수 있다. 특히 미지함수 $f(t)$에 대해

$$f(t) + \int_0^t f(\tau)g(t-\tau)d\tau = h(t) \tag{3.6.6}$$

$$e^{0.1} = 1 + 0.1 + \frac{(0.1)^2}{2!} + \cdots = 1.105\cdots$$

임을 알 수 있다. e^x의 McLaurin 급수의 항수가 늘어날수록 보다 정확한 값을 제공한다. 물론 식 (4.1.18)에 $x = 1$을 대입하면

$$e = 1 + 1 + \frac{1}{2!} + \frac{1}{3!} + \cdots = 2.71828\cdots$$

이 됨도 알 수 있다.

예제 4

$f(x) = \cos x$의 McLaurin 급수를 구하라.

(풀이) $f(x) = \cos x$일 때 $f'(x) = -\sin x$, $f''(x) = -\cos x$, $f'''(x) = \sin x$, $f^{(4)}(x) = \cos x$이므로 $f(0) = 1$, $f'(0) = 0$, $f''(0) = -1$, $f'''(0) = 0$, $f^{(4)}(0) = 1$이다. 이들을 식 (4.1.17)에 대입하면

$$\cos x = 1 - \frac{x^2}{2!} + \frac{x^4}{4!} - \cdots \qquad (4.1.19)$$

이다. $\cos x$가 우함수인데, 이의 McLaurin 급수도 우함수들로만 이루어져 있다.

함수의 McLaurin 급수를 다른 방법으로 설명해 보자. 그림 4.1.2는 $\cos x$와 이의 McLaurin 급수[식 (4.1.19)]의 처음 몇 항의 합을 나타낸 그림이다. 식 (4.1.19)의 처음 세 부분합

$$S_1 = 1, \quad S_2 = 1 - \frac{x^2}{2!}, \quad S_3 = 1 - \frac{x^2}{2!} + \frac{x^4}{4!}$$

이 $\cos x$를 점점 더 정확히 나타냄을 알 수 있다. 모든 부분합이 급수의 중심인 $x = 0$에서는 정확하게 함수값을 나타내지만 중심에서 멀어질수록 그 오차가 커진다. 일반적으로 Taylor 급수는 급수의 중심에 가까울수록 함수값을 정확히 나타낸다.

그림 4.1.2 $\cos x$의 McLaurin 급수.

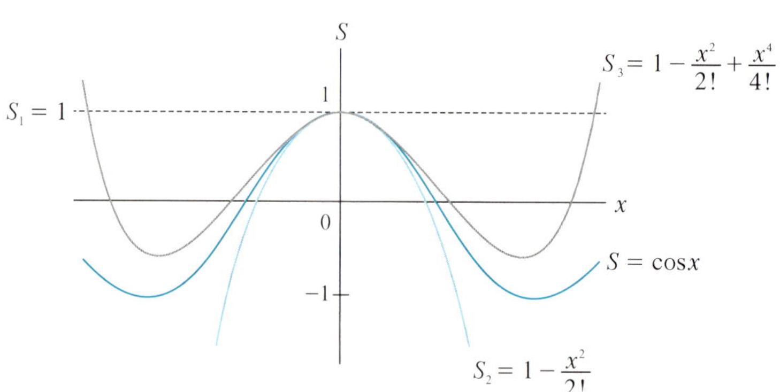

여기서 우리가 잊지 말아야 할 것은 임의의 계수의 도함수가 존재하는 함수 $f(x)$를 무한개(경우에 따라서는 유한개)의 항을 갖는 **다항함수(polynomial)**로 나타낸 것이 Taylor 급수 또는 McLaurin 급수라는 것이다. 다음 예제에서 이를 좀 더 명확히 이해할 수 있을 것이다.

예제 5

(1) $f(x) = 1 + x$에 대해 중심이 0인 Taylor 급수(McLaurin 급수)를 구하라.

(2) $f(x) = 1 + x$에 대해 중심이 1인 Taylor 급수를 구하라.

(풀이) $f(x) = 1 + x$이므로 $f'(x) = 1,\ f''(x) = f'''(x) = \cdots = 0$이다.

(1) $f(0) = 1,\ f'(0) = 1,\ f''(0) = f'''(0) = \cdots = 0$이므로 식 (4.1.17)에 의해

$$f(x) = \sum_{m=0}^{\infty} \frac{f^{(m)}(0)}{m!} x^m = f(0) + f'(0)x + \frac{f''(0)}{2!}x^2 + \frac{f'''(0)}{3!}x^3 + \cdots = 1 + x.$$

(2) $f(1) = 2,\ f'(1) = 1,\ f''(1) = f'''(1) = \cdots = 0$이므로 식 (4.1.16)에 $x_0 = 1$을 대입하면

$$\begin{aligned} f(x) &= \sum_{m=0}^{\infty} \frac{f^{(m)}(1)}{m!}(x-1)^m \\ &= f(1) + f'(1)(x-1) + \frac{f''(1)}{2!}(x-1)^2 + \frac{f'''(1)}{3!}(x-1)^3 + \cdots \\ &= 2 + 1(x-1) = 1 + x \end{aligned}$$

로 (1)의 결과와 같다.

☞ 예제 5에서 주어진 함수가 다항함수이므로 Taylor 급수 또한 중심에 관계없이 같은 다항함수가 됨에 주목하자.

기본함수들에 대한 McLaurin 급수를 정리하면 다음과 같다.

(1) 지수함수(Exponential Function)

$$e^x = \sum_{m=0}^{\infty} \frac{x^m}{m!} = 1 + x + \frac{x^2}{2!} + \cdots \qquad (4.1.20)$$

(2) 삼각함수(Trigonometric Functions)

$$\cos x = \sum_{m=0}^{\infty} \frac{(-1)^m}{(2m)!} x^{2m} = 1 - \frac{x^2}{2!} + \frac{x^4}{4!} - \cdots \qquad (4.1.21)$$

$$\sin x = \sum_{m=0}^{\infty} \frac{(-1)^m}{(2m+1)!} x^{2m+1} = x - \frac{x^3}{3!} + \frac{x^5}{5!} - \cdots \tag{4.1.22}$$

☞ $\cos x = \sum_{\substack{m=0 \\ \text{even } m}}^{\infty} \frac{(-1)^{m/2}}{m!} x^m$, $\sin x = \sum_{\substack{m=1 \\ \text{odd } m}}^{\infty} \frac{(-1)^{(m-1)/2}}{m!} x^m$

(3) 쌍곡선함수(Hyperbolic Functions)

$$\cosh x = \sum_{m=0}^{\infty} \frac{x^{2m}}{(2m)!} = 1 + \frac{x^2}{2!} + \frac{x^4}{4!} + \cdots \tag{4.1.23}$$

$$\sinh x = \sum_{m=0}^{\infty} \frac{x^{2m+1}}{(2m+1)!} = x + \frac{x^3}{3!} + \frac{x^5}{5!} + \cdots \tag{4.1.24}$$

☞ $\cosh x = \sum_{\substack{m=0 \\ \text{even } m}}^{\infty} \frac{x^m}{m!}$, $\sinh x = \sum_{\substack{m=1 \\ \text{odd } m}}^{\infty} \frac{x^m}{m!}$

(4) 로그함수(Logarithmic Function)

$$\ln(1+x) = \sum_{m=1}^{\infty} \frac{(-1)^{m-1}}{m} x^m = x - \frac{x^2}{2} + \frac{x^3}{3} - \cdots \quad (-1 < x \leqq 1) \tag{4.1.25}$$

식 (4.1.25)에서 x에 $-x$를 대입하면

$$\ln(1-x) = -\sum_{m=1}^{\infty} \frac{x^m}{m} = -x - \frac{x^2}{2} - \frac{x^3}{3} - \cdots \quad (-1 \leqq x < 1) \tag{4.1.26}$$

(5) 등비급수(Geometric Series)

$$\frac{1}{1-x} = \sum_{m=0}^{\infty} x^m = 1 + x + x^2 + \cdots \quad (|x| < 1) \tag{4.1.27}$$

(6) 이항급수(Binomial Series)

$$(1+x)^n = \sum_{m=0}^{\infty} {}_nC_m x^m = 1 + nx + \frac{n(n-1)x^2}{2!} + n(n-1)(n-2)\frac{x^3}{3!} + \cdots \quad (|x| < 1) \tag{4.1.28}$$

(5)의 경우 고교 과정에서는 $|x| < 1$일 때 $1 + x + x^2 + \cdots = \frac{1}{1-x}$이라고 공부했

지만, 이를 거꾸로 해석하면 $\frac{1}{1-x}$의 McLaurin 급수가 $1 + x + x^2 + \cdots$이라는 것이다(연습문제). 함수를 무한급수로 표현할 때 x의 범위가 제한될 수 있는데, 앞의 (1), (2), (3)의 경우는 모든 x에 대해 수렴하는 급수이다.

쉬어가기 4.2 모든 x에 대해 수렴하는 급수?

저자가 대학시절에 Taylor 급수를 공부할 때

$$e^x = \sum_{m=0}^{\infty} \frac{x^m}{m!} = 1 + x + \frac{x^2}{2!} + \frac{x^3}{3!} + \cdots$$

의 우변이 정말 모든 x에서 수렴하는 급수일까를 고민했던 기억이 있다. 앞의 설명에 의하면 무한급수의 항이 점점 0에 가까워질 때 급수가 수렴한다고 했는데, x가 아무리 큰 값(예를 들어 1억, 1조 등)을 갖더라도 $x^m/m!$이 0에 가까워진다는 것을 이해하지 못했기 때문이다. 비슷한 의문을 갖는 학생을 위하여 $\lim_{m\to\infty} \frac{x^m}{m!} = 0$의 증명을 소개한다.

(증명) $M > |x|$인 M을 선택하면 $m > M$에 대하여

$$\frac{|x|^m}{m!} = \frac{|x|^m}{1\cdot 2\cdot\cdots M\cdot(M+1)\cdot\cdots\cdot m} \leq \frac{|x|^m}{M!M^{m-M}} = \frac{|x|^m M^M}{M!M^m} = \frac{M^M}{M!}\left(\frac{|x|}{M}\right)^m$$

이다. 따라서

$$0 \leq \frac{|x|^m}{m!} \leq \frac{M^M}{M!}\left(\frac{|x|}{M}\right)^m$$

이고, $m \to \infty$일 때 $\left(\frac{|x|}{M}\right)^m \to 0$이므로 샌드위치 정리(sandwich theorem)에 의해 $\frac{|x|^m}{m!} \to 0$이다. 즉 x가 아무리 큰 값이더라도 $\frac{|x|^m}{m!}$이 0에 가까워지는 m이 존재한다.

Euler 공식

2장에서 증명 없이 Euler 공식을 사용했다. 지수함수의 McLaurin 급수를 이용하여 Euler 공식을 유도해 보자. 식 (4.1.20)에서 x 대신에 ix를 대입하면

$$\begin{aligned} e^{ix} &= \sum_{m=0}^{\infty} \frac{(ix)^m}{m!} = 1 + ix + \frac{(ix)^2}{2!} + \frac{(ix)^3}{3!} + \frac{(ix)^4}{4!} + \frac{(ix)^5}{5!} + \cdots \\ &= \left(1 - \frac{x^2}{2!} + \frac{x^4}{4!} - \cdots\right) + i\left(x - \frac{x^3}{3!} + \frac{x^5}{5!} - \cdots\right) = \cos x + i\sin x \end{aligned}$$

가 되어 Euler 공식

변수계수를 갖는 2계 미분방정식에 대해 2.4절에서 Cauchy-Euler 방정식과 같은 특수한 경우만 다루었다. 급수해법은 일반적인 변수계수 미분방정식의 해를 구하는 강력한 도구이다. 예제 4는 1계 미분방정식으로 기존의 방법으로도 해를 구할 수 있는 경우이지만 변수계수 미분방정식에 대한 무한급수 해법을 설명하기 위해 소개한다.

예제 4

$y' = 2xy$의 해를 구하라.

(풀이) $y = \sum_{m=0}^{\infty} a_m x^m$ 으로 놓으면 $y' = \sum_{m=1}^{\infty} m a_m x^{m-1}$ 이므로

$$y' - 2xy = \sum_{m=1}^{\infty} m a_m x^{m-1} - 2x\sum_{m=0}^{\infty} a_m x^m \text{ : 각 급수항의 } x\text{의 지수를 } s\text{로 통일}$$

$$= \sum_{s=0}^{\infty}(s+1)a_{s+1}x^s - 2\sum_{s=1}^{\infty} a_{s-1}x^s \text{ : 첫 항의 } s=0\text{의 경우를 따로 분리}$$

$$= a_1 + \sum_{s=1}^{\infty}[(s+1)a_{s+1} - 2a_{s-1}]x^s = 0$$

에서 $a_1 = 0$, $a_{s+1} = \dfrac{2}{s+1}a_{s-1}$ $(s = 1, 2 \cdots)$이어야 하므로

$$s=1:\ a_2 = \frac{2}{1+1}a_0 = a_0$$

$$s=2:\ a_3 = \frac{2}{2+1}a_1 = 0$$

$$s=3:\ a_4 = \frac{2}{3+1}a_2 = \frac{a_0}{2!}$$

$$s=4:\ a_5 = \frac{2}{4+1}a_3 = 0$$

$$s=5:\ a_6 = \frac{2}{5+1}a_4 = \frac{a_4}{3} = \frac{a_0}{3\cdot 2!} = \frac{a_0}{3!}$$

$$\vdots$$

이다. 따라서

$$y = \sum_{m=0}^{\infty} a_m x^m = a_0 + a_1 x + a_2 x^2 + a_3 x^3 + a_4 x^4 + a_5 x^5 + a_6 x^6 + \cdots$$

$$= a_0\left(1 + x^2 + \frac{x^4}{2!} + \frac{x^6}{3!} + \cdots\right) = a_0 \sum_{m=0}^{\infty} \frac{(x^2)^m}{m!}$$

이다. 여기서 식 (4.1.20)에 의해 $e^{x^2} = \sum_{m=0}^{\infty} \dfrac{(x^2)^m}{m!} = 1 + x^2 + \dfrac{x^4}{2!} + \dfrac{x^6}{3!} \cdots$ 이므로

$$y = a_0 e^{x^2}$$

이다.

☞ $y' = 2xy$는 $\dfrac{dy}{y} = 2xdx$ 로 변수분리되므로 양변을 적분하면 $\ln|y| = x^2 + c$, 즉 $y = ce^{x^2}$ 이다.

미분방정식의 계수가 1, x, x^2 등과 같이 x의 거듭제곱으로 나타나는 다항함수가 아니고 e^x, $\sin x$ 등과 같이 비다항함수로 주어지는 경우의 급수해법은 어떻게 될까? 다음의 예를 보자.

예제 5

급수해법으로 $y' = \cos x$를 풀라.

(풀이) 여기서의 주안점은 $\cos x$의 McLaurin 급수를 사용한다는 것이다. 즉 식 (4.1.21)과 $y = \sum_{m=0}^{\infty} a_m x^m$을 사용하면

$$\begin{aligned} y' - \cos x &= \sum_{m=1}^{\infty} m a_m x^{m-1} - \sum_{m=0}^{\infty} \frac{(-1)^m}{(2m)!} x^{2m} \\ &= \sum_{s=0}^{\infty} (s+1) a_{s+1} x^s - \sum_{\substack{s=0 \\ \text{even } s}}^{\infty} \frac{(-1)^{s/2}}{s!} x^s \\ &= \sum_{\substack{s=1 \\ \text{odd } s}}^{\infty} (s+1) a_{s+1} x^s + \sum_{\substack{s=0 \\ \text{even } s}}^{\infty} \left[(s+1) a_{s+1} - \frac{(-1)^{s/2}}{s!} \right] x^s = 0 \end{aligned}$$

에서

$$\begin{aligned} a_{s+1} &= 0, \quad s = 1, 3, 5 \cdots \\ a_{s+1} &= \frac{(-1)^{s/2}}{(s+1)s!} = \frac{(-1)^{s/2}}{(s+1)!}, \quad s = 0, 2, 4 \cdots \end{aligned}$$

이다. 이는

$$\begin{aligned} a_{2n} &= 0, \quad n = 1, 2, \cdots \\ a_{2n+1} &= \frac{(-1)^n}{(2n+1)!}, \quad n = 0, 1, \cdots \end{aligned}$$

로 쓸 수 있으므로

$$\begin{aligned} y &= \sum_{m=0}^{\infty} a_m x^m = a_0 + \sum_{\substack{m=1 \\ \text{odd } m}}^{\infty} a_m x^m + \sum_{\substack{m=2 \\ \text{even } m}}^{\infty} a_m x^m = a_0 + \sum_{n=0}^{\infty} a_{2n+1} x^{2n+1} + \sum_{n=1}^{\infty} a_{2n} x^{2n} \\ &= a_0 + \sum_{n=0}^{\infty} \frac{(-1)^n}{(2n+1)!} x^{2n+1} + \sum_{n=1}^{\infty} 0 \cdot x^{2n} = a_0 + \sin x \end{aligned}$$

이다. 마지막 식에서는 식 (4.1.22)를 사용하였다.

☞ $y' = \cos x$를 변수분리법으로 풀 수 있지만 해가 $y = \sin x + c$(c는 상수)임은 직관적으로도 알 수 있다. 식 (4.1.22) 아래에 소개한 $\cos x$와 $\sin x$의 다른 급수 표현을 사용하면 예제 5를 더욱 쉽게 풀 수 있다.

급수의 계수 $a_m = 1$이므로 $\frac{1}{R} = \lim_{m\to\infty}\left|\frac{a_{m+1}}{a_m}\right| = \lim_{m\to\infty}\frac{1}{1} = 1$에서 $R = 1$이다. 따라서 주어진 급수는 $|x| < 1$에서 수렴한다. $x = 1$일 때 급수는 $1 + 1 + 1 + \cdots$로 발산하고 $x = -1$일 때 $1 - 1 + 1 - \cdots$로 발산하므로 수렴구간은 $|x| < 1$이다.

예제 4

$$\ln(1-x) = -\sum_{m=1}^{\infty}\frac{x^m}{m} = -x - \frac{x^2}{2} - \frac{x^3}{3} - \cdots$$

$$\frac{1}{R} = \lim_{m\to\infty}\left|\frac{a_{m+1}}{a_m}\right| = \lim_{m\to\infty}\frac{1/(m+1)}{1/m} = \lim_{m\to\infty}\frac{m}{m+1} = 1 \quad \therefore R = 1$$

따라서 $|x| < 1$이다. $x = 1$일 때는 $-\left(1 + \frac{1}{2} + \frac{1}{3} + \frac{1}{4} + \cdots\right)$인 조화급수로 발산하고, $x = -1$일 때는 $1 - \frac{1}{2} + \frac{1}{3} - \frac{1}{4} + \cdots$인 교대조화급수로 수렴하므로 수렴구간은 $-1 \leq x < 1$이다. 이는 식 (4.1.25)의 수렴구간과 같다.

예제 5

$\sum_{m=0}^{\infty}\frac{(-1)^m}{8^m}x^{3m} = 1 - \frac{x^3}{8} + \frac{x^6}{64} - \frac{x^9}{512} + \cdots$의 수렴구간을 구하라.

(풀이) 주어진 급수를 $a_m = \frac{(-1)^m}{8^m}$인 $t = x^3$의 급수로 보면

$$\frac{1}{R} = \lim_{m\to\infty}\left|\frac{a_{m+1}}{a_m}\right| = \lim_{m\to\infty}\frac{1/8^{m+1}}{1/8^m} = \frac{1}{8} \quad \therefore R = 8$$

따라서 $|t| < 8$, 즉 $|x| < 2$에서 수렴한다. $x = \pm 2$에서는 수렴하지 않으므로 수렴구간은 $|x| < 2$이다.

거듭제곱급수의 연산과 수렴성

4.2절에서 아무런 설명 없이 미분방정식의 해를 거듭제곱급수로 나타내고 거듭제곱급수의 미분, 덧셈, 곱셈 등의 연산을 수행하여 해를 구했다. 이 절에서는 이러한 풀이의 타당성에 대해 설명한다.

4.1절의 설명에 의하면 모든 x에 대해

$$e^x = 1 + x + \frac{x^2}{2!} + \frac{x^3}{3!} + \cdots \tag{4.3.6}$$

이 성립하였다. 식 (4.3.6)의 양변을 x에 대해 미분하면

$$e^x = 0 + 1 + \frac{2x}{2!} + \frac{3x^2}{3!} + \cdots$$

이 되어 식 (4.3.6)과 같다. 마찬가지로 식 (4.3.6)의 양변을 0에서 x까지 적분하면

$$e^x - 1 = x + \frac{x^2}{2!} + \frac{x^3}{3!} + \cdots$$

이 되고 이 또한 식 (4.3.6)과 같다. 다음의 정리가 이러한 현상을 설명한다.

무한급수의 항별 미분

거듭제곱급수 $\sum_{m=0}^{\infty} a_m (x - x_0)^m$ 이 $|x - x_0| < R$에서 $f(x)$로 수렴하면 거듭제곱급수를 항별로 미분한 급수 $\sum_{m=1}^{\infty} m a_m (x - x_0)^{m-1}$ 은 같은 수렴구간에서 $f'(x)$로 수렴한다. 거듭제곱급수를 항별 미분하여 얻은 급수는 $|x - x_0| = R$에서 수렴할 수도 있고 수렴하지 않을 수도 있다.

무한급수의 항별 적분

거듭제곱급수 $\sum_{m=0}^{\infty} a_m (x - x_0)^m$ 이 $|x - x_0| < R$에서 $f(x)$로 수렴하면 거듭제곱급수를 항별로 적분한 급수 $\sum_{m=0}^{\infty} \frac{a_m}{m+1} (x - x_0)^{m+1}$ 은 같은 수렴구간에서 $\int_{x_0}^{x} f(t)\,dt$ 로 수렴한다. 거듭제곱급수를 항별 적분하여 얻은 급수는 $|x - x_0| = R$에서 수렴할 수도 있고 수렴하지 않을 수도 있다.

무한급수의 항별 적분에서 적분의 하한이 급수의 중심 x_0라는 점에 유의하자. 이는 불필요한 적분상수가 나타나는 것을 방지한다.

예제 6

식 (4.1.22)에 의하면 모든 x에 대해

$$\sin x = \sum_{m=0}^{\infty} \frac{(-1)^m}{(2m+1)!} x^{2m+1} = x - \frac{x^3}{3!} + \frac{x^5}{5!} - \cdots \qquad (4.3.7)$$

이 성립한다. 주어진 거듭제곱급수를 항별로 미분하고 또 항별로 적분하여 어떤 함수로 수렴하는지를 확인하고 수렴구간을 정하라.

(풀이) 식 (4.3.7)의 거듭제곱급수를 항별로 미분하면

$$\frac{d}{dx}\sum_{m=0}^{\infty}\frac{(-1)^m}{(2m+1)!}x^{2m+1} = \sum_{m=0}^{\infty}\frac{(-1)^m}{(2m)!}x^{2m} = 1 - \frac{x^2}{2!} + \frac{x^4}{4!} - \cdots$$

이고, 이는 모든 x에 대해 $(\sin x)' = \cos x$로 수렴한다. 식 (4.3.7)의 거듭제곱급수를 0에서 x까지 항별 적분하면

$$\int_0^{\infty}\sum_{m=0}^{\infty}\frac{(-1)^m}{(2m+1)!}t^{2m+1}dt = \sum_{m=0}^{\infty}\frac{(-1)^m}{(2m+2)!}t^{2m+2}\Big|_0^x$$

$$= \sum_{m=0}^{\infty}\frac{(-1)^m}{(2m+2)!}x^{2m+2} = \frac{x^2}{2!} - \frac{x^4}{4!} + \cdots$$

이다. 이는 모든 x에 대해 $\int_0^x \sin t dt = -\cos x + 1$로 수렴하고 결과는 식 (4.1.21)과 동일하다.

예제 6의 풀이에서 항별 미분 또는 항별 적분으로 얻어지는 급수의 수렴구간은 원래 급수의 수렴구간 $|x - x_0| < R$과 같으므로, 수렴반지름 R을 구하기 위하여 식 (4.3.5)를 다시 계산할 필요는 없다. 하지만 거듭제곱급수를 항별 미분 또는 항별 적분하여 얻은 급수는 $|x - x_0| = R$에서 수렴할 수도 있고 수렴하지 않을 수도 있으므로 따로 확인해야 한다. 다음 예를 보자.

예제 7

$|x| < 1$에서

$$\frac{1}{1-x} = \sum_{m=0}^{\infty}x^m = 1 + x + x^2 + \cdots \tag{4.3.8}$$

이 성립한다. 이를 이용하여 $\frac{1}{(1-x)^2}$과 $\ln(1-x)$의 거듭제곱급수를 구하라.

(풀이) 식 (4.3.8)의 양변을 미분하면

$$\frac{d}{dx}\left(\frac{1}{1-x}\right) = \frac{d}{dx}\left(\sum_{m=0}^{\infty}x^m\right) = \sum_{m=1}^{\infty}mx^{m-1}$$

에서

$$\frac{1}{(1-x)^2} = \sum_{m=1}^{\infty}mx^{m-1} = 1 + 2x + 3x^2 + \cdots$$

이 되고, 이는 동일한 수렴구간 $|x| < 1$에서 수렴하는 급수이다. 하지만 이 급수는 $x = \pm 1$에서는 발산하므로 수렴구간은 $|x| < 1$이다. 한편 식 (4.3.8)의 양변을 적분하면

$$\int_0^x \frac{1}{1-t}dt = \int_0^x \sum_{m=0}^{\infty}t^m dt = \sum_{m=0}^{\infty}\frac{x^{m+1}}{m+1}$$

에서

$$-\ln(1-x)=\sum_{m=0}^{\infty}\frac{x^{m+1}}{m+1}=x+\frac{x^2}{2}+\frac{x^3}{3}+\cdots$$

또는

$$\ln(1-x)=-\sum_{m=0}^{\infty}\frac{x^{m+1}}{m+1}=-x-\frac{x^2}{2}-\frac{x^3}{3}-\cdots$$

을 얻는데, 이는 식 (4.1.26)과 같다. 이 급수도 $|x|<1$에서 수렴하는데, $x=1$일 때는 $-\left(1+\frac{1}{2}+\frac{1}{3}+\frac{1}{4}+\cdots\right)$인 조화급수로 발산하고 $x=-1$일 때는 $1-\frac{1}{2}+\frac{1}{3}-\frac{1}{4}+\cdots$인 교대조화급수가 되어 $\ln(1-x)$에 $x=-1$을 대입한 ln2로 수렴하므로(쉬어가기 4.3 참고) 수렴구간은 $-1 \leqq x < 1$이다.

☞ 위의 풀이에서 $\frac{1}{(1-x)^2}$과 $\ln(1-x)$를 나타내는 거듭제곱급수의 수렴구간을 구하기 위해 식 (4.3.5)를 이용하지 않았음에 유의하자.

수렴하는 두 급수의 합과 곱에 대해서도 다음의 정리가 성립한다.

무한급수의 합과 곱

수렴하는 급수 $f(x)=\sum_{m=0}^{\infty}a_m(x-x_0)^m$과 $g(x)=\sum_{m=0}^{\infty}b_m(x-x_0)^m$에 대해

(1) 두 급수를 더한 급수는 $f(x)+g(x)$로 수렴한다. 즉

$$f(x)+g(x)=\sum_{m=0}^{\infty}a_m(x-x_0)^m+\sum_{m=0}^{\infty}b_m(x-x_0)^m=\sum_{m=0}^{\infty}(a_m+b_m)(x-x_0)^m$$

이고, 이는 두 급수의 공통 수렴구간에서 수렴한다.

(2) 두 급수를 곱한 급수는 $f(x)g(x)$로 수렴한다. 즉

$$\begin{aligned}f(x)g(x)&=\sum_{m=0}^{\infty}a_m(x-x_0)^m\sum_{m=0}^{\infty}b_m(x-x_0)^m\\&=\sum_{m=0}^{\infty}(a_0b_m+a_1b_{m-1}+\cdots+a_mb_0)(x-x_0)^m\\&=a_0b_0+(a_0b_1+a_1b_0)(x-x_0)+(a_0b_2+a_1b_1+a_2b_0)(x-x_0)^2+\cdots\end{aligned}$$

이고, 이는 두 급수의 공통 수렴구간에서 수렴한다.

급수의 곱을 이용하여 예제 7의 첫 번째 문제를 다른 방법으로 풀 수 있다. 즉

$$\frac{1}{(1-x)^2} = \left(\frac{1}{1-x}\right)^2 = (1 + x + x^2 + \cdots)(1 + x + x^2 + \cdots)$$
$$= 1 + 2x + 3x^2 + \cdots = \sum_{m=1}^{\infty} m x^{m-1}$$

이며, 역시 $|x| < 1$에서 수렴한다.

쉬어가기 4.3 알다가도 모를 무한급수의 합

앞의 예제 7에서 교대조화급수의 합이 ln2라고 했다. 이 사실은 그림 4.3.3과 같이 간단한 도형을 통해서도 쉽게 이해할 수 있다(Matt Hudelson, 2010).

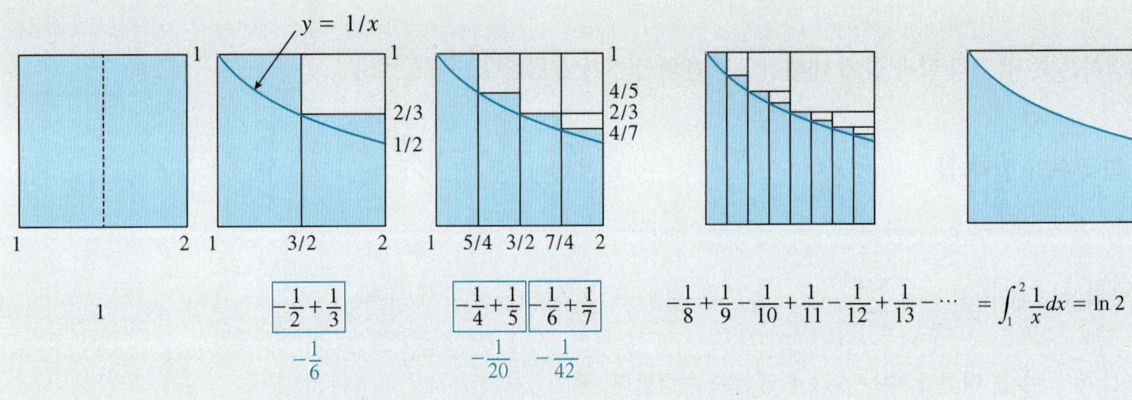

그림 4.3.3 교대조화급수의 합.

즉 처음에 가로, 세로가 1인 정사각형의 넓이에서 다음 두 항의 합으로 표현되는 직사각형의 넓이를 점차적으로 빼면 교대조화급수의 합은 곡선 $y = 1/x$의 0과 1 사이의 넓이가 되므로

$$1 - \frac{1}{2} + \frac{1}{3} - \frac{1}{4} + \frac{1}{5} - \cdots = \int_0^1 \frac{1}{x}dx = \ln 2$$

이다. 하지만 교대조화급수를 재배열하면 합이 달라질 수 있다. 예를 들어

$$\begin{aligned}
&1 - \frac{1}{2} + \frac{1}{3} - \frac{1}{4} + \frac{1}{5} - \frac{1}{6} + \frac{1}{7} - \frac{1}{8} + \frac{1}{9} - \cdots \\
&= 1 - \frac{1}{2} - \frac{1}{4} + \frac{1}{3} - \frac{1}{6} - \frac{1}{8} + \frac{1}{5} - \frac{1}{10} - \frac{1}{12} + \frac{1}{7} - \frac{1}{14} - \frac{1}{16} + \cdots \\
&= \left(1 - \frac{1}{2}\right) - \frac{1}{4} + \left(\frac{1}{3} - \frac{1}{6}\right) - \frac{1}{8} + \left(\frac{1}{5} - \frac{1}{10}\right) - \frac{1}{12} + \left(\frac{1}{7} - \frac{1}{14}\right) - \frac{1}{16} + \cdots \\
&= \frac{1}{2} - \frac{1}{4} + \frac{1}{6} - \frac{1}{8} + \frac{1}{10} - \frac{1}{12} + \frac{1}{14} - \frac{1}{16} + \cdots \\
&= \frac{1}{2}\left(1 - \frac{1}{2} + \frac{1}{3} - \frac{1}{4} + \frac{1}{5} - \frac{1}{6} + \frac{1}{7} - \frac{1}{8} + \cdots\right) \\
&= \frac{1}{2}\ln 2
\end{aligned}$$

가 된다. 일반적으로 교대조화급수를

$$\underbrace{\left(1+\frac{1}{3}+\frac{1}{5}+\cdots+\frac{1}{2p-1}\right)}_{p\text{항}}-\underbrace{\left(\frac{1}{2}+\frac{1}{4}+\cdots+\frac{1}{2n}\right)}_{n\text{항}}+\underbrace{\left(\frac{1}{2p+1}+\cdots+\frac{1}{4p-1}\right)}_{p\text{항}}-\underbrace{\left(\frac{1}{2n+2}+\cdots+\frac{1}{4n}\right)}_{n\text{항}}+\cdots$$

와 같이 재배열하면 합이 $\ln 2+\frac{1}{2}\ln\frac{p}{n}$이 된다고 증명되어 있다. 앞의 예는 $n=1$, $p=2$인 경우로 그 합이 $\ln 2+\frac{1}{2}\ln\frac{1}{2}=\frac{1}{2}\ln 2$가 되었다. 이와 같이 수렴하는 무한급수라도 항을 재배열 하면, 즉 계산 순서를 달리하면 합이 달라질 수도 있으니 참으로 알다가도 모를 일이다.

미분방정식에 대한 거듭제곱급수해의 존재성

앞에서 설명한 바와 같이 어떤 함수로 수렴하는 거듭제곱급수를 항별로 미분한 급수는 동일한 수렴구간에서 해당 함수의 도함수로 수렴하고, 2개의 거듭제곱급수를 항별로 곱하거나 더한 거듭제곱급수는 원래 함수의 곱 또는 합으로 수렴한다. 따라서 다음이 성립한다.

거듭제곱급수해의 존재성: 미분방정식

$$y''+p(x)y'+q(x)y=r(x) \tag{4.3.9}$$

에서 계수 $p(x)$, $q(x)$, $r(x)$가 수렴구간 $|x-x_0|<R$에서 중심이 x_0인 거듭제곱급수로 표현되면 식 (4.3.9)의 해 y도 동일한 수렴구간에서 중심이 x_0인 거듭제곱급수로 표현된다.

즉 식 (4.3.9)의 우변 $r(x)$가 중심이 x_0인 거듭제곱급수로 표현되면 식 (4.3.9)의 좌변 $y''+p(x)y'+q(x)y$도 중심이 x_0인 거듭제곱급수로 표현되어야 하고, 급수의 항별 덧셈에 의하여 좌변의 각 항 y'', $p(x)y'$, $q(x)y$ 역시 중심이 x_0인 거듭제곱급수로 표현되어야 한다. 여기에 $p(x)$, $q(x)$ 또한 중심이 x_0인 거듭제곱급수로 표현된다면 급수의 항별 곱셈에 의하여 y'과 y도 중심이 x_0인 거듭제곱급수로 표현될 것이다. 위의 정리는 1계 미분방정식 $y'+p(x)y=r(x)$에 대해서도 성립한다.

함수 $f(x)$가 수렴구간 $|x-x_0|<R$에서 $x-x_0$의 거듭제곱급수로 표현되면 $f(x)$는 $x=x_0$에서 **해석적(analytic)**이라 한다. 따라서 미분방정식의 **거듭제곱급수해 존재성**에 관한 정리는 p, q, r이 $x=x_0$에서 해석적이면 해 y도 $x=x_0$에서 해석적이라는 의미이다. p, q, r이 해석적이 되는 점 x_0를 **정칙점(ordinary point)**이라 하고 그렇지 않으면 **특이점(singular point)**이라 한다.

$$a_m = \frac{a_0}{m!\cdot 5\cdot 8\cdot 11\cdot \cdots \cdot(3m+2)}, \quad m = 1, 2, 3, \cdots$$

$$\therefore\ y_2(x) = \sum_{m=0}^{\infty} a_m x^{m+2/3} = a_0 x^{2/3} + \sum_{m=1}^{\infty} a_m x^{m+2/3}$$

$$= a_0 x^{2/3}\left[1 + \sum_{m=1}^{\infty} \frac{x^m}{m!\cdot 5\cdot 8\cdot 11\cdot \cdots \cdot(3m+2)}\right]$$

여기서 y_1, y_2는 모든 x에서 수렴하며 1차 독립이므로 해집합의 기저가 된다. 따라서 일반해는 $y = c_1 y_1 + c_2 y_2$이다.

예제 3 결정방정식이 중근을 갖는 경우

$x(x-1)y'' + (3x-1)y' + y = 0$

(풀이) 마찬가지로 $x = 0$이 특이점이므로 $y = \sum_{m=0}^{\infty} a_m x^{m+r}$, $a_0 \neq 0$으로 놓으면

$$x(x-1)y'' + (3x-1)y' + y$$

$$= x(x-1)\sum_{m=0}^{\infty}(m+r)(m+r-1)a_m x^{m+r-2} + (3x-1)\sum_{m}^{\infty}(m+r)a_m x^{m+r-1} + \sum_{m=0}^{\infty} a_m x^{m+r}$$

$$= \sum_{m=0}^{\infty}(m+r)(m+r-1)a_m x^{m+r} - \sum_{m=0}^{\infty}(m+r)(m+r-1)a_m x^{m+r-1}$$

$$+ 3\sum_{m=0}^{\infty}(m+r)a_m x^{m+r} - \sum_{m=0}^{\infty}(m+r)a_m x^{m+r-1} + \sum_{m=0}^{\infty} a_m x^{m+r}$$

$$= \sum_{s=0}^{\infty}(s+r)(s+r-1)a_s x^{s+r} - \sum_{s=-1}^{\infty}(s+r+1)(s+r)a_{s+1} x^{s+r}$$

$$+ 3\sum_{s=0}^{\infty}(s+r)a_s x^{s+r} - \sum_{s=-1}^{\infty}(s+r+1)a_{s+1} x^{s+r} + \sum_{s=0}^{\infty} a_s x^{s+r}$$

$$= [-r(r-1) - r]a_0 x^{r-1} + \sum_{s=0}^{\infty}[(s+r)(s+r-1)a_s$$

$$-(s+r+1)(s+r)a_{s+1} + 3(s+r)a_s - (s+r+1)a_{s+1} + a_s]x^{s+r}$$

$$= -r^2 a_0 x^{r-1} + \sum_{s=0}^{\infty}\{[(s+r)(s+r+2)+1]a_s - (s+r+1)^2 a_{s+1}\}x^{s+r} = 0$$

이다. $a_0 \neq 0$이므로 결정방정식 $r^2 = 0$에서 $r = 0$(중근)이므로 $a_{s+1} = a_s$,, $s = 0, 1, 2, \cdots$이므로

$$a_0 = a_1 = a_2 = \cdots$$

이다. $a_0 = a_1 = a_2 = \cdots = 1$을 택하면

$$y_1(x) = \sum_{m=0}^{\infty} a_m x^{m+0} = \sum_{m=1}^{\infty} x^m = \frac{1}{1-x}$$

이다. 또 다른 해를 구하기 위해서는 $y'' + py' + qy = 0$에 대해 하나의 해가 y_1일 때 또 다른 해 y_2를 구하는 공식인 식 (2.2.3)을 사용한다. 여기서는 주어진 미분방정식의 양변을 $x(x-1)$로 나누어

$$y'' + \frac{3x-1}{x(x-1)}y' + \frac{1}{x(x-1)}y = 0$$

으로 나타낼 수 있으므로

$$\int p dx = \int \frac{3x-1}{x(x-1)}dx = \int\left(\frac{2}{x-1} + \frac{1}{x}\right)dx = 2\ln|x-1| + \ln|x|$$

$$e^{-\int p dx} = e^{-2\ln|x-1| - \ln|x|} = \frac{1}{x(x-1)^2}$$

이 되어

$$y_2 = y_1 \int \frac{e^{-\int p dx}}{y_1^2}dx = \frac{1}{1-x}\int \frac{\dfrac{1}{x(x-1)^2}}{\left(\dfrac{1}{1-x}\right)^2}dx = \frac{1}{1-x}\int \frac{dx}{x} = \frac{\ln x}{1-x}$$

이다. 여기서 y_1, y_2는 1차 독립이므로 일반해는 $0 < x < 1$, $x > 1$에서

$$y = c_1 y_1 + c_2 y_2 = \frac{1}{1-x}(c_1 + c_2 \ln x).$$

예제 4 결정방정식의 두 근이 정수 차이가 나는 경우

$x(x-1)y'' - xy' + y = 0$

(풀이) 마찬가지로 $x = 0$이 특이점이므로 $y = \sum_{m=0}^{\infty} a_m x^{m+r}$, $a_0 \neq 0$으로 놓는다.

$$\begin{aligned}
&x(x-1)y'' - xy + y \\
&= x(x-1)\sum_{m=0}^{\infty}(m+r)(m+r-1)a_m x^{m+r-2} - x\sum_{m=0}^{\infty}(m+r)a_m x^{m+r-1} + \sum_{m=0}^{\infty}a_m x^{m+r} \\
&= \sum_{m=0}^{\infty}(m+r)(m+r-1)a_m x^{m+r} - \sum_{m=0}^{\infty}(m+r)(m+r-1)a_m x^{m+r-1} \\
&\quad - \sum_{m=0}^{\infty}(m+r)a_m x^{m+r} + \sum_{m=0}^{\infty}a_m x^{m+r} \\
&= \sum_{s=0}^{\infty}(s+r)(s+r-1)a_s x^{s+r} - \sum_{s=-1}^{\infty}(s+r+1)(s+r)a_{s-1}x^{s+r} \\
&\quad - \sum_{s=0}^{\infty}(s+r)a_s x^{s+r} + \sum_{s=0}^{\infty}a_s x^{s+r} \\
&= r(r-1)a_0 x^{r-1} + \sum_{s=0}^{\infty}[(s+r)(s+r-1)a_s - (s+r+1)(s+r)a_{s+1} - (s+r)a_s + a_s]x^{s+r} \\
&= r(r-1)a_0 x^{r-1} + \sum_{s=0}^{\infty}[(s+r-1)^2 a_s - (s+r+1)(s+r)a_{s+1}]x^{s+r} = 0
\end{aligned}$$

에서 $a_0 \neq 0$이므로 결정방정식 $r(r-1)=0$에서 $r=0,\ 1$이다.

(i) $r=1$일 때

x^{s+r}의 계수가 0이 되어야 하므로

$$a_{s+1} = \frac{s^2}{(s+2)(s+1)}a_s, \quad s=0,1,2,\cdots$$

$$s=0:\ a_1 = \frac{0^2}{2\cdot 1}a_0 = 0$$

$$s=1:\ a_2 = \frac{1}{3\cdot 2}a_1 = \frac{1}{3\cdot 2}\cdot 0 = 0$$

$$\vdots$$

즉 $a_1 = a_2 = \cdots = 0$이다. 따라서 $a_0 = 1$을 택하면

$$y_1(x) = \sum_{m=0}^{\infty} a_m x^{m+1} = x$$

이다.

(ii) $r=0$일 때

x^{s+r}의 계수가 0이 되어야 하므로 $(s-1)^2 a_s - (s+1)sa_{s+1} = 0$인데, $s=0$일 때는(s로 나눌 수 없으므로)

$$(-1)^2 a_0 = 0\cdot a_1 \longrightarrow a_0 = 0$$

이고

$$a_{s+1} = \frac{(s-1)^2}{(s+1)s}a_s, \quad s=1,2,\cdots$$

에서

$$s=1:\ a_2 = \frac{0^2}{2\cdot 1}a_1 = 0$$

$$s=2:\ a_3 = \frac{1^2}{3\cdot 2}a_2 = \frac{1^2}{3\cdot 2}\cdot 0 = 0$$

$$\vdots$$

이다. 결과적으로 $a_0 = a_2 = a_3 = \cdots = 0$이므로 $y_2(x) = \sum_{m=0}^{\infty} a_m x^{m+0} = a_1 x$가 되어 $a_1 = 1$을 택하면 $y_2(x) = x$로 (i)의 경우와 같아진다. 이는 일반적인 현상으로 결정방정식의 두 근이 정수 차이가 나는 경우 서로 1차 독립인 2개의 해를 구하지 못할 수 있다. 이 경우에도 두 번째 해는 식 (2.2.3)으로 구한다. 주어진 미분방정식이

$$y'' - \frac{1}{x-1}y' + \frac{1}{x(x-1)}y = 0$$

이므로

$$\int p dx = -\int \frac{1}{x-1} dx = -\ln|x-1|, \quad e^{\int p dx} = e^{\ln|x-1|} = x-1$$

이 되어

$$y_2 = y_1 \int \frac{e^{-\int p dx}}{y_1^2} dx = x \int \frac{x-1}{x^2} dx = x \int \left(\frac{1}{x} - \frac{1}{x^2}\right) = x\left(\ln x + \frac{1}{x}\right) = x\ln x + 1$$

이다. 여기서 y_1, y_2는 1차 독립이므로 일반해는

$$y = c_1 y_1 + c_2 y_2 = c_1 x + c_2(x\ln x + 1).$$

4.5 연습문제

1. $(x+1)^2 y'' + (x+1)y' - y = 0$을 $x+1=t$로 치환하여 t에 대한 미분방정식으로 바꾸고 (1) Frobenius 법, (2) Cauchy–Euler 미분방정식의 해법으로 해를 구하고 그 결과를 비교하라.

(답) $y = c_1(x+1) + \dfrac{c_2}{x+1}$ 로 같다.

2. 미분방정식의 해를 구하라.

(1) $x(1-x)y'' + 2(1-2x)y' - 2y = 0$

(2) $xy'' + 2y' + xy = 0$

(3) $xy'' + (1-2x)y' + (x-1)y = 0$

(답) (1) $y = \dfrac{c_1}{1-x} + \dfrac{c_2}{x}$ (2) $y = c_1 \dfrac{\sin x}{x} + c_2 \dfrac{\cos x}{x}$ (3) $y = c_1 e^x + c_2 e^x \ln x$

3. 미분방정식의 해를 구하라.

(1) $2xy'' + 5y' + xy = 0$ (2) $xy'' + y = 0$

(답) (1) $y = c_1 y_1 + c_2 y_2$, 여기서

$$y_1 = 1 + \sum_{n=1}^{\infty} \frac{(-1)^n}{(2\cdot 4\cdot \cdots \cdot 2n)[7\cdot 11\cdot \cdots \cdot (4n+3)]} x^{2n} = 1 - \frac{x^2}{14} + \frac{x^4}{616} - \cdots$$

$$y_2 = x^{-3/2}\left(1 + \sum_{n=1}^{\infty} \frac{(-1)^n}{(2\cdot 4\cdot \cdots \cdot 2n)[1\cdot 5\cdot \cdots \cdot (4n-3)]} x^{2n}\right)$$

$$= x^{-3/2}\left(1 - \frac{x^2}{2} + \frac{x^4}{40} - \cdots\right)$$

(2) $y = c_1 y_1 + c_2 y_2$, 여기서

$$y_1 = \sum_{m=0}^{\infty} \frac{(-1)^m}{(m+1)!m!} x^{m+1} = x - \frac{1}{2}x^2 + \frac{1}{12}x^3 - \frac{1}{144}x^4 + \frac{1}{2880}x^5 - \cdots$$

$$y_2 = y_1\left(-\frac{1}{x} + \ln x + \frac{7}{12}x + \frac{19}{144}x^2 + \cdots\right)$$

4.6 Bessel 방정식

Bessel 방정식

Bessel(베셀) 방정식 또한 이공학 분야에서 자주 등장하는 미분방정식이다. 특히 이 책의 12장에서 보듯이 (r, θ, z) 원기둥 좌표계에서 반지름 r에 관한 Laplace 미분방정식으로 표현된다.

$$x^2y'' + xy' + (x^2 - \nu^2)y = 0 \tag{4.6.1}$$

을 ν계($\nu \geqq 0$) **Bessel 방정식**이라 하는데, $x = 0$이 특이점이므로 Frobenius 법을 사용하여 해를 구한다. Frobenius 정리에 의해 Bessel 방정식의 해를 $y = \sum_{m=0}^{\infty} a_m x^{m+r}$, $a_0 \neq 0$으로 놓으면

$$\begin{aligned}
&x^2y'' + xy' + (x^2 - \nu^2)y \\
&= \sum_{m=0}^{\infty}(m+r)(m+r-1)a_m x^{m+r} + \sum_{m=0}^{\infty}(m+r)a_m x^{m+r} + \sum_{m=0}^{\infty} a_m x^{m+r+2} - \nu^2 \sum_{m=0}^{\infty} a_m x^{m+r} \\
&= \sum_{s=0}^{\infty}(s+r)(s+r-1)a_s x^{s+r} + \sum_{s=0}^{\infty}(s+r)a_s x^{s+r} + \sum_{s=2}^{\infty} a_{s-2} x^{s+r} - \nu^2 \sum_{s=0}^{\infty} a_s x^{s+r} \\
&= [r(r-1) + r - \nu^2]a_0 x^r + [(1+r)r + (1+r) - \nu^2]a_1 x^{r+1} \\
&\quad + \sum_{s=2}^{\infty}[(s+r)(s+r-1)a_s + (s+r)a_s + a_{s-2} - \nu^2 a_s]x^{s+r} = 0
\end{aligned}$$

이어야 한다. 위 식이 성립하려면 x의 각 차수에 대해

$$x^r:\ (r^2 - \nu^2)a_0 = 0(\text{결정방정식}) \tag{4.6.2}$$

$$x^{r+1}:\ [(r+1)^2 - \nu^2]a_1 = 0 \tag{4.6.3}$$

$$x^{s+r}:\ [(s+r)^2 - \nu^2]a_s + a_{s-2} = 0,\ s = 2, 3, \cdots \tag{4.6.4}$$

이 성립해야 한다. 가정에서 $a_0 \neq 0$이므로 식 (4.6.2)의 결정방정식의 근은 $r = \pm\nu$이다.

(i) $r = \nu(\geqq 0)$일 때

식 (4.6.3)에서 $(2\nu + 1)a_1 = 0$이므로 $a_1 = 0$이다. 식 (4.6.4)에서

$$a_s = -\frac{a_{s-2}}{s(s+2\nu)},\quad s = 2, 3, \cdots$$

이 되는데, $a_1 = 0$이므로 $s = 3, 5, \cdots$에 대해 $a_3 = a_5 = \cdots = 0$이다. $s = 2, 4, \cdots$에 대해서는 $s = 2m$, $m = 1, 2, \cdots$로 놓으면 위 식은

$$a_{2m} = -\frac{a_{2m-2}}{2^2 m(\nu + m)}$$

로 쓸 수 있다. $m = 1, 2, \cdots$에 대해

$$m = 1:\ a_2 = -\frac{a_0}{2^2 \cdot 1(\nu + 1)}$$

$$m = 2:\ a_4 = -\frac{a_2}{2^2 \cdot 2(\nu + 2)} = -\frac{1}{2^2 \cdot 2(\nu + 2)}\left(-\frac{a_0}{2^2 \cdot 1(\nu + 1)}\right)$$

$$= \frac{a_0}{2^4 \cdot 2!(\nu + 1)(\nu + 2)}$$

$$\vdots$$

이고, 일반적으로

$$a_{2m} = \frac{(-1)^m a_0}{2^{2m} m!(\nu + 1)(\nu + 2)\cdots(\nu + m)}$$

이다. $a_0 = \dfrac{1}{2^\nu \Gamma(\nu + 1)}$을 택하면($\Gamma$ 함수는 3.1절 참고)

$$a_{2m} = \frac{(-1)^m}{2^{2m} m!(\nu + 1)(\nu + 2)\cdots(\nu + m)} \cdot \frac{1}{2^\nu \Gamma(\nu + 1)} = \frac{(-1)^m}{2^{2m+\nu} m!\Gamma(\nu + m + 1)}$$

이다. 여기서

$$(\nu + 1)(\nu + 2) \cdots (\nu + m)\Gamma(\nu + 1) = (\nu + 2) \cdots (\nu + m)\Gamma(\nu + 2)$$

$$= \cdots = \Gamma(\nu + m + 1)$$

을 사용하였다. 따라서 $y_1(x) = \sum_{k=0}^{\infty} a_k x^{k+r}$에서 $r = \nu$, $k = 2m$으로 놓으면

$$y_1(x) = \sum_{m=0}^{\infty} a_{2m} x^{2m+\nu} = \sum_{m=0}^{\infty} \frac{(-1)^m}{2^{2m+\nu} m!\Gamma(m + \nu + 1)} x^{2m+\nu}$$

이며, 이러한 $y_1(x)$를 $J_\nu(x)$로 정의한다. 즉

$$J_\nu(x) = \sum_{m=0}^{\infty} \frac{(-1)^m}{2^{2m+\nu} m!\Gamma(m + \nu + 1)} x^{2m+\nu} \qquad (4.6.5)$$

이며, 이를 ν계 1종 Bessel 함수(Bessel function of the first kind)라 한다. $J_\nu(x)$는 모든 x에 대해 수렴하고 ν계 Bessel 방정식 $x^2y'' + xy' + (x^2 - \nu^2)y = 0$의 하나의 해이다.

(ii) $r = -\nu$일 때

$$y_2(x) = J_{-\nu}(x) = \sum_{m=0}^{\infty} \frac{(-1)^m}{2^{2m-\nu} m!\Gamma(m - \nu + 1)} x^{2m-\nu} \qquad (4.6.6)$$

가 되고, ν가 정수가 아닐 때 $J_\nu(x)$와 $J_{-\nu}(x)$는 1차 독립이므로 일반해는

$$y(x) = c_1 J_\nu(x) + c_2 J_{-\nu}(x)$$

결과적으로 모든 ν값에 대해 ν계 Bessel 방정식 $x^2y'' + xy' + (x^2 - \nu^2)y = 0$의 일반해는

$$y(x) = c_1J_\nu(x) + c_2Y_\nu(x) \tag{4.6.11}$$

이다.

예제 3

2계 Bessel 방정식 $x^2y'' + xy' + (x^2 - 4)y = 0$의 일반해는 식 (4.6.11)에 의해

$$y(x) = c_1J_2(x) + c_2Y_2(x)$$

이고, 1/2계 Bessel 방정식 $x^2y'' + xy' + (x^2 - 1/4)y = 0$의 일반해는

$$y(x) = c_1J_{1/2}(x) + c_2J_{-1/2}(x)$$

또는

$$y(x) = c_1J_{1/2}(x) + c_2Y_{1/2}(x).$$

다양한 형태의 미분방정식이 Bessel 방정식으로 변형될 수 있다.

예제 4

$x^2 = z$로 치환하여 $x^2y'' + xy' + \left(4x^4 - \frac{1}{4}\right)y = 0$의 해를 구하라.

(풀이) $x^2 = z$에서 $\frac{dz}{dx} = 2x$ 이므로

$$y'(x) = \frac{dy}{dx} = \frac{dy}{dz}\frac{dz}{dx} = 2x\frac{dy}{dz} = 2xy'(z)$$

$$y''(x) = \frac{d^2y}{dx^2} = \frac{d}{dx}\left(\frac{dy}{dx}\right) = \frac{d}{dx}\left(2x\frac{dy}{dz}\right) = 2\frac{dy}{dz} + 2x\frac{d}{dx}\left(\frac{dy}{dz}\right)$$
$$= 2\frac{dy}{dz} + 2x\frac{d}{dz}\left(\frac{dy}{dz}\right)\frac{dz}{dx} = 2y'(z) + 4x^2y''(z)$$

으로 바뀐다. 이를 주어진 미분방정식에 대입하면

$$x^2[2y' + 4x^2y''] + x \cdot 2xy' + \left(4x^4 - \frac{1}{4}\right)y = 0$$

이 되는데, $x^2 = z$로 치환하고 양변을 4로 나누어 z에 관한 Bessel 방정식

$$z^2y'' + zy' + \left(z^2 - \frac{1}{16}\right)y = 0$$

을 얻는다. 따라서 해는

$$y = c_1 J_{1/4}(z) + c_2 J_{-1/4}(z) \quad \text{또는} \quad y = c_1 J_{1/4}(z) + c_2 Y_{1/4}(z)$$

이고, 이를 다시 x의 함수로 나타내면

$$y = c_1 J_{1/4}(x^2) + c_2 J_{-1/4}(x^2) \quad \text{또는} \quad y = c_1 J_{1/4}(x^2) + c_2 Y_{1/4}(x^2).$$

매개변수형 Bessel 방정식

ν계 Bessel 방정식과 형태가 다른

$$x^2y'' + xy' + (\lambda^2x^2 - \nu^2)y = 0 \tag{4.6.12}$$

을 ν계 **매개변수형 Bessel 방정식(parametric Bessel equation)**이라 한다. $\lambda x = t$로 치환하면 $dt/dx = \lambda$이므로 미분의 연쇄율을 이용하여

$$y'(x) = \frac{dy}{dx} = \frac{dy}{dt}\frac{dt}{dx} = \lambda\frac{dy}{dt} = \lambda y'(t)$$

$$y''(x) = \frac{d^2y}{dx^2} = \frac{d}{dx}\left(\frac{dy}{dx}\right) = \frac{d}{dt}\left(\lambda\frac{dy}{dt}\right)\frac{dt}{dx} = \frac{d}{dt}\left(\lambda\frac{dy}{dt}\right)\lambda = \lambda^2\frac{d^2y}{dt^2} = \lambda^2 y''(t)$$

이다. 따라서 식 (4.6.12)는

$$\left(\frac{t}{\lambda}\right)^2\left(\lambda\frac{d^2y}{dt^2}\right) + \frac{t}{\lambda}\left(\lambda\frac{dy}{dt}\right) + (t^2 - \nu^2)y = 0$$

즉 Bessel 방정식

$$t^2y'' + ty' + (t^2 - \nu^2)y = 0 \tag{4.6.13}$$

과 같아진다[식 (4.6.1) 참고]. 식 (4.6.13)의 해가

$$y = c_1 J_\nu(t) + c_2 Y_\nu(t)$$

이므로, 매개변수형 Bessel 방정식[식 (4.6.12)]의 해는

$$y = c_1 J_\nu(\lambda x) + c_2 Y_\nu(\lambda x) \tag{4.6.14}$$

이다.

예제 5

0계 매개변수형 Bessel 방정식 $x^2y'' + xy' + \lambda^2x^2y = 0$의 일반해는 식 (4.6.14)에 의해

$$y = c_1 J_0(\lambda x) + c_2 Y_0(\lambda x).$$

Bessel 함수의 성질

[1] $J_0(0)=1,\ J_n(0)=0\ (n=1, 2, \cdots)$

[2] $J_n(-x)=(-1)^n J_n(x),\ J_{-n}(x)=(-1)^n J_n(x)\ (n=0, 1, 2, \cdots)$

[3] $\lim_{x\to 0^+} Y_n(x)=-\infty$

[4] $\int J_1(x)dx=-J_0(x),\quad \int xJ_0(x)dx=xJ_1(x)$

[5] $[x^\nu J_\nu(x)]'=[x^\nu J_{\nu-1}(x)],\quad [x^{-\nu}J_\nu(x)]'=-x^{-\nu}J_{\nu+1}(x)$

[6] $J_{\nu-1}(x)+J_{\nu+1}(x)=\dfrac{2\nu}{x}J_\nu(x),\quad J_{\nu-1}(x)-J_{\nu+1}(x)=2J_\nu{}'(x)$

[7] 직교성(orthogonality): $\int_0^b xJ_n(\lambda_i x)J_n(\lambda_j x)dx=0,\quad \lambda_i\neq\lambda_j$

성질 [5]의 첫 번째 식 증명

식 (4.6.5)를 이용하면

$$\begin{aligned}[x^\nu J_\nu(x)]' &= \left[\sum_{m=0}^{\infty}\frac{(-1)^m}{2^{2m+\nu}m!\Gamma(m+\nu+1)}x^{2m+2\nu}\right]' \\ &= \sum_{m=0}^{\infty}\frac{(2m+2\nu)(-1)^m}{2^{2m+\nu}m!\Gamma(m+\nu+1)}x^{2m+2\nu-1} \\ &= \sum_{m=0}^{\infty}\frac{2(m+\nu)(-1)^m}{2^{2m+\nu}m!(m+\nu)\Gamma(m+\nu)}x^{2m+2\nu-1} \\ &= x^\nu\sum_{m=0}^{\infty}\frac{(-1)^m}{2^{2m+\nu-1}m!\Gamma(m+\nu)}x^{2m+\nu-1} \\ &= x^\nu J_{\nu-1}(x)\end{aligned}$$

이며, 성질 [5]의 두 번째 식도 유사하게 증명할 수 있다.

성질 [6]의 첫 번째 식 증명

성질 [5]의 첫 번째 식을 좌변의 미분을 수행하여 다시 쓰면

$$\nu x^{\nu-1}J_\nu(x)+x^\nu J_\nu{}'(x)=x^\nu J_{\nu-1}(x) \tag{4.6.15}$$

이고, 성질 [5]의 두 번째 식에 대해서도 좌변의 미분을 수행하여 다시 쓰면

$$-\nu x^{-\nu-1}J_\nu(x)+x^{-\nu}J_\nu{}'(x)=-x^{-\nu}J_{\nu+1}(x) \tag{4.6.16}$$

이 되는데, 식 (4.6.16)의 양변에 $x^{2\nu}$를 곱하여 식 (4.6.15)에서 빼면

$$2\nu x^{\nu-1}J_\nu(x)=x^\nu[J_{\nu-1}(x)+J_{\nu+1}(x)]$$

또는

$$J_{\nu-1}(x) + J_{\nu+1}(x) = \frac{2\nu}{x} J_\nu(x)$$

이다. 성질 [6]의 두 번째 식도 유사하게 증명할 수 있다. 성질 [4]도 성질 [5]로부터 쉽게 유도할 수 있다.

$J_{\pm 1/2}(x), J_{\pm 3/2}(x), \cdots$ 의 기본함수 표현(구형 Bessel 함수)

식 (4.6.5)를 이용하면

$$J_{1/2}(x) = \sum_{m=0}^{\infty} \frac{(-1)^m}{2^{2m+1/2} m! \Gamma(m+3/2)} x^{2m+1/2} = \sqrt{\frac{2}{x}} \sum_{m=0}^{\infty} \frac{(-1)^m}{2^{2m+1} m! \Gamma(m+3/2)} x^{2m+1}$$

이다. $J_{1/2}(x)$의 분모에서

$$2^{2m+1} m! = 2^{2m+1} m(m-1) \cdot \cdots \cdot 2 \cdot 1 = 2^{m+1} 2m(2m-2) \cdot \cdots \cdot 4 \cdot 2$$

이고

$$\begin{aligned} \Gamma\left(m+\frac{3}{2}\right) &= \left(m+\frac{1}{2}\right)\left(m-\frac{1}{2}\right) \cdot \cdots \cdot \frac{3}{2} \cdot \frac{1}{2} \cdot \Gamma\left(\frac{1}{2}\right) \\ &= \left(\frac{2m+1}{2}\right)\left(\frac{2m-1}{2}\right) \cdot \cdots \cdot \frac{3}{2} \cdot \frac{1}{2} \cdot \sqrt{\pi} \\ &= \frac{(2m+1)(2m-1) \cdot \cdots \cdot 3 \cdot 1 \cdot \sqrt{\pi}}{2^{m+1}} \end{aligned}$$

이므로

$$2^{2m+1} m! \Gamma\left(m+\frac{3}{2}\right) = (2m+1)! \sqrt{\pi}$$

가 성립한다. 이를 이용하면

$$J_{1/2}(x) = \sqrt{\frac{2}{\pi x}} \sum_{m=0}^{\infty} \frac{(-1)^m}{(2m+1)!} x^{2m+1} \tag{4.6.17}$$

로 쓸 수 있다. 식 (4.6.17)의 우변의 급수식은 $\sin x$를 나타내므로[식 (4.1.22)] 결국

$$J_{1/2}(x) = \sqrt{\frac{2}{\pi x}} \sin x \tag{4.6.18}$$

이다. 식 (4.6.18)을 $\sqrt{x} J_{1/2}(x) = \sqrt{\frac{2}{\pi}} \sin x$ 로 쓰고 양변을 미분하면 $\left[\sqrt{x} J_{1/2}(x)\right]' = \sqrt{\frac{2}{\pi}} \cos x$ 이고, Bessel 함수의 성질 [5]의 첫 번째 식 $[x^\nu J_\nu(x)]' = x^\nu J_{\nu-1}(x)$에서 $\left[\sqrt{x} J_{1/2}(x)\right]' = \sqrt{x} J_{-1/2}(x)$ 이므로

$$J_{-1/2}(x) = \sqrt{\frac{2}{\pi x}} \cos x \tag{4.6.19}$$

를 얻는다.

한편 Bessel 함수의 성질 [6]의 첫 번째 식 $J_{\nu-1}(x)+J_{\nu+1}(x)=\frac{2\nu}{x}J_\nu(x)$로부터

$$J_{3/2}(x)=\frac{1}{x}J_{1/2}(x)-J_{-1/2}(x)=\sqrt{\frac{2}{\pi x}}\left(\frac{\sin x}{x}-\cos x\right) \qquad (4.6.20)$$

$$J_{-3/2}(x)=-\frac{1}{x}J_{-1/2}(x)-J_{1/2}(x)=-\sqrt{\frac{2}{\pi x}}\left(\frac{\cos x}{x}+\sin x\right) \qquad (4.6.21)$$

등이 성립함도 알 수 있다. $\nu=\pm 1/2,\ \pm 3/2,\cdots$일 때 $J_\nu(x)$를 ν계 **구형 Bessel 함수 (spherical Bessel function)**라 부른다.

4.6 연습문제

1. 미분방정식의 해를 구하라.

(1) $x^2y''+xy'+\left(x^2-\frac{1}{9}\right)y=0$

(2) $x^2y''+xy'+(x^2-25)y=0$

(3) $4x^2y''+4xy'+(100x^2-9)y=0$

(4) $\frac{d}{dx}\left(x\frac{dy}{dx}\right)+\left(x-\frac{4}{x}\right)y=0$

(5) $xy''+y'+\frac{1}{4}y=0$ (치환 $z^2=x$ 사용)

(6) $xy''+5y'+xy=0$ (치환 $y=u/x^2$ 사용)

(답) (1) $y=c_1J_{1/3}(x)+c_2J_{-1/3}(x)$ 또는 $y=c_1J_{1/3}(x)+c_2Y_{1/3}(x)$

(2) $y=c_1J_5(x)+c_2Y_5(x)$

(3) $y=c_1J_{3/2}(5x)+c_2Y_{3/2}(5x)$

(4) $y=c_1J_2(x)+c_2Y_2(x)$

(5) $y(x)=c_1J_0(\sqrt{x})+c_2Y_0(\sqrt{x})$

(6) $y=x^{-2}[c_1J_2(x)+c_2Y_2(x)]$

2. $J_0'(x)=-J_1(x)$, $J_2'(x)=\frac{1}{2}[J_1(x)-J_3(x)]$임을 보여라. (Bessel 함수의 성질을 이용하라.)

3. 식 (4.6.8)과 (4.6.9)를 이용하여 $J_0'(x)=-J_1(x)$임을 보여라.

4. 식 (4.6.7)의 급수가 모든 x에 대해 수렴함을 보여라.

5. Bessel 함수의 성질을 이용하여 $\int_0^b xJ_0(x)dx$ 의 값을 구하라.

(답) $bJ_1(b)$

6. 구형 Bessel 함수를 다른 방법으로 유도할 수 있다.

(1) $\Gamma(m+3/2)$에 $m=0,1,2,\cdots$를 사용하여 $\Gamma(m+3/2)=\frac{(2m+1)!}{2^{2m+1}m!}\sqrt{\pi}$ 가 됨을 보여라.

(2) (1)의 결과를 이용하여 식 (4.6.18)이 성립함을 보여라.

7. **변형 Bessel 방정식**: $x^2y'' + xy' - (x^2 + \nu^2)y = 0$을 변형 Bessel 방정식(modified Bessel equation)이라 하며

$$I_\nu(x) = \sum_{m=0}^{\infty} \frac{x^{2m+\nu}}{2^{2m+\nu} m!\Gamma(m+\nu+1)} : \nu\text{계 1종 변형 Bessel 함수} \tag{4.6.22}$$

$$K_\nu(x) = \frac{\pi}{2\sin\nu\pi}[I_{-\nu}(x) - I_\nu(x)] : \nu\text{계 2종 변형 Bessel 함수} \tag{4.6.23}$$

로 정의하면 변형 Bessel 방정식의 일반해는 $y(x) = c_1 I_\nu(x) + c_2 K_\nu(x)$이다.

(1) $i = \sqrt{-1}$ 일 때 $I_\nu(x) = i^{-\nu} J_\nu(ix)$로 정의한다. $\lambda = i$를 사용하여 변형 Bessel 방정식을 매개변수형 Bessel 방정식으로 바꾸고 $I_\nu(x)$가 변형 Bessel 방정식을 만족하는 해임을 보여라.

(2) $I_\nu(x) = i^{-\nu} J_\nu(ix)$와 식 (4.6.5)를 이용하여 식 (4.6.22)가 성립함을 보여라.

☞ 변형 Bessel 함수의 그래프는 다음과 같다.

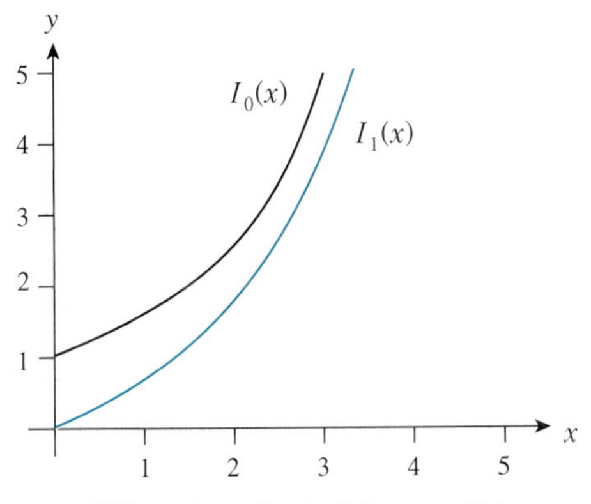

그림 4.6.3 ν계 1종 변형 Bessel 함수.

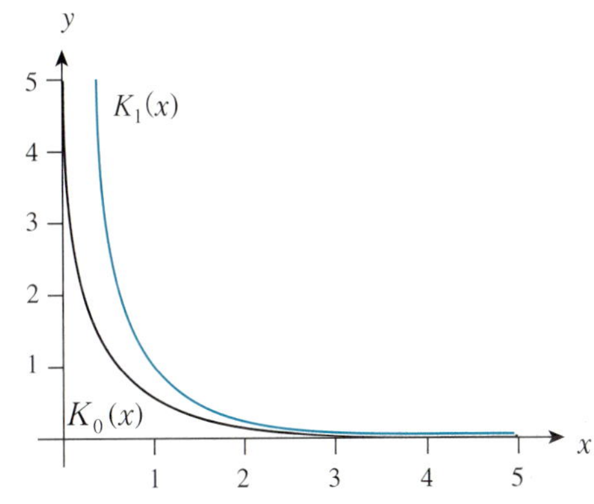

그림 4.6.4 ν계 2종 변형 Bessel 함수.

Bessel 방정식의 경우와 마찬가지로

$$x^2y'' + xy' - (\lambda^2x^2 + \nu^2)y = 0 \tag{4.6.24}$$

을 매개변수형 변형 Bessel 방정식이라 하고, 이의 해는

$$y(x) = c_1 I_\nu(\lambda x) + c_2 K_\nu(\lambda x) \tag{4.6.25}$$

이다.

5 초기값 문제의 수치해법

1장에서 문제를 해결하는 방법에 해석적 방법과 수치적 방법이 있다고 하였다. **해석적 방법**(analytic method)은 우리가 이제까지 공부한 것과 같이 오직 수학적인 정의와 정리를 기반으로 컴퓨터를 사용하지 않고 문제를 해결하는 방법이며, **수치적 방법**(numerical method)은 컴퓨터의 빠른 연산처리 능력을 이용하여 문제를 해결하는 방법이다. 해석적 방법을 사용하더라도 중간과정 또는 결과값의 계산이 복잡하거나 구한 해를 그래프로 그리기 위해 컴퓨터를 사용할 수 있지만 이를 수치적 방법이라고 하지는 않는다. 수치적 방법은 문제를 컴퓨터를 이용하여 풀 수 있도록 문제 자체를 변형하는 과정과 이렇게 변형된 문제를 컴퓨터에 입력할 수 있는 프로그램 과정이 반드시 포함된다. 수치적 방법은 보통 '수치해석(numerical analysis)'이라는 과목명에서 별도로 배우지만, 여기서는 이 책의 다른 부분과 연관된 상미분방정식과 편미분방정식의 수치해법에 대해서만 소개한다. 간단하지만 매우 유용하게 사용될 수 있다. 이 책의 1장~4장에서 공부했던 초기값 문제에 대한 수치적 방법에 대해 5.2절에서 공부한다. 편미분방정식을 포함한 경계값 문제에 대한 수치해법은 14장에서 다룬다. 먼저 5.1절에서 수치해석에 대한 기본 지식을 습득하자.

5.1 수치해석 기초

이 절의 목적은 구체적인 수치적 방법론을 공부하는 것이 아니고, 해석적 방법과 수치적 방법의 차이점을 알고 왜 수치적 방법이 중요한지에 대해 이해하는 것이다.

먼저 방정식 $f(x) = 0$을 만족하는 **근**(root 또는 zero) x를 구하기 위한 해석적 방법과 수치적 방법의 차이를 생각해 보자.

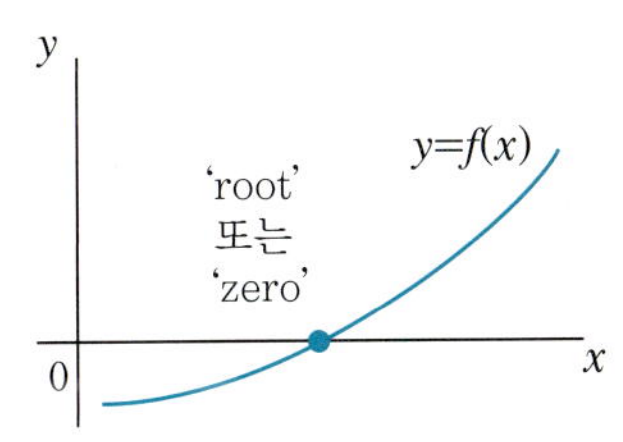

그림 5.1.1 방정식의 근.

방정식 $f(x) = 0$의 근은 그림 5.1.1에서 $y = f(x)$와 x축과의 교점이다. 우리는 이러한 방정식의 근을 해석적 방법으로 쉽게 구할 수 있을 것이라고 생각하지만 사실 그렇지 않다. 일반적으로 해를 구할 수 있는 방정식은 1차 방정식(linear equation)

$$f(x) = ax + b = 0, \quad x = -\frac{b}{a} \quad (a \neq 0)$$

과 2차 방정식(quadratic equation)

$$f(x) = ax^2 + bx + c = 0, \quad x = \frac{-b \pm \sqrt{b^2 - 4ac}}{2a} \quad (a \neq 0)$$

에 국한된다. 3차 및 4차 방정식에 대해서는 근의 공식이 발견되었지만 그 형태가 매우 복잡하며, 5차 이상의 방정식에 대해서는 근의 공식이 존재하지 않음이 증명되었다. 특히 $f(x) = e^x - \tanh x = 0$과 같이 함수 $f(x)$가 삼각함수나 지수함수와 같은 초월함수를 포함한 경우는 일반적으로 해석적으로 근을 구하는 일이 불가능하다. 하지만 수치적 방법을 이용하면 이러한 방정식에 대해서도 근을 구할 수 있다. **이분법**(bisection method)이라 불리는 간단한 방법을 소개한다. 이는 반복적으로 계산하여 $f(p) \simeq 0$을 만족하는 근 p를 구하는 방법이다.

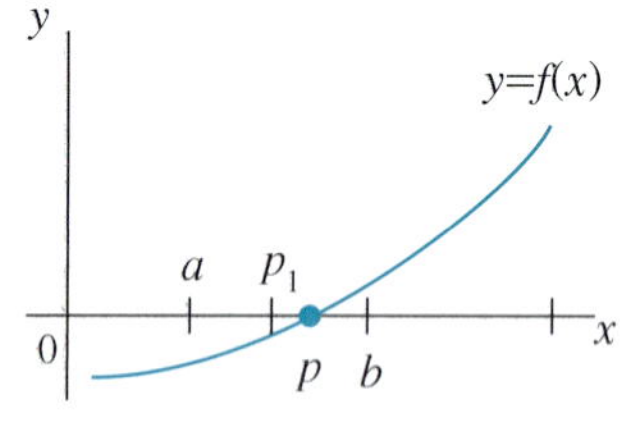

그림 5.1.2 이분법.

표 5.1.1과 같이 컴퓨터가 수행해야 할 작업을 순서대로 나열한 것을 **알고리즘**(algorithm) 또는 **가프로그램**(pseudo-program)이라 하며, 이러한 알고리즘을 FORTRAN, C, C++, MATLAB 등 각자가 사용하는 프로그램 언어로 표현하면 된다. 수치해석은 특정 프로그램 언어에 대해 공부하는 것이 아니고 문제를 해결하기 위한 수치적 방법론을 공부하는 분야이다.

표 5.1.1 $f(x) = 0$의 근을 구하는 이분법 알고리즘

(1) $n = 0$: set ϵ and a, b as $f(a)\,f(b) < 0$
(2) $n = n + 1$
(3) Calculate the midpoint: $p_n = \dfrac{a + b}{2}$
(4) If $|f(p_n)| < \epsilon$ then the root is $p \simeq p_n$ and stop.
(5) If $f(a)\,f(p_n) < 0$ then $b = p_n$,
else $a = p_n$.
(6) If $|\,p_n - p_{n-1}\,| < \epsilon$, then $p \simeq p_n$ and stop.
(7) Go to step (2).

여기서 n은 반복계산 횟수를 나타내는 **반복지표**(iteration index)다. 단계 (1)에서 오차의 한계 ϵ과 해가 존재하는 구간 $[a, b]$를 정하여 계산을 시작한다. 여기서 ϵ은 원하는 만큼의 정확도로 근을 구하기 위해 정하는 작은 값이고, a와 b는 $f(a)\,f(b) < 0$, $a < b$를 만족하는 값들이다. 단계 (3)에서 a와 b의 중간점을 계산하여 이를 p_n으로 놓고, 단계 (4)에서 $|\,f(p_n)\,| < \epsilon$를 만족하면 계산을 종료하고 그렇지 않으면 단계 (5)로 넘어간다. 단계 (5)에서는 다시 $f(a)\,f(p_n)$를 계산하여 이 값이 음이면 해는 a와 p_n 사이에 존재하므로 $b = p_n$으로 놓고, 양이면 해는 p_n과 b 사이에 존재하므로 $a = p_n$

으로 놓고 단계 (7)에서 계산을 반복한다. 단계 (6)은 반복계산을 통해 구한 p_n 값에 큰 차이가 없을 때 계산을 종료한다. 단계 (4)와 단계 (6)은 계산을 종료시키는 기준을 정하는데, 이를 **종료기준**(stopping criteria)이라 한다. 이외에도 충분하다고 예상되는 전체 반복계산 수를 미리 정하여 종료기준에 포함시킬 수 있다. 이는 예상하지 못한 오류로 계산이 무한히 반복되는 경우를 막는 방법으로 대부분의 프로그램에서 사용하는 것이 바람직하다.

이분법을 사용하여 3차 방정식의 근을 구하는 예를 보자.

예제 1

3차 방정식 $f(x) = x^3 + 4x^2 - 10 = 0$의 양의 근을 구하라.

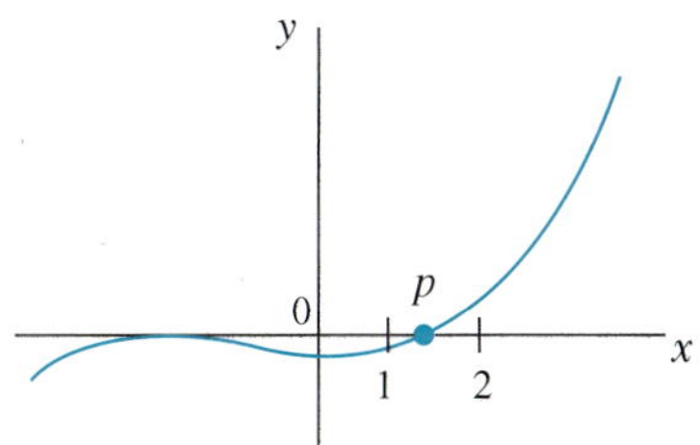

그림 5.1.3 이분법.

(풀이) $f(1) = -5 < 0$, $f(2) = 14 > 0$이므로 구하는 근은 1과 2 사이에 존재한다. 따라서 $a = 1$, $b = 2$로 놓고 $\epsilon = 5 \times 10^{-4}$을 사용하겠다.

$$
\begin{aligned}
n = 1:\ & a = 1,\ b = 2,\ p_1 = \frac{a+b}{2} = \frac{1+2}{2} = 1.5 \\
& f(p_1) = (1.5)^3 + 4 \cdot (1.5)^2 - 10 = 2.375 \\
& f(a)f(p_1) = (-5)(2.375) < 0 \\
& \therefore\ b = p_1 = 1.5 \\
n = 2:\ & a = 1,\ b = 1.5,\ p_2 = \frac{a+b}{2} = \frac{1+1.5}{2} = 1.25 \\
& f(p_2) = (1.25)^3 + 4 \cdot (1.25)^2 - 10 = -1.7968 \\
& f(a)f(p_2) = (-5)(-1.7968) > 0 \\
& \therefore\ a = p_2 = 1.25 \\
n = 3:\ & a = 1.25,\ b = 1.5,\ p_3 = \frac{a+b}{2} = \frac{1.25+1.5}{2} = 1.375 \\
& \vdots
\end{aligned}
$$

이러한 단계별 계산을 계속한 결과가 표 5.1.2이고, 11회의 반복계산 후에 원하는 근

$$p \simeq p_{11} = 1.3647$$

을 구했다.

표 5.1.2 이분법을 이용한 $f(x) = x^3 + 4x^2 - 10 = 0$의 근

n	a	b	p_n	$\|f(p_n)\|$	$\|a_n - b_n\|$
1	1.00000000	2.00000000	1.50000000	2.37500000	1.000×10^{0}
2	1.00000000	1.50000000	1.25000000	1.79687500	5.000×10^{-1}
3	1.25000000	1.50000000	1.37500000	0.16210938	2.500×10^{-1}
4	1.25000000	1.37500000	1.31250000	0.84838867	1.250×10^{-1}
5	1.31250000	1.37500000	1.34375000	0.35098267	6.250×10^{-2}
6	1.34375000	1.37500000	1.35937500	0.09640884	3.125×10^{-2}
7	1.35937500	1.37500000	1.36718750	0.03235579	1.563×10^{-2}
8	1.35937500	1.36718750	1.36328125	0.03214997	7.813×10^{-3}
9	1.36328125	1.36718750	1.36523438	0.00007202	3.906×10^{-3}
10	1.36328125	1.36523438	1.36425781	0.01604669	1.953×10^{-3}
11	1.36425781	1.36523438	1.36474609	0.00798926	9.765×10^{-4}

예제 1의 풀이에서 보인 계산과정은 프로그래밍을 통해 컴퓨터가 수행하는 것이지만 여기서는 단지 여러분의 이해를 위해 보인 것임을 기억하자. 예제 1의 근의 **참값**(true value)은 $p = 1.3652300134\cdots$이다.

$$|p - p_{11}| = |1.36523001 - 1.36474609| = 4.8 \times 10^{-4} < 5 \times 10^{-4}$$

로 계산결과가 우리가 원했던 오차의 한계 $\epsilon = 5 \times 10^{-4}$을 만족함을 확인할 수 있다. 비선형 방정식의 근을 구하는 방법으로 이분법에 비해 더욱 빠르고 정확한 여러 다른 방법이 있지만 이에 관한 내용은 수치해석 관련 교재를 참고하자. 하지만 이러한 수치해석 이론을 이해하기 위해서는 기본적으로 수학 지식이 뒷받침되어야 한다는 것은 기억해야 한다.

위의 예에서는 해석적 방법으로 해를 구할 수 없는 경우라도 수치적 방법을 통해 해를 구할 수 있는 경우를 보였다. 또 다른 예를 보자.

예제 2

그림 5.1.4와 같이 3개의 부분회로로 이루어진 전기회로에 대해 각 부분회로를 지나는 전류 i_1, i_2, i_3를 (1) 해석적 방법과 (2) 수치적 방법으로 구하라.

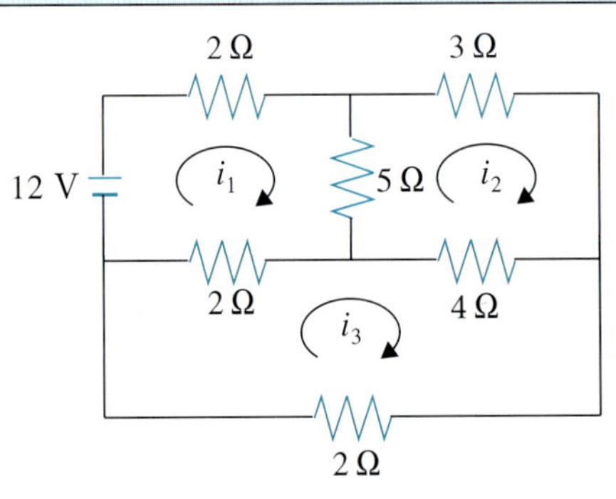

그림 5.1.4 전기회로.

(풀이) 주어진 회로가 저항으로만 이루어진 회로이므로 고등학교 물리과정에서 배운 지식을 이용하여 각 부분회로에 대해 옴의 법칙(Ohm's law)을 적용하면

$$12 - 2i_1 - 5(i_1 - i_2) - 2(i_1 - i_3) = 0$$
$$-3i_2 - 4(i_2 - i_3) - 5(i_2 - i_1) = 0$$
$$-2(i_3 - i_1) - 4(i_3 - i_2) - 2i_3 = 0$$

이고, 이를 정리하면

$$\begin{aligned} 9i_1 - 5i_2 - 2i_3 &= 12 \\ 5i_1 - 12i_2 + 4i_3 &= 0 \\ i_1 + 2i_2 - 4i_3 &= 0 \end{aligned} \tag{5.1.1}$$

이다. 식 (5.1.1)을 행렬을 이용하여 표현하면

$$\mathbf{AI} = \mathbf{S} \tag{5.1.2}$$

이고, 여기서

$$\mathbf{A} = \begin{pmatrix} 9 & -5 & -2 \\ 5 & -12 & 4 \\ 1 & 2 & -4 \end{pmatrix}, \quad \mathrm{I} = \begin{pmatrix} i_1 \\ i_2 \\ i_3 \end{pmatrix}, \quad \mathbf{S} = \begin{pmatrix} 12 \\ 0 \\ 0 \end{pmatrix}$$

이다. 결국 예제 2는 식 (5.1.2)와 같은 선형계의 해를 구하는 문제로 귀결된다.

(1) 해석적 방법

식 (5.1.2)를 푸는 방법은 여러 가지가 있겠지만 여기서는 크래머 공식(Cramer's formula)을 사용하겠다. 행렬 **A**의 첫 번째, 두 번째, 세 번째 열의 원소를 열벡터 **S**의 원소로 대체한 행렬을 각각 $\mathbf{A}_1$, $\mathbf{A}_2$, $\mathbf{A}_3$라 하면

$$\det\mathbf{A} = \begin{vmatrix} 9 & -5 & -2 \\ 5 & -12 & 4 \\ 1 & 2 & -4 \end{vmatrix} = 196 \qquad \det\mathbf{A}_1 = \begin{vmatrix} 12 & -5 & -2 \\ 0 & -12 & 4 \\ 0 & 2 & -4 \end{vmatrix} = 480$$

$$\det\mathbf{A}_2 = \begin{vmatrix} 9 & 12 & -2 \\ 5 & 0 & 4 \\ 1 & 0 & -4 \end{vmatrix} = 288 \qquad \det\mathbf{A}_3 = \begin{vmatrix} 9 & -5 & 12 \\ 5 & -12 & 0 \\ 1 & 2 & 0 \end{vmatrix} = 264$$

이므로 해는

$$\begin{aligned} i_1 &= \frac{\det\mathbf{A}_1}{\det\mathbf{A}} = \frac{480}{196} \simeq 2.449 \\ i_2 &= \frac{\det\mathbf{A}_2}{\det\mathbf{A}} = \frac{288}{196} \simeq 1.469 \\ i_3 &= \frac{\det\mathbf{A}_3}{\det\mathbf{A}} = \frac{264}{196} \simeq 1.347 \end{aligned} \tag{5.1.3}$$

이다.

(2) 수치적 방법

식 (5.1.1)의 해를 구하기 위해 1차 연립방정식을 푸는 수치해법 가운데 하나인 Gauss-Seidel 법을 이용하겠다. 이에 대한 자세한 내용은 수치해석 교재를 참고하라. [대부분의 프로그램 언어는 이러한 1차 연립방정을 풀 수 있는 서브프로그램(subprogram)을 포함한다.] 먼저 식 (5.1.1)을 각각 i_1, i_2, i_3에 대해 정리하면 다음과 같다. 여기서 l은 반복계산 횟수를 나타내는 반복지표이다.

$$\begin{aligned} i_1^{(l)} &= \frac{1}{9}\left[12 + 5i_2^{(l-1)} + 2i_3^{(l-1)}\right] \\ i_2^{(l)} &= \frac{1}{12}\left[5i_1^{(l)} + 4i_3^{(l-1)}\right] \\ i_3^{(l)} &= \frac{1}{4}\left[i_1^{(l)} + 2i_2^{(l)}\right] \end{aligned} \tag{5.1.4}$$

식 (5.1.4)에 의하면 l 번째 계산을 하기 위해 $l-1$ 번째 계산값이 필요하므로 첫 계산에 필요한 $i_2^{(0)}$, $i_3^{(0)}$의 값을 가정해야 한다. 여기서는 $i_2^{(0)} = i_3^{(0)} = 1.0$을 사용하겠다.

반복계산 1: $i_1^{(1)} = \frac{1}{9}\left[12 + 5i_2^{(0)} + 2i_3^{(0)}\right] = \frac{1}{9}[12 + 5(1.0) + 2(1.0)] = 2.111$

$$i_2^{(1)} = \frac{1}{12}\left[5i_1^{(1)} + 4i_3^{(0)}\right] = \frac{1}{12}[5(2.111) + 4(1.0)] = 1.213$$

$$i_3^{(1)} = \frac{1}{4}\left[i_1^{(1)} + 2i_2^{(1)}\right] = \frac{1}{4}[(2.111) + 2(1.213)] = 1.134$$

반복계산 2: $i_1^{(2)} = \frac{1}{9}\left[12 + 5i_2^{(1)} + 2i_3^{(1)}\right] = \frac{1}{9}[12 + 5(1.213) + 2(1.134)] = 2.259$

$$i_2^{(2)} = \frac{1}{12}\left[5i_1^{(2)} + 4i_3^{(1)}\right] = \frac{1}{12}[5(2.259) + 4(1.134)] = 1.319$$

$$i_3^{(2)} = \frac{1}{4}\left[i_1^{(2)} + 2i_2^{(2)}\right] = \frac{1}{4}[(2.259) + 2(1.319)] = 1.225$$

$$\vdots$$

와 같이 계산하는데, 13회의 반복계산을 하면 $i_1 = 2.449$, $i_2 = 1.469$, $i_3 = 1.347$을 얻으며 이는 식 (5.1.3)의 소수 이하 셋째 자리까지 결과와 같다.

예제 2에서 선형계의 풀이를 비교하면 해석적 방법은 간단한 반면에 수치적 방법은 매우 복잡해 보인다. 하지만 수치적 방법에서 요구되는 반복계산은 표 5.1.3의 알고리즘을 수행하는 간단한 프로그램에 의해 컴퓨터가 순식간에 수행한다.

표 5.1.3 예제 2를 위한 알고리즘

(1) Guess i_1, i_2, i_3.

(2) Set $i_1 = \frac{1}{9}[12 + 5i_2 + 2i_3]$, $i_2 = \frac{1}{12}[5i_1 + 4i_3]$, $i_3 = \frac{1}{4}[i_1 + 2i_2]$.

(3) Check Errors of i_1, i_2, i_3.: if satisfied, go to step (4).
if not satisfied, go to step (2).

(4) Output i_1, i_2, i_3.

☞ 단계 (3)에서 오차(error)라 함은 현재의 반복계산 단계와 이전 반복계산 단계에서의 i_1, i_2, i_3의 차이를 의미한다. 즉 미리 지정한 오차범위(예를 들어 $\epsilon = 10^{-4}$)에 대해 $|i_k^{(l)} - i_k^{(l-1)}| < \epsilon$, $k = 1, 2, 3$을 만족하는지를 확인하는 단계이다.

예제 1에서는 부분회로가 3개이므로 미지수도 i_1, i_2, i_3 3개이고, 결과적으로 **A**도 3 × 3 행렬로 나타났다. 만약 부분회로의 수가 100개라면 어떨까? 미지수는 i_1, $i_2, \cdots$, i_{100} 100개가 되고, **A**도 100 × 100 행렬이 될 것이다. 예제 1의 해석적 방법을 이용한 풀이에서 3 × 3 행렬식을 계산했는데, 우리가 잘 아는 바와 같이 3 × 3 행렬식을 계산하기 위해서는 3개의 2 × 2 행렬식 계산을 해야 한다. 그렇다면 100 × 100 행렬식을 계산하려면 얼마나 많은 수의 연산이 필요할지를 다음을 읽기 전에 잠시 생각해 보자.

우선 100개의 99 × 99 행렬식 계산이 필요하고, 다시 1개의 99 × 99 행렬식을 계산하기 위해 99개의 98 × 98 행렬식을 계산하고, 다시 1개의 98 × 98 행렬식을 계산하기 위해 98개의 97 × 97 행렬식을 계산하고……. 결국 어마어마한 수의 연산이 필요하다. 이러한 계산은 컴퓨터로 수행하더라도 시간이 오래 소요된다. 간단한 예로 100!이 얼마나 큰 수인지 계산기로 확인해 보기 바란다.

반면에 수치적 방법은 프로그램만 수정하여 비교적 간단하게 이 일을 해낼 수 있다. 이렇듯 수학적 이론으로는 간단하게 보이지만 실제로 막대한 계산을 요하여 컴퓨터를 이용하지 않으면 계산이 불가능한 경우가 있다. 이것이 이론과 실제의 차이다. 공학 분야에서는 100개의 미지수를 갖는 선형계(linear system, 1차 연립방정식)는 그다지 대형 문제가 아니다. 공학문제를 해결하다 보면 백만 개 이상의 미지수를 다루어야 하는 경우도 자주 나타난다. 문제가 대형화되면 결국 수치적 방법에 의존해야 한다. 이렇듯 수치해석에서는 1차 연립방정식으로 표현되는 선형계를 풀어야 하는 경우가 자주 발생하므로 이에 대한 다양한 수치적 방법이 개발되어 있다.

또 다른 예를 보자.

예제 3

경계값 문제

$$y'' + y = 0, \quad y(0) = 0, \quad y(\pi/2) = 1 \tag{5.1.5}$$

의 특수해를 구하고 $x = \pi/4$에서 y값을 구하라.

(풀이)

(1) 해석적 방법

2장에서 공부한 상수계수 2계 상미분방정식의 풀이법을 이용하면 $y'' + y = 0$의 특성방정식 $m^2 + 1 = 0$

$$\left.\frac{dy}{dx}\right|_{x=x_{1/2}} = \lim_{h \to 0}\frac{y_1 - y_0}{h}, \qquad \left.\frac{dy}{dx}\right|_{x=x_{3/2}} = \lim_{h \to 0}\frac{y_2 - y_1}{h}$$

인데, 수치적 방법에서는 유한한 크기의 h를 사용할 수밖에 없다. 식 (5.1.6)과 같은 근사에 의해 해에 나타나는 오차를 **절단오차**(truncation error)라 한다. 이외에도 수치적 방법에는 컴퓨터의 수치표현 능력의 한계에 의해 오차가 필연적으로 발생하는데, 이는 **자리수오차**(roundoff error)라 부른다. 식 (5.1.6)에서 h를 작게 할수록, 즉 격자의 수를 늘릴수록 근사는 정확해지고 해도 참해에 가까워질 것이다. 하지만 격자수가 늘면 미지수의 수 또한 늘게 되어 계산량이 많아진다. 수치적 방법의 계산속도(전체 연산량과 관계됨)를 나타내는 **효율성**(efficiency)은 계산결과의 **정확성**(accuracy)과 상반된다. 그 외에도 수치적 방법의 특징을 판단하는 기준의 하나로 **안정성**(stability)이 있는데, 이는 반복계산 전 단계에서 발생한 오차가 다음 단계로 전파되는 정도를 나타내는 것으로 이러한 **전파오차**(propagation error)가 줄어들 때 안정성을 갖는다고 말한다.

우리는 위의 세 가지 예제를 통해 해석적 방법과 수치적 방법의 차이점을 발견했는데 이를 정리하면 다음과 같다.

해석적 방법

- 해를 구할 수 있으면 참해를 제공한다.
- 해를 구할 수 없거나 해를 구할 수 있더라도 계산량이 너무 많아 실질적으로 계산이 불가능한 경우가 있다.
- 특수한 경우에만 해를 구할 수 있어 용도가 제한적이다.

수치적 방법

- 컴퓨터의 연산능력을 이용해서 풀 수 있도록 문제를 재구성해야 한다.
- 절단오차와 자리수오차에 의해 근사해를 구할 수밖에 없다.
- 대부분의 문제에 대해 해를 제공한다.
- 효율성, 정확성, 안정성이 확보되어야 한다.

5.1 연습문제

1. 수학적 이론으로는 조화급수 $\sum_{m=1}^{\infty}\frac{1}{m}$ 은 발산한다. 만약 컴퓨터 프로그램을 작성하여 조화급수의 합을 계산한다면 급수가 수렴할까 아니면 발산할까?

(답) 수렴

2. 1에서 N까지 자연수의 합을 구하는 컴퓨터 프로그램을 작성하고 입력 $N = 100$에 대해 프로그램을 수행하여 답을 구하라. 프로그램 언어는 어떤 것을 사용해도 된다.

(답) 5050

3. 이분법을 이용하여 비선형방정식 $x = \cos x$의 근을 구하라. 시작점으로 0과 $\pi/2$를 사용하고 $\epsilon = 10^{-4}$의 정확도로 계산한다. 근을 구하는 데 필요한 반복계산 수를 미리 예상하고 실제 반복계산 수와 비교하라.

(답) $p = 0.7391$, 반복계산 14회

4. 선형계에 대해 역행렬(7.5절 참고)을 이용하는 해석적 방법과 수치해법인 Gauss-Seidel 법으로 해를 구하라. Gauss-Seidel 법을 사용하는 경우 $x_1^{(0)} = x_2^{(0)} = x_3^{(0)} = 0$과 $\epsilon = 10^{-3}$을 이용하여 해를 구한다. 필요한 반복계산 수도 구하라.

$$\begin{aligned} 10x_1 - x_2 &= 9 \\ -x_1 + 10x_2 - 2x_3 &= 7 \\ -2x_2 + 10x_3 &= 8 \end{aligned}$$

(답) 해석해: $x_1 = x_2 = x_3 = 1.000$, 수치해: $x_1 = 0.999$, $x_2 = x_3 = 1.000$, 4회

5. 경계값 문제 $y'' - 4y = 0$, $y(0) = 0$, $y(1) = 5$에 대해 해석해와 $h = 0.25$인 수치해를 구하여 본문의 그림 5.1.6과 같은 그래프로 비교하라.

(답) 해석해: $y_1 = 0.7184$, $y_2 = 1.620$, $y_3 = 2.935$

수치해: $y_1 = 0.7256$, $y_2 = 1.6327$, $y_3 = 2.9479$

5.2 초기값 문제의 수치해법

2.1절에서 공부한 바와 같이 일반적인 초기값 문제(initial value problem)는 다음과 같이 n계 미분방정식과 n개의 초기조건으로 구성된다.

$$F\left(x, y, \frac{dy}{dx}, \cdots, \frac{d^n y}{dx^n}\right) = 0, \quad y(0) = y_0,\ y'(0) = y_1, \cdots, y^{(n-1)}(0) = y_{n-1} \qquad (5.2.1)$$

이 절에서는 먼저 1계 초기값 문제

$$y' = f(x, y), \quad y(x_0) = y_0 \qquad (5.2.2)$$

의 해를 구하는 수치적 방법을 소개한다. 1장에서 1계 미분방정식을 변수분리

형, 완전미분방정식 또는 선형미분방정식으로 구분하여 해를 구한 것과 달리 식 (5.2.2)의 1계 미분방정식은 우변이 일반적인 형태 $f(x, y)$로 표현되었음에 유의하자. 식 (5.2.2)에서 변수 x를 변수(시간) t로 나타내는 경우도 많으며, 이러한 초기값 문제는 공학의 여러 분야에서 다양한 응용과 연관된다.

Euler 법

(1) 단순 Euler 법

식 (5.2.2)의 해 $y(x)$, $x \geq x_0$를 구하기 위해 x의 구간을 등간격 h로 나누면 $x_n = x_0 + nh$, $n = 1, 2, \cdots$이고, 이때의 함수값을 $y_n = y(x_n)$으로 나타내자. 초기조건에 의해 y_0 값은 이미 주어지며 이것으로부터 순차적으로 $y_1, y_2, \cdots, y_n, \cdots$을 구한다. 식 (5.2.2)의 미분방정식에 포함된 미분항을

$$y'(x_0) = \left.\frac{dy}{dx}\right|_{x=x_0} \simeq \frac{y_1 - y_0}{h} \tag{5.2.3}$$

로 근사하고 식 (5.2.2)를 y_1에 대해 정리하면

$$y_1 = y_0 + hf(x_0, y_0)$$

가 되며, 이를 x_n, y_n에 대해 일반적으로 표현한 것이 **단순 Euler법**(simple Euler method)

$$y_{n+1} = y_n + hf(x_n, y_n) \tag{5.2.4}$$

이다. 이 방법은 그림 5.2.1에서 보는 바와 같이 x_n에서 함수 y의 접선의 기울기를 이용하여 y_{n+1}을 예측하는 것으로 x의 각 구간별로 절단오차가 발생하게 되는데, 이를 **지역 절단오차**(local truncation error)라 부른다.

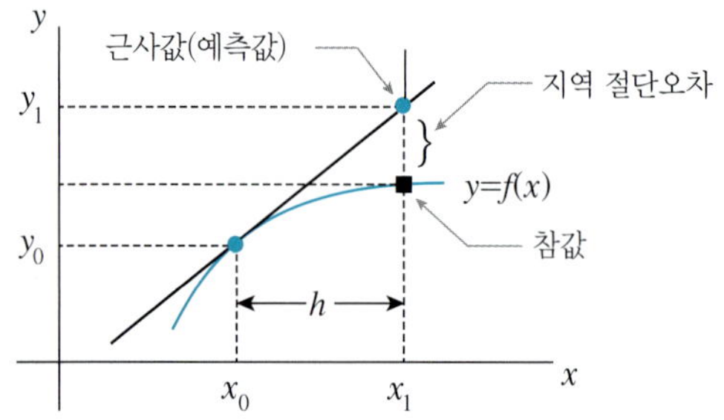

그림 5.2.1 초기값 문제의 절단오차.

예제 1

$h = 0.1$을 사용하여 초기값 문제 $y' = 2xy$, $y(1) = 1$의 해를 단순 Euler 법으로 $x = 1.5$까지 구하라.

(풀이) 여기서 $f(x, y) = 2xy$이다. $x_0 = 1.0$, $y_0 = 1.0$이고 $h = 0.1$을 식 (5.2.4)에 적용하면

$$n = 0: \ y_1 = y_0 + hf(x_0, y_0) = 1 + 0.1f(1, 1) = 1.2$$
$$n = 1: \ y_2 = y_1 + hf(x_1, y_1) = 1.2 + 0.1f(1.1, 1.2) = 1.464$$
$$n = 2: \ y_3 = y_2 + hf(x_2, y_2) = 1.464 + 0.1f(1.2, 1.464) = 1.815$$
$$n = 3: \ y_4 = y_3 + hf(x_3, y_3) = 1.815 + 0.1f(1.3, 1.815) = 2.287$$
$$n = 4: \ y_5 = y_4 + hf(x_4, y_4) = 2.287 + 0.1f(1.4, 2.287) = 2.928$$

이므로

$$y(1.5) = y_5 = 2.928$$

이다.

예제 1의 해석해(참해) $y = e^{x^2-1}$을 이용하면 $y(1.5) = e^{1.5^2-1} = 3.4904$가 되어 예제 1의 결과와는 큰 차이를 보인다. 이러한 오차의 원인은 식 (5.2.3)의 근사를 사용했기 때문이다. 식 (5.2.3)은 h가 작을수록 정확한 근사가 되어 결과값도 참해와 가까워진다. $h = 0.05$를 사용하면 $y(1.5) = 3.173$을 얻을 수 있다. 하지만 h가 작아지면 $y(1.5)$를 얻기 위해 더 많은 계산을 해야 한다.

(2) 개선된 Euler 법

단순 Euler 법은 구간 $[x_n, x_{n+1}]$에서 y_n과 y_{n+1} 사이의 변화를 계산하기 위해 구간의 시작점 x_n에서의 접선의 기울기 y_n'만을 이용한다. 따라서 이 방법은 초기값 문제의 해 y가 선형(1차 함수)인 경우에만 정확한 값을 제공한다. 만약 구간 $[x_n, x_{n+1}]$의 양 끝점에서 접선의 기울기 y_n'과 y_{n+1}'의 평균을 이용하면

$$y_{n+1} = y_n + h\left(\frac{y_n' + y_{n+1}'}{2}\right) \tag{5.2.5}$$

이 되고, 이는 y_{n+1}을 더욱 정확하게 예측할 것이다. 하지만 아직 y_{n+1}을 알지 못하는 상황에서 y_{n+1}'을 계산할 수 없으므로 식 (5.2.5)를 직접 사용할 수는 없다. 따라서 단순 Euler 법[식 (5.2.4)]으로 구한 y_{n+1}을 식 (5.2.5)에 사용하면

$$\hat{y}_{n+1} = y_n + hf(x_n, y_n)$$
$$y_{n+1} = y_n + \frac{h}{2}[f(x_n, y_n) + f(x_{n+1}, \hat{y}_{n+1})] \tag{5.2.6}$$

이 되며, 이를 개선된 Euler 법(improved or modified Euler method)이라 한다. 식 (5.2.6)을

$$y_{n+1} = y_n + \frac{h}{2}[f(x_n, y_n) + f(x_n + h, y_n + hf(x_n, y_n))] \tag{5.2.7}$$

과 같이 하나의 식으로 표현할 수도 있다.

Taylor 법

(1) 2항 Taylor 법

우리는 4.1절에서 Taylor 급수에 대해 공부하였다. 중심이 x_n인 함수 $y(x)$의 Taylor 급수에 $x = x_{n+1}$을 대입하면

$$\begin{aligned} y(x_{n+1}) &= y(x_n) + y'(x_n)(x_{n+1} - x_n) + \frac{y''(x_n)}{2!}(x_{n+1} - x_n)^2 + \cdots \\ &= y(x_n) + hy'(x_n) + \frac{h^2}{2}y''(x_n) + \cdots \end{aligned} \tag{5.2.8}$$

이다. 위 급수의 우변을 두 항까지만 선택하면 $x_{n+1} - x_n = h$이므로

$$y(x_{n+1}) = y(x_n) + hy'(x_n) = y(x_n) + hf(x_n, y_n) \tag{5.2.9}$$

이 되는데, 식 (5.2.9)는 단순 Euler 법을 나타내는 식 (5.2.4)와 같다. 이런 이유로 단순 Euler법을 2항 Taylor 법(2'nd term Taylor method)으로 부르기도 한다.

(2) 3항 Taylor 법

식 (5.2.8)에서 우변의 세 항까지 선택하면

$$y(x_{n+1}) = y(x_n) + hy'(x_n) + \frac{h^2}{2}y''(x_n)$$

또는

$$y_{n+1} = y_n + hy_n' + \frac{h^2}{2}y_n'' \tag{5.2.10}$$

이 되는데, 이를 3항 Taylor 법(3'rd term Taylor method)이라 한다. 식 (5.2.8)의 우변이 무한개의 항을 갖는 반면에 식 (5.2.9) 또는 (5.2.10)의 방법은 유한개의 항을 절단(truncation)하여 사용하므로 절단오차(truncation error)가 발생한다. 이러한 절단오차는 x의 매 구간마다 발생하며, 발생된 오차는 다음 구간으로 전파된다. 전체 오차(global error)는 지역 절단오차와 전파오차의 합이다.

예제 2

3항 Taylor 법을 이용하여 예제 1을 다시 풀라.

(풀이) 예제 1에서 $y' = 2xy$이므로 $y'' = 2y + 2xy' = 2y + 2x(2xy) = 2y + 4x^2y$이고, 이를 식 (5.2.10)에 적용하면

$$y_{n+1} = y_n + hy_n' + \frac{h^2}{2}y_n'' = y_n + h(2x_ny_n) + \frac{h^2}{2}(2y_n + 4x_n^2y_n)$$
$$= (1 + h^2 + 2hx_n + 2h^2x_n^2)y_n = (1.01 + 0.2x_n + 0.02x_n^2)y_n$$

이다. 초기조건 $x_0 = 1.0$, $y_0 = 1.0$을 대입하여 순차적으로 계산하면

$$n = 0:\ y_1 = (1.01 + 0.2x_0 + 0.02x_0^2)y_0 = [1.01 + 0.2(1.0) + 0.02(1.0)^2](1.0) = 1.23$$
$$n = 1:\ y_2 = (1.01 + 0.2x_1 + 0.02x_1^2)y_1 = [1.23 + 0.2(1.1) + 0.02(1.1)^2](1.23) = 1.543$$
$$n = 2:\ y_3 = (1.01 + 0.2x_2 + 0.02x_2^2)y_2 = [1.01 + 0.2(1.2) + 0.02(1.2)^2](1.543) = 1.973$$
$$n = 3:\ y_4 = \cdots = \cdots = 2.572$$
$$n = 4:\ y_5 = \cdots = \cdots = 3.419$$

가 되어

$$y(1.5) = y_5 = 3.419$$

이다.

예제 2에서는 Taylor 급수의 3항까지 선택했으므로 2항까지 선택한 예제 1에 비해 절단오차가 감소하여 보다 정확한 값을 나타내었다. 하지만 항이 더해지므로 매 x의 매 구간마다 더 많은 계산을 해야 한다. 구간 간격을 $h = 0.05$로 줄이면 절단오차 또한 줄어 $y_5 = 3.470$이 되어 참값 $y(1.5) = 3.4904$에 더 가까워진다.

Runge-Kutta 법

Taylor 법에서는 등간격 h를 사용하고 초기값 문제[식 (5.2.2)]를 풀기 위해 $f(x, y)$를 연속적으로 미분해야 했다. Runge-Kutta 법은 Taylor 법과 유사하지만 $f(x, y)$의 값에 따라 간격 h를 적절히 변화시킬 수 있고 $f(x, y)$를 연속적으로 미분하는 불편함도 사라진다.

(1) 2계 Runge-Kutta 법

식 (5.2.2)에서 $y' = f(x, y)$의 양변을 미분하면 f_x가 f의 x에 대한 편미분, f_y가 f의 y에 대한 편미분일 때

$$y''(x) = f_x + f_y y' = f_x + ff_y$$

이므로, 이를 Taylor 급수[$O(h^3)$은 h^3 이후의 항을 의미한다]

$$y(x+h) = y(x) + hy'(x) + \frac{h^2}{2}y''(x) + O(h^3) \tag{5.2.11}$$

에 대입하면

$$y(x+h) = y(x) + hf(x,y) + \frac{h^2}{2}(f_x + ff_y) \tag{5.2.12}$$

이 된다. 우선 식 (5.2.12)를

$$y(x+h) = y(x) + ahf(x, y) + bhf[x + \alpha h, y + \beta hf(x, y)] \tag{5.2.13}$$

와 같이 나타내 보자. 2변수 함수의 Taylor 급수[1]에 의하면

$$f[x + \alpha h, y + \beta hf(x, y)] \simeq f(x, y) + f_x \alpha h + f_y \beta hf(x, y)$$

이므로 식 (5.2.13)은

$$\begin{aligned} y(x+h) &= y(x) + ahf(x, y) + bh[f(x, y) + f_x \alpha h + f_y \beta hf(x, y)] \\ &= y(x) + (a+b)hf(x, y) + \alpha bh^2 f_x + \beta bh^2 ff_y \end{aligned} \tag{5.2.14}$$

가 된다. 결국 식 (5.2.14)가 식 (5.2.12)와 같아지려면

$$a + b = 1, \quad \alpha b = \frac{1}{2}, \quad \beta b = \frac{1}{2} \tag{5.2.15}$$

을 만족해야 한다. 식 (5.2.15)는 미지수가 4개인 반면에 식은 3개이므로 여러 가지 다른 해를 가질 수 있다. 식 (5.2.12)는 이러한 해의 종류에 따라 다음과 같은 여러 가지 형태로 나누어진다. 이러한 방법들은 식 (5.2.11)에서와 같이 Taylor 급수에서 $O(h^3)$ 항까지 선택하여 구한 방법들이므로 2계 Runge-Kutta 법(2'nd-order Runge-Kutta method)이라 부른다.

(i) $a = 0$, $b = 1$, $\alpha = \beta = \frac{1}{2}$ 일 때

식 (5.2.13)에서

$$y(x+h) = y(x) + hf\left[x + \frac{h}{2}, y + \frac{h}{2}f(x, y)\right]$$

이고, 이는 $x = x_n$일 때

1) 2변수 함수 $f(x, y)$에 대해 중심이 x_0, y_0인 Taylor 급수는 다음과 같다(증명 생략).

$$\begin{aligned} f(x, y) &= f(x_0, y_0) + [f_x(x_0, y_0)(x - x_0) + f_y(x_0, y_0)(y - y_0)] \\ &+ \frac{1}{2!}\left[f_{xx}(x_0, y_0)(x - x_0)^2 + 2f_{xy}(x_0, y_0)(x - x_0)(y - y_0) + f_{yy}(x_0, y_0)(y - y_0)^2\right] + \cdots \end{aligned}$$

$$y_{n+1} = y_n + hf\left[x_n + \frac{h}{2}, y_n + \frac{h}{2}f(x_n, y_n)\right] \tag{5.2.16}$$

과 같이 쓸 수 있다. 이를 **중점법**(midpoint method)이라 한다.

(ii) $a = b = \frac{1}{2}$, $\alpha = \beta = 1$일 때

마찬가지로

$$y(x+h) = y(x) + \frac{h}{2}f(x,y) + \frac{h}{2}f[x+h, y+hf(x,y)]$$

에 의해

$$\begin{aligned} y_{n+1} &= y_n + \frac{1}{2}(k_1 + k_2) \\ k_1 &= hf(x_n, y_n) \\ k_2 &= hf(x_n + h, y_n + k_1) \end{aligned} \tag{5.2.17}$$

이 성립하며, 이는 **개선된 Euler 법**과 같다. 식 (5.2.17)을 식 (5.2.7)과 비교해 보라. 즉 개선된 Euler 법은 2계 Runge–Kutta 법 중 하나이다.

(iii) $a = \frac{1}{4}$, $b = \frac{3}{4}$, $\alpha = \beta = \frac{2}{3}$ 일 때

$$y(x+h) = y(x) + \frac{h}{4}f(x, y) + \frac{3h}{4}f\left[x + \frac{2h}{3}, y + \frac{2h}{3}f(x, y)\right]$$

에 의해

$$\begin{aligned} y_{n+1} &= y_n + \frac{1}{4}(k_1 + 3k_2) \\ k_1 &= hf(x_n, y_n) \\ k_2 &= hf\left(x_n + \frac{2h}{3}, y_n + \frac{2}{3}k_1\right) \end{aligned} \tag{5.2.18}$$

이 성립하며, 이를 **Heun 법**(Heun's method)이라 한다.

예제 3

Runge–Kutta 법 중 개선된 Euler 법을 이용하여 예제 1을 다시 풀라.

(풀이) $x_0 = 1.0$, $y_0 = 1.0$과 식 (5.2.17)을 이용한다.

$$n = 0:\ k_1 = hf(x_0, y_0) = 0.1f(1, 1) = 0.2$$
$$k_2 = hf(x_0 + h, y_0 + k_1) = 0.1f(1.1, 1 + 0.2) = 0.264$$
$$y_1 = y_0 + \frac{1}{2}(k_1 + k_2) = 1 + \frac{1}{2}(0.2 + 0.264) = 1.232$$
$$n = 1:\ k_1 = hf(x_1, y_1) = 0.1f(1.1, 1.232) = 0.2710$$
$$k_2 = hf(x_1 + h, y_1 + k_1) = 0.1f(1.2, 1.232 + 0.2710) = 0.3607$$
$$y_2 = y_1 + \frac{1}{2}(k_1 + k_2) = 1.232 + \frac{1}{2}(0.2710 + 0.3607) = 1.5479$$
$$n = 2:\ y_3 = \cdots = 1.9832$$
$$n = 3:\ y_4 = \cdots = 2.5908$$
$$n = 4:\ y_5 = \cdots = 3.4509$$

따라서

$$y(1.5) = y_5 = 3.4509$$

이다(참값 3.4904).

(2) 4계 Runge–Kutta 법

4계 Runge–Kutta 법 또한 2계 Runge–Kutta 법과 유사하게 유도할 수 있다. 4계 Runge–Kutta 법 가운데 가장 널리 쓰이는 방법을 아래에 소개한다.

$$y_{n+1} = y_n + \frac{1}{6}(k_1 + 2k_2 + 2k_3 + k_4) \tag{5.2.19}$$
$$k_1 = hf(x_n, y_n)$$
$$k_2 = hf(x_n + h/2, y_n + k_1/2)$$
$$k_3 = hf(x_n + h/2, y_n + k_2/2)$$
$$k_4 = hf(x_n + h, y_n + k_3)$$

개선된 Euler 법에서 단순 Euler 법으로 구한 $\hat{y}_{n+1}$과 새롭게 계산된 y_{n+1}이 다르므로 예측값 $\hat{y}_{n+1}$을 새로운 값 y_{n+1}로 수정하여 다음 단계에 사용하면 정확도를 높일 수 있을 것이다. 이러한 방법을 총칭하여 **예측-수정법(predictor-corrector method)**이라 한다. 하지만 이러한 방법을 매 단계에 적용하여 계산 효율성을 떨어뜨리기보다는 애초부터 정확도가 높은 4계 Runge–Kutta 법 등을 사용하는 것이 유리하다.

식 (5.2.19)에 의하면 4계 Runge–Kutta 법은 매 계산 단계마다 함수 $f(x, y)$를 4회 계산함을 알 수 있다. 반면에 단순 Euler 법은 1회, 2계 Runge–Kutta 법은 2회 계산한다. 따라서 4계 Runge–Kutta 법이 계산 효율성과 정확성 측면에서 우위를 차지하려면 구간간격을 1/4로 줄인 단순 Euler 법이나 구간간격을 1/2로 줄인 2계

Runge–Kutta 법에 비해 정확도가 높아야 할 것이다. 4계 Runge–Kutta 법의 우월성을 보이는 예가 연습문제에 있다.

구간간격 적응법

이제까지 앞에서 소개한 방법들은 모두 일정한 크기의 구간간격 h를 사용한다. Runge–Kutta 법도 구간간격의 비중을 달리하여(h 앞에 1 또는 1/2 등을 곱하여) 계산하지만 기본적으로 구간간격 h의 크기가 다른 것은 아니다. 각각의 계산 단계에서 정확도가 다른 두 가지 방법에 의한 계산결과의 차이, 즉 오차 E를 계산하여 오차가 작으면 다음 단계의 구간간격을 늘리고 오차가 크면 다음 단계의 구간간격을 줄이는 방법을 **구간간격 적응법**(adaptive method)이라 한다. 이는 계산결과에 따라 자동으로 구간간격을 변화시키는 방법으로 Runge–Kutta–Fehlberg 법이 많이 사용된다. 여기서는 5계 및 6계 Runge–Kutta 법을 사용하는 **5-6계 Runge-Kutta-Fehlberg 법**의 최종 형태만 소개한다.

$$\hat{y}_{n+1} = y_n + \left(\frac{25}{216}k_1 + \frac{1408}{2565}k_3 + \frac{2197}{4104}k_4 - \frac{1}{5}k_5\right) + O(h^4) : \text{5계 RK 법}$$

$$y_{n+1} = y_n + \left(\frac{16}{135}k_1 + \frac{6656}{12825}k_3 + \frac{28561}{56430}k_4 - \frac{9}{50}k_5 + \frac{2}{55}k_6\right) + O(h^5) : \text{6계 RK 법}$$

$$\begin{aligned}
k_1 &= hf(x_n, y_n) \\
k_2 &= hf\left(x_n + \frac{1}{4}h,\ y_n + \frac{1}{4}k_1\right) \\
k_3 &= hf\left(x_n + \frac{3}{8}h,\ y_n + \frac{3}{32}k_1 + \frac{9}{32}k_2\right) \\
k_4 &= hf\left(x_n + \frac{12}{13}h,\ y_n + \frac{1932}{2197}k_1 - \frac{7200}{2197}k_2 + \frac{7296}{2197}k_3\right) \\
k_5 &= hf\left(x_n + h,\ y_n + \frac{439}{216}k_1 - 8k_2 + \frac{3680}{513}k_3 - \frac{845}{4104}k_4\right) \\
k_6 &= hf\left(x_n + \frac{h}{2},\ y_n - \frac{8}{27}k_1 + 2k_2 - \frac{3544}{2565}k_3 + \frac{1859}{4104}k_4 - \frac{11}{40}k_5\right)
\end{aligned}$$

$$E = \frac{1}{360}k_1 - \frac{129}{4275}k_3 - \frac{2197}{75240}k_4 + \frac{1}{50}k_5 + \frac{2}{55}k_6 : \text{오차}$$

이제까지 소개한 여러 방법들의 특징을 표 5.2.1에 정리하였다.

표 5.2.1 방법론의 비교

방법	구간 내에서의 기울기 계산방법	전체 오차	지역오차	단계별 함수 계산수
Euler	초기값	$O(h)$	$O(h^2)$	1
개선된 Euler	초기값과 예측된 최종값의 평균	$O(h^2)$	$O(h^3)$	2
4계 Runge-Kutta	4개 값의 가중평균	$O(h^4)$	$O(h^5)$	4
Runge-Kutta-Fehlberg	6개 값의 가중평균	$O(h^5)$	$O(h^6)$	6

이외에도 초기값 문제를 푸는 방법으로 **다단계법**(multi step method)이 있다. 앞에서 소개한 방법들이 현 단계의 계산을 위해 바로 이전 단계의 계산 결과만 사용하는 **단단계법**(single step method)인 반면에 다단계법은 지난 여러 단계의 계산결과를 이용하여 다음 단계의 값을 추정한다. 다단계법의 하나로 지난 단계의 계산결과를 내삽(interpolation)하여 도함수 y'을 근사하는 다항식을 만들어 다음 단계의 값을 외삽(extrapolation)으로 추정하는 Adams & Milne 법 등이 있다. 이렇듯 수치해법들은 다양한 아이디어로 개발할 수 있으나 항상 효율성, 정확성, 안정성 측면에서 면밀하게 검토되어야 한다.

1계 연립미분방정식 또는 고계 미분방정식을 포함한 초기값 문제

2계 이상의 고계 미분방정식은 2개 또는 그 이상의 1계 미분방정식으로 나타낼 수 있으므로 고계 미분방정식을 포함한 초기값 문제는 1계 연립미분방정식의 초기값 문제와 같다. 따라서 이의 풀이에 대해 앞에서 설명한 모든 방법들이 적용될 수 있다. 예를 들어 2계 초기값 문제

$$\frac{d^2y}{dx^2} = f(x, y, y'), \quad y(x_0) = y_0, \quad y'(x_0) = y_1 \tag{5.2.20}$$

의 경우 $y' = u$로 놓으면 연립 2개의 1계 미분방정식으로 구성된 초기값 문제

$$y' = u, \quad u' = f(x, y, u), \quad y(x_0) = y_0, \quad u(x_0) = y_1 \tag{5.2.21}$$

이 된다. 만약 여기에 Euler 법을 적용하면 다음과 같다.

$$y_{n+1} = y_n + hu_n, \quad u_{n+1} = u_n + hf(x_n, y_n, u_n) \tag{5.2.22}$$

다음 예제는 2계 초기값 문제의 예이며, 1계 연립미분방정식의 초기값 문제는 연습문제를 참고하자.

예제 4

2계 초기값 문제 $y'' + xy' + y = 0$, $y(0) = 1$, $y'(0) = 2$의 해를 Euler 법으로 구하고 $y(0.2)$를 계산하라.

(풀이) 식 (5.2.21)에 의해

$$y' = u, \quad u' = -xu - y$$

이고, Euler 법을 적용하면

$$y_{n+1} = y_n + hu_n, \quad u_{n+1} = u_n + h(-x_nu_n - y_n)$$

이다. $h = 0.1$, $y_0 = 1$, $u_0 = 2$를 이용하여 계산하면

$$n = 0:\ y_1 = y_0 + 0.1u_0 = 1 + (0.1)(2) = 1.2$$
$$u_1 = u_0 + h(-x_0u_0 - y_0) = 2 + (0.1)(-0 \cdot 2 - 1) = 1.9$$
$$n = 1:\ y_2 = y_1 + hu_1 = 1.2 + (0.1)(1.9) = 1.390$$
$$u_2 = u_1 + h(-x_1u_1 - y_1) = 1.9 + (0.1)[-(0.1)(1.9) - 1.2] = 1.761$$

이므로

$$y(0.2) \simeq 1.390.$$

상미분방정식이 포함된 초기값 문제에 대한 수치해법에 관한 설명은 이 정도로 마치겠다. 편미분방정식이 포함된 경계값 문제에 대한 수치해법은 14장에서 공부한다.

5.2 연습문제

1. 다음 방법으로 예제 1을 다시 풀고 해석해와 비교하라.

(1) 2계 Runge-Kutt 법 (Heun 법) (2) 4계 Runge-Kutta 법

(답)

x_i	Heun 법	4계 RK 법	해석해
1.0	1.000000	1.000000	1.0000000
1.1	1.23133	1.233674	1.233678
1.2	1.546144	1.552695	1.552707
1.3	1.979683	1.993687	1.993716
1.4	2.584542	2.611633	2.611697
1.5	3.440198	3.490211	3.490344

2. 초기값 문제 $y' = y - t^2 + 1$, $y(0) = 0.5$의 해를 구하고 $y(0.5)$를 계산하라.

(1) Euler 법($h = 0.025$)

(2) 개선된 Euler 법($h = 0.05$)

(3) 4계 Runge-Kutta 법($h = 0.1$)

위의 방법들은 $y(0.5)$를 구하기 위해 함수 계산을 동일하게 20회 수행한다. 해석해를 구하여 어떤 방법이 가장 우수한지를 보여라.

(답) 해석해: $y = t^2 + 2t + 1 - \frac{1}{2}e^t$

	Euler 법	개선된 Euler 법	4계 RK 법	해석해
$y(0.5)$	1.4147264	1.4250139	1.4256384	1.4256394
오차	7.65×10^{-3}	4.37×10^{-4}	1.04×10^{-6}	–

3. 다음 RLC-회로는 키르히호프(Kirchoff) 법칙에 의해

$$2i_1 + 6(i_1 - i_2) + 2\frac{di_1}{dt} = 12$$
$$\frac{1}{0.5}\int i_2 dt + 4i_2 + 6(i_2 - i_1) = 0$$

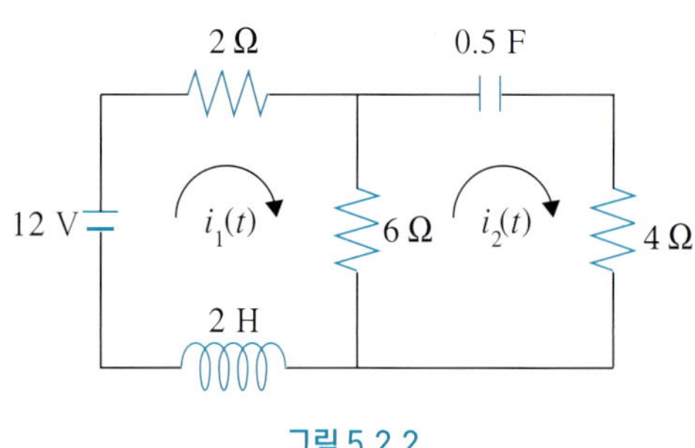

그림 5.2.2

으로 기술된다. $t = 0.2$일 때 각 부분회로를 흐르는 전류 i_1, i_2를 구하라. 초기조건은 $i_1(0) = i_2(0) = 0$이고 $h = 0.1$초를 사용하는 4계 Runge-Kutta 법을 이용하라. 해석해가 다음과 같음을 보이고 결과를 해석해와 비교하라(위 식의 두 번째 식의 양변을 미분하여 사용하라).

$$i_1(t) = -3.375e^{-2t} + 1.875e^{-0.4t} + 1.5$$
$$i_2(t) = 2.25(e^{-0.4t} - e^{-2t})$$

(답) 4계 RK 법: $i_1(0.2) = 0.968498$, $i_2(0.2) = 0.568782$

해석해: $i_1(0.2) = 0.968513$, $i_2(0.2) = 0.568792$

벡터와 벡터공간 6

6.1 벡터의 기초이론

자연계에는 스칼라(scalar)와 벡터(vector)라 불리는 두 종류의 물리량이 존재한다. **스칼라**는 크기(magnitude)만을 갖는 양으로 길이, 거리, 속력, 온도, 일 등이 있고, **벡터**는 크기 외에도 방향(direction)을 갖는 양으로 위치, 변위, 속도, 힘, 운동량 등이 이에 해당한다.

쉬어가기 6.1 벡터가 왜 필요할까?

수업 시간에 학생들에게 벡터와 스칼라가 어떻게 다르냐고 질문하면 스칼라는 크기만 있는 양이고 벡터는 크기와 방향이 있는 양이라고 잘 대답하지만 왜 그러한 구분이 필요한가라고 재차 물으면 거의 모든 학생이 대답을 못한다. 이런 경우 저자는 학생 A, B, C 3명을 강의실 앞으로 나오게 하여 먼저 그림 6.1.1의 왼쪽과 같이 학생 A에게 '앞으로 나란히'를 시키고 학생 B와 C에게 학생 A의 양팔을 각각 1 Newton의 힘으로 잡아당기게 한다. (이때 학생들은 꼭 웃는다. 힘 1 N이 어느 정도인지 몰라서인 것 같다. 대충 잡아당기면 되는데…….) 당연히 학생 A는 앞으로 넘어진다. 다음에는 그림 6.1.1의 오른쪽과 같이 학생 A에게 '좌우로 나란히'를 시키고 다시 학생 B와 C에게 같은 힘으로 잡아당기게 하면 이때는 학생 A가 움직이지 않는다.

이렇게 같은 힘을 작용하더라도 힘이 작용하는 방향에 따라 힘을 받는 대상에 미치는 영향이 다를 수 있다. 슈퍼마켓에서 1,000원짜리 물건을 2개 사면 2,000원을 지불하면 되지만 자연계에는 이렇게 크기만 가지고는 해결할 수 없는 물리량이 존재하는데, 힘, 속도, 운동량 등이 그것이다.

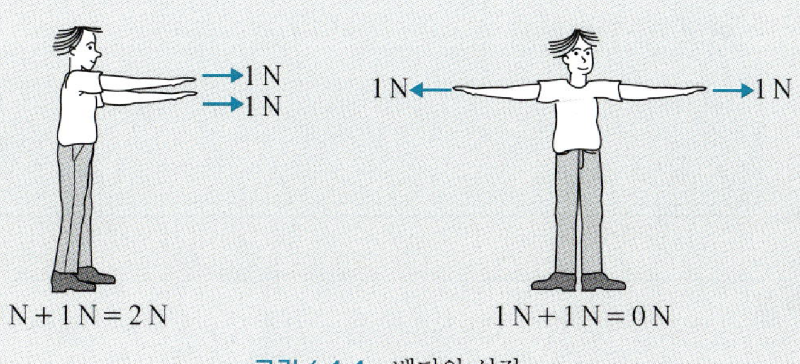

그림 6.1.1 벡터의 성질.

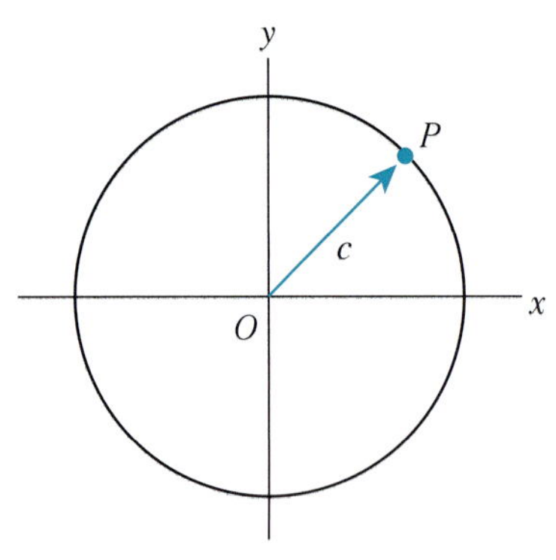

그림 6.1.2 위치벡터.

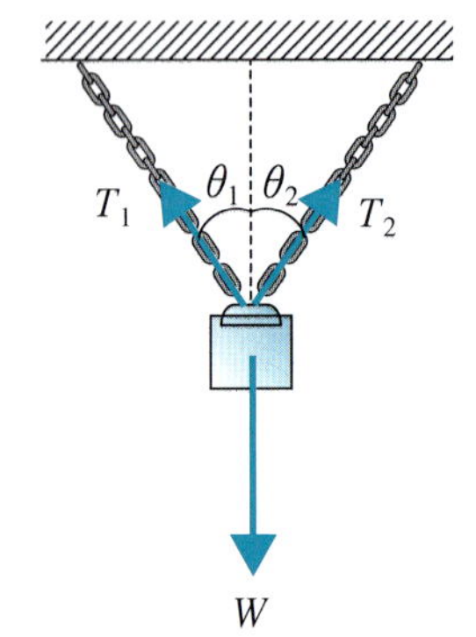

그림 6.1.3 벡터의 필요성.

그림 6.1.2와 같이 원점 O에서 거리가 c인 지점에 점 P가 있다. 점 P의 위치를 거리 c만으로 나타낼 수 없음은 누구나 알 수 있다. 왜냐하면 원점으로부터의 거리가 c인 점은 반지름을 c로 하는 원 위에 무수히 많이 존재하기 때문이다. 따라서 어떤 점의 위치를 명확히 나타내기 위해서는 기준점(여기서는 원점)으로부터의 거리(distance)[또는 길이(length), 이는 모두 크기임]뿐 아니라 방향도 명시되어야 한다. 이는 위치라는 물리량이 벡터임을 의미하고 흔히 **위치벡터**(position vector)라고 부르는 이유이다. 위치의 변화를 **변위**(displacement)라 하며 역시 벡터이다.

그림 6.1.3과 같이 2개의 줄에 무게가 W인 물체가 매달려 있는 경우를 생각해 보자. 각각의 줄에 작용하는 장력을 T_1, T_2라 하면 일반적으로 $T_1 + T_2 \geq W$이며(연습문제 참고), $T_1 + T_2 = W$가 되는 경우는 단지 $\theta_1 = \theta_2 = 0$인 경우뿐이다. 이처럼 무게나 장력과 같은 힘을 다루는 경우에는 크기뿐 아니라 방향도 고려해야 한다. 이후에 설명하겠지만 이러한 힘을 벡터로 생각하면 그림 6.1.3의 경우에는 θ의 값에 관계없이 $\mathbf{T}_1 + \mathbf{T}_2 + \mathbf{W} = \mathbf{0}$이 항상 성립한다.

이외에도 벡터를 사용하면 평면 및 공간의 도형 문제를 쉽게 해결할 수 있으며 벡터의 개념은 n차원 공간으로 확장할 수도 있다. 이 장에서는 직선 및 평면을 벡터로 해석하는 방법을 배우며 벡터공간(vector space)에 대해서도 공부한다. 8장과 9장에서는 이러한 벡터의 개념을 함수로 확장하여 자연과학에서 유용하게 사용되는 벡터함수의 미적분학에 대해 공부한다.

벡터의 표시와 정의

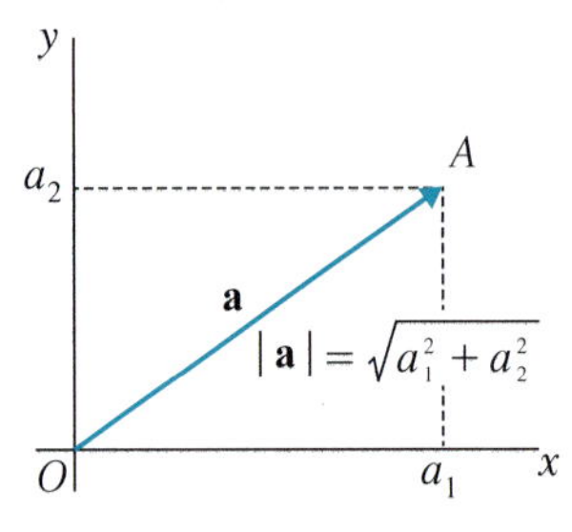

그림 6.1.4 평면벡터.

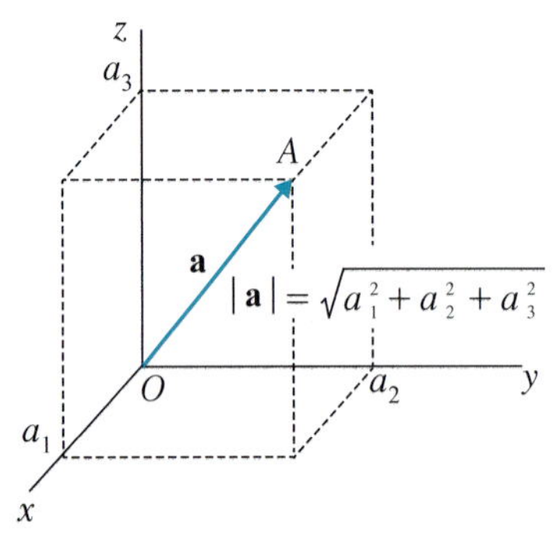

그림 6.1.5 공간벡터.

벡터는 그림 6.1.4 및 6.1.5와 같이 평면 및 공간에서 크기와 방향을 갖는 유향선분으로 **시작점**(starting point) O와 **끝점**(ending point) A를 갖는다. 벡터는 벡터를 나타내는 문자 위에 화살표를 사용하여 $\vec{a}$로 표시하거나 굵은 글씨를 사용하여 $\mathbf{a}$ 등으로 표시하는데, 여기서는 $\mathbf{a}$를 사용하기로 하자.

벡터(vector)는 크기와 방향을 갖는 유향선분으로 시작점이 원점일 때 끝점의 각 좌표축에 대한 **성분**(component)으로 정의한다. 평면벡터의 경우

$$\mathbf{a} = [a_1, a_2]$$

이고, 공간벡터의 경우

$$\mathbf{a} = [a_1, a_2, a_3]$$

이다.[1)]

1) 이 책에서는 점의 좌표를 나타내는 기호 '( )'와 벡터 성분의 순서쌍을 나타내는 기호 '[ ]'를 구분하여 사용한다.

앞의 정의에서 벡터의 성분 a_1, a_2, a_3는 스칼라임에 유의하자. 영벡터 $\mathbf{0} = [0, 0]$ 또는 $\mathbf{0} = [0, 0, 0]$은 크기가 0이고 특정한 방향을 갖지 않는 유일한 벡터이다.

벡터의 크기

벡터 **a**의 크기(norm, magnitude)는 $|\mathbf{a}|$로 나타내며 평면벡터 $\mathbf{a} = [a_1, a_2]$와 공간벡터 $\mathbf{a} = [a_1, a_2, a_3]$에 대해 각각

$$|\mathbf{a}| = \sqrt{a_1^2 + a_2^2}, \qquad |\mathbf{a}| = \sqrt{a_1^2 + a_2^2 + a_3^2}$$

이다.

벡터의 연산

다음에는 평면벡터에 대하여 여러 가지 벡터 연산을 정의한다. 이러한 정의는 공간벡터에 대해서도 마찬가지로 적용된다.

벡터의 상등

두 벡터 $\mathbf{a} = [a_1, a_2]$, $\mathbf{b} = [b_1, b_2]$에 대하여 $a_1 = b_1$, $a_2 = b_2$이면 $\mathbf{a} = \mathbf{b}$이다.

두 벡터 $\mathbf{a} = [a_1, a_2]$, $\mathbf{b} = [b_1, b_2]$의 크기와 방향이 같을 때 두 벡터는 서로 같다. 그림 6.1.6에서 **a**를 평행이동하여 **b**가 되었다면 $a_1 = x_2 - x_1 = b_1$, $a_2 = y_2 - y_1 = b_2$이고, 따라서 $\mathbf{a} = \mathbf{b}$이다. 즉 두 벡터는 시작점과 끝점에 관계없이 방향과 크기가 같으면 서로 같다.

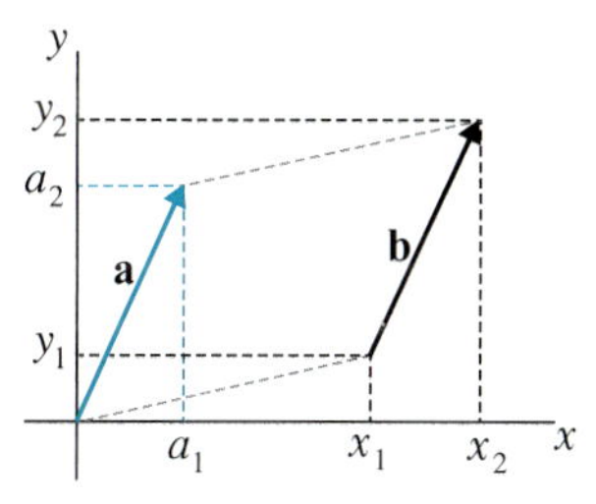

그림 6.1.6 벡터의 상등.

예제 1

시작점이 $(-1, 3, 6)$이고 끝점이 $(4, 0, 5)$인 벡터 **A**를 성분으로 나타내라.

(풀이) $\mathbf{A} = [4 - (-1), 0 - 3, 5 - 6] = [5, -3, -1]$

벡터의 합과 차

$\mathbf{a} = [a_1, a_2]$, $\mathbf{b} = [b_1, b_2]$이면 $\mathbf{a} \pm \mathbf{b} = [a_1 \pm b_1, a_2 \pm b_2]$이다.

벡터의 합과 차는 각 성분의 합과 차로 정의한다. 이러한 정의는 벡터의 합과 차에 관한 그림 6.1.7의 평행사변형 원리와 그림 6.1.8의 삼각형 원리와 일치함을 쉽게 확인할 수 있을 것이다.

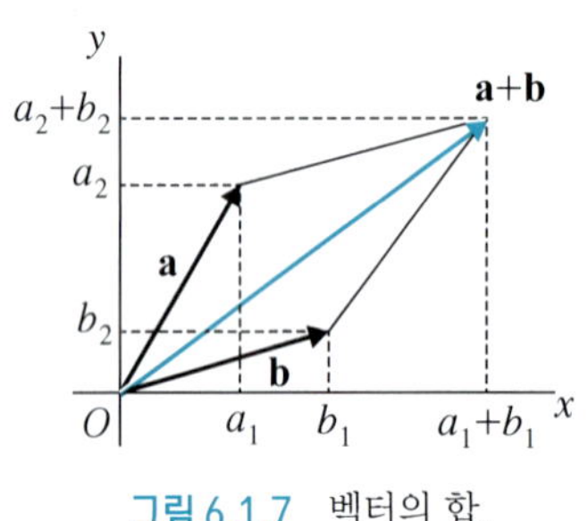

그림 6.1.7 벡터의 합.

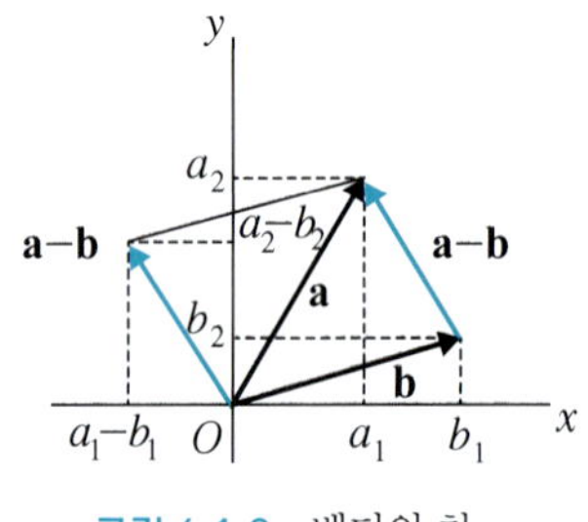

그림 6.1.8 벡터의 차.

다음 예제에 대해 스칼라 개념으로만 접근하면 풀이가 매우 복잡할 것이다.

예제 2

세 힘 **p**, **q**, **r**이 평형상태(equilibrium state)이다. $\mathbf{q} = [0, 3, -4]$이고 $\mathbf{r} = [1, -1, 0]$일 때 **p**를 구하라.

(풀이) 세 힘이 평형상태이므로 $\mathbf{p} + \mathbf{q} + \mathbf{r} = 0$이다. $\mathbf{p} = [x, y, z]$로 놓으면

$$\mathbf{p} + \mathbf{q} + \mathbf{r} = [x + 0 + 1, y + 3 - 1, z - 4 + 0] = [0, 0, 0]$$

으로부터 $x = -1$, $y = -2$, $z = 4$를 얻는다. 따라서

$$\mathbf{p} = [-1, -2, 4].$$

☞ 예제 2를 벡터가 아닌 스칼라를 이용하여 풀어보라. 공간좌표계에 세 힘을 그리고 x, y, z 각 방향에 대해 각 성분의 합이 0이 되도록 복잡하게 계산해야 할 것이다.

벡터의 합은 다음과 같은 성질을 갖는다.

벡터 합의 성질

(1) 교환법칙: $\mathbf{a} + \mathbf{b} = \mathbf{b} + \mathbf{a}$ (2) 결합법칙: $(\mathbf{a} + \mathbf{b}) + \mathbf{c} = \mathbf{a} + (\mathbf{b} + \mathbf{c})$

(증명) $\mathbf{a} = [a_1, a_2]$, $\mathbf{b} = [b_1, b_2]$, $\mathbf{c} = [c_1, c_2]$라 하면

(1) $\mathbf{a} + \mathbf{b} = [a_1 + b_1, a_2 + b_2] = [b_1 + a_1, b_2 + a_2] = \mathbf{b} + \mathbf{a}$

(2) $(\mathbf{a}+\mathbf{b})+\mathbf{c}=[a_1+b_1, a_2+b_2]+[c_1, c_2]=[a_1+b_1+c_1, a_2+b_2+c_2]$
$=[a_1, a_2]+[b_1+c_1, b_2+c_2]=\mathbf{a}+(\mathbf{b}+\mathbf{c})$

벡터의 스칼라곱

벡터 $\mathbf{a}=[a_1, a_2]$와 임의의 스칼라 k에 대하여 $k\mathbf{a}=[ka_1, ka_2]$이다.

즉 벡터의 **스칼라곱**(scalar multiplication)은 각 성분의 스칼라곱으로 정의한다. $k\mathbf{a}$는 $k>0$이면 $\mathbf{a}$와 같은 방향이고 $k<0$이면 $\mathbf{a}$와 반대 방향이다. 또한

$$|k\mathbf{a}|=\sqrt{(ka_1)^2+(ka_2)^2}=|k|\sqrt{a_1^2+a_2^2}=|k||\mathbf{a}|$$

이므로 $k\mathbf{a}$의 크기는 $|\mathbf{a}|$의 $|k|$ 배이다. 여기서 $|\mathbf{a}|$는 벡터의 크기, $|k|$는 k의 절대값을 의미한다. $-\mathbf{a}$는 $-1\mathbf{a}$와 같고 $\mathbf{a}$와 크기는 같고 방향이 반대인 벡터이다.

벡터 스칼라곱의 성질

스칼라 k, k_1, k_2에 대해 다음이 성립한다.
(1) 결합법칙: $k_1(k_2\mathbf{a})=(k_1k_2)\mathbf{a}=k_2(k_1\mathbf{a})$ (2) 분배법칙: $k(\mathbf{a}+\mathbf{b})=k\mathbf{a}+k\mathbf{b}$

(증명) $\mathbf{a}=[a_1, a_2]$, $\mathbf{b}=[b_1, b_2]$라 하면
(1) $k_1(k_2\mathbf{a})=k_1[k_2a_1, k_2a_2]=[k_1k_2a_1, k_1k_2a_2]=k_2[k_1a_1, k_1a_2]=k_2(k_1\mathbf{a})$
(2) $k(\mathbf{a}+\mathbf{b})=k[a_1+b_1, a_2+b_2]=[k(a_1+b_1), k(a_2+b_2)]=[ka_1+kb_1, ka_2+kb_2]$
$=[ka_1, ka_2]+[kb_1, kb_2]=k\mathbf{a}+k\mathbf{b}$

예제 3

$3(2\mathbf{a}-\mathbf{b})-2(\mathbf{a}+2\mathbf{b})$를 간단히 하라.

(풀이) 벡터 연산의 성질에 의해

$$3(2\mathbf{a}-\mathbf{b})-2(\mathbf{a}+2\mathbf{b})=3\cdot 2\mathbf{a}-3\mathbf{b}-2\mathbf{a}-2\cdot 2\mathbf{b}=4\mathbf{a}-7\mathbf{b}$$

로 계산한다.

내적의 성질

(1) 교환법칙: $\mathbf{a} \cdot \mathbf{b} = \mathbf{b} \cdot \mathbf{a}$ (2) 결합법칙: $(k\mathbf{a}) \cdot \mathbf{b} = \mathbf{a} \cdot (k\mathbf{b}) = k(\mathbf{a} \cdot \mathbf{b})$
(3) 분배법칙: $\mathbf{a} \cdot (\mathbf{b} + \mathbf{c}) = \mathbf{a} \cdot \mathbf{b} + \mathbf{a} \cdot \mathbf{c}$, $(\mathbf{a} + \mathbf{b}) \cdot \mathbf{c} = \mathbf{a} \cdot \mathbf{c} + \mathbf{b} \cdot \mathbf{c}$

(증명) $\mathbf{a} = [a_1, a_2]$, $\mathbf{b} = [b_1, b_2]$, $\mathbf{c} = [c_1, c_2]$로 놓으면

(1) $\mathbf{a} \cdot \mathbf{b} = a_1b_1 + a_2b_2 = b_1a_1 + b_2a_2 = \mathbf{b} \cdot \mathbf{a}$

(2) $(k\mathbf{a}) \cdot \mathbf{b} = (ka_1)b_1 + (ka_2)b_2 = a_1(kb_1) + a_2(kb_2) = \mathbf{a} \cdot (k\mathbf{b})$

$(k\mathbf{a}) \cdot \mathbf{b} = (ka_1)b_1 + (ka_2)b_2 = k(a_1b_1) + k(a_2b_2) = k(\mathbf{a} \cdot \mathbf{b})$

(3) $\mathbf{a} \cdot (\mathbf{b} + \mathbf{c}) = a_1(b_1 + c_1) + a_2(b_2 + c_2) = (a_1b_1 + a_2b_2) + (a_1c_1 + a_2c_2) = \mathbf{a} \cdot \mathbf{b} + \mathbf{a} \cdot \mathbf{c}$

$(\mathbf{a} + \mathbf{b}) \cdot \mathbf{c} = (a_1 + b_1)c_1 + (a_2 + b_2)c_2 = (a_1c_1 + a_2c_2) + (b_1c_1 + b_2c_2) = \mathbf{a} \cdot \mathbf{c} + \mathbf{b} \cdot \mathbf{c}$

내적의 성질을 이용하여 몇 가지 유용한 공식을 유도할 수 있다.

내적에 관한 공식

(1) $\mathbf{a} \cdot \mathbf{a} = |\mathbf{a}|^2$ (2) $|\mathbf{a} + \mathbf{b}|^2 = |\mathbf{a}|^2 + 2\mathbf{a} \cdot \mathbf{b} + |\mathbf{b}|^2$ (3) $(\mathbf{a} + \mathbf{b}) \cdot (\mathbf{a} - \mathbf{b}) = |\mathbf{a}|^2 - |\mathbf{b}|^2$

(증명)

(1) $\mathbf{a} = [a_1, a_2]$일 때 $\mathbf{a} \cdot \mathbf{a} = a_1^2 + a_2^2 = |\mathbf{a}|^2$

(2) $|\mathbf{a} + \mathbf{b}|^2 = (\mathbf{a} + \mathbf{b}) \cdot (\mathbf{a} + \mathbf{b}) = (\mathbf{a} + \mathbf{b}) \cdot \mathbf{a} + (\mathbf{a} + \mathbf{b}) \cdot \mathbf{b} = \mathbf{a} \cdot \mathbf{a} + \mathbf{b} \cdot \mathbf{a} + \mathbf{a} \cdot \mathbf{b} + \mathbf{b} \cdot \mathbf{b}$

$= |\mathbf{a}|^2 + 2\mathbf{a} \cdot \mathbf{b} + |\mathbf{b}|^2$

(3) $(\mathbf{a} + \mathbf{b}) \cdot (\mathbf{a} - \mathbf{b}) = \mathbf{a} \cdot (\mathbf{a} - \mathbf{b}) + \mathbf{b} \cdot (\mathbf{a} - \mathbf{b}) = \mathbf{a} \cdot \mathbf{a} - \mathbf{a} \cdot \mathbf{b} + \mathbf{b} \cdot \mathbf{a} - \mathbf{b} \cdot \mathbf{b} = |\mathbf{a}|^2 - |\mathbf{b}|^2$

예제 3

$|\mathbf{a}| = 3$, $|\mathbf{b}| = 2$, $\mathbf{a} \cdot \mathbf{b} = 1/4$일 때 $|2\mathbf{a} + \mathbf{b}|$의 값을 구하라.

(풀이) 내적에 관한 공식 (2)를 사용하면

$$|2\mathbf{a} + \mathbf{b}|^2 = 4|\mathbf{a}|^2 + 4\mathbf{a} \cdot \mathbf{b} + |\mathbf{b}|^2 = 4 \cdot 3^2 + 4 \cdot \frac{1}{4} + 2^2 = 41$$

이므로 $|2\mathbf{a} + \mathbf{b}| = \sqrt{41}$ 이다.

내적에 관한 공식 (2)를 그림 6.2.2의 삼각형에 적용하면

$$|\mathbf{c}|^2 = |\mathbf{a} - \mathbf{b}|^2 = |\mathbf{a}|^2 - 2\mathbf{a} \cdot \mathbf{b} + |\mathbf{b}|^2 = |\mathbf{a}|^2 - 2|\mathbf{a}||\mathbf{b}|\cos\theta + |\mathbf{b}|^2$$

이 되는데, 이는 **코사인 제2법칙**과 동일하다.

방향각과 방향 코사인

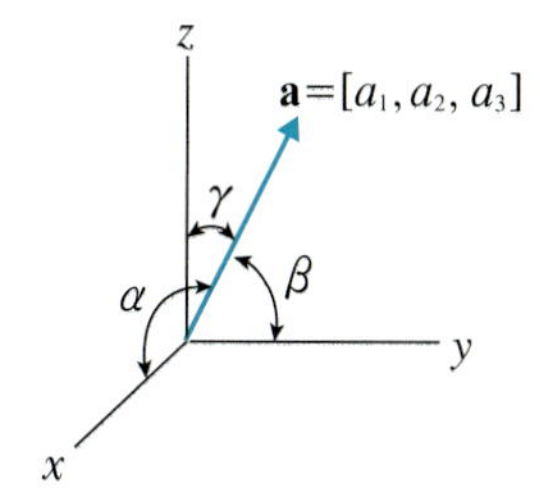

그림 6.2.3 방향각과 방향 코사인.

벡터 $\mathbf{a} = [a_1, a_2, a_3]$가 그림 6.2.3과 같이 x축, y축, z축과 이루는 각을 각각 α, β, γ라 하자. 이 각들을 **방향각**(direction angle)이라 하고 방향각의 코사인 값을 **방향 코사인**(direction cosine)이라 한다.

내적의 정의에 의해 $\cos\alpha = \dfrac{\mathbf{a}\cdot\mathbf{i}}{|\mathbf{a}||\mathbf{i}|} = \dfrac{a_1}{|\mathbf{a}|}$이다. y축과 z축에 대해서도 같은 방법을 적용하여 다음을 얻는다.

> $\mathbf{a} = [a_1, a_2, a_3]$가 x축, y축, z축과 이루는 각이 각각 α, β, γ이면 다음이 성립한다.
>
> $$\cos\alpha = \frac{a_1}{|\mathbf{a}|}, \quad \cos\beta = \frac{a_2}{|\mathbf{a}|}, \quad \cos\gamma = \frac{a_3}{|\mathbf{a}|} \tag{6.2.5}$$

식 (6.2.5)를 이용하면 벡터 **a**와 같은 방향의 단위벡터 **u**는

$$\mathbf{u} = \frac{\mathbf{a}}{|\mathbf{a}|} = \left[\frac{a_1}{|\mathbf{a}|}, \frac{a_2}{|\mathbf{a}|}, \frac{a_3}{|\mathbf{a}|}\right] = [\cos\alpha,\ \cos\beta,\ \cos\gamma]$$

이고

$$\cos^2\alpha + \cos^2\beta + \cos^2\gamma = \frac{1}{|\mathbf{a}|^2}(a_1^2 + a_2^2 + a_3^2) = \frac{|\mathbf{a}|^2}{|\mathbf{a}|^2} = 1$$

임을 알 수 있다.

예제 4

$\mathbf{a} = [1, 1, 1]$의 방향 코사인을 구하라.

(풀이) $|\mathbf{a}| = \sqrt{1^2 + 1^2 + 1^2} = \sqrt{3}$ 이므로 방향 코사인은

$$\cos\alpha = \frac{a_1}{|\mathbf{a}|} = \frac{1}{\sqrt{3}}, \quad \cos\beta = \frac{a_2}{|\mathbf{a}|} = \frac{1}{\sqrt{3}}, \quad \cos\gamma = \frac{a_3}{|\mathbf{a}|} = \frac{1}{\sqrt{3}}.$$

☞ 예제 4에서 $\alpha = \beta = \gamma = \cos^{-1}(1/\sqrt{3}) \approx 0.955$ 라디안, 즉 $54.7°$ 정도이다.

물리적인 일

일정한 힘 F가 작용하여 물체의 위치를 d만큼 변화시켰을 때 물체에 가해진 **일**(work)은

$$W = Fd$$

로 정의한다. 하지만 이는 힘의 방향과 물체의 변위가 평행한 경우에만 적용되는 것으로 일반적으로는 힘과 변위를 벡터로 나타내어 다음과 같이 정의한다.

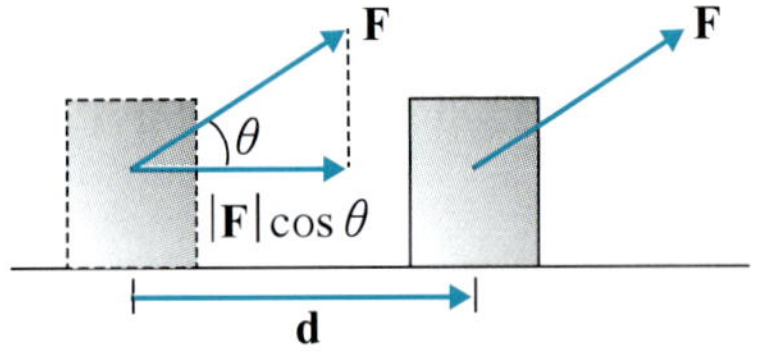

그림 6.2.4 물리적 일의 계산.

일정한 힘 **F**가 작용하여 물체를 변위 **d**만큼 이동시켰을 때 힘 **F**가 물체에 한 일의 양은

$$W = \mathbf{F} \cdot \mathbf{d} = |\mathbf{F}||\mathbf{d}|\cos\theta \qquad (6.2.6)$$

이다.

즉 일을 벡터의 내적으로 정의함으로써 그림 6.2.4에서와 같이 가해진 힘의 물체의 이동 방향 성분만 일에 기여하게 된다.

예제 5

일정한 힘 $\mathbf{F} = -\mathbf{i} + 4\mathbf{j} + \mathbf{k}$에 의하여 물체가 $P_1(1, 1, 1)$에서 $P_2(3, 4, 2)$로 이동했을 때 한 일을 구하라.

(풀이) 물체의 변위를 구하면 $\mathbf{d} = \mathbf{P_1P_2} = \mathbf{OP_2} - \mathbf{OP_1} = [3, 4, 2] - [1, 1, 1] = [2, 3, 1]$이고, 이때 물체에 가해진 일의 양은

$$W = \mathbf{F} \cdot \mathbf{d} = [-1, 4, 1] \cdot [2, 3, 1] = 11.$$

사영벡터

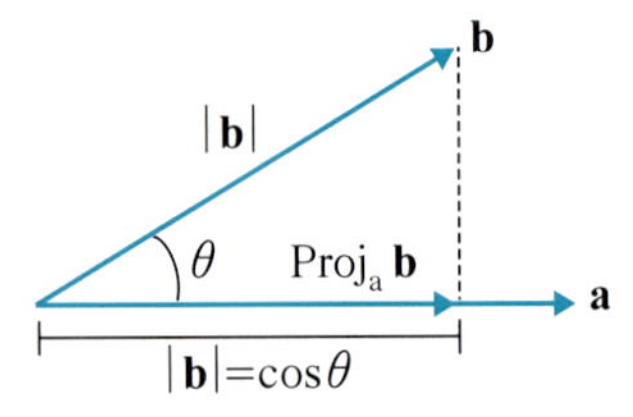

그림 6.2.5 사영벡터.

두 벡터 **a**, **b**에 대해 그림 6.2.5와 같이 **b**를 **a**의 선상에 사영시켜 얻는 **a** 방향의 벡터를 '**a**에 대한 **b**의 사영벡터(projection vector of **b** onto **a**)'라 하고 이를 $\mathrm{Proj}_{\mathbf{a}}\mathbf{b}$로 나타낸다.

내적 $\mathbf{a} \cdot \mathbf{b} = |\mathbf{a}||\mathbf{b}|\cos\theta$에 의해 **b**의 **a** 방향의 성분 $|\mathbf{b}|\cos\theta$는 $\dfrac{\mathbf{a} \cdot \mathbf{b}}{|\mathbf{a}|}$와 같으므로 사영벡터의 크기는

$$|\mathrm{Proj}_{\mathbf{a}}\mathbf{b}| = \frac{|\mathbf{a} \cdot \mathbf{b}|}{|\mathbf{a}|}$$

이고, **a**의 단위벡터가 $\dfrac{\mathbf{a}}{|\mathbf{a}|}$이므로

$$\mathrm{Proj}_{\mathbf{a}}\mathbf{b} = \left(\frac{\mathbf{a} \cdot \mathbf{b}}{|\mathbf{a}|}\right)\left(\frac{\mathbf{a}}{|\mathbf{a}|}\right) = \frac{\mathbf{a} \cdot \mathbf{b}}{|\mathbf{a}|^2}\mathbf{a}$$

이다.

$\mathbf{a}$에 대한 $\mathbf{b}$의 사영벡터와 그 크기는

$$\mathrm{Proj}_{\mathbf{a}}\mathbf{b} = \frac{\mathbf{a}\cdot\mathbf{b}}{|\mathbf{a}|^2}\mathbf{a}, \quad |\mathrm{Proj}_{\mathbf{a}}\mathbf{b}| = \frac{|\mathbf{a}\cdot\mathbf{b}|}{|\mathbf{a}|} \tag{6.2.7}$$

이다. 여기서 $|\mathbf{a}\cdot\mathbf{b}|$의 $|\ |$ 표시는 벡터의 크기가 아니고 절대값 기호이다.

예제 6

$\mathbf{a} = [1, -2, -2]$에 대한 $\mathbf{b} = [6, 3, 2]$의 사영벡터 $\mathrm{Proj}_{\mathbf{a}}\mathbf{b}$와 그 크기를 구하라.

(풀이) $\mathbf{a}\cdot\mathbf{b} = -4$, $|\mathbf{a}|^2 = 9$이므로

$$\mathrm{Proj}_{\mathbf{a}}\mathbf{b} = \frac{\mathbf{a}\cdot\mathbf{b}}{|\mathbf{a}|^2}\mathbf{a} = -\frac{4}{9}[1, -2, -2]$$

$$|\mathrm{Proj}_{\mathbf{a}}\mathbf{b}| = \frac{|\mathbf{a}\cdot\mathbf{b}|}{|\mathbf{a}|} = \frac{|-4|}{\sqrt{1^2+(-2)^2+(-2)^2}} = \frac{4}{3}.$$

6.2 연습문제

1. $\mathbf{a} = [a_1, a_2, a_3]$, $\mathbf{b} = [b_1, b_2, b_3]$에 대하여 $\mathbf{a}\cdot\mathbf{b} = a_1b_1 + a_2b_2 + a_3b_3$임을 보여라.

2. 내적에 관한 공식 (1), (2), (3)이 공간벡터에 대해서도 성립함을 보여라.

3. $|\mathbf{a}| = 8$, $|\mathbf{b}| = 3$, $\theta = \pi/6$일 때 $\mathbf{a}\cdot\mathbf{b}$를 구하라.

(답) $12\sqrt{3}$

4. $\mathbf{a} = [2, -3, 4]$, $\mathbf{b} = [-1, 2, 5]$, $\mathbf{c} = [3, 6, -1]$일 때 다음을 구하라.

(1) $|\mathbf{a}|^2$ (2) $\mathbf{a}\cdot\mathbf{a}$ (3) $\mathbf{a}\cdot\mathbf{b}$ (4) $(\mathbf{b}\cdot\mathbf{c})\mathbf{a}$

(답) (1) 29 (2) 29 (3) 12 (4) $[8, -12, 16]$

5. 두 벡터 $\mathbf{a} = [2, -c, 3]$, $\mathbf{b} = [3, 2, 4]$가 서로 수직이 되도록 c를 정하라.

(답) $c = 9$

6. 두 벡터 $\mathbf{a} = [3, 1, -1]$, $\mathbf{b} = [-3, 2, 2]$에 모두 수직인 벡터 $\mathbf{v} = [v_1, v_2, 1]$을 구하라.

(답) $v_1 = 4/9$, $v_2 = -1/3$

7. $|\mathbf{a}| = \sqrt{2}$, $|\mathbf{b}| = 1$, $|\mathbf{b} - \mathbf{a}| = \sqrt{5}$ 일 때 **a**, **b**가 이루는 각을 구하라.

(답) $135°$

8. $|\mathbf{a} + \mathbf{b}|^2 + |\mathbf{a} - \mathbf{b}|^2 = 2(|\mathbf{a}|^2 + |\mathbf{b}|^2)$이 성립함을 보여라.

9. 밑면은 한 변의 길이가 1인 정사각형이고 높이가 1인 피라미드형 물체 $ABCDE$가 있다. 점 E가 밑면의 대각선 AC의 중점 위에 위치할 때 벡터 **AC**와 **AE**가 이루는 각을 내적을 사용하여 구하라.

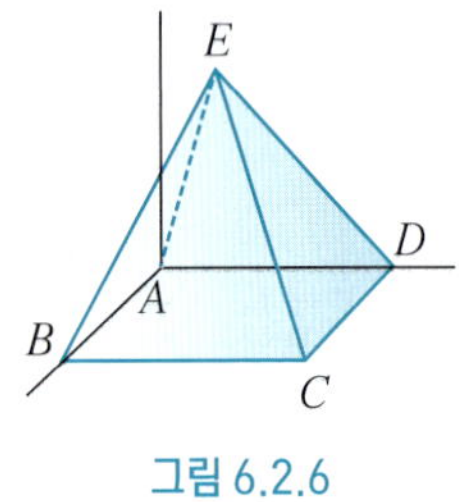

그림 6.2.6

(답) 0.955라디안 또는 $54.7°$

10. 비행기가 공항으로부터 남쪽으로 5 km, 동쪽으로 7 km, 높이 4 km 지점에 위치하고 있다. 남쪽 방향을 x축, 동쪽 방향을 y축, 위쪽 방향을 z축 방향이라고 할 때 공항에 대한 비행기의 방향각 α, β, γ를 구하라.

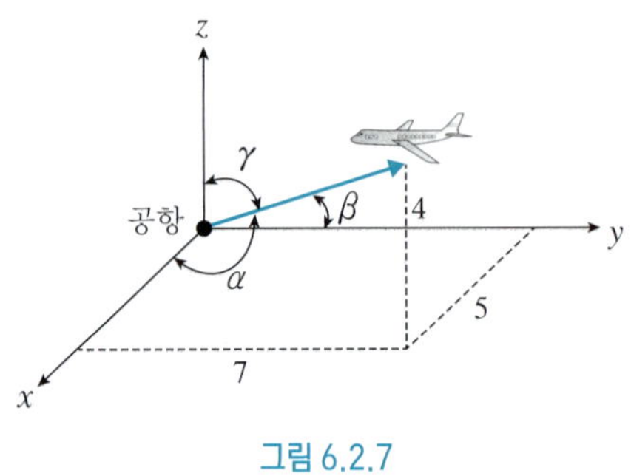

그림 6.2.7

(답) $\alpha \approx 58.19°$, $\beta \approx 42.45°$, $\gamma \approx 65.06°$

11. 방향각이 α_1, β_1, γ_1인 벡터 **a**와 방향각이 α_2, β_2, γ_2인 벡터 **b**가 서로 수직일 때 $\cos\alpha_1\cos\alpha_2 + \cos\beta_1\cos\beta_2 + \cos\gamma_1\cos\gamma_2$의 값을 구하라.

(답) 0

12. 질량 3 kg의 물체가 중력에 의하여 $30°$의 경사면을 따라 10 m 이동하였다. 중력이 물체에 대하여 한 일을 구하라. 중력가속도는 9.8 m/sec^{2}이다.

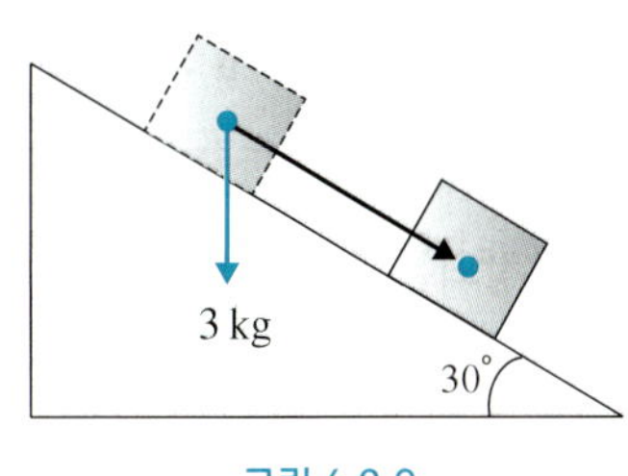

그림 6.2.8

(답) 147 N • m

13. 벡터 **a**와 크기가 같고 방향이 수직인 벡터를 **b**라 하면, 벡터 **c**에 대해

$$\text{Proj}_{\mathbf{a}}\mathbf{c} + \text{Proj}_{\mathbf{b}}\mathbf{c} = \mathbf{c}$$

가 항상 성립함을 보여라. $\mathbf{a} = [2, 1, 2]$, $\mathbf{c} = [3, -1, 5]$일 때 $\text{Proj}_{\mathbf{a}}\mathbf{c}$와 $\text{Proj}_{\mathbf{b}}\mathbf{c}$를 구하라.

(답) $\text{Proj}_{\mathbf{a}}\mathbf{c} = \frac{5}{3}[2, 1, 2]$, $\text{Proj}_{\mathbf{b}}\mathbf{c} = [-1/3, -8/3, 5/3]$

14. (1) 벡터 $\mathbf{n} = [a, b]$가 직선 $ax + by + c = 0$에 수직함을 보여라. [**힌트**: 직선 위의 서로 다른 두 점 $P_0(x_0, y_0)$, $P_2(x_2, y_2)$를 택하면 $\mathbf{P_0P_2}$가 $\mathbf{n}$에 수직이다.]
(2) (1)을 이용하여 직선 $ax + by + c = 0$과 직선 바깥의 점 $Q(x_1, y_1)$ 사이의 거리가

$$s = \frac{|ax_1 + by_1 + c|}{\sqrt{a^2 + b^2}}$$

임을 보여라.

6.3 벡터의 외적

벡터의 내적 외에 또 다른 벡터의 곱으로 벡터의 외적(outer product)을 사용한다. 벡터는 외적에 의해 차원이 하나 증가하므로 외적(outer product)이라 한다. 아래 정의에서 보듯이 벡터의 외적을 cross product, 또는 외적의 결과가 벡터이므로 vector product라고도 한다. 두 벡터 **a**와 **b**의 곱은 내적 $\mathbf{a} \cdot \mathbf{b}$와 외적 $\mathbf{a} \times \mathbf{b}$만 정의하므로 **ab**와 같은 표현은 사용해서는 안 된다.

벡터의 외적

두 벡터 **a**, **b**의 외적을 $\mathbf{a} \times \mathbf{b}$로 표시하며 두 벡터가 이루는 각을 $\theta(0 \leqq \theta \leqq \pi)$라 할 때

평면 위의 직선의 방정식

$\mathbf{n} = [a, b]$에 수직이고 점 $P_0(x_0, y_0)$를 지나는 직선의 방정식은

$$\mathbf{n} \cdot (\mathbf{r} - \mathbf{r}_0) = 0 \tag{6.4.1}$$

이고, 이를 좌표계의 성분으로 표시하면

$$ax + by + c = 0 \tag{6.4.2}$$

이다($c = -ax_0 - by_0$).

위 결과를 역으로 말하면 직선 $ax + by + c = 0$의 법선벡터가 $\mathbf{n} = [a, b]$임을 알 수 있다.

예제 1

$\mathbf{n} = [1, 2]$에 수직이고 점 $P_0(3, 5)$를 지나는 직선의 방정식을 구하라.

(풀이) $\mathbf{n} = [1, 2]$이므로 직선의 방정식은 $x + 2y + c = 0$이다. 점 (3, 5)를 지나므로 $3 + 2(5) + c = 0$에서 $c = -13$이다. 따라서 구하는 직선의 방정식은

$$x + 2y - 13 = 0.$$

평면 위의 점과 직선 사이의 거리

벡터를 이용하면 평면 위에서 두 직선이 이루는 각이나 점과 직선 사이의 거리 등을 쉽게 구할 수 있다. 점 $Q(x_1, y_1)$과 직선 $ax + by + c = 0$ 사이의 거리를 구해 보자. 여기서 거리라 함은 점과 직선 사이의 수직거리를 의미한다. 직선 위에 임의의 점 $P(x_0, y_0)$를 택하면 이곳에서 직선의 법선벡터가 $\mathbf{n} = [a, b]$이므로 직선 $ax + by + c = 0$과 점 Q 사이의 거리 s는 $\mathbf{n}$에 대한 $\mathbf{PQ}$의 사영벡터 크기가 된다. 즉 식 (6.2.7)을 이용하여

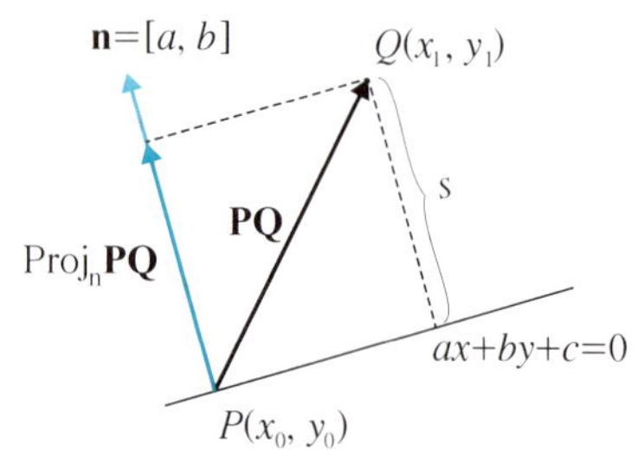

그림 6.4.2 점과 직선 사이의 거리.

$$s = |\mathrm{Proj}_{\mathbf{n}}\mathbf{PQ}| = \frac{|\mathbf{n} \cdot \mathbf{PQ}|}{|\mathbf{n}|}$$

이다.

법선벡터가 $\mathbf{n} = [a, b]$인 직선과 점 Q 사이의 수직거리는 직선 위의 임의의 점 P에 대해

$$s = \frac{|\mathbf{n} \cdot \mathbf{PQ}|}{|\mathbf{n}|} \tag{6.4.3}$$

이다.

앞의 결과를 벡터의 성분으로 나타내면 두 점 $P(x_0, y_0)$, $Q(x_1, y_1)$에 대해

$$\mathbf{n} \cdot \mathbf{PQ} = [a, b] \cdot [x_1 - x_0, y_1 - y_0] = a(x_1 - x_0) + b(y_1 - y_0) = ax_1 + by_1 + c$$

이고($c = -ax_0 - by_0$)

$$|\mathbf{n}| = \sqrt{a^2 + b^2}$$

이므로

$$s = \frac{|ax_1 + by_1 + c|}{\sqrt{a^2 + b^2}}$$

이다. 이는 고등학교 과정에서 벡터를 사용하지 않고 유도한 공식과 동일할 것이다. 또한 벡터의 외적을 이용해도 같은 식을 유도할 수 있다(연습문제 참고).

예제 2

점 $Q(3, 3)$과 직선 $x + 2y - 4 = 0$ 사이의 거리를 구하라.

(풀이) 직선 위의 임의의 점을 택한다. 예를 들어 $x = 0$일 때 $y = 2$이므로 점 $P(0, 2)$를 택하면 $\mathbf{PQ} = [3 - 0, 3 - 2] = [3, 1]$이고, $\mathbf{n} = [1, 2]$이므로

$$\mathbf{n} \cdot \mathbf{PQ} = [1, 2] \cdot [3, 1] = 5, \quad |\mathbf{n}| = \sqrt{1^2 + 2^2} = \sqrt{5}.$$

따라서

$$s = \frac{|\mathbf{n} \cdot \mathbf{PQ}|}{|\mathbf{n}|} = \frac{5}{\sqrt{5}} = \sqrt{5}$$

이다.

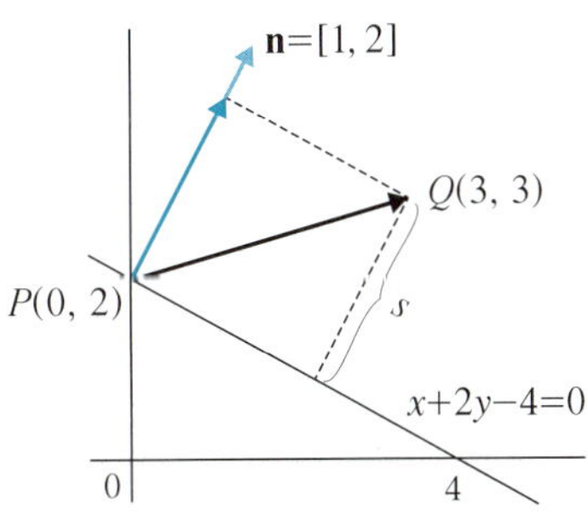

그림 6.4.3 점과 직선 사이의 거리.

공간 내의 평면

벡터의 관점에서 보면 2차원 평면에서의 직선은 3차원 공간의 평면과 동일한 개념이다. 평면에서 직선을 다룬 방법과 동일한 방법을 이용하여 공간에 존재하는 평면에 대해 알아보자.

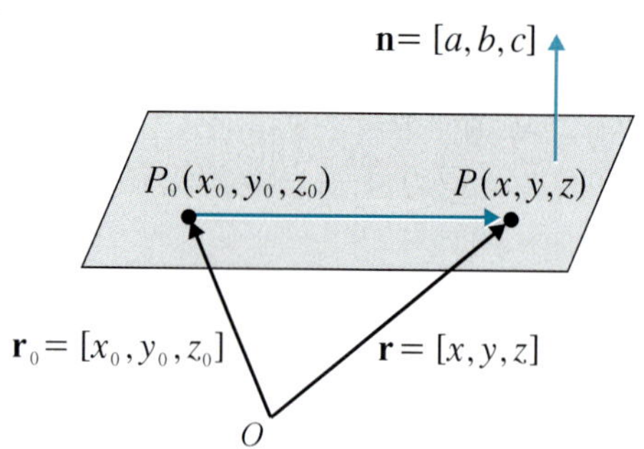

그림 6.4.4 평면의 방정식.

그림 6.4.4와 같이 공간에서 점 $P_0(x_0, y_0, z_0)$를 포함하고 벡터 $\mathbf{n} = [a, b, c]$에 수직인 평면은 유일하게 결정된다. 평면 위에 임의의 점 $P(x, y, z)$를 택하면 평면 위의 벡터 $\mathbf{P_0P} = \mathbf{r} - \mathbf{r_0}$는 $\mathbf{n}$에 수직하므로

$$\mathbf{n} \cdot (\mathbf{r} - \mathbf{r_0}) = 0$$

이어야 하는데, 이를 **평면의 벡터방정식**이라 한다. 이는 평면좌표에서의 직선의 벡터방정식[식 (6.4.1)]과 형태가 동일함에 유의하자. 위의 식을 성분으로 표시하면

$$[a, b, c] \cdot [x - x_0, y - y_0, z - z_0] = 0$$

또는

$$a(x - x_0) + b(y - y_0) + c(z - z_0) = 0$$

이다. 여기서 $d = -ax_0 - by_0 - cz_0$로 놓으면 평면의 방정식은

$$ax + by + cz + d = 0$$

이다.

> $\mathbf{n} = [a, b, c]$에 수직이고 점 $P_0(x_0, y_0, z_0)$를 지나는 **평면의 방정식**은
>
> $$\mathbf{n} \cdot (\mathbf{r} - \mathbf{r_0}) = 0 \qquad (6.4.4)$$
>
> 이고, 이를 좌표계의 성분으로 표시하면
>
> $$ax + by + cz + d = 0 \qquad (6.4.5)$$
>
> 이다($d = -ax_0 - by_0 - cz_0$).

위에서 평면 $ax + by + cz + d = 0$의 법선벡터가 $\mathbf{n} = [a, b, c]$임을 알 수 있다.

예제 3

점 $P_0(1, 3, 2)$를 지나고 $\mathbf{n} = [2, -1, 4]$에 수직인 평면의 방정식을 구하라.

(풀이) $\mathbf{n} = [2, -1, 4]$에 수직한 평면의 방정식은

$$2x - y + 4z + d = 0$$

인데, 이 평면은 점 $P_0(1, 3, 2)$를 포함하므로 $2(1) - (3) + 4(2) + d = 0$에서 $d = -7$이다. 따라서 평면의 방정식은

$$2x - y + 4z - 7 = 0.$$

예제 4

점 $A(1, 0, -1)$, $B(3, 1, 4)$, $C(2, -2, 0)$을 포함하는 평면의 방정식을 구하라.

(풀이) $\mathbf{a} = \mathbf{AB}$, $\mathbf{b} = \mathbf{AC}$로 놓으면

$$\mathbf{a} = [3 - 1, 2 - 0, 4 - (-1)] = [2, 1, 5], \quad \mathbf{b} = [2 - 1, -2 - 0, 0 - (-1)] = [1, -2, 1]$$

이므로 평면에 수직인 벡터는

$$\mathbf{n} = \mathbf{a} \times \mathbf{b} = \begin{vmatrix} \mathbf{i} & \mathbf{j} & \mathbf{k} \\ 2 & 1 & 5 \\ 1 & -2 & 1 \end{vmatrix} = [11, 3, -5]$$

이다. 따라서 평면의 방정식은 $11x + 3y - 5z + d = 0$이고, 점 $A(1, 0, -1)$를 포함하므로 $d = -16$이 되어

$$11x + 3y - 5z - 16 = 0.$$

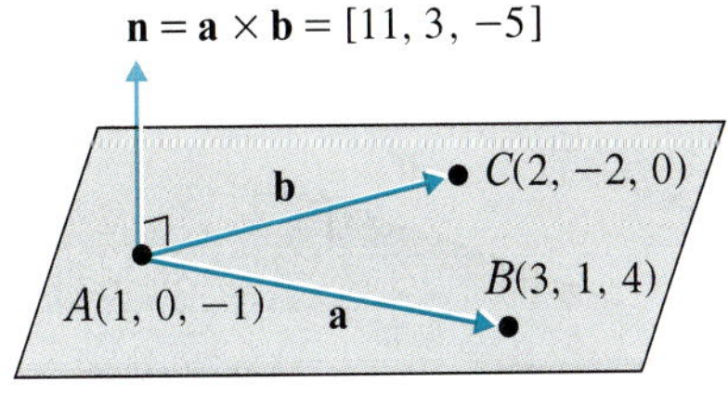

그림 6.4.5 평면의 방정식.

점과 평면 사이의 거리

점 $Q(x_1, y_1, z_1)$와 평면 $ax + by + cz + d = 0$ 사이의 거리를 구해 보자. 방법은 평면 좌표계에서와 동일하다. 평면 위에 임의의 점 $P(x_0, y_0, z_0)$를 택하면 평면의 법선벡터가 $\mathbf{n} = [a, b, c]$이므로 평면 $ax + by + cz + d = 0$과 점 Q 사이의 수직거리 s는 $\mathbf{n}$에 대한 $\mathbf{PQ}$의 사영벡터 크기가 된다. 즉

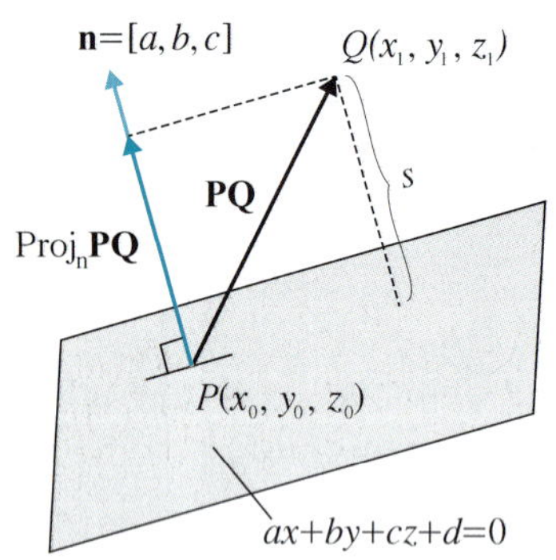

그림 6.4.6 점과 평면 사이의 거리.

$$s = |\mathrm{Proj}_{\mathbf{n}}\mathbf{PQ}| = \frac{|\mathbf{n} \cdot \mathbf{PQ}|}{|\mathbf{n}|}$$

로 평면에서 점과 직선 사이의 거리를 나타내는 식 (6.4.3)과 동일하다.

> 법선벡터가 $\mathbf{n} = [a, b, c]$인 평면과 점 Q 사이의 수직거리는 평면 위 임의의 점 P에 대해
>
> $$s = \frac{|\mathbf{n} \cdot \mathbf{PQ}|}{|\mathbf{n}|} \tag{6.4.6}$$
>
> 이다.

평면 위의 점과 직선 사이의 거리를 성분으로 나타낸 것과 마찬가지로 식 (6.4.6)을 성분으로 나타내면

$$s = \frac{|ax_1 + by_1 + cz_1 + d|}{\sqrt{a^2 + b^2 + c^2}}$$

가 됨을 확인해 보라.

예제 5

점 $Q(1, 1, 3)$과 평면 $3x + 2y + 6z - 6 = 0$ 사이의 거리를 구하라.

(풀이) 평면 위 임의의 점을 택한다. 예를 들어 $x = 0$, $z = 0$일 때 $y = 3$이므로 점 $P(0, 3, 0)$를 택하면 $\mathbf{PQ} = [1 - 0, 1 - 3, 3 - 0] = [1, -2, 3]$이고, $\mathbf{n} = [3, 2, 6]$이므로

$$\mathbf{n} \cdot \mathbf{PQ} = [3, 2, 6] \cdot [1, -2, 3] = 17, \quad |\mathbf{n}| = \sqrt{3^2 + 2^2 + 6^2} = 7.$$

따라서

$$s = \frac{|\mathbf{n} \cdot \mathbf{PQ}|}{|\mathbf{n}|} = \frac{17}{7}.$$

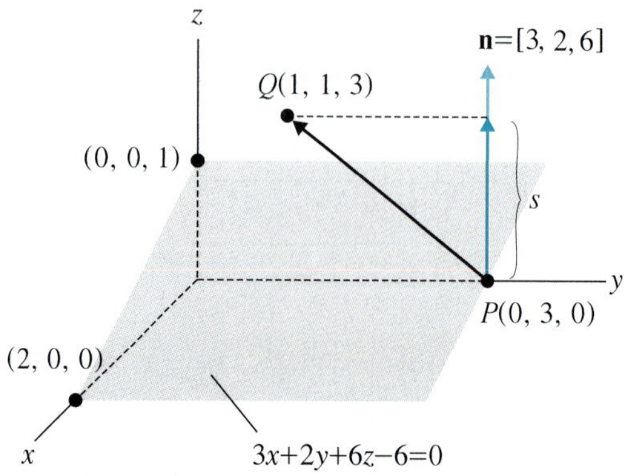

그림 6.4.7 점과 평면 사이의 거리.

공간 내의 직선

3차원 공간에서 보는 2차원 직선은 어떤 평면과 xy-평면($z = 0$)과의 교선으로 간주한다. 3차원 공간 내의 직선에 대해 알아보자. 결론부터 말하면 공간의 직선은 두 평면의 교선이며, 두 평면을 나타내는 2개의 일차식으로 나타난다.

공간에서 벡터 $\mathbf{u} = [a, b, c]$에 평행하고 점 $P_0(x_0, y_0, z_0)$를 지나는 직선은 유일하게 결정되는데, 이러한 직선의 방정식을 구해 보자.

좌표계의 원점이 O일 때 벡터 $\mathbf{r_0} = \mathbf{OP}_0$로 놓고 직선 위에 임의의 점 P를 택하여 $\mathbf{r} = \mathbf{OP}$로 놓으면 $\mathbf{OP} = \mathbf{OP_0} + \mathbf{P_0P}$이고, $\mathbf{P_0P}$는 $\mathbf{u}$에 평행하므로 임의의 스칼라인 매개변수(parameter) t를 사용하여

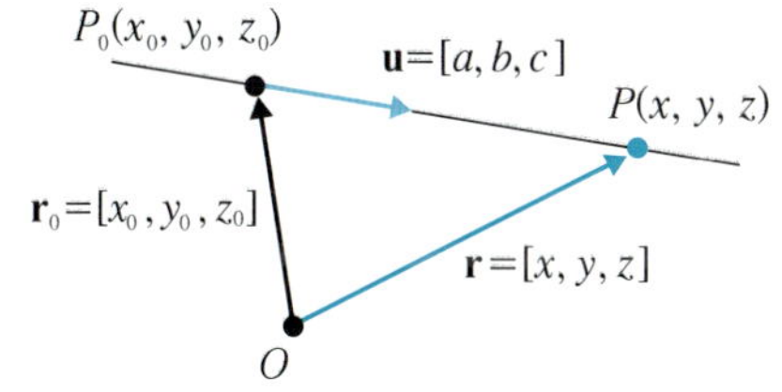

그림 6.4.8 공간에서 직선의 방정식.

$$\mathbf{r}(t) = \mathbf{r}_0 + t\mathbf{u}\ (-\infty < t < \infty)$$

로 쓸 수 있다. 이를 직선의 **매개변수 벡터방정식(parametric vector equation)**이라 한다. 위 식에 $\mathbf{r} = [x, y, z]$, $\mathbf{r_0} = [x_0, y_0, z_0]$, $\mathbf{u} = [a, b, c]$를 대입하면

$$[x, y, z] = [x_0, y_0, z_0] + t[a, b, c] = [x_0 + ta, y_0 + tb, z_0 + tc]$$

에서

$$x = x_0 + ta, \quad y = y_0 + tb, \quad z = z_0 + tc$$

를 얻는데, 이를 **매개변수 방정식(parametric equation)**이라 한다. $abc \neq 0$일 때 마지막 식을 t에 관해 풀어 정리하면

$$\frac{x - x_0}{a} = \frac{y - y_0}{b} = \frac{z - z_0}{c}$$

가 되고, 이를 동일한 직선에 대해 **대칭방정식(symmetric equation)**이라 한다.

> 점 $P_0(x_0, y_0, z_0)$를 지나고 벡터 $\mathbf{u} = [a, b, c]$에 평행한 직선의 방성식은 다음과 같다.
>
> 매개변수 벡터방정식: $\mathbf{r}(t) = \mathbf{r}_0 + t\mathbf{u}\ (-\infty < t < \infty)$ (6.4.7)
>
> 매개변수 방정식: $x = x_0 + ta,\ y = y_0 + tb,\ z = z_0 + tc$ (6.4.8)
>
> 대칭방정식: $\dfrac{x - x_0}{a} = \dfrac{y - y_0}{b} = \dfrac{z - z_0}{c}\ (abc \neq 0)$ (6.4.9)

☞ 식 (6.4.7)에서 $t = 0$일 때 벡터 $\mathbf{r}$은 점 P_0를 가리키고, $t \to -\infty$일 때와 $t \to \infty$일 때는 각각 길이가 무한대인 직선의 왼쪽 끝과 오른쪽 끝을 가리킨다는 것을 이해할 수 있어야 한다. 또한 t를 시간으로 보면 $\mathbf{r}(t)$는 시간에 따라 물체의 위치를 나타내는 위치벡터이다.

대칭방정식[식 (6.4.9)]은 a, b, c가 모두 0이 아닌 경우에만 사용할 수 있다. 예를 들어 $c = 0$인 경우에는 매개변수 방정식으로부터

$$\frac{x - x_0}{a} = \frac{y - y_0}{b}, \quad z = z_0$$

를 얻을 수 있으며, 이는 xy−평면에 평행한 평면 $z = z_0$ 위의 직선이다.

예제 6

평면에서 점 $P_0(3, 2)$를 지나고 기울기가 1인 직선의 방정식을 구하라.

(풀이) 식 (6.4.7)은 평면벡터의 경우에도 사용할 수 있다. 기울기가 1인 평면벡터는 [1, 1]로 쓸 수 있으므로

$$\mathbf{r}(t) = [3, 2] + t\,[1, 1] = [3 + t, 2 + t]$$

이다. 여기서 $\mathbf{r}(t) = [x(t), y(t)]$라 하면

$$x = 3 + t, \quad y = 2 + t$$

를 얻으며, t를 소거하면 xy−평면($z = 0$) 위의 직선 $y = x - 1$이 된다.

예제 7

점 $P_0(2, -1, 8)$과 점 $P_1(5, 6, -3)$을 지나는 직선의 방정식을 구하라.

(풀이) $\mathbf{r_0} = \mathbf{OP_0}$, $\mathbf{r_1} = \mathbf{OP_1}$으로 나타내면 $\mathbf{P_0P_1} = \mathbf{r}_1 - \mathbf{r}_0$이므로

$$\mathbf{r}(t) = \mathbf{r}_0 + t(\mathbf{r}_1 - \mathbf{r}_0) = [2, -1, 8] + t\,[5 - 2, 6 + 1, -3 - 8] = [2 + 3t, -1 + 7t, 8 - 11t].$$

즉 $x = 2 + 3t$, $y = -1 + 7t$, $z = 8 - 11t$이고, t를 소거하면

$$\frac{x - 2}{3} = \frac{y + 1}{7} = \frac{z - 8}{-11}.$$

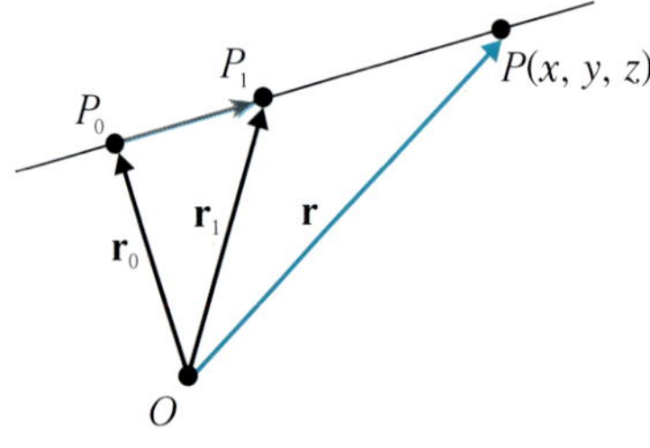

그림 6.4.9 공간 내의 직선.

식 (6.4.9)로부터 직선 $\dfrac{x-x_0}{a}=\dfrac{y-y_0}{b}=\dfrac{z-z_0}{c}$에 평행한 벡터가 $\mathbf{u}=[a, b, c]$임을 알 수 있다. 다음의 예를 보자.

예제 8

두 직선 $-2(x+1)=6(y+2)=3(z-1)$, $3(x-2)=-2(y+1)=6(z+4)$가 이루는 예각을 구하라.

(풀이) 두 직선을

$$\frac{x+1}{-3}=\frac{y+2}{1}=\frac{z-1}{2},\quad \frac{x-2}{2}=\frac{y+1}{-3}=\frac{z+4}{1}$$

로 다시 쓰면 두 직선의 방향벡터는 $\mathbf{u}_1=[-3, 1, 2]$, $\mathbf{u}_2=[2, -3, 1]$이다.

$$|\mathbf{u}_1|=\sqrt{(-3)^2+1^2+2^2}=\sqrt{14},\quad |\mathbf{u}_2|=\sqrt{2^2+(-3)^2+1^2}=\sqrt{14}$$
$$\mathbf{u}_1\cdot\mathbf{u}_2=(-3)\cdot 2+1\cdot(-3)+2\cdot 1=-7$$

이므로

$$\cos\theta=\frac{\mathbf{u}_1\cdot\mathbf{u}_2}{|\mathbf{u}_1||\mathbf{u}_2|}=\frac{-7}{\sqrt{14}\sqrt{14}}=-\frac{1}{2}$$

이다. 여기서 $\theta=\cos^{-1}(-1/2)=2\pi/3$이므로 두 직선이 이루는 예각은 $\pi/3$이다.

공간 내의 점과 직선 사이의 거리

공간에 존재하는 직선 $\dfrac{x-x_0}{a}=\dfrac{y-y_0}{b}=\dfrac{z-z_0}{c}$와 점 $Q(x_1, y_1, z_1)$ 사이의 거리를 구해 보자. 여기서 직선에 평행한 벡터는 $\mathbf{u}=[a, b, c]$이다. 직선 위에 임의의 점 $P(x_0, y_0, z_0)$를 택하면 점 Q와 직선 사이의 거리는 $|\mathbf{PQ}|\sin\theta$와 같다. 벡터 외적에서 $|\mathbf{PQ}\times\mathbf{u}|=|\mathbf{PQ}||\mathbf{u}|\sin\theta$이므로

$$s=|\mathbf{PQ}|\sin\theta=\frac{|\mathbf{PQ}\times\mathbf{u}|}{|\mathbf{u}|}$$

이다.

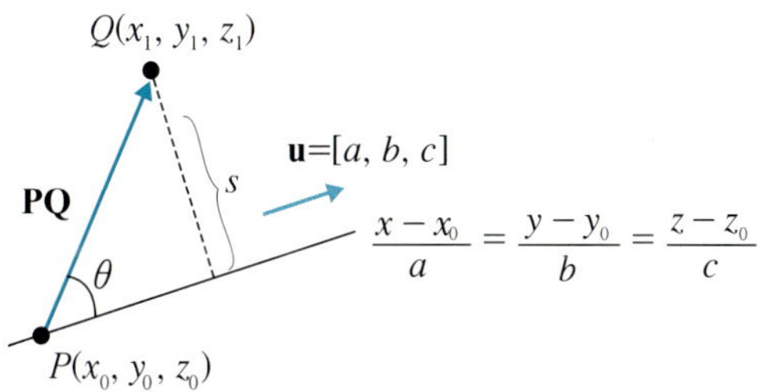

그림 6.4.10 점과 직선 사이의 거리.

방향벡터가 $\mathbf{u} = [a, b, c]$인 직선과 점 Q 사이의 수직거리는 직선 위에 임의의 점 P에 대해

$$s = \frac{|\mathbf{PQ} \times \mathbf{u}|}{|\mathbf{u}|} \tag{6.4.10}$$

이다.

예제 9

공간의 직선 $\frac{x-1}{1} = \frac{y-3}{-1} = \frac{z}{2}$와 점 $Q(1, 1, 5)$ 사이의 거리를 구하라.

(풀이) 직선에 평행한 벡터는 $\mathbf{u} = [1, -1, 2]$이므로 $|\mathbf{u}| = \sqrt{6}$ 이다. 직선의 방정식에서 $z = 0$이면 $x = 1$, $y = 3$이므로 직선 위의 임의의 점을 $P(1, 3, 0)$으로 택하면

$$\mathbf{PQ} = [1-1, 1-3, 5-0] = [0, -2, 5], \quad \mathbf{PQ} \times \mathbf{u} = \begin{vmatrix} \mathbf{i} & \mathbf{j} & \mathbf{k} \\ 0 & -2 & 5 \\ 1 & -1 & 2 \end{vmatrix} = [1, 5, 2]$$

이므로 $|\mathbf{PQ} \times \mathbf{u}| = \sqrt{30}$ 이다. 따라서

$$s = \frac{|\mathbf{PQ} \times \mathbf{u}|}{|\mathbf{u}|} = \frac{\sqrt{30}}{\sqrt{6}} = \sqrt{5}\,.$$

6.4 연습문제

1. 두 직선 $3x + y = 5$, $2x - y = 4$가 이루는 각을 구하라. 예각으로 답하라.

(답) $\pi/4$

2. 직선 $x + y + 1 = 0$에 수직이고 원점을 지나는 직선의 방정식을 구하라.

(답) $x - y = 0$

3. 점 $Q(1, 1)$와 직선 $y = 2x + 1$ 사이의 거리를 구하라.

(답) $2/\sqrt{5}$

4. 평면의 방정식을 구하라.

(1) $4\mathbf{i} - 2\mathbf{j}$에 수직이고 점 $(1, 2, 5)$를 포함하는 평면

(2) 점 (3, 5, 2), (2, 3, 1), (−1, −1, 4)를 포함하는 평면

(3) 원점을 포함하고 $5x - y + z = 6$에 평행한 평면

(4) y축에 수직이고 점 (−7, −5, 18)을 포함하는 평면

(5) 직선 $x - 4 = \dfrac{y-1}{2} = \dfrac{z+2}{3}$에 수직이고 점 (3, 1, −1)을 포함하는 평면

(답) (1) $4x - 2y = 0$ (2) $5x - 3y + z - 2 = 0$ (3) $5x - y + z = 0$ (4) $y = -5$

(5) $x + 2y + 3z - 2 = 0$

5. 원점에서 거리가 5이고 법선벡터가 $\mathbf{n} = [1, 1, 1]$인 평면의 방정식을 구하라.

(답) $x + y + z \pm 5\sqrt{3} = 0$

6. 직선의 벡터방정식과 대칭방정식을 구하라.

(1) $5\mathbf{i} + 9\mathbf{j} + 4\mathbf{k}$에 평행하고 원점을 지나는 직선

(2) 점 (1, 2, 1), (3, 5, −2)를 지나는 직선

(답) (1) $\mathbf{r}(t) = [5t, 9t, 4t]$, $\dfrac{x}{5} = \dfrac{y}{9} = \dfrac{z}{4}$

(2) $\mathbf{r}(t) = [1 + 2t, 2 + 3t, 1 - 3t]$, $\dfrac{x-1}{2} = \dfrac{y-2}{3} = \dfrac{1-z}{3}$

7. xz−평면과 yz−평면에 모두 평행하고 점 (2, −2, 15)를 지나는 직선의 방정식을 구하라.

(답) $x = 2,\ y = -2,\ -\infty < z < \infty$

8. 직선 $\mathbf{r}(t) = [4 - 2t, 1 + 2t, 9 + 3t]$와 xy−평면, yz−평면, xz−평면과의 교점을 구하라.

(답) (10, −5, 0), (0, 5, 15), (5, 0, 15/2)

9. 두 직선이 교차하면 교점을 구하라.

(1) $x = 4 + t,\ y = 5 + t,\ z = -1 + 2t$; $x = 6 + 2s,\ y = 11 + 4s,\ z = -3 + s$

(2) $x = 2 - t,\ y = 3 + t,\ z = 1 + t$; $x = 4 + s,\ y = 1 + s,\ z = 1 - s$

(답) (1) (2, 3, −5) (2) 교차하지 않음

10. 직선 $2(x - 4) = -(y - 3) = z$, $3(x - 5) = 2(y - 1) = -(z - 5)$가 이루는 각을 구하라. 여기서 각이라 함은 두 직선이 만나지 않더라도 한 직선을 평행이동하여 교차시켰을 때 두 직선을 포함하는 평면에서의 교차각을 의미한다.

(답) 40.37°

11. 평면 $x + y + z - 7 = 0$에 수직하고 직선 $x = 4 + 3t,\ y = -t,\ z = 1 + 5t$를 포함하는 평면의 방정식을 구하라.

(답) $3x - y - 2z - 10 = 0$

12. 두 평면 $2x - 3y + 4z = 1$, $x - y - z = 5$의 교선의 매개변수 방정식, 벡터방정식, 대칭방정식을 구하라

(답) $x = 14 + 7t,\ y = 9 + 6t,\ z = t$; $\mathbf{r}(t) = [14, 9, 0] + t[7, 6, 1]$; $\dfrac{x - 14}{7} = \dfrac{y - 9}{6} = z$

13. 평면 $3x - 2y + z = -5$와 직선 $x - 1 = \dfrac{y + 2}{2} = \dfrac{z}{4}$의 교점을 구하라.

(답) $(-3, -10, -16)$

14. 점 $Q(0, 0, 3)$와 직선 $x = 2t,\ y = -t,\ z = t$ 사이의 거리를 구하라.

(답) $\sqrt{15/2}$

15. 직선 $ax + by + c = 0$에 평행한 벡터는 $\mathbf{u} = [-b, a]$라는 사실과 벡터의 외적을 이용하여 점 (x_1, y_1)과 직선 $ax + by + c = 0$ 사이의 거리 공식 $s = \dfrac{|ax_1 + by_1 + c|}{\sqrt{a^2 + b^2}}$를 유도하라.

16. 평면에서 점 $P_0(x_0, y_0)$를 지나고 벡터 $\mathbf{u} = [a, b]$에 평행한 직선의 방정식을 식 (6.4.7), (6.4.8), (6.4.9)의 형태로 나타내라.

(답) $\mathbf{r}(t) = \mathbf{r}_0 + t\mathbf{u}$, $x = x_0 + ta,\ y = y_0 + tb,\ \dfrac{x - x_0}{a} = \dfrac{y - y_0}{b}$ 또는 $y - y_0 = \dfrac{b}{a}(x - x_0)$

6.5 벡터공간

앞 절에서 2차원 평면벡터 $\mathbf{a} = [a_1, a_2]$ 또는 3차원 공간벡터 $\mathbf{a} = [a_1, a_2, a_3]$를 다루었는데, 벡터의 개념을 3차원 이하로만 제한할 필요는 없다. 4개의 성분(quadruple)을 갖는 벡터 $\mathbf{a} = [a_1, a_2, a_3, a_4]$는 4차원 벡터이며, n개의 성분을 갖는(n−tuple) 벡터 $\mathbf{a} = [a_1, a_2, \cdots, a_n]$은 n차원 벡터이다. 모든 n차원 벡터의 집합을 R^n으로 표시한다. 이러한 n차원 벡터에 대해서도 6.1절에서 설명한 벡터 연산이 동일하게 적용되는데, 차이가 있다면 4차원 이상의 벡터는 기하학적인 표현이 불가능하다는 것뿐이다. 벡터의 개념을 더욱 확장하여 **벡터공간(vector space)**이라 불리는 특수한 집합의 원소로서 벡터를 정의한다. 이러한 정의에 의하면 행렬이나 함수 등도 벡터에 포함된다.

벡터공간

집합 V가 덧셈과 스칼라곱이 정의되는 원소의 집합일 때, 다음의 10가지 공리(axiom)를 만족하면 V를 **벡터공간**(vector space)이라 하고 그 집합의 원소를 **벡터**(vector)라 한다.

덧셈에 관한 공리

(i) $\mathbf{x}$와 $\mathbf{y}$가 V의 원소이면 $\mathbf{x}+\mathbf{y}$도 V의 원소이다.

(ii) V의 원소 $\mathbf{x}$, $\mathbf{y}$에 대해 $\mathbf{x}+\mathbf{y}=\mathbf{y}+\mathbf{x}$이다: 교환법칙

(iii) V의 원소 $\mathbf{x}$, $\mathbf{y}$, $\mathbf{z}$에 대해 $\mathbf{x}+(\mathbf{y}+\mathbf{z})=(\mathbf{x}+\mathbf{y})+\mathbf{z}$이다: 결합법칙

(iv) $\mathbf{0}+\mathbf{x}=\mathbf{x}+\mathbf{0}=\mathbf{x}$를 만족하는 유일한 벡터 $\mathbf{0}$이 V에 존재한다: 덧셈에 대한 항등원(additive identity)

(v) V의 모든 원소 $\mathbf{x}$에 대해 $\mathbf{x}+(-\mathbf{x})=(-\mathbf{x})+\mathbf{x}=\mathbf{0}$을 만족하는 $-\mathbf{x}$도 V의 원소이다: 덧셈에 대한 역원(additive inverse)

스칼라곱에 관한 공리

임의의 스칼라 k, k_1, k_2에 대해

(vi) $\mathbf{x}$가 V의 원소이면 $k_1\mathbf{x}$도 V의 원소이다.

(vii) $k_1(\mathbf{x}+\mathbf{y})=k_1\mathbf{x}+k_1\mathbf{y}$

(viii) $(k_1+k_2)\mathbf{x}=k_1\mathbf{x}+k_2\mathbf{x}$: 스칼라곱에 대한 분배법칙

(ix) $k_1(k_2\mathbf{x})=(k_1k_2)\mathbf{x}$

(x) $1\mathbf{x}=\mathbf{x}$

여기서 스칼라를 실수로 한정하면 V는 **실벡터공간**(real vector space)이며, 복소수로 확장하면 **복소벡터공간**(complex vector space)이라 한다. 특히 공리 (i)과 (vi)을 **닫힘공리**(closure axiom)라 한다.

예제 1

집합 (**1**) $V=\{1\}$, (2) $V=\{0\}$이 벡터공간이 되는지를 보여라.

(1) $V=\{1\}$은 하나의 원소만을 가지고 있으며 많은 공리를 만족하지 않는다. 예를 들어 $1+1=2$이고 $k\neq 1$에 대해 $k\cdot 1=k$가 되어 공리 (i)과 (vi)을 만족하지 않는다. 따라서 $V=\{1\}$은 벡터공간이 아니다.

(2) $0+0=0$, $k\cdot 0=0$ 등으로 모든 공리를 만족하므로 V는 벡터공간이다. $V=\{0\}$을 영공간(zero space)이라고도 부른다.

다음은 벡터공간의 예이다.

- 실수의 집합 R
- n차원 실벡터의 집합 R^n
- $m \times n$ 실행렬의 집합 $A_{m \times n}$
- n차 이하의 다항식의 집합 P_n
- 모든 실수에 대해 정의되는 실함수 f의 집합
- 닫힌구간 $a \leqq x \leqq b$에서 연속인 실함수 f의 집합 $C[a, b]$
- 모든 실수에 대해 연속인 실함수 f의 집합 $C[-\infty, \infty]$
- 닫힌구간 $a \leqq x \leqq b$에서 연속이고 $f, f', \cdots, f^{(n)}$이 존재하는 실함수 f의 집합 $C^m[a, b]$

예제 2

(1) 실수의 집합은 벡터공간이 되기 위한 10가지 공리를 모두 만족하므로 벡터공간이다. 하지만 음이 아닌 수의 집합은 덧셈에 대한 역원, 임의의 스칼라곱 등이 집합에 포함되지 않으므로 공리 (v)와 (vi)을 만족하지 않고 따라서 벡터공간이 아니다.
(2) 임의의 3차원 실벡터의 집합은 10가지 공리를 모두 만족하는 벡터공간이다. 하지만 y성분이 1인 3차원 벡터의 집합은 벡터공간이 될 수 없다. 왜냐하면

$$[0, 1, 0] + [1, 1, 1] = [1, 2, 1], \quad 2[0, 1, 0] = [0, 2, 0], \cdots$$

과 같이 y성분이 2가 되어 조건을 만족하지 않기 때문이다.

부분공간

벡터공간 V의 부분집합 W가 V에서 정의되는 덧셈과 스칼라곱에 대해 스스로 벡터공간이면 W를 V의 **부분공간(subspace)**이라 한다.

W가 V의 부분공간임을 보이기 위해 10가지 모든 공리가 만족됨을 보일 필요는 없다. 왜냐하면 W의 모든 벡터는 V의 벡터이기 때문이다. W가 벡터공간 V의 부분공간임을 보이기 위해서는 닫힘공리 (i)과 (vi)을 만족하는 것을 보이기만 하면 된다.

예제 3

f와 g가 모든 실수에 대해 연속인 실함수라 하면 $f+g$와 kf(k는 실수)도 모든 실수에 대해 연속인 실함수이므로 연속인 실함수 f의 집합 $C[-\infty, \infty]$는 모든 실수에서 정의되는 실함수 벡터공간의 부분공간이기도 하다.

1차 결합

스칼라 $c_1, c_2, \cdots, c_n$에 대해

$$c_1\mathbf{x}_1 + c_2\mathbf{x}_2 + \cdots + c_n\mathbf{x}_n$$

을 벡터 $\mathbf{x}_1, \mathbf{x}_2, \cdots, \mathbf{x}_n$의 1차 결합(linear combination)이라 한다.

1차 독립과 1차 종속

벡터 $\mathbf{x}_1, \mathbf{x}_2, \cdots, \mathbf{x}_n$에 대해

$$c_1\mathbf{x}_1 + c_2\mathbf{x}_2 + \cdots + c_n\mathbf{x}_n = \mathbf{0}$$

이 오직 $c_1 = c_2 = \cdots = c_n = 0$에 대해서만 성립하면 벡터 $\mathbf{x}_1, \mathbf{x}_2, \cdots, \mathbf{x}_n$은 1차독립(linearly independent)이라 하고, 1차 독립이 아닐 때, 즉 0이 아닌 $c_i(1 \leqq i \leqq n)$에 대해 성립하면 1차 종속(linearly dependent)이라 한다.

만약 $c_1 \neq 0$에 대해 $c_1\mathbf{x}_1 + c_2\mathbf{x}_2 + \cdots + c_n\mathbf{x}_n = \mathbf{0}$이 성립하면 벡터 $\mathbf{x}_1, \mathbf{x}_2, \cdots, \mathbf{x}_n$은 1차 종속이며

$$\mathbf{x}_1 = -\frac{c_2}{c_1}\mathbf{x}_2 - \cdots - \frac{c_n}{c_1}\mathbf{x}_n$$

이므로 $\mathbf{x}_1$은 나머지 벡터의 1차 결합으로 나타난다.

예제 4

(1) 벡터 $\mathbf{x}_1 = [1, 0]$, $\mathbf{x}_2 = [0, 1]$는 1차 독립이다.

$$c_1\mathbf{x}_1 + c_2\mathbf{x}_2 = c_1[1, 0] + c_2[0, 1] = [c_1, c_2] = [0, 0]$$

이 오직 $c_1 = c_2 = 0$일 때만 성립하기 때문이다.

(2) 벡터 $\mathbf{x}_1 = [1, 0]$, $\mathbf{x}_2 = [0, 1]$, $\mathbf{x}_3 = [1, 1]$은 1차 종속이다.

$$c_1\mathbf{x}_1 + c_2\mathbf{x}_2 + c_3\mathbf{x}_3 = c_1[1, 0] + c_2[0, 1] + c_3[1, 1] = [c_1 + c_3, c_2 + c_3] = [0, 0]$$

이 0이 아닌 $c_i\ (1 \leqq i \leqq 3)$에 대해 성립하기 때문이다.

기저와 차원

벡터공간 V의 모든 벡터가 1차 독립인 벡터 $\mathbf{x}_1, \mathbf{x}_2, \cdots, \mathbf{x}_n$의 1차 결합으로 표현되면 벡터 $\mathbf{x}_1, \mathbf{x}_2, \cdots, \mathbf{x}_n$을 벡터공간 V의 기저(basis)라 하며, 기저를 이루는 벡터의 수를 벡터공간 V의 차원(dimension)이라 하고 $\dim V$로 나타낸다.

행렬의 연산

크기가 같은 두 행렬

$$\mathbf{A} = \begin{bmatrix} a_{11} & a_{12} & \cdots & a_{1n} \\ a_{21} & a_{22} & \cdots & a_{2n} \\ \vdots & \vdots & \ddots & \vdots \\ a_{m1} & a_{m2} & \cdots & a_{mn} \end{bmatrix}, \quad \mathbf{B} = \begin{bmatrix} b_{11} & b_{12} & \cdots & b_{1n} \\ b_{21} & b_{22} & \cdots & b_{2n} \\ \vdots & \vdots & \ddots & \vdots \\ b_{m1} & b_{m2} & \cdots & b_{mn} \end{bmatrix}$$

에 대하여 다음과 같이 정의한다.

행렬의 상등

$\mathbf{A} = \mathbf{B}$이면 $a_{ij} = b_{ij}$ $(1 \leqq i \leqq m,\ 1 \leqq j \leqq n)$이다.

즉 행렬의 성분이 모두 같을 때 두 행렬이 같다.

행렬의 합

$\mathbf{A} + \mathbf{B} = [a_{ij} + b_{ij}]_{m \times n}$ $(1 \leqq i \leqq m,\ 1 \leqq j \leqq n)$

즉 행렬의 합은 각 성분의 합으로 정의한다. 행렬의 합에 대해 다음의 성질이 성립함을 쉽게 알 수 있다.

- 행렬의 합에 관한 성질

(1) $\mathbf{A} + \mathbf{B} = \mathbf{B} + \mathbf{A}$: 교환법칙 (2) $(\mathbf{A} + \mathbf{B}) + \mathbf{C} = \mathbf{A} + (\mathbf{B} + \mathbf{C})$: 결합법칙

성질 (1)의 증명: $\mathbf{A} = [a_{ij}]_{m \times n}$, $\mathbf{B} = [b_{ij}]_{m \times n}$라 하면

$$\begin{aligned} \mathbf{A} + \mathbf{B} &= [a_{ij}]_{m \times n} + [b_{ij}]_{m \times n} = [a_{ij} + b_{ij}]_{m \times n} \\ &= [b_{ij} + a_{ij}]_{m \times n} = [b_{ij}]_{m \times n} + [a_{ij}]_{m \times n} = \mathbf{B} + \mathbf{A}. \end{aligned}$$

행렬의 스칼라곱

스칼라 k에 대하여 $k\mathbf{A} = [ka_{ij}]_{m \times n}$ $(1 \leqq i \leqq m,\ 1 \leqq j \leqq n)$이다.

위와 같이 행렬의 **스칼라곱**(scalar multiplication)은 각 성분의 스칼라곱으로 정의한다. 따라서 $-\mathbf{A} = [-a_{i,j}]_{m\times n}$이며 $\mathbf{A} - \mathbf{B} = \mathbf{A} + (-\mathbf{B})$와 같다. 이러한 스칼라곱의 정의에 의해 다음의 성질이 성립함을 알 수 있다.

- **행렬의 스칼라곱에 관한 성질**

스칼라 k, k_1, k_2에 대하여 다음이 성립한다.

(1) $k_1(k_2\mathbf{A}) = (k_1k_2)\mathbf{A} = k_2(k_1\mathbf{A})$: 결합법칙

(2) $k(\mathbf{A} + \mathbf{B}) = k\mathbf{A} + k\mathbf{B}$: 분배법칙

성질 (2)의 증명: $\mathbf{A} = [a_{ij}]_{m\times n}$, $\mathbf{B} = [b_{ij}]_{m\times n}$라 하면

$$\begin{aligned} k(\mathbf{A} + \mathbf{B}) &= k([a_{ij}]_{m\times n} + [b_{ij}]_{m\times n}) = k[a_{ij} + b_{ij}]_{m\times n} = [ka_{ij} + kb_{ij}]_{m\times n} \\ &= k[a_{ij}]_{m\times n} + k[b_{ij}]_{m\times n} = k\mathbf{A} + k\mathbf{B}. \end{aligned}$$

예제 1

$\mathbf{A} = \begin{bmatrix} 4 & 7 \\ 3 & 5 \end{bmatrix}$, $\mathbf{B} = \begin{bmatrix} 9 & -2 \\ 6 & 8 \end{bmatrix}$일 때 $\mathbf{A} + \mathbf{B}$, $\mathbf{A} - \mathbf{B}$, $2\mathbf{A}$를 계산하라.

(풀이) $\mathbf{A} + \mathbf{B} = \begin{bmatrix} 4 & 7 \\ 3 & 5 \end{bmatrix} + \begin{bmatrix} 9 & -2 \\ 6 & 8 \end{bmatrix} = \begin{bmatrix} 4+9 & 7-2 \\ 3+6 & 5+8 \end{bmatrix} = \begin{bmatrix} 13 & 5 \\ 9 & 13 \end{bmatrix}$

$\mathbf{A} - \mathbf{B} = \begin{bmatrix} 4 & 7 \\ 3 & 5 \end{bmatrix} - \begin{bmatrix} 9 & -2 \\ 6 & 8 \end{bmatrix} = \begin{bmatrix} 4-9 & 7+2 \\ 3-6 & 5-8 \end{bmatrix} = \begin{bmatrix} -5 & 9 \\ -3 & -3 \end{bmatrix}$

$2\mathbf{A} = 2\begin{bmatrix} 4 & 7 \\ 3 & 5 \end{bmatrix} = \begin{bmatrix} 2\cdot 4 & 2\cdot 7 \\ 2\cdot 3 & 2\cdot 5 \end{bmatrix} = \begin{bmatrix} 8 & 14 \\ 6 & 10 \end{bmatrix}$

영행렬(zero or null matrix)은 행렬의 성분이 모두 0인 행렬로

$$\mathbf{O} = \begin{bmatrix} 0 & 0 & 0 \\ 0 & 0 & 0 \\ 0 & 0 & 0 \end{bmatrix}$$

와 같은 행렬이다. 행렬 $\mathbf{A}$에 대하여

$$\mathbf{A} + \mathbf{O} = \mathbf{A}, \quad \mathbf{A} + (-\mathbf{A}) = \mathbf{O}$$

이 성립하므로 영행렬 $\mathbf{O}$는 덧셈에 대한 **항등원**이고 $-\mathbf{A}$는 덧셈에 대해 $\mathbf{A}$의 **역원**이다.

행렬의 곱

이제 두 행렬 **A**, **B**의 곱에 대하여 알아보자. 먼저 **A**가 하나의 행을 갖는 **행벡터**(row vector)이고 **B**가 하나의 열을 갖는 **열벡터**(column vector)일 때 곱 **AB**를

$$\mathbf{AB} = [2 \;\; 4 \;\; 5]\begin{bmatrix}3\\1\\0\end{bmatrix} = [2 \cdot 3 + 4 \cdot 1 + 5 \cdot 0] = [10]$$

로 계산하며, 이를 행렬의 **내적**(inner product)이라 부른다. 즉 1×3 행렬과 3×1 행렬의 곱은 하나의 성분만을 갖는 1×1 행렬이 된다. 행이 2개 이상인 행렬 **A**와 열벡터 **B**의 곱에 대해서도 **A**의 각 행에 내적 연산을 동일하게 적용하는 것을 원칙으로 하여

$$\mathbf{AB} = \begin{bmatrix}2 & 4 & 5\\2 & 6 & 8\\1 & 0 & 9\end{bmatrix}\begin{bmatrix}3\\1\\0\end{bmatrix} = \begin{bmatrix}2 \cdot 3 + 4 \cdot 1 + 5 \cdot 0\\2 \cdot 3 + 6 \cdot 1 + 8 \cdot 0\\1 \cdot 3 + 0 \cdot 1 + 9 \cdot 0\end{bmatrix} = \begin{bmatrix}10\\12\\3\end{bmatrix}$$

과 같이 계산한다. **B**의 열이 2개 이상인 경우에는 **B**의 각 열에 대해 동일한 **A**를 곱하여

$$\mathbf{AB} = \begin{bmatrix}2 & 4 & 5\\2 & 6 & 8\\1 & 0 & 9\end{bmatrix}\begin{bmatrix}3 & 2\\1 & 0\\0 & 1\end{bmatrix} = \begin{bmatrix}2 \cdot 3 + 4 \cdot 1 + 5 \cdot 0 & 2 \cdot 2 + 4 \cdot 0 + 5 \cdot 1\\2 \cdot 3 + 6 \cdot 1 + 8 \cdot 0 & 2 \cdot 2 + 6 \cdot 0 + 8 \cdot 1\\1 \cdot 3 + 0 \cdot 1 + 9 \cdot 0 & 1 \cdot 2 + 0 \cdot 0 + 9 \cdot 1\end{bmatrix} = \begin{bmatrix}10 & 9\\12 & 12\\3 & 11\end{bmatrix}$$

로 계산한다. 일반적으로 **행렬의 곱**(matrix multiplication)을 다음과 같이 정의한다.

> **A**가 $m \times p$, **B**가 $p \times n$ 행렬일 때, 행렬의 곱 **AB**는
>
> $$\mathbf{AB} = [c_{ij}]_{m \times n}, \quad c_{ij} = \sum_{k=1}^{p} a_{ik} b_{kj}$$
>
> 이다.

두 행렬 **A**와 **B**의 곱 **AB**는 **A**의 열의 개수와 **B**의 행의 개수가 같을 때만 정의되는데, **A**의 i 번째 행의 성분과 **B**의 j 번째 열의 성분을 순서대로 곱하여 더한 값이 행렬 **AB**의 (i, j) 성분이 되는 것이다.

예제 2

(1) $\mathbf{A} = \begin{bmatrix}4 & 7\\3 & 5\end{bmatrix}$, $\mathbf{B} = \begin{bmatrix}9 & -2\\6 & 8\end{bmatrix}$일 때

$$\mathbf{AB}=\begin{bmatrix}4&7\\3&5\end{bmatrix}\begin{bmatrix}9&-2\\6&8\end{bmatrix}=\begin{bmatrix}4\cdot9+7\cdot6&4\cdot(-2)+7\cdot8\\3\cdot9+5\cdot6&3\cdot(-2)+5\cdot8\end{bmatrix}=\begin{bmatrix}78&48\\57&34\end{bmatrix}$$

(2) $\mathbf{A}=\begin{bmatrix}5&8\\1&0\\2&7\end{bmatrix}$, $\mathbf{B}=\begin{bmatrix}-4&-3\\2&0\end{bmatrix}$일 때

$$\mathbf{AB}=\begin{bmatrix}5&8\\1&0\\2&7\end{bmatrix}\begin{bmatrix}-4&-3\\2&0\end{bmatrix}=\begin{bmatrix}5\cdot(-4)+8\cdot2&5\cdot(-3)+8\cdot0\\1\cdot(-4)+0\cdot2&1\cdot(-3)+0\cdot0\\2\cdot(-4)+7\cdot2&2\cdot(-3)+7\cdot0\end{bmatrix}=\begin{bmatrix}-4&-15\\-4&-3\\6&-6\end{bmatrix}$$

이지만, **BA**는 정의되지 않는다.

행렬의 곱은 다음과 같은 성질을 갖는다.

- **행렬의 곱에 관한 성질**

(1) 결합법칙: **A(BC) = (AB)C**
(2) 분배법칙: **A(B + C) = AB + AC, (A + B)C = AC + BC**

성질 (2)의 첫 번째 식 증명:

$\mathbf{A}=[a_{ij}]_{m\times p}$, $\mathbf{B}=[b_{ij}]_{p\times n}$, $\mathbf{C}=[c_{ij}]_{p\times n}$라 하면

$$\mathbf{A}(\mathbf{B}+\mathbf{C})=[a_{ij}]_{m\times p}([b_{ij}]_{p\times n}+[c_{ij}]_{p\times n})=[a_{ij}]_{m\times p}[b_{ij}+c_{ij}]_{p\times n}=[d_{ij}]_{m\times n}$$

이고, 여기서 $d_{ij}=\sum_{k=1}^{p}a_{ik}(b_{kj}+c_{kj})$이다. 마찬가지로

$$\mathbf{AB}+\mathbf{AC}=[a_{ij}]_{m\times p}[b_{ij}]_{p\times n}+[a_{ij}]_{m\times p}[c_{ij}]_{p\times n}=[e_{ij}]_{m\times n}+[f_{ij}]_{m\times n}$$

이고, 여기서 $e_{ij}=\sum_{k=1}^{p}a_{ik}b_{kj}$, $f_{ij}=\sum_{k=1}^{p}a_{ik}c_{kj}$이다. 그런데

$$d_{ij}=\sum_{k=1}^{p}a_{ik}(b_{kj}+c_{kj})=\sum_{k=1}^{p}a_{ik}b_{kj}+\sum_{k=1}^{p}a_{ik}c_{kj}=e_{ij}+f_{ij}$$

이므로 **A(B + C) = AB + AC**이다.

행렬의 곱에 대해서는 일반적으로 $\mathbf{AB}\neq\mathbf{BA}$이다. 즉 교환법칙이 성립하지 않음에 유의하라.

A, B, C, D가 실수일 때 다음 성질이 성립한다.

- $AB=BA$ (교환법칙)

- $AB = AC$이고 $A \neq 0$이면 $B = C$
- $AD = 0$이면 $A = 0$ 또는 $D = 0$

하지만 행렬의 곱에서는 **A**, **B**, **C**, **D**가 모두 정사각행렬이라도 일반적으로 위의 성질이 성립하지 않는다. 다음 예제를 보자.

예제 3

$\mathbf{A} = \begin{bmatrix} 0 & 1 \\ 0 & 2 \end{bmatrix}, \mathbf{B} = \begin{bmatrix} 1 & 1 \\ 3 & 4 \end{bmatrix}, \mathbf{C} = \begin{bmatrix} 2 & 5 \\ 3 & 4 \end{bmatrix}, \mathbf{D} = \begin{bmatrix} 3 & 7 \\ 0 & 0 \end{bmatrix}$일 때

(1) $\mathbf{AB} = \begin{bmatrix} 0 & 1 \\ 0 & 2 \end{bmatrix}\begin{bmatrix} 1 & 1 \\ 3 & 4 \end{bmatrix} = \begin{bmatrix} 0\cdot1+1\cdot3 & 0\cdot1+1\cdot4 \\ 0\cdot1+2\cdot3 & 0\cdot1+2\cdot4 \end{bmatrix} = \begin{bmatrix} 3 & 4 \\ 6 & 8 \end{bmatrix}$

$\mathbf{BA} = \begin{bmatrix} 1 & 1 \\ 3 & 4 \end{bmatrix}\begin{bmatrix} 0 & 1 \\ 0 & 2 \end{bmatrix} = \begin{bmatrix} 1\cdot0+1\cdot0 & 1\cdot1+1\cdot2 \\ 3\cdot0+4\cdot0 & 3\cdot1+4\cdot2 \end{bmatrix} = \begin{bmatrix} 0 & 3 \\ 0 & 11 \end{bmatrix}$

에서 $\mathbf{AB} \neq \mathbf{BA}$이다.

(2) $\mathbf{AC} = \begin{bmatrix} 0 & 1 \\ 0 & 2 \end{bmatrix}\begin{bmatrix} 2 & 5 \\ 3 & 4 \end{bmatrix} = \begin{bmatrix} 0\cdot2+1\cdot3 & 0\cdot5+1\cdot4 \\ 0\cdot2+2\cdot3 & 0\cdot5+2\cdot4 \end{bmatrix} = \begin{bmatrix} 3 & 4 \\ 6 & 8 \end{bmatrix}$

에서 $\mathbf{AB} = \mathbf{AC}$이다. 하지만 $\mathbf{A} \neq \mathbf{0}$인데 $\mathbf{B} \neq \mathbf{C}$이다.

(3) $\mathbf{AD} = \begin{bmatrix} 0 & 1 \\ 0 & 2 \end{bmatrix}\begin{bmatrix} 3 & 7 \\ 0 & 0 \end{bmatrix} = \begin{bmatrix} 0\cdot3+1\cdot0 & 0\cdot7+1\cdot0 \\ 0\cdot3+2\cdot0 & 0\cdot7+2\cdot0 \end{bmatrix} = \begin{bmatrix} 0 & 0 \\ 0 & 0 \end{bmatrix} = \mathbf{0}$

이다. 하지만 $\mathbf{A} \neq \mathbf{0}$, $\mathbf{D} \neq \mathbf{0}$이다.

정사각행렬 **A**의 거듭제곱을

$$\mathbf{AA} = \mathbf{A}^2, \quad \mathbf{AAA} = \mathbf{A}^3, \cdots$$

등으로 나타낸다. 행렬의 곱에 관한 성질을 이용하면

$$\begin{aligned}(\mathbf{A}+\mathbf{B})^2 &= (\mathbf{A}+\mathbf{B})(\mathbf{A}+\mathbf{B}) = \mathbf{A}(\mathbf{A}+\mathbf{B}) + \mathbf{B}(\mathbf{A}+\mathbf{B}) \\ &= \mathbf{A}^2 + \mathbf{AB} + \mathbf{BA} + \mathbf{B}^2 \\ (\mathbf{A}+\mathbf{B})(\mathbf{A}-\mathbf{B}) &= \mathbf{A}(\mathbf{A}-\mathbf{B}) + \mathbf{B}(\mathbf{A}-\mathbf{B}) \\ &= \mathbf{A}^2 - \mathbf{AB} + \mathbf{BA} - \mathbf{B}^2\end{aligned}$$

이 된다. 일반적으로 $\mathbf{AB} \neq \mathbf{BA}$이므로 위 식은 더 이상 간단해지지 않는다.

1차 변환

벡터공간 **X**, **Y**에 대해 **X**에 속하는 벡터 **x**가 **Y**에 속하는 벡터 **y**와 $\mathbf{y} = F(\mathbf{x})$로 대응

될 때 이를 $\mathbf{x}$의 $\mathbf{y}$로의 **변환**(transformation) 또는 **사상**(mapping)이라 한다. 특히 $\mathbf{X}$에 속하는 벡터 $\mathbf{x}_1$, $\mathbf{x}_2$와 임의의 스칼라 k에 대하여

$$F(\mathbf{x}_1+\mathbf{x}_2)=F(\mathbf{x}_1)+F(\mathbf{x}_2),\ \ F(k\mathbf{x}_1)=kF(\mathbf{x}_1)$$

을 만족하는 변환을 **1차 변환**(linear transformation)이라 한다.

$\mathbf{X}$와 $\mathbf{Y}$가 각각 실벡터공간 R^n과 R^m의 원소, 즉 $\mathbf{X}$는 $n\times 1$ 행렬, $\mathbf{Y}$는 $m\times 1$ 행렬이고 $\mathbf{A}$가 $m\times n$ 행렬인 경우

$$\mathbf{Y}=\mathbf{AX}$$

또한 1차 변환을 나타낸다. 예를 들어 $\mathbf{A}=\begin{bmatrix}1 & 0\\ 0 & -1\end{bmatrix}$은 1차 변환 $\mathbf{Y}=\mathbf{AX}$에 의해

$$\begin{bmatrix}y_1\\ y_2\end{bmatrix}=\begin{bmatrix}1 & 0\\ 0 & -1\end{bmatrix}\begin{bmatrix}x_1\\ x_2\end{bmatrix}=\begin{bmatrix}x_1\\ -x_2\end{bmatrix}$$

가 되므로 점 $(x_1,\ x_2)$가 $y_1=x_1$, $y_2=-x_2$를 만족하는 점 $(y_1,\ y_2)$로 이동하는 변환, 즉 x축에 대칭인 점으로의 변환을 나타낸다. 마찬가지로 행렬

$$\begin{bmatrix}0 & 1\\ 1 & 0\end{bmatrix},\ \begin{bmatrix}-1 & 0\\ 0 & -1\end{bmatrix},\ \begin{bmatrix}c & 0\\ 0 & 1\end{bmatrix},\ \begin{bmatrix}\cos\theta & -\sin\theta\\ \sin\theta & \cos\theta\end{bmatrix}$$

는 각각 직선 $y=x$에 대한 대칭, 원점에 대한 대칭, x축 방향으로의 확장($c>1$인 경우 $0<c<1$이면 수축), 원점을 중심으로 반시계 방향으로 θ만큼 회전하는 변환을 나타낸다(연습문제 참고).

이러한 1차 변환에 관한 이론은 컴퓨터 그래픽 등의 다양한 분야에 응용되고 있다.

마르코프 과정

행렬의 모든 성분이 음이 아니고 각 행 또는 열의 합이 모두 1인 정사각행렬을 **확률행렬**(stochastic matrix)이라 한다. 어떤 상태로 변화할 확률이 바로 이전 상태에만 의존하는 확률과정을 **마르코프 과정**(Markov process)이라 한다. 1차 변환의 하나로 마르코프 과정의 예를 보자.

예제 4

어떤 도시의 2010년도 토지 사용상태가 다음과 같다.

I	주거지역	30%
II	상업지역	20%
III	공업지역	50%

$$\begin{bmatrix} + & - & + & \cdots \\ - & + & - & \cdots \\ + & - & + & \cdots \\ \vdots & \vdots & \vdots & \ddots \end{bmatrix}$$

와 같이 변한다. 따라서 3 × 3 행렬식을 1행으로 전개하면

$$\det\mathbf{A} = a_{11}C_{11} + a_{12}C_{12} + a_{13}C_{13}$$

이고, 1열로 전개하면

$$\det\mathbf{A} = a_{11}C_{11} + a_{21}C_{21} + a_{31}C_{31}$$

이다. 임의의 행이나 열에 대해 계산해도 같은 결과를 얻음을 쉽게 알 수 있다.

3 × 3 행렬식의 정의를 일반화하여 $n \times n$ 행렬식을 정의한다.

$n \times n$ 행렬식

A가 $n \times n$ 행렬일 때, $1 \leqq i \leqq n$에 대하여

$$\det\mathbf{A} = a_{i1}C_{i1} + a_{i2}C_{i2} + \cdots + a_{in}C_{in} = \sum_{k=1}^{n} a_{ik}C_{ik} \qquad (7.2.1)$$

또는 $1 \leqq j \leqq n$에 대하여

$$\det\mathbf{A} = a_{1j}C_{1j} + a_{2j}C_{2j} + \cdots + a_{nj}C_{nj} = \sum_{k=1}^{n} a_{kj}C_{kj} \qquad (7.2.2)$$

이다.

위의 정의에 의하면 $n \times n$ 행렬식은 임의의 i행($1 \leqq i \leqq n$)의 성분과 이의 여인수에 대한 행전개(row expansion) 또는 임의의 j열($1 \leqq j \leqq n$)의 성분과 이의 여인수에 대한 열전개(column expansion)로 계산한다. 이와 같이 행렬식을 임의의 행 또는 열에 대한 전개로 나타내는 것을 **라플라스 전개(Laplace expansion)**라고도 부른다. $n \times n$ 행렬식 계산이 특정한 행이나 열에 국한되지 않고 임의의 행이나 열에 대한 전개로 나타낼 수 있음은 이미 증명되어 있다.[1)]

---

1) 임의의 $n \times n$ 행렬에 대해 수학적 귀납법으로 증명할 수 있다(Kreyszig, 'Advanced Engineering Mathematics' 8th Ed. Appendix 4).

예제 3

행렬식 $\begin{vmatrix} 2 & 4 & 7 \\ 6 & 0 & 3 \\ 1 & 5 & 3 \end{vmatrix}$을 계산하라.

(풀이) 행렬의 1행을 기준으로 전개하면

$$\begin{vmatrix} 2 & 4 & 7 \\ 6 & 0 & 3 \\ 1 & 5 & 3 \end{vmatrix} = 2\begin{vmatrix} 0 & 3 \\ 5 & 3 \end{vmatrix} - 4\begin{vmatrix} 6 & 3 \\ 1 & 3 \end{vmatrix} + 7\begin{vmatrix} 6 & 0 \\ 1 & 5 \end{vmatrix} = 2(-15) - 4(15) + 7(30) = 120$$

이 되고, 만약 2행을 택하면

$$\begin{vmatrix} 2 & 4 & 7 \\ 6 & 0 & 3 \\ 1 & 5 & 3 \end{vmatrix} = -6\begin{vmatrix} 4 & 7 \\ 5 & 3 \end{vmatrix} + 0\begin{vmatrix} 2 & 7 \\ 1 & 3 \end{vmatrix} - 3\begin{vmatrix} 2 & 4 \\ 1 & 5 \end{vmatrix} = -6(12-35) - 3(10-4) = 120$$

이 되어 결과는 같다.

예제 4

$\mathbf{A} = \begin{bmatrix} 5 & 1 & 2 & 4 \\ -1 & 0 & 2 & 3 \\ 1 & 1 & 6 & 1 \\ 1 & 0 & 0 & -4 \end{bmatrix}$의 행렬식을 구하라.

(풀이) 편의상 성분에 0이 많이 포함된 4행을 기준으로 전개하여 계산한다.

$$\begin{aligned} \det\mathbf{A} &= -\begin{vmatrix} 1 & 2 & 4 \\ 0 & 2 & 3 \\ 1 & 6 & 1 \end{vmatrix} - 4\begin{vmatrix} 5 & 1 & 2 \\ -1 & 0 & 2 \\ 1 & 1 & 6 \end{vmatrix} \\ &= -\left\{ 2\begin{vmatrix} 1 & 4 \\ 1 & 1 \end{vmatrix} - 3\begin{vmatrix} 1 & 2 \\ 1 & 6 \end{vmatrix} \right\} - 4\left\{ \begin{vmatrix} 1 & 2 \\ 1 & 6 \end{vmatrix} - 2\begin{vmatrix} 5 & 1 \\ 1 & 1 \end{vmatrix} \right\} \\ &= -2(1-4) + 3(6-2) - 4(6-2) + 8(5-1) = 34 \end{aligned}$$

$n \times n$ 정사각행렬 $\mathbf{A}$, $\mathbf{B}$에 대하여 다음과 같은 성질이 성립한다.

행렬식의 성질 [1]

(1) $\mathbf{A}$의 한 행 또는 한 열에 스칼라 c를 곱한 행렬의 행렬식은 $c\det\mathbf{A}$이다. 이를 이용하면 $\det(c\mathbf{A}) = c^n\det\mathbf{A}$가 된다.

(2) $\mathbf{A}$의 한 행 또는 한 열이 모두 0이면 $\det\mathbf{A} = 0$이다.

(3) **A**의 두 행 또는 두 열을 교환한 행렬의 행렬식은 $-\det\mathbf{A}$이다.

(4) **A**의 두 행 또는 두 열이 같거나 비가 일정하면 $\det\mathbf{A} = 0$이다.

(5) **A**의 한 행 또는 한 열에 0이 아닌 실수를 곱하여 다른 행 또는 열에 더한 행렬의 행렬식은 $\det\mathbf{A}$이다. 즉 행렬식의 값은 기본 행연산에 무관하다(invariance of determinant).

(증명) (1) **A**의 i행($1 \leqq i \leqq n$)에 스칼라 c를 곱한 행렬을 **B**라 하면 식 (7.2.1)에서

$$\det\mathbf{B} = \sum_{k=1}^{n}(ca_{ik})C_{ik} = c\sum_{k=1}^{n}a_{ik}C_{ik} = c\det\mathbf{A}$$

이다. 열에 대해서도 마찬가지다.

(2) 한 행 또는 열의 성분이 모두 0인 행렬은 해당 행 또는 열에 $c = 0$을 곱한 행렬로 볼 수 있으므로 성질 (1)에 의해 $\det\mathbf{A} = 0$이다.

(3) 수학적 귀납법을 사용한다. **A**의 두 행을 교환한 행렬을 **B**라 하자. 2×2 행렬에 대해[성질 (3)은 $n \geqq 2$인 경우에만 성립하므로]

$$\det\mathbf{A} = \begin{vmatrix} a_{11} & a_{12} \\ a_{21} & a_{22} \end{vmatrix} = a_{11}a_{22} - a_{21}a_{12}, \quad \det\mathbf{B} = \begin{vmatrix} a_{21} & a_{22} \\ a_{11} & a_{12} \end{vmatrix} = a_{21}a_{12} - a_{11}a_{22}$$

이므로 $\det\mathbf{B} = -\det\mathbf{A}$가 성립한다. $(n-1) \times (n-1)$ 행렬에 대해 $\det\mathbf{B} = -\det\mathbf{A}$가 성립한다고 가정하자. $n \times n$ 행렬에 대해 원래의 행렬 **A**와 두 행을 교환한 행렬 **B**의 행렬식을 서로 교환하지 않은 행인 p행의 성분과 이의 여인수로 계산하면 각각

$$\det\mathbf{A} = \sum_{k=1}^{n}a_{pk}C_{pk}, \quad \det\mathbf{B} = \sum_{k=1}^{n}a_{pk}D_{pk}$$

이다. 여기서 C_{pk}, D_{pk}는 크기가 $(n-1) \times (n-1)$이고 두 행이 교환된 행렬의 행렬식이므로 가정에 의해 $D_{pk} = -C_{pk}$이다. 따라서 $n \times n$ 행렬에 대해서도 $\det\mathbf{B} = -\det\mathbf{A}$이므로 성질 (3)은 $n \geqq 2$인 모든 행렬에 대해 성립한다.

(4) p행과 i행의 비가 c인 행렬을 **A**라 하자. ($c = 1$이면 두 행이 같음.) **A**의 행렬식을 p행으로 전개하면

$$\det\mathbf{A} = \sum_{k=1}^{n}a_{pk}C_{pk} = \sum_{k=1}^{n}ca_{ik}C_{pk} = c\sum_{k=1}^{n}a_{ik}C_{pk}$$

이다. 여기서 $D = \sum_{k=1}^{n}a_{ik}C_{pk}$로 놓으면 D는 p행과 i행이 같은 행렬의 행렬식이다. 성질 (3)에 의하면 p행과 i행을 교환한 행렬의 행렬식은 $-D$이다. 하지만 p행과 i

행이 같은 행렬은 두 행을 교환해도 행렬식은 같으므로 $D = -D$, 즉 $D = 0$이므로 $\det\mathbf{A} = c \cdot 0 = 0$이다.

(5) $\mathbf{A}$의 i행에 0이 아닌 실수 m을 곱하여 p행에 더하여 p행으로 사용한 행렬을 $\mathbf{B}$라 하자. $\mathbf{B}$의 행렬식을 p행으로 전개하면

$$\det\mathbf{B} = \sum_{k=1}^{n}(ma_{ik} + a_{pk})C_{pk} = m\sum_{k=1}^{n}a_{ik}C_{pk} + \sum_{k=1}^{n}a_{pk}C_{pk}$$

이다. 여기서 $\sum_{k=1}^{n}a_{ik}C_{pk}$는 p행의 성분이 i행의 성분과 같은 행렬의 행렬식이므로 성질 (4)에 의해 값이 0이고, $\sum_{k=1}^{n}a_{ik}C_{pk}$는 원래의 행렬 $\mathbf{A}$의 행렬식이므로

$$\det\mathbf{B} = m \cdot 0 + \det\mathbf{A} = \det\mathbf{A}$$

이다.

예제 5 행렬식의 성질 [1]

간단한 행렬에 대해 행렬식의 성질 [1]이 성립함을 확인해 보자.

(1) $\mathbf{A} = \begin{bmatrix} 1 & -2 \\ 3 & 4 \end{bmatrix}$의 1행에 2를 곱한 행렬을 $\mathbf{B} = \begin{bmatrix} 2 & -4 \\ 3 & 4 \end{bmatrix}$라 하면

$$\det\mathbf{A} = \begin{vmatrix} 1 & -2 \\ 3 & 4 \end{vmatrix} = 1 \cdot 4 - 3 \cdot (-2) = 10$$

$$\det\mathbf{B} = \begin{vmatrix} 2 & -4 \\ 3 & 4 \end{vmatrix} = 2 \cdot 4 - 3 \cdot (-4) = 20$$

이므로 $\det\mathbf{B} = 2\det\mathbf{A}$이다.

(2) 2열이 모두 0인 행렬 $\mathbf{A} = \begin{bmatrix} 1 & 0 \\ 3 & 0 \end{bmatrix}$에 대해 $\det\mathbf{A} = \begin{vmatrix} 1 & 0 \\ 3 & 0 \end{vmatrix} = 1 \cdot 0 - 3 \cdot 0 = 0$이다.

(3) $\mathbf{A} = \begin{bmatrix} 1 & -2 \\ 3 & 4 \end{bmatrix}$의 1열과 2열을 교환한 행렬 $\mathbf{B} = \begin{bmatrix} -2 & 1 \\ 4 & 3 \end{bmatrix}$에 대해

$$\det\mathbf{A} = \begin{vmatrix} 1 & -2 \\ 3 & 4 \end{vmatrix} = 10, \quad \det\mathbf{B} = \begin{vmatrix} -2 & 1 \\ 4 & 3 \end{vmatrix} = -10$$

이므로 $\det\mathbf{B} = -\det\mathbf{A}$이다.

(4) 2열이 1열의 2배인 행렬 $\mathbf{A} = \begin{bmatrix} 1 & 2 \\ 3 & 6 \end{bmatrix}$에 대해 $\det\mathbf{A} = \begin{vmatrix} 1 & 2 \\ 3 & 6 \end{vmatrix} = 0$이다.

(5) $\mathbf{A} = \begin{bmatrix} 1 & -2 \\ 3 & 4 \end{bmatrix}$의 1행에 2를 곱하여 2행에 더한 행렬 $\mathbf{B} = \begin{bmatrix} 1 & -2 \\ 5 & 0 \end{bmatrix}$에 대해

$$\det\mathbf{A} = \begin{vmatrix} 1 & -2 \\ 3 & 4 \end{vmatrix} = 10, \quad \det\mathbf{B} = \begin{vmatrix} 1 & -2 \\ 5 & 0 \end{vmatrix} = 10$$

이므로 $\det\mathbf{B} = \det\mathbf{A}$이다.

예제 6

다음 행렬식 계산에 대해 그 이유를 생각해 보라.

(1) $\begin{vmatrix} 5 & 8 \\ 20 & 16 \end{vmatrix} = 5\begin{vmatrix} 1 & 8 \\ 4 & 16 \end{vmatrix} = 5\cdot 8\begin{vmatrix} 1 & 1 \\ 4 & 2 \end{vmatrix} = 5\cdot 8\cdot 2\begin{vmatrix} 1 & 1 \\ 2 & 1 \end{vmatrix} = 80(1-2) = -80$

(2) $\begin{vmatrix} 4 & 2 & -1 \\ 5 & -2 & 1 \\ 7 & 4 & -2 \end{vmatrix} = -2\begin{vmatrix} 4 & -1 & -1 \\ 5 & 1 & 1 \\ 7 & -2 & -2 \end{vmatrix} = -2\cdot 0 = 0$

(3) $\begin{vmatrix} 1 & 1 & 1 \\ x & y & z \\ x+y+z & y+z+x & z+x+y \end{vmatrix} = (x+y+z)\begin{vmatrix} 1 & 1 & 1 \\ x & y & z \\ 1 & 1 & 1 \end{vmatrix} = (x+y+z)\cdot 0 = 0$

(4) $\begin{vmatrix} x & x+1 & x+2 \\ y & y+1 & y+2 \\ z & z+1 & z+2 \end{vmatrix} = \begin{vmatrix} x & 1 & 2 \\ y & 1 & 2 \\ z & 1 & 2 \end{vmatrix} = 0$

7.5절에서 자세히 설명하겠지만 $\det\mathbf{A} = 0$일 때 $\mathbf{A}$를 **특이행렬(singular matrix)**이라 하고 $\det\mathbf{A} \neq 0$일 때 $\mathbf{A}$를 **정칙행렬(regular matrix)**이라 한다. 추가적으로 행렬식은 다음과 같은 성질을 갖는다.

행렬식의 성질 [2]

(6) $\det\mathbf{A} = \det\mathbf{A}^T$

(7) $\det(\mathbf{AB}) = \det\mathbf{A}\det\mathbf{B}$

(8) $\mathbf{A}$가 삼각행렬이고 주대각성분이 $a_{11}, a_{22}, \cdots, a_{nn}$이면 $\det\mathbf{A} = a_{11}a_{22}\cdots a_{nn}$

- **성질 (7)의 증명**

$\mathbf{A}$가 특이행렬이면 $\det\mathbf{A} = 0$이다. 7.5절에서 공부할 '행렬의 소거법칙'에 의하면 $\mathbf{A}$가 특이행렬일 때 $\mathbf{AB}$도 특이행렬이므로 $\det(\mathbf{AB}) = 0$이 되어 (7)이 성립한다. $\mathbf{B}$가 특이행렬인 경우도 마찬가지이다. 다음에는 $\mathbf{A}$와 $\mathbf{B}$가 다음과 같은 정칙행렬인 경우를 생각하자.

$$\mathbf{A} = \begin{bmatrix} a_{11} & a_{12} & \cdots & a_{1n} \\ a_{21} & a_{22} & \cdots & a_{2n} \\ \vdots & \vdots & \ddots & \vdots \\ a_{n1} & a_{n2} & \cdots & a_{nn} \end{bmatrix}, \quad \mathbf{B} = \begin{bmatrix} b_{11} & b_{12} & \cdots & b_{1n} \\ b_{21} & b_{22} & \cdots & b_{2n} \\ \vdots & \vdots & \ddots & \vdots \\ b_{n1} & b_{n2} & \cdots & b_{nn} \end{bmatrix}$$

7.1절 행연산과 행렬의 곱에서 설명한 바와 같이 $\mathbf{A}$를 대각행렬 $\mathbf{D}$로 변환하는 기본

행연산을 **E**라 하면

$$\mathbf{A} = \mathbf{EA} = \begin{bmatrix} d_{11} & 0 & \cdots & 0 \\ 0 & d_{22} & \cdots & 0 \\ \vdots & \vdots & \ddots & \vdots \\ 0 & 0 & \cdots & d_{nn} \end{bmatrix} \tag{7.2.3}$$

이고, 행렬식의 성질 [1]의 (5)에 의해 $\det\mathbf{A} = \det\mathbf{D}$이다. 이번에는 행렬 **AB**에 기본 행연산 **E**를 수행하고 식 (7.2.3)을 적용하면

$$\mathbf{E}(\mathbf{AB}) = (\mathbf{EA})\mathbf{B} = \mathbf{DB}$$

이므로 $\det(\mathbf{AB}) = \det(\mathbf{DB})$이다. 따라서 $\det\mathbf{DB} = \det\mathbf{D}\,\det\mathbf{B}$를 증명하면 (7)을 증명하는 것이 된다.

$$\mathbf{DB} = \begin{bmatrix} d_{11} & 0 & \cdots & 0 \\ 0 & d_{22} & \cdots & 0 \\ \vdots & \vdots & \ddots & \vdots \\ 0 & 0 & \cdots & d_{nn} \end{bmatrix} \begin{bmatrix} b_{11} & b_{12} & \cdots & b_{1n} \\ b_{21} & b_{22} & \cdots & b_{2n} \\ \vdots & \vdots & \ddots & \vdots \\ b_{n1} & b_{n2} & \cdots & b_{nn} \end{bmatrix} = \begin{bmatrix} d_{11}b_{11} & d_{11}b_{12} & \cdots & d_{11}b_{1n} \\ d_{22}b_{21} & d_{22}b_{22} & \cdots & d_{22}b_{2n} \\ \vdots & \vdots & \ddots & \vdots \\ d_{nn}b_{n1} & d_{nn}b_{n2} & \cdots & d_{nn}b_{nn} \end{bmatrix}$$

이 되는데, 각 행에서 d_{11}, $d_{22}, \cdots$, d_{nn}이 각각 공통인수이므로 행렬식의 성질 [1]의 (1)에 의해

$$\det(\mathbf{DB}) = d_{11}d_{22}\cdots d_{nn} \begin{vmatrix} b_{11} & b_{12} & \cdots & b_{1n} \\ b_{21} & b_{22} & \cdots & b_{2n} \\ \vdots & \vdots & \ddots & \vdots \\ b_{n1} & b_{n2} & \cdots & b_{nn} \end{vmatrix} \tag{7.2.4}$$

이다. 식 (7.2.3)으로 나타나는 대각행렬의 행렬식을 계산하면 $\det\mathbf{D} = d_{11}d_{22}\cdots d_{nn}$이므로 식 (7.2.4)는

$$\det(\mathbf{DB}) = \det\mathbf{D}\,\det\mathbf{B}$$

이다.

☞ (7)의 증명과정에서 대각행렬 대신에 삼각행렬을 사용해도 무방하지만 과정이 더 복잡해진다. 이유를 생각해 보자.

성질 (6), (8)의 증명은 연습문제에서 다룬다. 성질 (8)은 대각행렬을 포함한 위삼각행렬 또는 아래삼각행렬의 행렬식이

$$\begin{vmatrix} a_{11} & a_{12} & \cdots & a_{1n} \\ 0 & a_{22} & \cdots & a_{2n} \\ \vdots & \vdots & \ddots & \vdots \\ 0 & 0 & \cdots & a_{nn} \end{vmatrix} = \begin{vmatrix} a_{11} & 0 & \cdots & 0 \\ a_{21} & a_{22} & \cdots & 0 \\ \vdots & \vdots & \ddots & \vdots \\ a_{n1} & a_{n2} & \cdots & a_{nn} \end{vmatrix} = \begin{vmatrix} a_{11} & 0 & \cdots & 0 \\ 0 & a_{22} & \cdots & 0 \\ \vdots & \vdots & \ddots & \vdots \\ 0 & 0 & \cdots & a_{nn} \end{vmatrix} = a_{11}a_{22}\cdots a_{nn}$$

과 같이 주대각성분의 곱이 됨을 의미한다. 단위행렬 **I**에 대해서는 항상 $\det\mathbf{I} = 1$인

데, 이는 성질 (8)로부터 자명하다.

예제 7 행렬식의 성질 [2]

$\det\mathbf{A} = \begin{vmatrix} 1 & -2 \\ 3 & 4 \end{vmatrix} = 10$, $\det\mathbf{B} = \begin{vmatrix} 1 & 0 \\ -2 & 3 \end{vmatrix} = 3$을 이용하여 행렬식의 성질 [2]를 확인해 보자.

(6) $\det\mathbf{A}^T = \begin{vmatrix} 1 & 3 \\ -2 & 4 \end{vmatrix} = 10$ 이므로 $\det\mathbf{A} = \det\mathbf{A}^T$이다.

(7) $\mathbf{AB} = \begin{bmatrix} 5 & -6 \\ -5 & 12 \end{bmatrix}$에서 $\det(\mathbf{AB}) = 30$이고 $\det\mathbf{A}\det\mathbf{B} = 10 \cdot 3 = 30$이므로

$$\det(\mathbf{AB}) = \det\mathbf{A}\det\mathbf{B}.$$

(8) 행렬 $\mathbf{B}$가 삼각행렬이므로 $\det\mathbf{B} = \begin{vmatrix} 1 & 0 \\ -2 & 3 \end{vmatrix} = 1 \cdot 3 = 3$이다.

☞ 행렬식의 또 다른 성질로 $\det(\mathbf{A}+\mathbf{B}) \neq \det\mathbf{A} + \det\mathbf{B}$가 있다. 예제 7에서 $\mathbf{A}+\mathbf{B} = \begin{bmatrix} 2 & -2 \\ 1 & 7 \end{bmatrix}$이므로

$$\det(\mathbf{A}+\mathbf{B}) = 16,\ \det\mathbf{A} + \det\mathbf{B} = 10 + 3 = 13$$

이므로 $\det(\mathbf{A}+\mathbf{B}) \neq \det\mathbf{A} + \det\mathbf{B}$이다.

행렬식의 계산 (2): 삼각형법

행렬식의 성질 [1]의 (5)에 의하면 행렬식은 기본 행연산에 무관하고 행렬식의 성질 [2]의 (8)에 의하면 삼각행렬의 행렬식은 주대각성분의 곱으로 계산할 수 있다. 따라서 기본 행연산을 이용하여 행렬의 주대각성분 아래의 모든 성분이 0인 위삼각행렬을 구성하면 행렬식을 간단히 계산할 수 있다. 이러한 방법을 **삼각형법**(row reduction method)이라 한다.

예제 8

7.1절 예제 4의 행렬 $\mathbf{A} = \begin{bmatrix} -1 & 2 & 3 \\ 4 & -5 & -2 \\ 9 & -9 & 6 \end{bmatrix}$에 대해 삼각형법으로 행렬식을 계산하라.

(풀이) 7.1절의 예제 4에 의하면 행렬 $\mathbf{A}$의 위삼각행렬이 $\begin{bmatrix} -1 & 2 & 3 \\ 0 & 3 & 10 \\ 0 & 0 & 3 \end{bmatrix}$ 이므로

$$\begin{vmatrix} -1 & 2 & 3 \\ 4 & -5 & -2 \\ 9 & -9 & 6 \end{vmatrix} = \begin{vmatrix} -1 & 2 & 3 \\ 0 & 3 & 10 \\ 0 & 0 & 3 \end{vmatrix} = (-1) \cdot 3 \cdot 3 = -9$$

이다.

쉬어가기 7.2 방법을 알고도 계산할 수 없는 행렬식-수치적 방법의 필요성

2 × 2, 3 × 3 등과 같이 크기가 작은 행렬식을 계산하는 것은 별 문제가 없어 보인다. 하지만 대규모 행렬에 대해 단순히 여인수를 사용하여 행렬식을 계산하는 것은 실질적으로 불가능하다. 예를 들어 하나의 100 × 100 행렬식을 계산하기 위해서는 100개의 99 × 99 행렬식을 계산해야 하고, 각각의 99 × 99 행렬식은 다시 99개의 98 × 98 행렬식을 계산하는 등 행렬식 계산이 계속 반복되기 때문이다. 정확한 계산에 의하면 $n \times n$ 행렬의 행렬식을 여인수를 사용하여 계산하는 경우에는 $n!$번의 연산이 필요한 반면에 삼각형법을 사용하는 경우에는 약 $n^3/3$이 필요하다. 따라서 100 × 100 행렬식을 여인수를 사용하여 계산하면 100!번의 연산이 필요하고 삼각형법을 사용하면 $100^3/3 = 333{,}000$번 정도의 연산이 필요하다. 100!은 얼마 전까지만 해도 공학용 계산기로도 나타나지 않는 매우 큰 수이므로 컴퓨터를 사용해도 계산이 거의 불가능하다. 실제로 많은 공학적 문제에서는 $10^6 \times 10^6$ 크기의 행렬도 자주 접하게 되는데, 이러한 문제들을 해결하기 위해 여인수법과 같은 해석적 방법 외에 컴퓨터를 활용하여 계산할 수 있도록 많은 수치적 방법들이 개발되어 있다(행렬식을 계산하는데 소요되는 시간에 관한 예가 연습문제에 있으니 참고하기 바란다). 이렇듯 컴퓨터의 빠른 연산속도를 이용해 문제를 해결하는 분야를 **수치해석**이라 한다.

영역의 넓이(부피)와 행렬식

그림 7.2.1과 같이 두 변이 $\bar{\mathbf{r}}_1 = [\bar{a}_{11}, 0]$, $\bar{\mathbf{r}}_2 = [0, \bar{a}_{22}]$로 이루어진 직사각형을 생각하자. 두 벡터 $\bar{\mathbf{r}}_1$, $\bar{\mathbf{r}}_2$를 행벡터로 갖는 행렬을 $\bar{\mathbf{A}}$라 하면

$$\det\bar{\mathbf{A}} = \begin{vmatrix} \bar{a}_{11} & 0 \\ 0 & \bar{a}_{22} \end{vmatrix} = \bar{a}_{11}\bar{a}_{22} \qquad (7.2.5)$$

는 직사각형의 넓이 $\bar{V}$를 나타낸다. 이번에는 그림 7.2.1의 직사각형을 원점을 중심으로 각도 θ만큼 회전시킨다. 직사각형을 회전시켜도 넓이는 같음에 유의하자. 회전된 직사각형의 두 변을 나타내는 벡터 $\mathbf{r}_1$, $\mathbf{r}_2$를 행벡터로 갖는 행렬을 $\mathbf{A}$라 하면 7.1절 1차 변환에서 공부한 것과 같이

$$\mathbf{A} = \Theta\bar{\mathbf{A}},\ \text{여기서}\ \Theta = \begin{bmatrix} \cos\theta & -\sin\theta \\ \sin\theta & \cos\theta \end{bmatrix}$$

가 성립한다. 따라서 $\det\mathbf{A} = \det(\Theta\bar{\mathbf{A}})$이고 $\det\Theta = 1$이므로 행렬식의 성질 [2]의 (7)에 의해 $\det\mathbf{A} = \det\bar{\mathbf{A}}$이다. 이는 결과적으로 벡터 $\mathbf{r}_1 = [a_{11}, a_{12}]$, $\mathbf{r}_2 = [a_{21}, a_{22}]$로 이루어진 직사각형의 넓이 V가 $\mathbf{r}_1$, $\mathbf{r}_2$를 행벡터로 갖는 행렬 $\mathbf{A}$의 행렬식임을 의미한다. 즉

$$V = \det\mathbf{A} = \begin{vmatrix} a_{11} & a_{12} \\ a_{21} & a_{22} \end{vmatrix} = a_{11}a_{22} - a_{12}a_{21} \qquad (7.2.6)$$

이다.

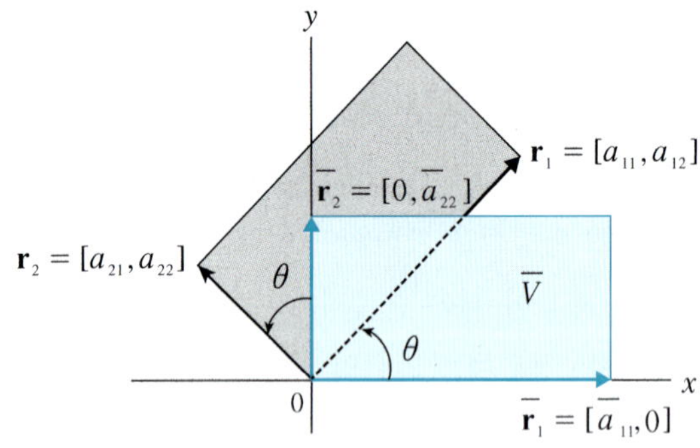

그림 7.2.1 직사각형의 넓이.

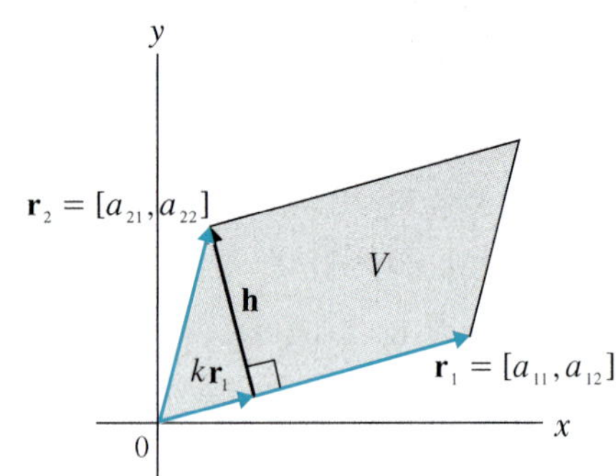

그림 7.2.2 평행사변형의 넓이.

다음에는 그림 7.2.2와 같이 벡터 $\mathbf{r}_1$, $\mathbf{r}_2$로 이루어진 평행사변형을 생각하자. 평행사변형의 높이를 나타내는 벡터를 $\mathbf{h}$라 할 때 스칼라 k에 대해 $\mathbf{h} = \mathbf{r}_2 - k\mathbf{r}_1$이므로 $\mathbf{h}$는 $\mathbf{r}_1$과 $\mathbf{r}_2$의 기본 행연산에 의해 생성된 벡터이다. 평행사변형의 넓이는 두 변이 $\mathbf{r}_1$과 $\mathbf{h}$인 직사각형의 넓이와 같으므로 식 (7.2.6)에 의해 $\mathbf{r}_1$과 $\mathbf{h}$를 행으로 갖는 행렬의 행렬식이다. 한편 행렬식의 성질 [1]의 (5)에 의하면 $\mathbf{r}_1$, $\mathbf{r}_2$를 행으로 갖는 행렬과 $\mathbf{r}_1$, $\mathbf{h}(= \mathbf{r}_2 - k\mathbf{r}_1)$를 행으로 갖는 행렬의 행렬식은 같다. 따라서 식 (7.2.6)은 행렬 $\mathbf{A}$의 두 행벡터로 이루어진 평행사변형의 넓이에도 적용된다.

이러한 결과는 6.3절에서 벡터 $\mathbf{r}_1 = [a_{11}, a_{12}]$, $\mathbf{r}_2 = [a_{11}, a_{12}]$를 두 변으로 하는 평행사변형(그림 6.3.4)에 대해 $\mathbf{r}_1 \times \mathbf{r}_2 = \begin{vmatrix} \mathbf{i} & \mathbf{j} & \mathbf{k} \\ a_{11} & a_{12} & 0 \\ a_{21} & a_{22} & 0 \end{vmatrix} = \begin{vmatrix} a_{11} & a_{12} \\ a_{21} & a_{22} \end{vmatrix}\mathbf{k}$를 이용하여 넓이를

$$V = |\mathbf{r}_1 \times \mathbf{r}_2| = \begin{vmatrix} a_{11} & a_{12} \\ a_{21} & a_{22} \end{vmatrix} = \det\mathbf{A}$$

로 구한 것과 동일하다.

위에서 설명한 평면영역의 넓이와 행렬식과의 관계는 n차원 영역의 크기(부피의 일반화)에 대해서도 동일하게 성립한다. n차원 직교좌표계에서 서로 수직인 벡터 $\mathbf{r}_1 = [a_{11}, a_{12}, \cdots, a_{1n}]$, $\mathbf{r}_2 = [a_{21}, a_{22}, \cdots, a_{2n}]$, $\cdots$, $\mathbf{r}_n = [a_{n1}, a_{n2}, \cdots, a_{nn}]$을 행벡터로 갖는 행렬을 $\mathbf{A}$라 할 때 $\mathbf{r}_1, \mathbf{r}_2, \cdots, \mathbf{r}_n$은 서로 직교하므로

$$\mathbf{A}\mathbf{A}^T = \begin{bmatrix} a_{11} & a_{12} & \cdots & a_{1n} \\ a_{21} & a_{22} & \cdots & a_{2n} \\ \vdots & \vdots & \ddots & \vdots \\ a_{n1} & a_{n2} & \cdots & a_{nn} \end{bmatrix} \begin{bmatrix} a_{11} & a_{21} & \cdots & a_{n1} \\ a_{12} & a_{22} & \cdots & a_{n2} \\ \vdots & \vdots & \ddots & \vdots \\ a_{1n} & a_{2n} & \cdots & a_{nn} \end{bmatrix} = \begin{bmatrix} |\mathbf{r}_1|^2 & 0 & \cdots & 0 \\ 0 & |\mathbf{r}_2|^2 & \cdots & 0 \\ \vdots & \vdots & \ddots & \vdots \\ 0 & 0 & \cdots & |\mathbf{r}_n|^2 \end{bmatrix}$$

이다. 행렬식의 성질 [2]의 (8)에 의해

$$\det(\mathbf{A}\mathbf{A}^T) = |\mathbf{r}_1|^2 |\mathbf{r}_2|^2 \cdots |\mathbf{r}_n|^2$$

이고, 성질 [2]의 (6)과 (7)에 의해 $\det(\mathbf{A}\mathbf{A}^T) = \det\mathbf{A}\det\mathbf{A}^T = (\det\mathbf{A})^2$이므로 $\mathbf{r}_1, \mathbf{r}_2, \cdots, \mathbf{r}_n$

이 이루는 영역의 크기는

$$V = |\mathbf{r}_1|\,|\mathbf{r}_2| \cdots |\mathbf{r}_n| = \det\mathbf{A}$$

이다. $\mathbf{r}_1$, $\mathbf{r}_2, \cdots$, $\mathbf{r}_n$이 수직이 아닌 경우에도 직사각형과 평행사변형 사이의 관계와 마찬가지로 영역의 크기는 $\det\mathbf{A}$이다.

☞ 식 (7.2.6)을 적용하여 계산한 크기의 '+', '−' 부호는 큰 의미가 없다. $\mathbf{r}_1$, $\mathbf{r}_2, \cdots$, $\mathbf{r}_n$이 오른손 법칙에 따라 순서대로 나열된 경우에는 크기가 '+'이고 그렇지 않은 경우에는 '−'이다. 오른손 법칙에 따른 xyz−좌표계의 표준 형태는 그림 7.2.3과 같다. 즉 오른손으로 엄지손가락을 제외한 나머지 네 손가락을 양의 x축에서 양의 y축 방향으로 감쌀 때 엄지손가락이 양의 z축을 가리킨다.

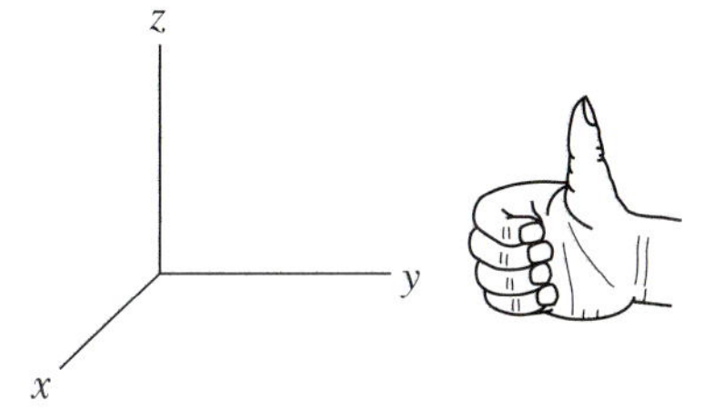

그림 7.2.3 오른손 법칙에 따른 xyz−좌표계.

예제 2

그림 6.3.6과 같이 벡터 $\mathbf{a} = [a_1, a_2, a_3]$, $\mathbf{b} = [b_1, b_2, b_3]$, $\mathbf{c} = [c_1, c_2, c_3]$로 이루어진 평행육면체의 부피를 구하라.

(풀이) 벡터 $\mathbf{a}$, $\mathbf{b}$, $\mathbf{c}$를 행벡터로 갖는 행렬을 $\mathbf{A}$라 할 때 평행육면체의 부피는

$$\det\mathbf{A} = \begin{vmatrix} a_1 & a_2 & a_3 \\ b_1 & b_2 & b_3 \\ c_1 & c_2 & c_3 \end{vmatrix}$$

이며, 이는 6.3절의 스칼라 삼중적 $(\mathbf{abc}) = \mathbf{a}\cdot(\mathbf{b} \times \mathbf{c}) = \begin{vmatrix} a_1 & a_2 & a_3 \\ b_1 & b_2 & b_3 \\ c_1 & c_2 & c_3 \end{vmatrix}$로 계산한 결과와 같다.

7.2 연습문제

1. 여인수를 사용하여 행렬식을 계산하라.

(1) $|-7|$ (2) $\begin{vmatrix} 3 & 5 \\ -1 & 4 \end{vmatrix}$ (3) $\begin{vmatrix} 1 & 1 & 1 \\ x & y & z \\ 2 & 3 & 4 \end{vmatrix}$

(4) $\begin{vmatrix} 3 & 2 & 2 \\ 2 & 2 & 2 \\ 4 & 2 & 2 \end{vmatrix}$ (5) $\begin{vmatrix} 3 & 2 & -1 \\ 2 & 2 & -1 \\ 4 & 2 & -1 \end{vmatrix}$ (6) $\begin{vmatrix} 1 & 1 & -3 & 0 \\ 1 & 5 & 3 & 2 \\ 1 & -2 & 1 & 0 \\ 4 & 8 & 0 & 0 \end{vmatrix}$

(답) (1) −7 (2) 17 (3) $-x + 2y - z$ (4) 0 (5) 0 (6) −104

7.3 선형계와 가우스 소거법

선형계의 해를 구하는 일은 매우 중요하다. 자연과학 및 공학 분야의 많은 문제가 선형계로 나타나기 때문이다. 실제로 어떤 현상이 선형계가 아닌 **미분방정식**(differential equation)으로 기술된다 하더라도 해를 수학적으로 구할 수 없는 경우에는 컴퓨터를 이용하는 수치적 방법을 사용해야 한다. 수치적 방법에서는 미분방정식을 작게 나누어진 구간에 적용하여 얻어지는 **차분방정식**(difference equation)을 풀게 되는데, 경계값 문제의 경우 이러한 차분방정식은 많은 경우 대규모 선형계를 이룬다. 따라서 선형계를 보다 정확하고 빠르게 계산하는 방법이 지속적으로 개발되어 왔다. 여기서는 선형계를 풀기 위한 방법 중에서 가우스 소거법, 역행렬, 크래머 공식 등 **직접법**(direct method)을 소개한다. 실제로 수치적 방법에서 많이 사용하는 **반복법**(iterative method)은 수치해석 과목에서 자세히 다루게 될 것이다.

선형계

상수 a, b, c에 대해 $ax + by + c = 0$을 변수 x, y에 대해 선형방정식 또는 1차 방정식이라 하며,[2)] 이는 평면 위의 직선이 됨을 잘 알고 있다. 마찬가지로 상수 a, b, c, d에 대해 $ax + by + cz + d = 0$은 변수 x, y, z에 대해 선형방정식이며, 이는 공간 내의 평면을 나타낸다. 일반적으로 상수 a_1, $a_2, \cdots$, a_n과 b에 대해

$$a_1x_1 + a_2x_2 + \cdots + a_nx_n = b$$

는 변수 x_1, $x_2, \cdots$, x_n에 대한 선형방정식이며, 여러 개의 선형방정식으로 이루어진 계를 **선형방정식계**(system of linear equations) 또는 간단히 **선형계**(linear system)라 한다(쉬운 표현으로 1차 연립방정식이다).

미지수의 개수가 n이고 m개의 선형방정식으로 이루어진 선형계

$$\begin{gathered} a_{11}x_1 + a_{12}x_2 + \cdots + a_{1n}x_n = b_1 \\ a_{21}x_1 + a_{22}x_2 + \cdots + a_{2n}x_n = b_2 \\ \vdots \\ a_{m1}x_1 + a_{m2}x_2 + \cdots + a_{mn}x_n = b_m \end{gathered}$$

을 생각하자. 이를 행렬로 표시하면

[2)] 선형 대수방정식(linear algebraic equation)이 정확한 표현이다. '선형'과 '1차'는 같은 의미이다.

$$\mathbf{AX} = \mathbf{B}$$

이고, 여기서 **A**, **X**, **B**는 각각

$$\mathbf{A} = \begin{bmatrix} a_{11} & a_{12} & \cdots & a_{1n} \\ a_{21} & a_{22} & \cdots & a_{2n} \\ \vdots & \vdots & \ddots & \vdots \\ a_{m1} & a_{m2} & \cdots & a_{mn} \end{bmatrix}, \quad \mathbf{X} = \begin{bmatrix} x_1 \\ x_2 \\ \vdots \\ x_n \end{bmatrix}, \quad \mathbf{B} = \begin{bmatrix} b_1 \\ b_2 \\ \vdots \\ b_m \end{bmatrix}$$

이다. $m \times n$ 행렬 **A**를 **계수행렬**(coefficient matrix), $n \times 1$ 열벡터 **X**를 **해벡터**(solution vector), $m \times 1$ 열벡터 **B**를 **입력벡터**(input vector)라 한다. **B**의 성분이 모두 0일 때 **제차 선형계**(homogeneous linear system)이고 그렇지 않으면 **비제차 선형계**(nonhomogeneous linear system)이다. 제차 선형계는 적어도 $x_1 = x_2 = \cdots = x_n = 0$을 해로 갖는데, 이렇게 모두 0인 해를 **자명해**(trivial solution)라 한다. 선형계에서 식의 개수가 미지수의 개수보다 많으면($m > n$) **과잉결정**(over-determined), 식과 미지수의 개수가 같으면($m = n$) **결정**(determined), 식의 개수가 미지수의 개수보다 적으면($m < n$) **과소결정**(under-determined) 되었다고 한다. 선형계 $\mathbf{AX} = \mathbf{B}$에서 **A**가 $m \times n$ 행렬이라는 것은 식의 개수가 m, 미지수의 개수가 n이라는 점을 기억하라.

$m = n = 2$일 때의 선형계는

$$\begin{aligned} a_{11}x_1 + a_{12}x_2 &= b_1 \\ a_{21}x_1 + a_{22}x_2 &= b_2 \end{aligned}$$

가 되는데, 이는 x_1x_2-좌표계에서 2개의 직선을 나타내며 두 직선의 교점 (x_1, x_2)가 선형계의 해가 된다. 여기에는 세 가지 경우가 있다.

(i) 유일한 해가 존재함: 두 직선이 교차할 때
(ii) 해가 존재하지 않음: 두 직선이 평행할 때
(iii) 무한히 많은 해가 존재함: 두 직선이 일치할 때

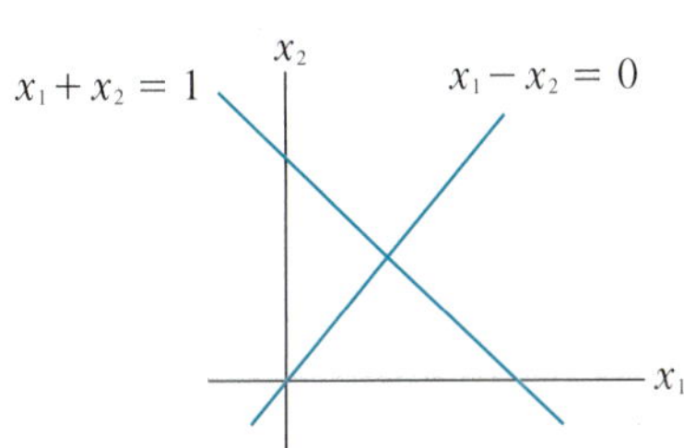

그림 7.3.1 유일한 해.

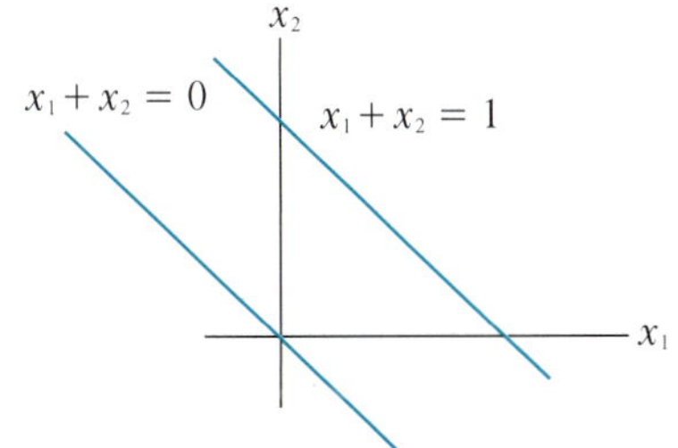

그림 7.3.2 해 없음.

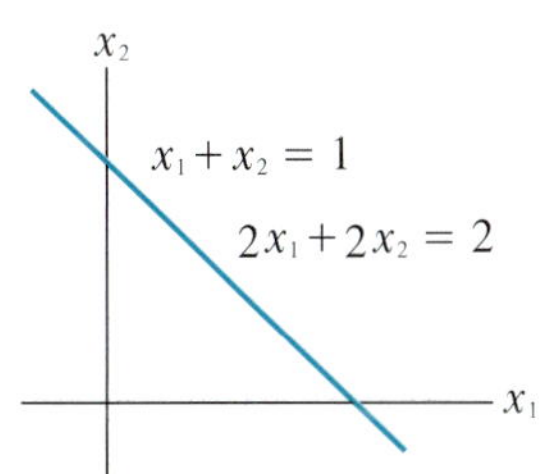

그림 7.3.3 무한히 많은 해.

다음에는 선형계의 해를 구하는 방법에 대해 알아보자.

가우스 소거법

선형계의 해를 구하는 방법의 하나로 **가우스 소거법**(Gauss elimination method)이 있다. 가우스 소거법에서는 행(또는 열)을 서로 교환하거나 하나의 행(또는 열)에 0이 아닌 실수를 곱하여 다른 행에 더하는 기본 행연산을 쉽게 표시하기 위하여 선형계 $\mathbf{AX}=\mathbf{B}$에서 계수행렬 $\mathbf{A}$와 열벡터 $\mathbf{B}$를 결합하여

$$\tilde{\mathbf{A}} = \left[\begin{array}{cccc|c} a_{11} & a_{12} & \cdots & a_{1n} & b_1 \\ a_{21} & a_{22} & \cdots & a_{2n} & b_2 \\ \vdots & \vdots & \ddots & \vdots & \vdots \\ a_{m1} & a_{m2} & \cdots & a_{mn} & b_m \end{array}\right]$$

과 같이 쓰는데, 이를 **첨가행렬**(augmented matrix)이라 한다. 가우스 소거법에서는 첨가행렬을 **사다리형**(echelon form) 모양의 행렬로 변환한 후 아래에서 위로 **역대입**(backward substitution)하여 미지수를 구한다. $m=n$일 때의 가우스 소거법은 다음과 같다.

(i) 사다리형 구성

7.1절에서 개략적으로 설명한 것처럼 행렬 $\mathbf{A}$의 성분 a_{11}을 기준으로 $a_{i1}(2 \leqq i \leqq n)$을 0으로 만들고, 다시 a_{22}를 기준으로 $a_{i2}(3 \leqq i \leqq n)$를 0으로 만드는 과정을 반복하여 행렬 $\mathbf{A}$의 주대각성분 아래의 모든 성분을 0으로 만든다. 이를 위해 첨가행렬의 각 행($i=1, 2, \cdots, n$)에 대해 연산

$$m_{ki}R_i + R_k \rightarrow R_k \ (k = i+1, i+2, \cdots, n)$$

을 수행한다. 여기서 **곱수**(multiplier) m_{ki}는

$$m_{ki} = -\frac{a_{ki}}{a_{ii}}, \ (a_{ii} \neq 0)$$

이고, 이때 a_{ii}를 i 번째 열의 **기준성분**(pivot component)이라 한다. 이의 결과로 사다리형

$$\left[\begin{array}{cccc|c} a_{11} & a_{12} & \cdots & a_{1n} & b_1 \\ 0 & a_{22} & \cdots & a_{2n} & b_2 \\ \vdots & \vdots & \ddots & \vdots & \vdots \\ 0 & a_{22} & \cdots & a_{mn} & b_m \end{array}\right]$$

이 구성된다. 여기서 2행 이하의 성분은 기본 행연산에 의해 그 값이 처음과 달라진다. 사다리형을 만드는 과정에서 만약 $a_{ii}=0$이면 $i+1$행 이후 i열의 성분이 처음으로 0이 아닌 행을 찾아 i행과 교환한다.

(ii) 역대입

위에서 구한 사다리형의 n행으로부터

$$x_n = \frac{b_n}{a_{nn}}$$

에 의해 x_n을 구할 수 있으며, 역대입

$$x_i = \frac{1}{a_{ii}}\left(b_i - \sum_{k=i+1}^{n} a_{ik}x_k\right)$$

에 의해 나머지 미지수 $x_i\,(i = n-1, n-2, \cdots, 1)$를 구한다.

예제 1

다음 선형계의 해를 가우스 소거법으로 구하라.

$$\begin{aligned} x_1 + 2x_2 + 2x_3 &= 1 \\ 3x_1 + x_2 &= 1 \\ x_1 + x_2 + x_3 &= 1 \end{aligned}$$

(풀이) 먼저 주어진 선형계에 해당하는 첨가행렬은

$$\left[\begin{array}{ccc|c} 1 & 2 & 2 & 1 \\ 3 & 1 & 0 & 1 \\ 1 & 1 & 1 & 1 \end{array}\right]$$

이다. 2행과 3행의 첫 번째 성분을 0으로 만들기 위하여 a_{11}을 기준성분으로 곱수

$$m_{21} = -a_{21}/a_{11} = -3/1 = -3$$
$$m_{31} = -a_{31}/a_{11} = -1/1 = -1$$

을 구하고, $-3R_1 + R_2 \to R_2$, $-R_1 + R_3 \to R_3$를 수행하여

$$\left[\begin{array}{ccc|c} 1 & 2 & 2 & 1 \\ 0 & -5 & -6 & -2 \\ 0 & -1 & -1 & 0 \end{array}\right]$$

를 얻는다. 다음은 3행의 두 번째 성분을 0으로 만들어야 하므로 a_{22}를 기준성분으로 하여 곱수

$$m_{32} = -a_{32}/a_{22} = -(-1)/(-5) = -1/5$$

을 이용하여 $(-1/5)R_2 + R_3 \to R_3$하면, 사다리형

$$\left[\begin{array}{ccc|c} 1 & 2 & 2 & 1 \\ 0 & -5 & -6 & -2 \\ 0 & 0 & 1/5 & 2/5 \end{array}\right]$$

를 얻는다. 마지막 행에서

$$x_3 = \frac{b_3}{a_{33}} = \frac{2/5}{1/5} = 2$$

이고, 역대입을 이용하여

$$x_2 = \frac{1}{a_{22}}(b_2 - a_{23}x_3) = \frac{1}{-5}[-2-(-6)\cdot 2] = -2$$
$$x_1 = \frac{1}{a_{11}}(b_1 - a_{12}x_2 - a_{13}x_3) = \frac{1}{1}[1 - 2\cdot(-2) - 2\cdot 2] = 1$$

을 구한다.

다음에서 선형계의 해가 존재하지 않는 경우를 보자. 최종적으로 나타나는 사다리형의 모양을 주시하자.

예제 2

$3x_1 + 2x_2 + x_3 = 3$, $2x_1 + x_2 + x_3 = 0$, $6x_1 + 2x_2 + 4x_3 = 6$의 해를 구하라.

(풀이) 예제 1에서와 같은 방법으로 첨가행렬을 이용하여 다음과 같이 구한다.

$$\left[\begin{array}{ccc|c} 3 & 2 & 1 & 3 \\ 2 & 1 & 1 & 0 \\ 6 & 2 & 4 & 6 \end{array}\right] \begin{array}{l} \\ (-2/3)R_1 + R_2 \to R_2 \\ -2R_1 + R_3 \to R_3 \end{array}$$

$$\left[\begin{array}{ccc|c} 3 & 2 & 1 & 3 \\ 0 & -1/3 & 1/3 & -2 \\ 0 & -2 & 2 & 0 \end{array}\right] \begin{array}{l} \\ \\ -6R_2 + R_3 \to R_3 \end{array}$$

$$\left[\begin{array}{ccc|c} 3 & 2 & 1 & 3 \\ 0 & -1/3 & 1/3 & -2 \\ 0 & 0 & 0 & 12 \end{array}\right]$$

3행에서 $0\cdot x_3 = 12$를 만족하는 해는 존재하지 않는다.

다음 예는 선형계의 해가 무수히 많이 존재하는 경우이다.

예제 3

$x_1 + x_2 + x_3 = 3$, $x_1 - x_2 - x_3 = -1$, $3x_1 + x_2 + x_3 = 5$의 해를 구하라.

(풀이) 마찬가지로

$$\left[\begin{array}{ccc|c} 1 & 1 & 1 & 3 \\ 1 & -1 & -1 & -1 \\ 3 & 1 & 1 & 5 \end{array}\right] \begin{array}{l} \\ -R_1 + R_2 \to R_2 \\ -3R_1 + R_3 \to R_3 \end{array}$$

$$\begin{bmatrix} 1 & 1 & 1 & | & 3 \\ 0 & -2 & -2 & | & -4 \\ 0 & -2 & -2 & | & -4 \end{bmatrix} -R_2 + R_3 \to R_3$$

$$\begin{bmatrix} 1 & 1 & 1 & | & 3 \\ 0 & -2 & -2 & | & -4 \\ 0 & 0 & 0 & | & 0 \end{bmatrix}$$

로 행연산하면 3행은 $0 \cdot x_1 + 0 \cdot x_2 + 0 \cdot x_3 = 0$이므로 항상 성립하고 2행 $-2x_2 - 2x_3 = -4$에서 $x_3 = t$라 하면 $x_2 = 2 - t$, $x_1 = 1$이고 t를 임의로 선택할 수 있으므로 선형계를 만족하는 해는 무수히 많다.

가우스 소거법을 적용할 때 마지막 단계에서 볼 수 있는 행렬의 형태를 **사다리형**(echelon form)이라 하였다. 예제 1, 2, 3에서의 사다리형은 각각

$$\begin{bmatrix} 1 & 2 & 2 & | & 1 \\ 0 & -5 & -6 & | & -2 \\ 0 & 0 & 1/5 & | & 2/5 \end{bmatrix}, \quad \begin{bmatrix} 3 & 2 & 1 & | & 3 \\ 0 & 1/3 & 1/3 & | & -2 \\ 0 & 0 & 0 & | & 12 \end{bmatrix}, \quad \begin{bmatrix} 1 & 1 & 1 & | & 3 \\ 0 & -2 & -2 & | & -4 \\ 0 & 0 & 0 & | & 0 \end{bmatrix}$$

이다. 사다리형 행렬을 다시 선형계로 표현하면

$$\begin{aligned} a_{11}x_1 + a_{12}x_2 + a_{13}x_3 + \cdots + a_{1n}x_n &= b_1 \\ a_{22}x_2 + a_{23}x_2 + \cdots + a_{2n}x_n &= b_2 \\ &\vdots \\ a_{rr}x_r + \cdots + a_{rn}x_n &= b_r \\ 0 &= b_{r+1} \\ &\vdots \\ 0 &= b_m \end{aligned}$$

이다. 여기서 $r \leqq m$이고 $a_{11} \neq 0$, $a_{22} \neq 0, \cdots, a_{rr} \neq 0$이다. 위의 예제 1, 2, 3에서 보듯이 사다리형의 형태에 따라 다음이 성립한다.

(i) $r = n$ 이고 $b_{r+1}, \cdots, b_m$이 모두 0이면 유일한 해가 존재한다.

(ii) $r < m$ 이고 $b_{r+1}, \cdots, b_m$ 중 적어도 하나가 0이 아니면 해가 존재하지 않는다.

(iii) $r < n$ 이고 $b_{r+1}, \cdots, b_m$이 모두 0이면 무한히 많은 해가 존재한다.

가우스-조단 소거법

가우스 소거법에서는 계수행렬을 위삼각행렬로 변환한 후 유일한 해가 존재하는 경우에는 미지수를 하나만 포함하는 마지막 행부터 역순으로 해를 구하는 역대입 과정을 거친다. 만일 처음부터 첨가행렬 $\widetilde{\mathbf{A}}$를

$$\begin{bmatrix} a_{11} & 0 & \cdots & 0 & | & b_1 \\ 0 & a_{22} & \cdots & 0 & | & b_2 \\ \vdots & \vdots & \ddots & \vdots & | & \vdots \\ 0 & 0 & \cdots & a_{nn} & | & b_n \end{bmatrix} \quad \text{또는} \quad \begin{bmatrix} 1 & 0 & \cdots & 0 & | & b_1 \\ 0 & 1 & \cdots & 0 & | & b_2 \\ \vdots & \vdots & \ddots & \vdots & | & \vdots \\ 0 & 0 & \cdots & 1 & | & b_n \end{bmatrix}$$

2. 다음 벡터가 1차 독립인지 1차 종속인지를 먼저 정의에 의해 판별하고 주어진 벡터를 행벡터로 갖는 행렬의 계급으로 이를 설명하라.

(1) [1 1], [0 0]　　(2) [1 1], [0 1]

(답) (1) 1차 종속　(2) 1차 독립

3. 벡터의 1차 독립 또는 1차 종속을 판별하라.

(1) [1 −2], [1 7], [2 3]　　(2) [1 9 9 9], [2 0 0 0], [2 0 0 1]

(답) (1) 1차 종속　(2) 1차 독립

4. 행렬을 사다리형으로 변환하여 계급을 구하라.

(1) $\begin{bmatrix} 1 & -2 \\ -1 & 2 \\ 2 & -4 \end{bmatrix}$　　(2) $\begin{bmatrix} 0 & 1 & 1 \\ 1 & 0 & 1 \\ 1 & 1 & 0 \end{bmatrix}$　　(3) $\begin{bmatrix} m & n & p \\ n & m & p \end{bmatrix}$, $m^2 \neq n^2$

(답) (1) 1　(2) 3　(3) 2

5. 행렬의 행공간과 열공간의 기저와 차원을 구하라.

(1) $\begin{bmatrix} 8 & -4 \\ -2 & 1 \\ 6 & -3 \end{bmatrix}$　　(2) $\begin{bmatrix} 3 & 1 & 4 \\ 0 & 5 & 8 \\ -3 & 4 & 4 \\ 1 & 2 & 4 \end{bmatrix}$

(답) (1) 행공간의 기저 [−2 1], 열공간의 기저 $[-4\ \ 1\ \ 3]^T$. 차원은 모두 1.

(2) 행공간의 기저 [3 1 4], [0 5 8], 열공간의 기저 $[3\ \ 0\ \ -3\ \ 1]^T$, $[1\ \ 5\ \ 4\ \ 2]^T$. 차원은 모두 2. (기저는 바뀔 수 있음.)

6. 제차 선형계의 해를 구하라.

(1) $x + y = 0$
$x - y = 0$

(2) $4x - y + z = 0$
$x - 2y - z = 0$
$3x + y + 5z = 0$

(답) (1) $x = y = 0$　(2) $x = y = z = 0$

7. 제차 선형계가 0이 아닌 해를 갖도록 a 또는 b를 결정하라.

(1) $ax + y = 0$
$x - y = 0$

(2) $4x - y + z = 0$
$x - 2y - z = 0$
$3x + y + bz = 0$

(답) (1) $a = -1$　(2) $b = 2$

7.5 역행렬

$n \times n$ 선형계 $\mathbf{AX} = \mathbf{B}$의 해는 행렬 $\mathbf{A}$의 역행렬을 알면 쉽게 구할 수 있다. 또한 역행렬을 이용하여 암호화된 메시지를 해독할 수도 있다(연습문제 참고). 먼저 역행렬의 정의부터 알아보자.

역행렬

정사각행렬 $\mathbf{A}$, $\mathbf{B}$에 대하여 $\mathbf{AB} = \mathbf{BA} = \mathbf{I}$이면 $\mathbf{B}$를 $\mathbf{A}$의 **역행렬**(inverse matrix), $\mathbf{A}$를 $\mathbf{B}$의 역행렬이라 하고 $\mathbf{B} = \mathbf{A}^{-1}$, $\mathbf{A} = \mathbf{B}^{-1}$로 쓴다.

예제 1

$\mathbf{A} = \begin{bmatrix} 2 & 1 \\ 1 & 1 \end{bmatrix}$, $\mathbf{B} = \begin{bmatrix} 1 & -1 \\ -1 & 2 \end{bmatrix}$에서

$$\mathbf{AB} = \begin{bmatrix} 2 & 1 \\ 1 & 1 \end{bmatrix}\begin{bmatrix} 1 & -1 \\ -1 & 2 \end{bmatrix} = \begin{bmatrix} 1 & 0 \\ 0 & 1 \end{bmatrix} = \mathbf{I}$$

$$\mathbf{BA} = \begin{bmatrix} 1 & -1 \\ -1 & 2 \end{bmatrix}\begin{bmatrix} 2 & 1 \\ 1 & 1 \end{bmatrix} = \begin{bmatrix} 1 & 0 \\ 0 & 1 \end{bmatrix} = \mathbf{I}$$

이므로 행렬 $\mathbf{A}$와 $\mathbf{B}$는 각각 행렬 $\mathbf{B}$와 $\mathbf{A}$의 역행렬이다.

예제 2

$\mathbf{A} = \begin{bmatrix} 1 & 1 \\ 0 & 0 \end{bmatrix}$의 역행렬을 구하라.

(풀이) $\mathbf{A}$의 역행렬을 $\mathbf{A}^{-1} = \begin{bmatrix} a_{11} & a_{12} \\ a_{21} & a_{22} \end{bmatrix}$라 놓으면

$$\mathbf{AA}^{-1} = \begin{bmatrix} 1 & 1 \\ 0 & 0 \end{bmatrix}\begin{bmatrix} a_{11} & a_{12} \\ a_{21} & a_{22} \end{bmatrix} = \begin{bmatrix} a_{11} + a_{21} & a_{12} + a_{22} \\ 0 & 0 \end{bmatrix} \neq \mathbf{I}$$

이다. 따라서 $\mathbf{A}$의 역행렬은 존재하지 않는다.

역행렬의 유일성

$\mathbf{A}$의 역행렬이 존재하면 그 역행렬은 유일하다.

(증명) $\mathbf{B}$와 $\mathbf{C}$가 $\mathbf{A}$의 역행렬이면 $\mathbf{AB} = \mathbf{I}$, $\mathbf{CA} = \mathbf{I}$이다. 7.1절 행렬의 곱에 대한 결

합법칙을 이용하면

$$\mathbf{B} = \mathbf{IB} = (\mathbf{CA})\mathbf{B} = \mathbf{C}(\mathbf{AB}) = \mathbf{CI} = \mathbf{C}$$

즉 $\mathbf{B} = \mathbf{C}$이므로 역행렬은 유일하다.

역행렬이 존재하는 행렬을 **정칙행렬**(regular matrix) 또는 **가역행렬**(invertible matrix)이라 하고 역행렬이 존재하지 않는 행렬을 **특이행렬**(singular matrix)이라 한다.

역행렬의 존재성

> $n \times n$ 행렬 $\mathbf{A}$의 역행렬 $\mathbf{A}^{-1}$이 존재하기 위한 필요충분조건은 $\text{rank}\mathbf{A} = n$ 또는 $\det\mathbf{A} \neq 0$이다.

(증명) $n \times n$ 선형계

$$\mathbf{AX} = \mathbf{B} \tag{7.5.1}$$

를 생각하자. 만약 $\mathbf{A}^{-1}$이 존재하면 이를 식 (7.5.1)의 양변에 곱하여 $\mathbf{A}^{-1}\mathbf{AX} = \mathbf{A}^{-1}\mathbf{B}$ 또는 $\mathbf{X} = \mathbf{A}^{-1}\mathbf{B}$가 되는데, 역행렬의 유일성에 의해 $\mathbf{A}^{-1}$은 유일하므로 $\mathbf{X}$ 또한 유일하다. 따라서 7.4절 제차 선형계의 해의 존재성 및 유일성에 관한 정리에 의해 $\text{rank}\mathbf{A} = n$이다. 역으로 $\text{rank}\mathbf{A} = n$이면 같은 정리에 의해 식 (7.5.1)은 유일한 해를 가지며, 이는 가우스 소거법의 역대입 과정을 나타내는 $n \times n$ 행렬 $\mathbf{C}$에 대해

$$\mathbf{X} = \mathbf{CB} \tag{7.5.2}$$

로 나타난다. 식 (7.5.2)를 식 (7.5.1)에 대입하고 행렬의 곱에 대한 결합법칙을 적용하면

$$\mathbf{A}(\mathbf{CB}) = (\mathbf{AC})\mathbf{B} = \mathbf{B}$$

에서 $\mathbf{AC} = \mathbf{I}$, 즉 $\mathbf{C} = \mathbf{A}^{-1}$이다. 마찬가지로 식 (7.5.1)을 식 (7.5.2)에 대입하면

$$\mathbf{X} = \mathbf{C}(\mathbf{AX}) = (\mathbf{CA})\mathbf{X}$$

에서 $\mathbf{CA} = \mathbf{I}$이므로 $\mathbf{C} = \mathbf{A}^{-1}$이다. 따라서 $\mathbf{A}^{-1}$이 존재한다. $n \times n$ 행렬에 대해 $\text{rank}\mathbf{A} = n$이면 $\det\mathbf{A} \neq 0$임은 7.4절 행렬의 계급과 행렬식 [2]에서 보였다.

역행렬의 존재성에 의하면 $n \times n$ 행렬 $\mathbf{A}$에 대해 $\text{rank}\mathbf{A} = n$ 또는 $\det\mathbf{A} \neq 0$이면 $\mathbf{A}$는 정칙행렬이고 $\text{rank}\mathbf{A} < 0$(또는 $\det\mathbf{A} \neq 0$)이면 $\mathbf{A}$는 특이행렬이다. 이는 정칙행렬과 특이행렬에 대한 7.2절의 설명과 동일하다.

역행렬의 성질

(1) $(\mathbf{A}^{-1})^{-1} = \mathbf{A}$ (2) $(\mathbf{AB})^{-1} = \mathbf{B}^{-1}\mathbf{A}^{-1}$ (3) $(\mathbf{A}^{T})^{-1} = (\mathbf{A}^{-1})^{T}$

(증명) (1) $\mathbf{A}$의 역행렬 $\mathbf{A}^{-1}$이 존재하면 $\mathbf{A}^{-1}\mathbf{A} = \mathbf{A}\mathbf{A}^{-1} = \mathbf{I}$이므로 $\mathbf{A}^{-1}$의 역행렬은 $\mathbf{A}$이다. 즉 $(\mathbf{A}^{-1})^{-1} = \mathbf{A}$이다.

(2) 역행렬의 정의로부터 $\mathbf{AB}(\mathbf{AB})^{-1} = \mathbf{I}$이고 양변에 $\mathbf{A}^{-1}$을 곱하면 좌변은 $\mathbf{A}^{-1}\mathbf{AB}(\mathbf{AB})^{-1} = \mathbf{B}(\mathbf{AB})^{-1}$이고 우변은 $\mathbf{A}^{-1}\mathbf{I} = \mathbf{A}^{-1}$이므로 $\mathbf{B}(\mathbf{AB})^{-1} = \mathbf{A}^{-1}$이다. 다시 양변에 $\mathbf{B}^{-1}$을 곱하면 $(\mathbf{AB})^{-1} = \mathbf{B}^{-1}\mathbf{A}^{-1}$이다.

(3) 연습문제 참고.

7.1절에서 행렬의 곱은 숫자의 곱과 달리 일반적으로 $\mathbf{AB} = \mathbf{0}$이 $\mathbf{A} = \mathbf{0}$ 또는 $\mathbf{B} = \mathbf{0}$을 의미하지 않을 뿐 아니라 $\mathbf{AC} = \mathbf{AD}$가 $\mathbf{C} = \mathbf{D}$를 의미하지도 않는다고 하였다.

행렬의 소거법칙

$n \times n$ 행렬 $\mathbf{A}, \mathbf{B}, \mathbf{C}$에 대해

(1) $\text{rank}\mathbf{A} = n$일 때 $\mathbf{AB} = \mathbf{0}$이면 $\mathbf{B} = \mathbf{0}$이다.

(2) $\text{rank}\mathbf{A} = n$일 때 $\mathbf{AC} = \mathbf{AD}$이면 $\mathbf{C} = \mathbf{D}$이다.

(3) $\mathbf{A}$가 특이행렬이면 $\mathbf{BA}$, $\mathbf{AB}$도 특이행렬이다.

(증명) (1) $\text{rank}\mathbf{A} = n$이므로 $\mathbf{A}^{-1}$이 존재한다. $\mathbf{AB} = \mathbf{0}$의 양변에 $\mathbf{A}^{-1}$을 곱하면 $\mathbf{A}^{-1}\mathbf{AB} = \mathbf{IB} = \mathbf{B} = \mathbf{0}$이다.

(2) $\mathbf{AC} = \mathbf{AD}$의 양변에 $\mathbf{A}^{-1}$을 곱하면 $\mathbf{A}^{-1}\mathbf{AC} = \mathbf{A}^{-1}\mathbf{AD}$에서 $\mathbf{C} = \mathbf{D}$이다.

(3) $\mathbf{A}$가 특이행렬이므로 역행렬의 존재성에 의해 $\text{rank}\mathbf{A} < n$ 또는 $\det\mathbf{A} = 0$이다. 따라서 7.4절의 정리 $m \times n$ 제차 선형계 [1]에 의해 제차 선형계

$$\mathbf{AX} = \mathbf{0} \tag{7.5.3}$$

은 비자명해를 갖는다. 식 (7.5.3)의 양변에 $\mathbf{B}$를 곱하면 $\mathbf{BAX} = (\mathbf{BA})\mathbf{X} = \mathbf{0}$이므로 $\text{rank}(\mathbf{BA}) < n$이고, 따라서 $\mathbf{BA}$는 특이행렬이다.

한편 $\det\mathbf{A} = 0$이므로 7.2절 행렬식의 성질 [2]의 (6)에 의해 $\det\mathbf{A} = \det\mathbf{A}^{T} = 0$에서 $\mathbf{A}^{T}$도 특이행렬이고, 방금 위에서 증명한 결과에 따라 $\mathbf{B}^{T}\mathbf{A}^{T}$도 특이행렬이다. $\mathbf{B}^{T}\mathbf{A}^{T}$가 특이행렬이면 7.1절 전치행렬에 관한 성질 (4)에 의해 $(\mathbf{AB})^{T}$도 특이행렬이므로 $\det(\mathbf{AB})^{T} = 0$이고, 이는 $\det(\mathbf{AB}) = 0$을 의미하므로 $\mathbf{AB}$도 특이행렬이다.

역행렬의 계산 [1]: 수반행렬

행렬 $\mathbf{A}$의 역행렬 $\mathbf{A}^{-1}$은 어떻게 구할까? 첫 번째 방법으로 수반행렬을 사용할 수 있다. 먼저 수반행렬을 정의하자.

수반행렬

$n \times n$ 행렬 $\mathbf{A} = \begin{bmatrix} a_{11} & a_{12} & \cdots & a_{1n} \\ a_{21} & a_{22} & \cdots & a_{2n} \\ \vdots & \vdots & \ddots & \vdots \\ a_{n1} & a_{n2} & \cdots & a_{nn} \end{bmatrix}$의 성분 a_{ij}의 여인수를 C_{ij}라 할 때, 행렬 $\mathbf{A}$의

수반행렬(adjoint matrix)은 $\mathrm{adj}\mathbf{A} = \begin{bmatrix} C_{11} & C_{12} & \cdots & C_{1n} \\ C_{21} & C_{22} & \cdots & C_{2n} \\ \vdots & \vdots & \ddots & \vdots \\ C_{n1} & C_{n2} & \cdots & C_{nn} \end{bmatrix}^T$ 이다.

예제 3

$\mathbf{A} = \begin{bmatrix} 1 & 4 \\ 2 & 10 \end{bmatrix}$의 수반행렬을 구하라.

(풀이) $\mathrm{adj}\,\mathbf{A} = \begin{bmatrix} C_{11} & C_{12} \\ C_{21} & C_{22} \end{bmatrix}^T = \begin{bmatrix} C_{11} & C_{21} \\ C_{12} & C_{22} \end{bmatrix} = \begin{bmatrix} 10 & -4 \\ -2 & 1 \end{bmatrix}$

행렬 $\mathbf{A}$의 행렬식과 수반행렬을 이용하여 $\mathbf{A}^{-1}$을 다음과 같이 구한다.

수반행렬을 이용한 역행렬 계산

$$A^{-1} = \frac{\mathrm{adj}\,\mathbf{A}}{\det\,\mathbf{A}}$$

(증명) 행렬의 곱의 정의에 따라

$$\mathbf{A}(\mathrm{adj}\mathbf{A}) = \begin{bmatrix} a_{11} & a_{12} & \cdots & a_{1n} \\ a_{21} & a_{22} & \cdots & a_{2n} \\ \vdots & \vdots & \ddots & \vdots \\ a_{n1} & a_{n2} & \cdots & a_{nn} \end{bmatrix} \begin{bmatrix} C_{11} & C_{21} & \cdots & C_{n1} \\ C_{12} & C_{22} & \cdots & C_{n2} \\ \vdots & \vdots & \ddots & \vdots \\ C_{1n} & C_{2n} & \cdots & C_{nn} \end{bmatrix} = [s_{ij}]_{n \times n}$$

이고, 여기서 $s_{ij} = \sum_{k=1}^{n} a_{ik} C_{jk}\,(1 \leqq i \leqq n,\ 1 \leqq j \leqq n)$이다. 주대각성분은 ($i = j$일 때) $s_{ii} = \sum_{k=1}^{n} a_{ik} C_{ik} = \det\mathbf{A}$ 이고, 비대각성분은 ($i \neq j$일 때) $s_{ij} = \sum_{k=1}^{n} a_{ik} C_{jk}$ 인데, 이는 $a_{ik} = a_{jk}\ (k = 1, 2, \cdots, n)$, 즉 i행과 j행이 같은 행렬의 행렬식이므로 7.2절 행렬

식의 성질 [1]의 (4)에 의해 그 값은 0이다. 따라서

$$\mathbf{A}(\text{adj}\mathbf{A}) = \begin{bmatrix} \det\mathbf{A} & 0 & \cdots & 0 \\ 0 & \det\mathbf{A} & \cdots & 0 \\ \vdots & \vdots & \ddots & \vdots \\ 0 & 0 & \cdots & \det\mathbf{A} \end{bmatrix} = \det\mathbf{A} \begin{bmatrix} 1 & 0 & \cdots & 0 \\ 0 & 1 & \cdots & 0 \\ \vdots & \vdots & \ddots & \vdots \\ 0 & 0 & \cdots & 1 \end{bmatrix} = (\det\mathbf{A})\mathbf{I}$$

이다. $\det\mathbf{A} \neq 0$일 때 위 식의 양변을 $\det\mathbf{A}$로 나누면 $\mathbf{A}\left(\frac{\text{adj}\mathbf{A}}{\det\mathbf{A}}\right) = \mathbf{I}$가 되고, 따라서

$$\mathbf{A}^{-1} = \frac{\text{adj}\mathbf{A}}{\det\mathbf{A}}$$

이다.

예제 4

$\mathbf{A} = \begin{bmatrix} 1 & 4 \\ 2 & 10 \end{bmatrix}$의 역행렬을 구하라.

(풀이) 예제 3에서 $\text{adj}\mathbf{A} = \begin{bmatrix} 10 & -4 \\ -2 & 1 \end{bmatrix}$이고 $\det\mathbf{A} = 10 - 8 = 2$이므로

$$\mathbf{A}^{-1} = \frac{\text{adj}\mathbf{A}}{\det\mathbf{A}} = \frac{1}{2}\begin{bmatrix} 10 & -4 \\ -2 & 1 \end{bmatrix} = \begin{bmatrix} 5 & -2 \\ -1 & 1/2 \end{bmatrix}$$

이다.

$$\mathbf{A}\mathbf{A}^{-1} = \begin{bmatrix} 1 & 4 \\ 2 & 10 \end{bmatrix}\begin{bmatrix} 5 & -2 \\ -1 & 1/2 \end{bmatrix} = \begin{bmatrix} 1 & 0 \\ 0 & 1 \end{bmatrix} = \mathbf{I}$$

$$\mathbf{A}^{-1}\mathbf{A} = \begin{bmatrix} 5 & -2 \\ -1 & 1/2 \end{bmatrix}\begin{bmatrix} 1 & 4 \\ 2 & 10 \end{bmatrix} = \begin{bmatrix} 1 & 0 \\ 0 & 1 \end{bmatrix} = \mathbf{I}$$

로 결과를 확인할 수 있다.

행렬의 크기가 커지면 수반행렬을 이용하여 역행렬을 구하는 것은 더이상 간단한 작업이 아니다. 3×3 행렬의 역행렬을 구해 보자.

예제 5

$\mathbf{A} = \begin{bmatrix} 1 & 2 & 2 \\ 3 & 1 & 0 \\ 1 & 1 & 1 \end{bmatrix}$의 역행렬을 구하라.

(풀이) 2행으로 전개하여 행렬식을 계산하면

$$\det\mathbf{A} = \begin{vmatrix} 1 & 2 & 2 \\ 3 & 1 & 0 \\ 1 & 1 & 1 \end{vmatrix} = -3\begin{vmatrix} 2 & 2 \\ 1 & 1 \end{vmatrix} + 1\begin{vmatrix} 1 & 2 \\ 1 & 1 \end{vmatrix} = -1$$

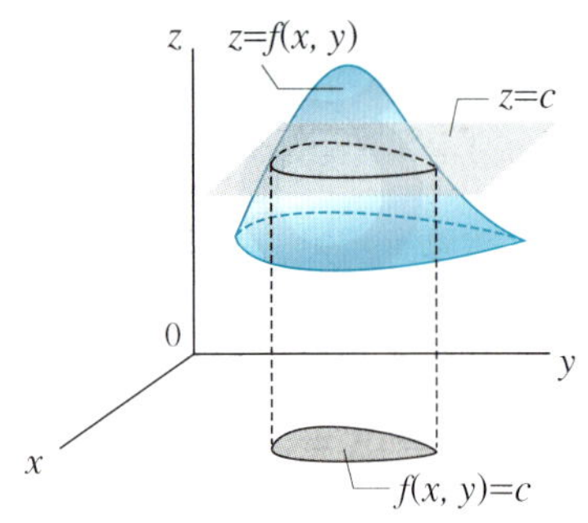

그림 8.1.3 2변수 함수와 등위곡선.

2변수 함수와 등위곡선

2변수 함수 $z = f(x, y)$는 곡면을 나타낸다고 하였다. 곡면 $z = f(x, y)$와 xy−평면에 평행한 평면 $z = c$의 교선의 방정식은 $f(x, y) = c$이며, 이는 1변수 함수 $y = f(x)$의 음함수(implicit function) 형태이므로 xy−평면 위의 곡선이다. 이러한 곡선

$$f(x, y) = c \tag{8.1.1}$$

를 곡면 $z = f(x, y)$의 **등위곡선**(level curve)이라 부르며 c값에 따라 여러 개의 곡선이 생긴다. 등위곡선은 함수 f의 물리적 의미에 따라 등고선, 등온선(isotherm), 등압선(isobar) 등으로도 불린다.

예제 1

곡면 $z = f(x, y) = x^2 - y^2$과 이의 등위곡선을 생각하자. z는 그림 8.1.4와 같은 말 안장(saddle) 형태의 곡면을 나타내며, 이의 등위곡선은 식 (8.1.1)에 의해 c값에 따라 그림 8.1.5와 같은 여러 개의 쌍곡선(hyperbola)이 된다. 특히 $c = 0$인 경우 등위곡선은 직선 $y = \pm x$이다.

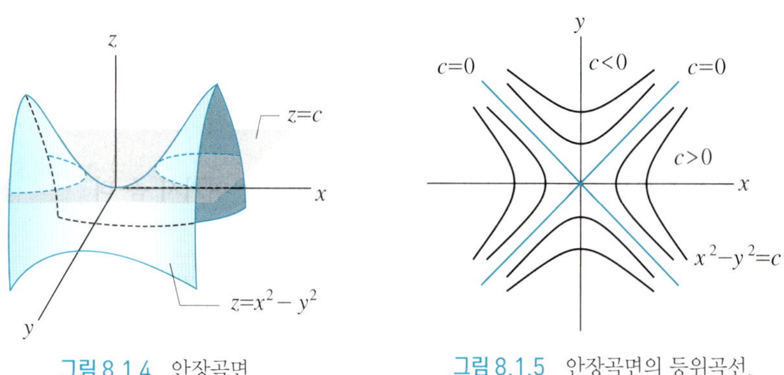

그림 8.1.4 안장곡면.

그림 8.1.5 안장곡면의 등위곡선.

☞ 예제 1의 원점 (0,0,0)과 같이 극대점이면서 극소점인 점을 안장점(saddle point)이라 한다. 참고로 극소점은 함수값이 감소하다가 증가하기 시작하는 점(local minimum)이고 극대점은 함수값이 증가하다가 감소하기 시작하는 점(local maximum)이며, 이를 합하여 극점이라 부른다.

3변수 함수와 등위곡면

다변수 함수는 3변수 함수, 4변수 함수 등으로 확장할 수 있다. 3변수 함수 $\omega = f(x, y, z)$는 3개의 독립변수 x, y, z에 의해 종속변수 ω가 결정되지만 xyz−공간 좌표계에 그래프를 그릴 수는 없다. 하지만 $\omega = f(x, y, z) = c$를 만족하는 곡면

$$f(x, y, z) = c \tag{8.1.2}$$

를 3변수 함수의 **등위곡면**(level surface)이라 부르며 이를 xyz-공간좌표계에 그릴 수 있다. 실제로 식 (8.1.2)는 $z = g(x, y)$로 나타낼 수 있으므로 2변수 함수이며 단지 음함수 형태로 나타난 것임에 유의해야 한다.

예제 2

3변수 함수 $f(x,y,z) = \dfrac{x^2 + y^2}{z}$의 등위곡면을 그려라.

(풀이) 식 (8.1.2)와 같이 $f(x,y,z) = \dfrac{x^2 + y^2}{z} = c$로 놓고 정리하면 $x^2 + y^2 = cz$이고 이는 포물면(paraboloid)이다.

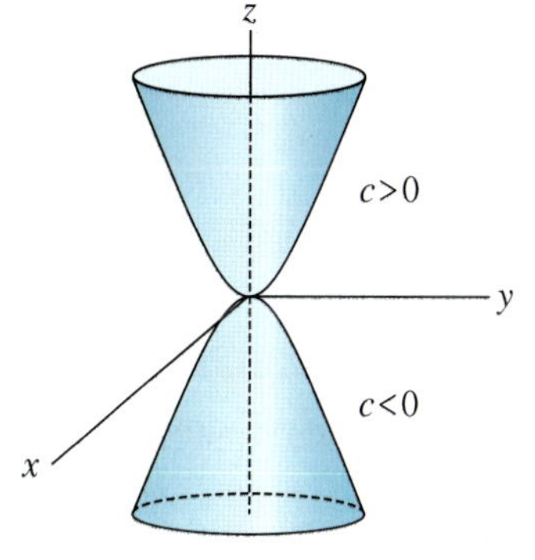

그림 8.1.6 등위곡면.

편도함수

1변수 함수 $y = f(x)$의 미분 또는 도함수를

$$\frac{dy}{dx} \equiv \lim_{\Delta x \to 0} \frac{f(x + \Delta x) - f(x)}{\Delta x} \tag{8.1.3}$$

로 정의하며, 이는 점 x에서 함수 y의 변화율 또는 그래프 $y = f(x)$의 접선의 기울기를 나타낸다. 앞으로는 식 (8.1.3)을 **상도함수** 또는 **상미분**(ordinary derivative)이라 부른다.

예제 3

$y = f(x) = x^2$에 대한 1계 상도함수 dy/dx를 식 (8.1.3)의 정의에 의해 구하라.

(풀이) $\dfrac{dy}{dx} = \lim\limits_{\Delta x \to 0} \dfrac{f(x + \Delta x) - f(x)}{\Delta x} = \lim\limits_{\Delta x \to 0} \dfrac{(x + \Delta x)^2 - x^2}{\Delta x}$

$= \lim\limits_{\Delta x \to 0} \dfrac{x^2 + 2x\Delta x + \Delta x^2 - x^2}{\Delta x} = \lim\limits_{\Delta x \to 0} (2x + \Delta x) = 2x$

1변수 함수의 경우와는 달리 2변수 함수 $z = f(x, y)$는 함수값 z를 변화시키는 요인이 x와 y 2개가 있으므로 변화율 또한 두 가지가 존재하는데, 이를

$$\frac{\partial z}{\partial x} \equiv \lim_{\Delta x \to 0} \frac{f(x+\Delta x, y) - f(x,y)}{\Delta x} \quad (8.1.4)$$

$$\frac{\partial z}{\partial y} \equiv \lim_{\Delta y \to 0} \frac{f(x, y+\Delta y) - f(x,y)}{\Delta y} \quad (8.1.5)$$

로 정의하며 **편도함수** 또는 **편미분**(partial derivative)이라 부른다. 이들은 각각 z의 x에 대한 변화율과 z의 y에 대한 변화율을 나타내며 상도함수의 표기 d/dx 대신 $\partial/\partial x$ 또는 $\partial/\partial y$로 표기한다. 편도함수는 2변수 함수 이상의 다변수 함수에만 나타나며 $\partial z/\partial x$, $\partial z/\partial y$, $\partial^2 z/\partial x^2$, $\partial^2 z/\partial y^2$를 각각 z_x, z_y, z_{xx}, z_{yy}와 같이 쓰기도 한다.

예제 4

$z = f(x, y) = x^2 y$에 대한 1계 편도함수 $\partial z/\partial x$, $\partial z/\partial y$를 식 (8.1.4)와 (8.1.5)의 정의에 의해 구하라.

(풀이) $$\frac{\partial z}{\partial x} = \lim_{\Delta x \to 0} \frac{f(x+\Delta x, y) - f(x,y)}{\Delta x} = \lim_{\Delta x \to 0} \frac{(x+\Delta x)^2 y - x^2 y}{\Delta x}$$

$$= \lim_{\Delta x \to 0} \frac{x^2 y + 2x\Delta x\, y + \Delta x^2 y - x^2 y}{\Delta x} = \lim_{\Delta x \to 0} (2xy + \Delta x \cdot y) = 2xy$$

$$\frac{\partial z}{\partial y} = \lim_{\Delta y \to 0} \frac{f(x, y+\Delta y) - f(x,y)}{\Delta y} = \lim_{\Delta y \to 0} \frac{x^2 (y+\Delta y) - x^2 y}{\Delta y}$$

$$= \lim_{\Delta y \to 0} \frac{x^2 y + x^2 \Delta y - x^2 y}{\Delta y} = \lim_{\Delta y \to 0} (x^2) = x^2$$

즉 편미분의 경우 미분하려 하는 변수 이외의 다른 변수를 상수로 생각하고 상미분의 경우와 같이 미분한다.

예제 5

$z = f(x,y) = \dfrac{y}{x} + xy$에 대해 z_x, z_y를 구하라.

(풀이) 먼저 y를 상수로 생각하고 x로 미분하면

$$z_x = -\frac{y}{x^2} + y$$

이다. 마찬가지로 x를 상수로 생각하고 y로 미분하면

$$z_y = \frac{1}{x} + x.$$

1변수 함수의 경우 $s = f(x)$이고 $x = g(t)$이면 s는 x를 **매개변수**(parameter)로 하

여 결국 t의 함수가 되므로 도함수 ds/dt가 존재한다. 이러한 도함수는 **연쇄율**(합성함수의 도함수, chain rule)

$$\frac{ds}{dt} = \frac{ds}{dx}\frac{dx}{dt} \tag{8.1.6}$$

로 계산함을 알고 있다. 마찬가지로 $s = f(x, y)$이고 $x = g(u, v)$, $y = h(u, v)$이면 결국 s는 x와 y를 매개변수로 하는 u와 v의 함수이므로 $\partial s/\partial u$, $\partial s/\partial v$가 존재하는데, 이를 다음과 같이 계산한다.

편도함수의 연쇄율

$s = f[x(u, v), y(u, v)]$이면

$$\frac{\partial s}{\partial u} = \frac{\partial s}{\partial x}\frac{\partial x}{\partial u} + \frac{\partial s}{\partial y}\frac{\partial y}{\partial u}, \quad \frac{\partial s}{\partial v} = \frac{\partial s}{\partial x}\frac{\partial x}{\partial v} + \frac{\partial s}{\partial y}\frac{\partial y}{\partial v} \tag{8.1.7}$$

이다.

위에서 $s = f[x(u, v), y(u, v)]$는 s가 x, y의 함수이고 x, y는 다시 u, v의 함수라는 뜻이다. 많은 교재에서 식 (8.1.7)의 여러 가지 변형을 외우는 방법을 소개하지만 연쇄율의 의미를 정확히 이해하면 외울 필요가 없다. 먼저 함수 s의 형태를 이해한 후 다음 공식들을 보도록 하자.

연쇄율 적용의 여러 가지 경우

(1) $s = f[x(u, v, \omega), y(u, v, \omega), z(u, v, \omega)]$이면

$$\frac{\partial s}{\partial u} = \frac{\partial s}{\partial x}\frac{\partial x}{\partial u} + \frac{\partial s}{\partial y}\frac{\partial y}{\partial u} + \frac{\partial s}{\partial z}\frac{\partial z}{\partial u}$$

$$\frac{\partial s}{\partial v} - \frac{\partial s}{\partial x}\frac{\partial x}{\partial v} + \frac{\partial s}{\partial y}\frac{\partial y}{\partial v} + \frac{\partial s}{\partial z}\frac{\partial z}{\partial v}$$

$$\frac{\partial s}{\partial \omega} = \frac{\partial s}{\partial x}\frac{\partial x}{\partial \omega} + \frac{\partial s}{\partial y}\frac{\partial y}{\partial \omega} + \frac{\partial s}{\partial z}\frac{\partial z}{\partial \omega}$$

(2) $s = f[x(u, v, \omega), y(u, v, \omega)]$이면

$$\frac{\partial s}{\partial u} = \frac{\partial s}{\partial x}\frac{\partial x}{\partial u} + \frac{\partial s}{\partial y}\frac{\partial y}{\partial u}$$

$$\frac{\partial s}{\partial v} = \frac{\partial s}{\partial x}\frac{\partial x}{\partial v} + \frac{\partial s}{\partial y}\frac{\partial y}{\partial v}$$

$$\frac{\partial s}{\partial \omega} = \frac{\partial s}{\partial x}\frac{\partial x}{\partial \omega} + \frac{\partial s}{\partial y}\frac{\partial y}{\partial \omega}$$

(3) $s = f[x(t), y(t), z(t)]$이면

$$\frac{ds}{dt} = \frac{\partial s}{\partial x}\frac{dx}{dt} + \frac{\partial s}{\partial y}\frac{dy}{dt} + \frac{\partial s}{\partial z}\frac{dz}{dt}$$

벡터함수에 대한 미분의 성질

벡터함수 $\mathbf{u}$, $\mathbf{v}$에 대해

(1) $(c\mathbf{u})' = c\mathbf{u}'$, c는 스칼라 상수 (2) $(\mathbf{u}+\mathbf{v})' = \mathbf{u}' + \mathbf{v}'$

(3) $(\mathbf{u}\cdot\mathbf{v})' = \mathbf{u}'\cdot\mathbf{v} + \mathbf{u}\cdot\mathbf{v}'$ (4) $(\mathbf{u}\times\mathbf{v})' = \mathbf{u}'\times\mathbf{v} + \mathbf{u}\times\mathbf{v}'$

(5) $(\mathbf{u}\,\mathbf{v}\,\mathbf{w})' = (\mathbf{u}'\,\mathbf{v}\,\mathbf{w}) + (\mathbf{u}\,\mathbf{v}'\,\mathbf{w}) + (\mathbf{u}\,\mathbf{v}\,\mathbf{w}')$

☞ (5)에서 $(\mathbf{uvw}) = \mathbf{u}\cdot\mathbf{v}\times\mathbf{w}$이며, 이를 **스칼라 삼중적**(scalar triple product)이라 한다. 자세한 내용은 6.3절을 참고하라.

성질 (3)의 증명: 벡터함수에 대한 극한의 성질 (2)와 (3)을 이용한다.

$$\begin{aligned}
(\mathbf{u}\cdot\mathbf{v})' &= \lim_{\Delta t\to 0}\frac{\mathbf{u}(t+\Delta t)\cdot\mathbf{v}(t+\Delta t) - \mathbf{u}(t)\cdot\mathbf{v}(t)}{\Delta t} \\
&= \lim_{\Delta t\to 0}\frac{\mathbf{u}(t+\Delta t)\cdot\mathbf{v}(t+\Delta t) - \mathbf{u}(t)\cdot\mathbf{v}(t+\Delta t) + \mathbf{u}(t)\cdot\mathbf{v}(t+\Delta t) - \mathbf{u}(t)\cdot\mathbf{v}(t)}{\Delta t} \\
&= \lim_{\Delta t\to 0}\frac{[\mathbf{u}(t+\Delta t) - \mathbf{u}(t)]\cdot\mathbf{v}(t+\Delta t) + \mathbf{u}(t)\cdot[\mathbf{v}(t+\Delta t) - \mathbf{v}(t)]}{\Delta t} \\
&= \lim_{\Delta t\to 0}\frac{\mathbf{u}(t+\Delta t) - \mathbf{u}(t)}{\Delta t}\cdot\lim_{\Delta t\to 0}\mathbf{v}(t+\Delta t) + \lim_{\Delta t\to 0}\mathbf{u}(t)\cdot\lim_{\Delta t\to 0}\frac{\mathbf{v}(t+\Delta t) - \mathbf{v}(t)}{\Delta t} \\
&= \mathbf{u}'\cdot\mathbf{v} + \mathbf{u}\cdot\mathbf{v}'
\end{aligned}$$

☞ 위의 벡터 도함수의 성질을 스칼라함수에 대한 도함수의 성질(부록 A3)과 비교하자. 위의 성질 (3)의 증명은 고교 과정에서 공부했던 부록 A3 성질 (3)의 증명과 유사하다.

벡터함수의 미분에 대해서도 스칼라함수에 적용되는 **연쇄율**(chain rule)이 적용된다.

벡터 도함수의 연쇄율

$\mathbf{r} = \mathbf{r}(l)$이고 $l = u(t)$이면 $\dfrac{d\mathbf{r}}{dt} = \dfrac{d\mathbf{r}}{dl}\dfrac{dl}{dt} = \mathbf{r}'(l)u'(t)$이다.

예제 8

$\mathbf{r}(l) = [\cos 2l, \sin 2l, e^{-3l}]$, $l = t^4$일 때 $\dfrac{d\mathbf{r}}{dt}$를 구하라.

(풀이)

$$\frac{d\mathbf{r}}{dt} = \frac{d\mathbf{r}}{dl}\frac{dl}{dt} = [-2\sin 2l, 2\cos 2l, -3e^{-3l}](4t^3)$$
$$= [-8t^3\sin(2t^4),\ 8t^3\cos(2t^4),\ -12t^3e^{-3t^4}]$$

벡터함수의 편도함수

벡터 $\mathbf{r} = [f(x, y), g(x, y)]$에 대한 편도함수는

$$\frac{\partial \mathbf{r}}{\partial x} = \left[\frac{\partial f}{\partial x}, \frac{\partial g}{\partial x}\right], \quad \frac{\partial \mathbf{r}}{\partial y} = \left[\frac{\partial f}{\partial y}, \frac{\partial g}{\partial y}\right]$$

이다.

2계 이상의 고계 편도함수도 유사하게 정의한다.

예제 9

$\mathbf{V} = [y^2, z^2, x^2]$에 대한 가능한 1계 편도함수를 구하라.

(풀이) $\frac{\partial \mathbf{V}}{\partial x} = [0, 0, 2x]$, $\frac{\partial \mathbf{V}}{\partial y} = [2y, 0, 0]$, $\frac{\partial \mathbf{V}}{\partial z} = [0, 2z, 0]$

벡터함수에 대한 적분 역시 벡터함수의 미분과 마찬가지로 각 성분의 적분으로 정의한다. 따라서 벡터함수 $\mathbf{r}(t) = [f(t), g(t)]$의 부정적분은 각 성분의 부정적분, 즉

$$\int \mathbf{r}(t)dt = \left[\int f(t)dt + c_1, \int g(t)dt + c_2\right] = \left[\int f(t)dt, \int g(t)dt\right] + [c_1, c_2]$$

이다. 여기서 $\mathbf{C} = [c_1, c_2]$라 하면

$$\int \mathbf{r}(t)dt = \left[\int f(t)dt, \int g(t)dt\right] + \mathbf{C}$$

와 같이 벡터함수의 부정적분에서 적분상수가 벡터임에 유의해야 한다. 정적분은

$$\int_a^b \mathbf{r}(t)dt = \left[\int_a^b f(t)dt, \int_a^b g(t)dt\right]$$

이다.

벡터함수의 적분

벡터함수 $\mathbf{r}(t) = [f(t), g(t)]$의 부정적분은

$$\int \mathbf{r}(t)dt = \left[\int f(t)dt, \int g(t)dt\right] + \mathbf{C}$$

이고, 정적분은

$$\int_a^b \mathbf{r}(t)dt = \left[\int_a^b f(t)dt, \int_a^b g(t)dt\right]$$

이다.

예제 10

$\mathbf{r}(t) = [6t^2, 4e^{-2t}, 8\cos 4t]$일 때 $\int \mathbf{r}(t)dt$를 구하라.

(풀이)

$$\int \mathbf{r}(t)dt = \left[\int 6t^2 dt, \int 4e^{-2t}dt, \int 8\cos 4t dt\right] = [2t^3 + c_1, -2e^{-2t} + c_2, 2\sin 4t + c_3]$$
$$= [2t^3, -2e^{-2t}, 2\sin 4t] + \mathbf{C}$$

이고, 여기서 $\mathbf{C} = [c_1, c_2, c_3]$이다.

벡터함수로 표시된 곡선의 길이

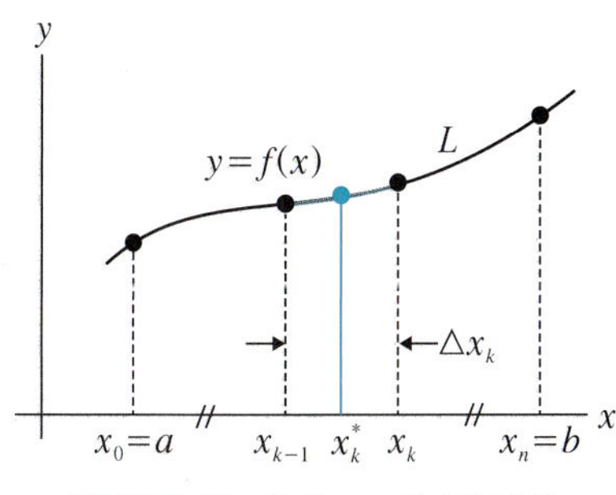

그림 8.2.12 곡선 $y = f(x)$의 길이.

우리는 기초 미적분학에서 스칼라함수 $y = f(x)$가 구간 $a \leqq x \leqq b$에서 그리는 곡선의 길이가

$$L = \int_a^b \sqrt{1 + [f'(x)]^2}\, dx \tag{8.2.6}$$

임을 이미 배웠다.

식 (8.2.6)의 유도과정을 다시 생각해 보자. x의 구간 $[a, b]$를 n개의 소구간으로 분할할 때 k 번째 구간, 즉 점 $(x_{k-1}, f(x_{k-1}))$과 점 $(x_k, f(x_k))$에 해당하는 곡선을 직선으로 계산한 길이는

$$L_k = \sqrt{(x_k - x_{k-1})^2 + [f(x_k) - f(x_{k-1})]^2} = \sqrt{(\Delta x_k)^2 + [f(x_k) - f(x_{k-1})]^2}$$

이다. 여기에 $x_{k-1} \leqq x_k^* \leqq x_k$인 x_k^*에 대해 **평균값 정리**(쉬어가기 3.2 참고)

$$f'(x_k^*) = \frac{f(x_k) - f(x_{k-1})}{\Delta x_k}$$

을 이용하면

$$L_k = \sqrt{(\Delta x_k)^2 + [f'(x_k^*)\Delta x_k]^2} = \sqrt{1 + [f'(x_k^*)]^2}\Delta x_k$$

이다. 따라서 $x = a$에서 $x = b$까지 전체 곡선의 길이 L은

$$L = \lim_{n\to\infty}\sum_{k=1}^{n} L_k = \lim_{n\to\infty}\sum_{k=1}^{n}\sqrt{1 + [f'(x_k^*)]^2}\ \Delta x_k$$

이고, 이는 정적분의 정의인 리만합(Riemann sum)의 극한으로 식 (8.2.6)이 된다.

이번에는 그림 8.2.13과 같이 매개변수형 벡터함수 $\mathbf{r}(t) = [f(t), g(t)]$가 $t = a$에서 $t = b$ 사이에서 그리는 곡선 C의 길이 L을 구하자. 방법은 위의 경우와 거의 같다. 여기서는 편의상 평면 위의 곡선에 대해 설명하지만 3차원 곡선에 대해서도 유사한 설명이 가능하다.

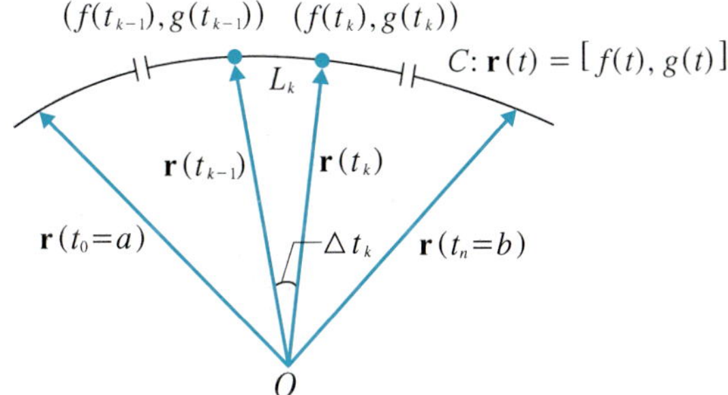

그림 8.2.13 곡선 $\mathbf{r}(t)$의 길이.

t 의 구간 $[a, b]$를 n개의 소구간으로 분할할 때 k 번째 구간, 즉 점 $(f(t_{k-1}), g(t_{k-1}))$과 점 $(f(t_k), g(t_k))$에 해당하는 곡선을 직선으로 계산한 길이는

$$L_k = \sqrt{[f(t_k) - f(t_{k-1})]^2 + [g(t_k) - g(t_{k-1})]^2}$$

이다. 마찬가지로 평균값 정리에 의해

$$f'(t_k^*) = \frac{f(t_k) - f(t_{k-1})}{\Delta t_k}, \quad g'(t_k^*) = \frac{g(t_k) - g(t_{k-1})}{\Delta t_k}$$

를 만족하는 t_k^*가 $t_{k-1} \leqq t_k^* \leqq t_k$에 존재하므로

$$L_k = \sqrt{[f'(t_k^*)]^2 + [g'(t_k^*)]^2}\ \Delta t_k$$

이다. 따라서 $t = a$와 $t = b$ 사이에서 그리는 전체 곡선의 길이는

$$L = \lim_{n\to\infty}\sum_{k=1}^{n}\sqrt{[f'(t_k^*)]^2 + [g'(t_k^*)]^2}\ \Delta t_k$$

이고, 이는 리만합의 극한으로 정적분을 사용하여 다음과 같이 나타난다.

벡터함수 $\mathbf{r}(t) = [f(t), g(t)]$가 $t = a$에서 $t = b$ 사이에서 그리는 곡선의 길이 L은

$$L = \int_a^b \sqrt{[f'(t)]^2 + [g'(t)]^2}\,dt \tag{8.2.7}$$

또는 $\mathbf{r}'(t) = [f'(t), g'(t)]$, $|\mathbf{r}'(t)| = \sqrt{[f'(t)]^2 + [g'(t)]^2}$ 이므로

$$L = \int_a^b |\mathbf{r}'(t)|dt \tag{8.2.8}$$

이다.

☞ $\mathbf{r}(t)$를 위치벡터로 생각하면, 식 (8.2.8)은 움직인 거리 L이 속력(speed) $|\mathbf{r}'(t)|$를 경과 시간 t로 적분한 것임을 의미한다.

예제 11

$\mathbf{r}(t) = [\cos t, \sin t]$, $0 \leqq t \leqq 2\pi$의 곡선의 길이를 구하라.

(풀이) $\mathbf{r}'(t) = [-\sin t, \cos t]$, $|\mathbf{r}'(t)| = \sqrt{(-\sin t)^2 + \cos^2 t} = 1$ 이므로 식 (8.2.8)에서

$$L = \int_0^{2\pi} |\mathbf{r}'(t)|dt = \int_0^{2\pi} dt = 2\pi\,.$$

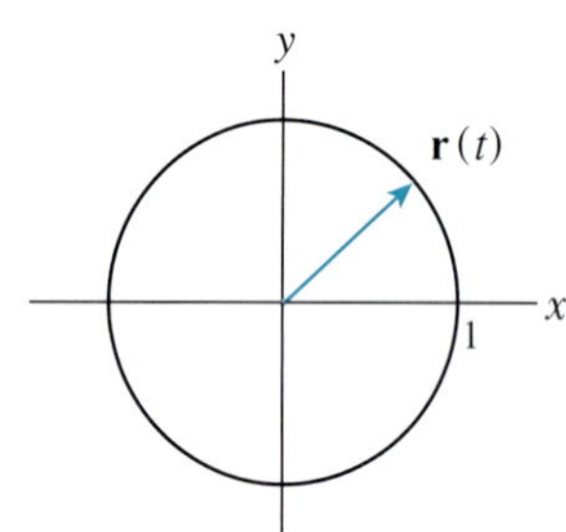

그림 8.2.14 곡선의 길이.

8.2 연습문제

1. 벡터함수가 나타내는 곡선을 그려라(a, b는 상수).

(1) $\mathbf{r}(t) = [2\cos t, 2\sin t, 3]$ (2) $\mathbf{r}(t) = [a\cos t, b\sin t]$ (3) $\mathbf{r}(t) = [t, t^3 + 2, 0]$

2. 벡터함수의 벡터장을 그려라.

(1) $\mathbf{r} = [1, 1]$ (2) $\mathbf{r}(x, y) = [-x^2 - y^2, 0]$

3. 두 질량 m_1, m_2 사이에 작용하는 중력(만유인력)은 벡터방정식

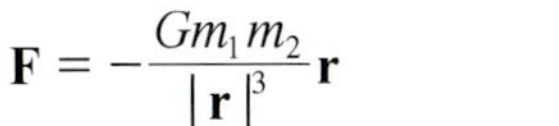

$$\mathbf{F} = -\frac{Gm_1 m_2}{|\mathbf{r}|^3}\mathbf{r} \tag{8.2.9}$$

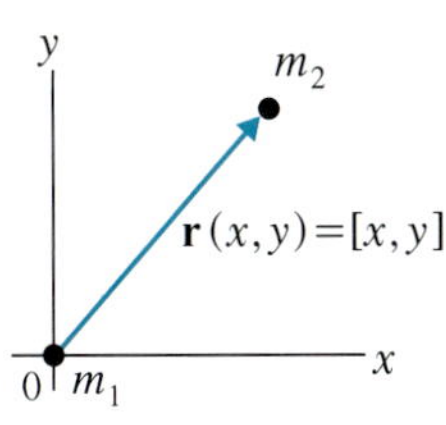

그림 8.2.15

로 나타난다. 여기서 G는 중력상수다.

(1) 식 (8.2.9)를 이용하여 $|\mathbf{F}|$를 $|\mathbf{r}|$로 나타내라.

(2) 위치벡터 $\mathbf{r} = [x, y]$에 대해 $Gm_1m_2 = 1$로 놓고 $\mathbf{F}$의 벡터장(중력장)을 그려라.

(답) (1) $|\mathbf{F}| = -\frac{Gm_1 m_2}{|\mathbf{r}|^2}$. 중력의 크기는 질량의 곱에 비례하고 거리의 제곱에 반비례한다.

4. 곡선을 매개변수형 벡터방정식으로 나타내고 그래프로 그려라.

(1) $y^2 + (z-3)^2 = 9,\ x = 0$　　(2) $x^2 + y^2 = 9,\ z = 9 - x^2$

(답) (1) $\mathbf{r}(t) = [0, 3\cos t, 3 + 3\sin t]$　　(2) $\mathbf{r}(t) = [3\cos t, 3\sin t, 9\sin^2 t]$

5. $\mathbf{r}(t) = [2\cos t, 6\sin t]$의 곡선을 그리고 $\mathbf{r}(\pi/6)$와 $\mathbf{r}'(\pi/6)$를 나타내라.

(답) $\mathbf{r}(\pi/6) = [\sqrt{3}, 3]$,　$\mathbf{r}'(\pi/6) = [-1, 3\sqrt{3}]$

6. $\mathbf{r}(t) = [\ln t, 1/t]$, $t > 0$에 대해 1계 및 2계 도함수를 구하라.

(답) $\mathbf{r}'(t) = [1/t, -1/t^2]$, $\mathbf{r}''(t) = [-1/t^2, 2/t^3]$

7. 벡터함수에 대해 가능한 1계 편도함수를 구하라.

(1) $\mathbf{V} = [\cos x \cosh y,\ \sin x \sinh y]$　　(2) $\mathbf{V} = \left[\frac{1}{2}\ln(x^2 + y^2),\ \tan^{-1}\frac{y}{x},\ z\right]$

(답) (1) $\frac{\partial \mathbf{V}}{\partial x} = [-\sin x \cosh y, -\cos x \sinh y]$, $\frac{\partial \mathbf{V}}{\partial y} = [\cos x \sinh y,\ -\sin x \cosh y]$

(2) $\frac{\partial \mathbf{V}}{\partial x} = \left[\frac{x}{x^2+y^2}, \frac{-y}{x^2+y^2}, 0\right]$, $\frac{\partial \mathbf{V}}{\partial y} = \left[\frac{y}{x^2+y^2}, \frac{x}{x^2+y^2}, 0\right]$, $\frac{\partial \mathbf{V}}{\partial z} = [0, 0, 1]$

8. 곡선 $x = t,\ y = t^2/2,\ z = t^3/3$에 대해 $t = 2$에서의 접선의 방정식 $\mathbf{r}_T(t)$를 구하라.

(답) $\mathbf{r}_T = [2 + t, 2 + 2t, 8/3 + 4t]$

9. 곡선 $\mathbf{r}(t) = [\cosh t, \sinh t, 0]$에 대해

(1) $\mathbf{r}'(t)$와 이의 단위벡터 $\mathbf{u}(t)$를 구하라.

(2) 점 $P(5/3,\ 4/3,\ 0)$에서 $\mathbf{r}'$과 $\mathbf{u}$를 구하라.

(3) 점 P에서 접선의 방정식 $\mathbf{r}_T(t)$를 구하고 $\mathbf{r}(t)$와 $\mathbf{r}_T(t)$를 함께 그려라.

(답) (1) $\mathbf{r}'(t) = [\sinh t,\ \cosh t,\ 0]$, $\mathbf{u}(t) = \dfrac{1}{\sqrt{\cosh 2t}}[\sinh t, \cosh t, 0]$

(2) $\mathbf{r}' = [4/3,\ 5/3,\ 0]$, $\mathbf{u} = \dfrac{3}{\sqrt{41}}[4/3, 5/3, 0]$ (3) $\mathbf{r}_T = [5/3 + 4t/3,\ 4/3 + 5t/3,\ 0]$

10. $\int \left[te^t, -e^{-2t}, te^{t^2}\right]dt$ 를 계산하라.

(답) $\left[(t-1)e^t, \dfrac{1}{2}e^{-2t}, \dfrac{1}{2}e^{t^2}\right] + \mathbf{C}$

11. $\mathbf{r}'(t) = [6,\ 6t,\ 3t^2]$, $\mathbf{r}(0) = [1,\ -2,\ 1]$을 만족하는 $\mathbf{r}(t)$를 구하라.

(답) $\mathbf{r}(t) = [6t + 1,\ 3t^2 - 2,\ t^3 + 1]$

12. 벡터함수에 대한 미분의 성질 (5) $(\mathbf{u}\ \mathbf{v}\ \mathbf{w})' = (\mathbf{u}'\ \mathbf{v}\ \mathbf{w}) + (\mathbf{u}\ \mathbf{v}'\ \mathbf{w}) + (\mathbf{u}\ \mathbf{v}\ \mathbf{w}')$가 성립함을 보여라.

13. $\mathbf{v}$가 상수벡터일 때 $\int \mathbf{v}\cdot\mathbf{r}(t)dt = \mathbf{v}\cdot\int \mathbf{r}(t)dt$ 가 성립함을 보여라.
[힌트: $\mathbf{v} = [v_1,\ v_2,\ v_3]$, $\mathbf{r}(t) = [x(t),\ y(t),\ z(t)]$로 놓아라.]

14. 피타고라스 정리에 의하면 밑변이 a, 높이가 b인 직각삼각형의 빗변의 길이는 $\sqrt{a^2+b^2}$ 이다. 다음 방법으로 빗변의 길이를 구하여 결과가 같음을 보여라.

(1) 빗변을 직선 $y = \dfrac{b}{a}x$, $0 \leqq x \leqq a$로 나타내어 길이를 구한다.

(2) 빗변을 벡터 $\mathbf{r}(t) = [at,\ bt]$, $0 \leqq t \leqq 1$로 나타내어 길이를 구한다.

15. 현수선(catenary) $\mathbf{r}(t) = [t,\ \cosh t]$, $0 \leqq t \leqq 1$에 대해 다음 물음에 답하라.

(1) $\mathbf{r}(t)$를 그리고 곡선의 길이를 식 (8.2.8)을 이용하여 구하라.

(2) 곡선의 길이를 식 (8.2.6)을 이용하여 구하고 (1)의 결과와 비교하라.

(답) (1) $\sinh 1$ (2) 같다.

☞ 현수선: $y = \cosh x$의 그래프가 선밀도가 균일한 줄의 양끝을 고정하여 매달았을 때 생기는 줄의 형태와 같다고 하여 붙여진 이름이다.

16. 식 (8.2.7) 또는 (8.2.8)을 이용하여 식 (8.2.6)을 유도하라. [$y = f(x)$의 매개변수형은 $\mathbf{r}(t) = [t, f(t)]$이다.]

17. 예제 11의 곡선의 길이를 식 (8.2.6)을 이용하여 구하라. ($0 \leqq x \leqq 1$에 해당하는 길이를 4배하여 구하라.)

8.3 속도, 가속도

시간 t에 대하여 물체의 **위치**(position) 또는 **변위**(displacement)를 나타내는 벡터를

$$\mathbf{r}(t) = [f(t), g(t), h(t)] \tag{8.3.1}$$

라 하면 물체의 **속도**(velocity)와 **가속도**(acceleration)는 각각

$$\mathbf{V}(t) = \mathbf{r}'(t) = [f'(t), g'(t), h'(t)] \tag{8.3.2}$$

$$\mathbf{a}(t) = \mathbf{V}'(t) = [f''(t), g''(t), h''(t)] \tag{8.3.3}$$

이다.

☞ 속력(speed)은 속도의 크기이다. 따라서 곡선의 길이를 나타내는 식 (8.2.5)에서 $\mathbf{r}(t)$를 위치벡터로 보면

$$L = \int_a^b |\mathbf{r}'(t)|dt = \int_a^b |\mathbf{V}(t)|dt$$

즉 곡선의 길이는 속력을 시간으로 적분한 실제 이동거리(traveled distance)를 나타낸다.

예제 1

물체의 위치가 $\mathbf{r}(t) = [t^2, t^4/4]$일 때 $t = 1$에서의 속도와 가속도를 구하라. $\mathbf{r}(t)$의 그래프를 그리고 그 위에 속도와 가속도를 표시하라.

(풀이) $\mathbf{V}(t) = \mathbf{r}'(t) = [2t, t^3]$에서 $\mathbf{V}(1) = [2, 1]$이고 $\mathbf{a}(t) = \mathbf{V}'(t) = [2, 3t^2]$이므로 $\mathbf{a}(1) = [2, 3]$이다. $x = t^2$, $y = t^4/4$에서 t를 소거하면 $y = x^2/4$이므로 $\mathbf{r}(t)$는 포물선(parabola)이다. $\mathbf{r}(t)$와 $t = 1$에서의 속도와 가속도는 그림 8.3.1과 같다.

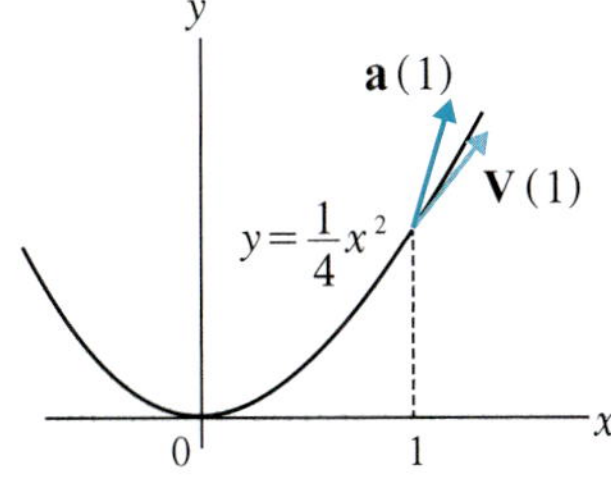

그림 8.3.1 속도와 가속도.

속도의 크기가 일정한 운동에서 속도와 가속도의 방향 관계

속도의 크기가 일정하므로 $|\mathbf{V}| = c$(상수)이면 $|\mathbf{V}|^2 = c^2$이고 $|\mathbf{V}|^2 = \mathbf{V}\cdot\mathbf{V}$임을 이용하면 $\mathbf{V}\cdot\mathbf{V} = c^2$이다. 벡터함수에 대한 미분의 성질 (3)과 벡터 내적에 대해 교환법칙이 성립함을 이용하여 마지막 식의 양변을 미분하면

$$(\mathbf{V}\cdot\mathbf{V})' = \mathbf{V}'\cdot\mathbf{V} + \mathbf{V}\cdot\mathbf{V}' = 2\mathbf{V}\cdot\mathbf{V}' = 0$$

인데 $\mathbf{V}' = \mathbf{a}$이므로

$$\mathbf{V}\cdot\mathbf{a} = 0 \tag{8.3.4}$$

이다. 즉 크기가 일정한 속도와 가속도는 서로 수직이다. 등속 원운동의 경우에도 가속도 $\mathbf{a}$와 선속도 $\mathbf{V}$의 방향이 서로 수직이다. 다음 예를 보자.

예제 2 원운동

$\mathbf{r}(t) = [\cos t, \sin t]$에서

$$\mathbf{V}(t) = \mathbf{r}'(t) = [-\sin t, \cos t], \ \mathbf{a}(t) = \mathbf{V}'(t) = [-\cos t, -\sin t]$$

이다. $|\mathbf{V}(t)| = \sqrt{(-\sin t)^2 + (\cos t)^2} = 1$이므로 이는 속도의 크기가 일정한 등속력 운동이고 $\mathbf{V}(t)\cdot\mathbf{a}(t) = \sin t\cos t - \sin t\cos t = 0$이므로 $\mathbf{V}(t)$와 $\mathbf{a}(t)$는 t에 관계없이 서로 수직이다.

$$t = 0: \ \mathbf{r}(0) = [1, 0], \ \mathbf{V}(0) = [0, 1], \ \mathbf{a}(0) = [-1, 0]$$

$$t = \frac{\pi}{2}: \ \mathbf{r}\left(\frac{\pi}{2}\right) = [0, 1], \quad \mathbf{V}\left(\frac{\pi}{2}\right) = [-1, 0], \quad \mathbf{a}\left(\frac{\pi}{2}\right) = [0, -1]$$

$$\vdots$$

등으로 속도와 가속도는 그림 8.3.2와 같이 항상 서로 수직임을 알 수 있다.

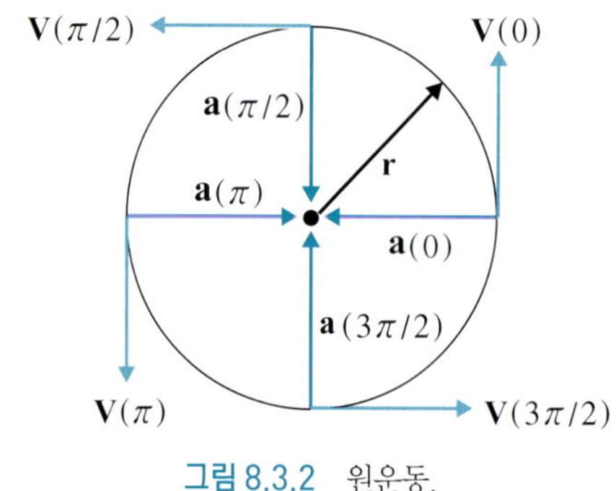

그림 8.3.2 원운동.

☞ 예제 2의 원운동을 반지름 R인 원 위를 일정한 각속력 ω rad/sec로 회전하는 원운동으로 일반화하면

$$\mathbf{r}(t) = R[\cos\omega t, \sin\omega t]$$

이다. 이때 속도와 가속도(구심가속도, centripetal acceleration)는

$$\mathbf{V}(t) = \mathbf{r}'(t) = R\omega[-\sin\omega t, \cos\omega t]$$
$$\mathbf{a}(t) = \mathbf{V}'(t) = R\omega^2[-\cos\omega t, -\sin\omega t]$$

이고, 크기는 각각

$$|\mathbf{r}| = R\sqrt{\cos^2\omega t + \sin^2\omega t} = R, \quad |\mathbf{V}| = R\omega\sqrt{(-\sin\omega t)^2 + (\cos\omega t)^2} = R\omega$$

이므로 등속원운동이다. 구심가속도의 크기는

$$|\mathbf{a}| = R\omega^2\sqrt{(-\cos\omega t)^2 + (-\sin\omega t)^2} = R\omega^2 = \frac{|\mathbf{V}|^2}{R}$$

이고, 구심력(centripetal force)의 크기는 원운동하는 물체의 질량이 m일 때 Newton 제2법칙에 의해

$$|\mathbf{F}| = m|\mathbf{a}| = \frac{m|\mathbf{V}|^2}{R}$$

으로 우리가 잘 아는 식이다.

평면 위의 운동

평면 또는 공간에서 물체의 운동은 벡터적으로 기술된다. 식 (8.3.2)와 (8.3.3)에 의하면

$$\mathbf{r}(t) = \int \mathbf{V}(t)dt, \quad \mathbf{V}(t) = \int \mathbf{a}(t)dt$$

임을 알 수 있다. 이를 이용하여 그림 8.3.3과 같이 높이 s_0에서 초속력 v_0로 지표면에 대해 θ의 각도로 쏘아 올린(또는 던져진) 물체의 운동을 생각하자. 여기서 가정은 다음과 같다.

(1) 발사된 후에 물체에 가해지는 힘은 중력뿐이다. 즉 쏘아 올린 물체의 자체 추진력이 없고 저항력도 없다.
(2) 지구의 곡률을 고려하지 않는다. 즉 단거리 운동만 고려한다.
(3) 중력가속도가 일정하다. 즉 지표면에서 중력가속도($g = 9.8$ m/sec^2 또는 32 ft/sec^2)를 사용한다.

가속도가 $\mathbf{a}(t) = [0, -g]$이므로, 물체의 속도는 적분에 의해

$$\mathbf{V}(t) = \int \mathbf{a}(t)dt = \int [0, -g]dt = [0, -gt] + \mathbf{C}_1$$

이다. 물체의 초기속도(initial velocity)가

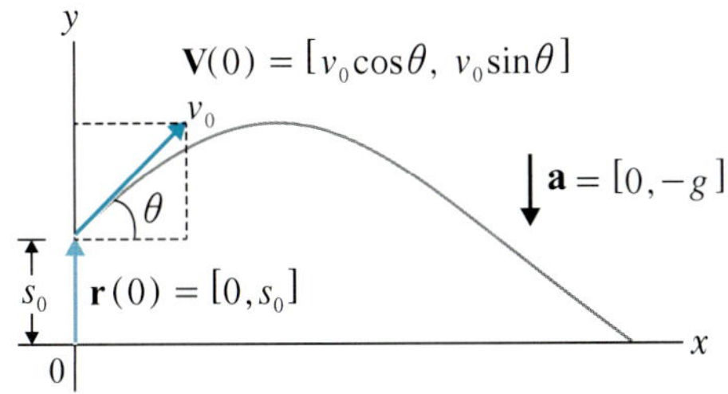

그림 8.3.3

$$\mathbf{V}(0) = \mathbf{C}_1 = [v_0\cos\theta,\ v_0\sin\theta]$$

이므로

$$\mathbf{V}(\mathrm{t}) = [v_0\cos\theta,\ v_0\sin\theta - gt]$$

이고, 이를 다시 적분하면

$$\mathbf{r}(t) = \int \mathbf{V}(t)dt = \left[v_0\cos\theta t,\ v_0\sin\theta t - \frac{1}{2}gt^2\right] + \mathbf{C}_2$$

가 되는데 물체의 초기변위(initial displacement)

$$\mathbf{r}(0) = \mathbf{C}_2 = [0,\ s_0]$$

에서

$$\mathbf{r}(t) = \left[v_0\cos\theta t,\ v_0\sin\theta t - \frac{1}{2}gt^2 + s_0\right] \tag{8.3.5}$$

이다. 이러한 문제를 풀기 위해 고등학교 과정에서는 $v = v_0 + at$, $s = v_0 t + \frac{1}{2}at^2$, $v^2 - v_0^2 = 2as$와 같은 공식을 단순히 암기하여 사용했지만 여기서는 어떤 공식의 도움 없이 벡터함수의 적분만을 사용했음을 기억하기 바란다.

예제 3

지표면에서 30° 각도로 초속력 98 m/sec로 쏘아 올린 물체에 대해 (1) 물체의 변위, (2) 물체의 최고 높이, (3) 물체가 지표면에서 이동한 거리, (4) 물체가 땅에 떨어질 때의 속력을 구하라.

(풀이)

(1) 식 (8.3.5)에 $v_0 = 98$, $s_0 = 0$, $\theta = 30°$, $g = 9.8$을 대입하면

$$\mathbf{r}(t) = \left[98\cos 30° t,\ 98\sin 30° t - \frac{1}{2}(9.8)t^2\right] = [49\sqrt{3}\,t,\ 49t - 4.9t^2].$$

(2) $\mathbf{r}(t) = [x(t),\ y(t)]$라 하면

$$x(t) = 49\sqrt{3}\,t,\quad y(t) = 49t - 4.9t^2$$

이다. 최고점에서는 물체 속도의 y성분이 0이므로

$$v_y = \frac{dy}{dt} = 49 - 9.8t = 0$$

즉 $t = 5$초에서 물체가 최고점에 도달한다. 이때의 높이는

$$y(5) = 49 \cdot 5 - 4.9 \cdot 5^2 = 122.5(\mathrm{m}).$$

(3) 물체가 땅에 떨어질 때 $y = 0$이므로

$$y(t) = 49t - 4.9t^2 = 0$$

에서 $t = 10$이다($t = 0$은 물체가 출발한 시간). 따라서

$$x(10) = 49\sqrt{3}\cdot 10 = 848.7(\mathrm{m}).$$

(4) 물체의 속도는

$$\mathbf{V}(t) = \mathbf{r}'(t) = [49\sqrt{3}, 49 - 9.8t]$$

이다. 땅에 떨어질 때의 속도는

$$\mathbf{V}(10) = [49\sqrt{3}, 49 - 9.8\cdot 10] = [49\sqrt{3}, -49]$$

이고, 이때의 속력은

$$|\mathbf{V}| = \sqrt{(49\sqrt{3})^2 + (-49)^2} = 98(\mathrm{m/sec})$$

로 물체의 초속력과 같다.

쉬어가기 8.1 지구의 자전

다음은 저자가 과거에 대학 수시입학 문제로 출제했던 것으로 가속도 운동, 상대운동과 관련된 내용이다.

(1) 편평한 마루 위에 책상이 있고 책상 끝에 2개의 동전을 놓는다. 같은 시간에 동전 하나는 아래 방향으로 그대로 떨어뜨리고 다른 동전은 수평 방향으로 손가락으로 쳐서 떨어뜨린다. 어느 동전이 먼저 마루에 떨어지는가?

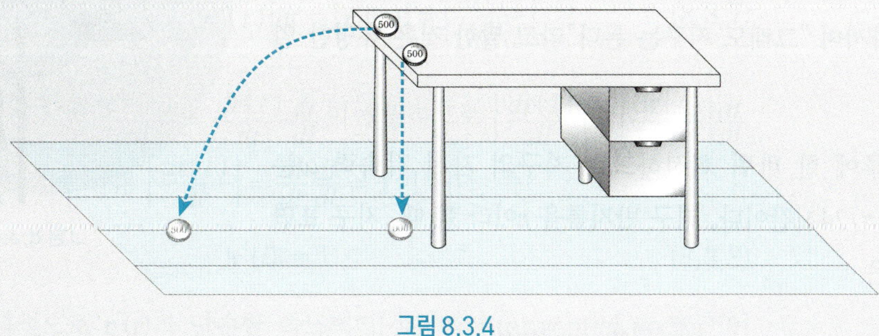

그림 8.3.4

(2) 고속도로를 빠르게 달리는 차 안에서 동전을 들어 손바닥을 향해 떨어뜨린다. 조준한 곳으로 떨어질까? 차 밖에 정지해 있는 사람이 이 동전의 운동을 관찰한다면 떨어지는 동전의 궤적이 어떤 모양일 것이라 생각하는가? 이러한 현상을 문제 (1)과 관련하여 설명하라.

(3) 코페르니쿠스나 갈릴레이가 지구는 둥글고 자전한다고 주장했을 당시 많은 학자들로부터 반박을 받았다. 반박의 예로 지구가 빠른 속도로 자전한다면 나뭇가지에 앉아 있는 새가 나무 밑에 있는 지렁이를 발견하더라도 새가 나무를 떠나는 순간 지구 자전에 의해 지렁이의 위치가 변하므로 잡을 수 없을 것이라 하였

가속도의 반대 방향으로 작용한다. 따라서 북쪽을 향해 움직이는 비행기는 북반구에서는 동쪽 방향(진행 방향의 우측)으로, 남반구에서는 서쪽 방향(진행 방향의 좌측)으로 전향력을 받는다. 이러한 현상은 한국에서 외국을 갈 때와 올 때 비행시간이 달라지는 이유가 되며 대기의 흐름, 미사일 등의 경로에도 관계한다.

쉬어가기 8.2 관성력은 가속도의 반대 방향으로 작용한다?

"관성력의 방향은 가속도의 반대 방향이다"라는 말을 자주 들었을 것이다. 우리가 엘리베이터를 타고 위로 움직이면 아래 방향으로 힘을 받고, 엘리베이터가 올라가다 정지하면 위 방향으로 힘을 받는 느낌을 두고 하는 말이다. **관성력**(inertial force)은 가속운동하는 관측자가 가속도의 반대 방향으로 느끼는 힘으로 가속도 운동을 하지 않는 관측자에게는 나타나지 않는다. 직선 가속운동뿐 아니라 원운동에서는 원심력, 곡선운동에서는 전향력으로 나타난다. 이러한 관성력은 가속운동하는 가속계에만 나타하는 힘으로 Newton의 법칙이 성립하는 관성계에서는 나타나지 않는다. 이러한 관성력은 물체의 운동의 결과로 나타나는 힘으로 이러한 힘이 다시 운동에 영향을 미치지는 않는다.

직선 가속운동

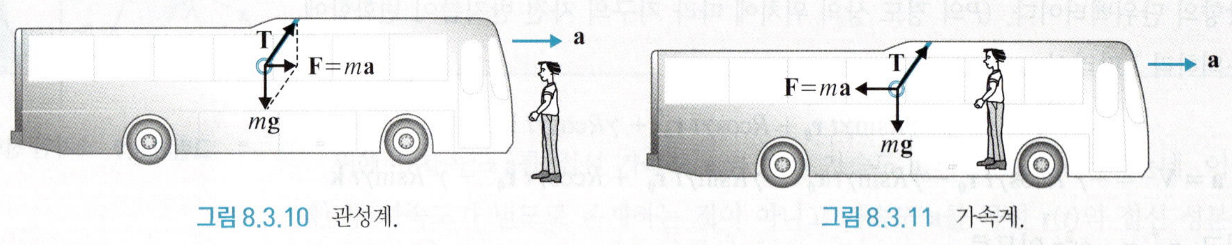

그림 8.3.10 관성계. 그림 8.3.11 가속계.

버스가 가속운동을 할 때 그림 8.3.10과 같은 외부의 관측자에게는 버스 손잡이도 버스와 함께 가속운동하는 것으로 보이며, 줄의 장력 **T**와 줄의 무게 m**g**의 합력 **F**가 손잡이에 작용하여 **F** = m**a**에 의해 가속도가 발생한다고 설명한다. 하지만 그림 8.3.11과 같은 버스 내부의 관측자에게는 손잡이는 정지해 있는 것으로 보이며, 이를 버스 가속도의 반대 방향으로 관성력 **F** = $-m$**a**가 손잡이에 작용하고 이것이 **T**와 m**g**와 함께 힘의 평형을 이루어 손잡이가 정지되어 있다고 설명한다. 이와 같이 가속운동하는 관측자가 가속도의 반대 방향으로 느끼는 힘 **F** = $-m$**a**를 관성력이라 한다.

등속 원운동

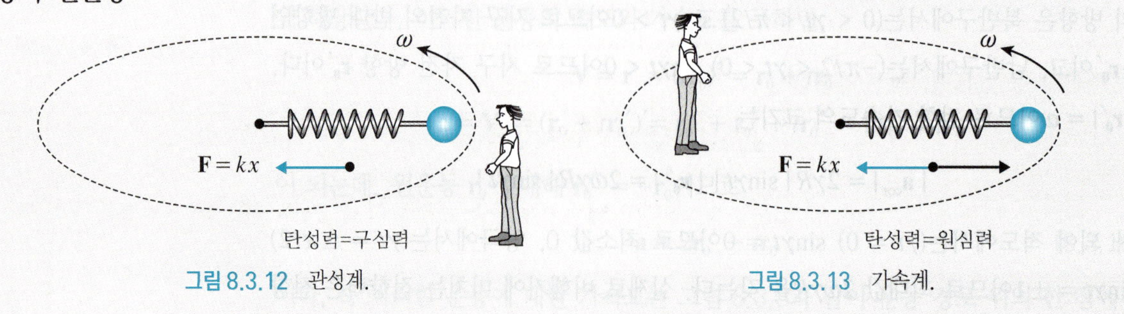

그림 8.3.12 관성계. 그림 8.3.13 가속계.

등속 원운동에서 구심력은 항상 원의 중심을 향한다. 회전하는 원판 위에 추가 매달린 용수철의 길이가 늘어날 때 그림 8.3.12와 같은 외부의 관측자는 용수철의 탄성력이 구심력으로 작용하여 추가 회전한다고 설명하지만, 그림 8.3.13과 같이 원판 위에서 함께 운동하는 관측자는 용수철의 탄성력과 크기가 같고 방향이 반대인 힘이 용수철에 작용하여 추가 정지되어 있다고 설명한다. 이와 같이 원운동하는 물체 안에서 구심력의 반대 방향으로 느끼는 힘을 원심력이라 하는데 이 또한 관성력의 일종이다.

곡면의 매개변수 표현

8.2절에서 매개변수 t를 사용하는 벡터함수

$$\mathbf{r}(t) = [f(t), g(t), h(t)], \quad a \leqq t \leqq b$$

가 공간의 곡선을 표시한 것과 같이 2개의 매개변수 u, v를 사용하는 벡터함수

$$\mathbf{r}(u, v) = [f(u, v), g(u, v), h(u, v)], \quad a \leqq u \leqq b, c \leqq v \leqq d \tag{8.3.18}$$

는 공간의 곡면을 나타낸다. 그림 8.3.14와 8.3.15는 $\mathbf{r}(t)$와 $\mathbf{r}(u, v)$에 의한 사상(mapping)이 곡선과 곡면이 됨을 보여준다.

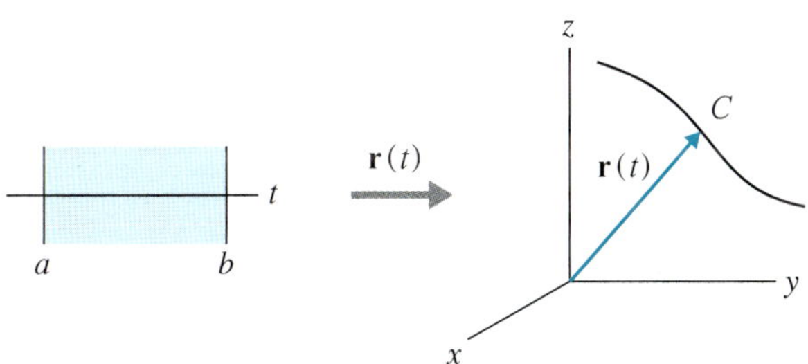

그림 8.3.14 $\mathbf{r}(t)$의 사상.

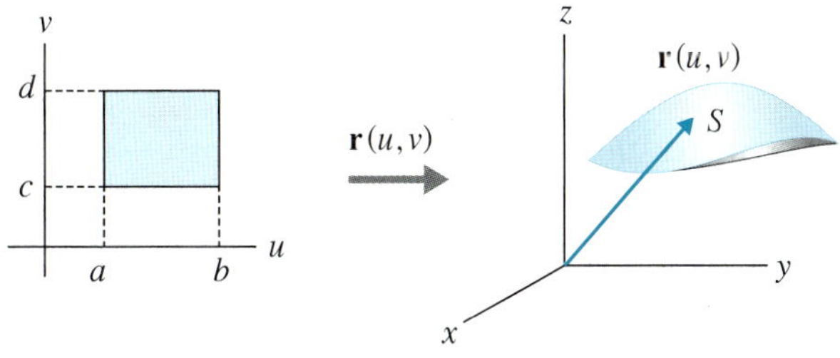

그림 8.3.15 $\mathbf{r}(u, v)$의 사상.

u 또는 v가 상수이면 $\mathbf{r}(u, v)$는 $\mathbf{r}(u)$ 또는 $\mathbf{r}(v)$가 되어 곡면 $\mathbf{r}(u, v)$ 위의 곡선을 나타낸다. 2개의 매개변수를 사용하는 벡터함수로 곡면을 표시하는 방법은 9.5절 면적분의 계산에서 다시 사용될 것이다.

매개변수형 벡터함수 $\mathbf{r}(u, v)$로 나타나는 곡면과 곡면 위의 곡선의 예를 살펴보자.

예제 9 $\mathbf{r}(u,v)$로 표시되는 곡면(원기둥)

$\mathbf{r}(u, v) = [a\cos u, a\sin u, v]$, $0 \leqq u \leqq 2\pi$, $0 \leqq v \leqq 1$은 $x = a\cos u$, $y = a\sin u$, $z = v$이므로

$$x^2 + y^2 = (a\cos u)^2 + (a\sin u)^2 = a^2(\cos^2 u + \sin^2 u) = a^2,\ 0 \leqq z \leqq 1$$

을 만족하므로 그림 8.3.16과 같은 반지름이 a, 높이가 1인 원기둥의 표면을 나타낸다. $u = c$(상수)일 때 $\mathbf{r}(u, v)$는 $\mathbf{r}(v) = [a\cos c, a\sin c, v]$, $0 \leqq v \leqq 1$이 되어 x, y는 상수이고 $0 \leqq z \leqq 1$이므로 $\mathbf{r}(v)$는 원기둥의 면 위에서 z축에 평행한 직선이며 $v = c$인 경우에는 $\mathbf{r}(u) = [a\cos u, a\sin u, c]$, $0 \leqq u \leqq 2\pi$가 되어 $x^2 + y^2 = a^2$, $z = c$이므로 $\mathbf{r}(u)$는 원기둥의 면 위에서 반지름 a, 높이 c인 원이다.

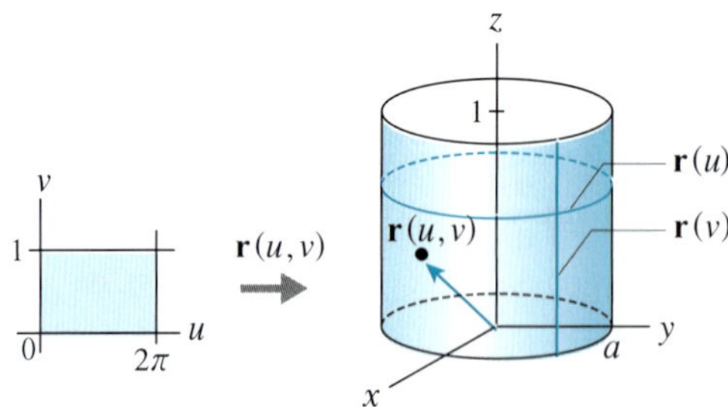

그림 8.3.16 $\mathbf{r}(u, v)$: 원기둥의 면.

예제 10 $\mathbf{r}(u,v)$로 표시되는 곡면(구)

구 $x^2 + y^2 + z^2 = a^2$의 매개변수형 표현은

$$\mathbf{r}(u, v) = [a\cos v \cos u, a\cos v \sin u, a\sin v],\quad 0 \leqq u \leqq 2\pi, -\pi/2 \leqq v \leqq \pi/2$$

이다. 여기서 $x = a\cos v \cos u$, $y = a\cos v \sin u$, $z = a\sin v$이므로

$$\begin{aligned} x^2 + y^2 + z^2 &= (a\cos v \cos u)^2 + (a\cos v \sin u)^2 + (a\sin v)^2 \\ &= a^2\cos^2 v(\cos^2 u + \sin^2 u) + a^2\sin^2 v = a^2(\cos^2 v + \sin^2 v) = a^2 \end{aligned}$$

을 만족하므로 반지름이 a인 구이다.

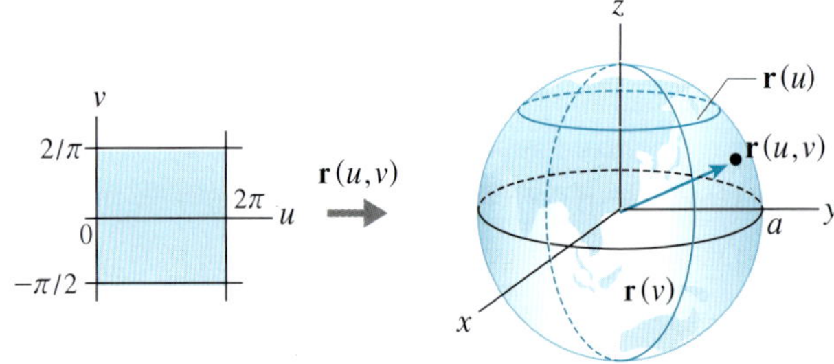

그림 8.3.17 $\mathbf{r}(u, v)$: 구의 면.

$u = c$(상수)일 때 $\mathbf{r}(u, v)$는

$$\mathbf{r}(v) = [a\cos v \cos c,\ a\cos v \sin c,\ a\sin v],\quad -\pi/2 \leqq v \leqq \pi/2$$

가 되는데, 이는 $x^2 + y^2 + z^2 = a^2$과 $y = kx(k = \tan c =$ 상수)를 만족하므로 구의 표면과 원점을 지나며 z축에 평행한 평면의 교선, 즉 **경도(meridians, longitude)**를 나타낸다. 한편 $v = c$이면 $\mathbf{r}(u, v)$는

$$\mathbf{r}(u) = [a\cos c \cos u,\ a\cos c \sin u,\ a\sin c],\quad 0 \leqq u \leqq 2\pi$$

가 되고, 이는 $x^2 + y^2 + z^2 = a^2$, $z = c$를 만족하므로 구의 표면과 xy–평면에 평행한 평면의 교선, 즉 **위도(parallels, latitude)**를 나타낸다.

8.3 연습문제

1. $\mathbf{r}(t) = [-\cosh 2t, \sinh 2t]$의 경로를 그리고, $t = 0$에서 속도와 가속도를 구하여 함께 그려라. 이때의 속력도 구하라.

(답) $\mathbf{V}(0) = [0, 2]$, $|\mathbf{V}(0)| = 2$, $\mathbf{a}(0) = [-4, 0]$

2. 물체의 위치가 $\mathbf{r}(t) = [t^2, t^3 - 2t, t^2 - 5t]$로 주어질 때 이 물체가 xy–평면을 지나는 시간을 구하고 이때의 속도와 가속도도 구하라.

(답) $\mathbf{V}(0) = [0, -2, -5]$, $\mathbf{V}(5) = [10, 73, 5]$, $\mathbf{a}(0) = [2, 0, 2]$, $\mathbf{a}(5) = [2, 30, 2]$

3. 수평 방향으로 5 m/sec의 속도로 달리던 자동차가 20 m 낭떠러지 위에서 떨어졌다. 자동차가 지면에 닿는 순간의 속력을 구하라. 중력가속도의 크기를 10 m/sec^{2}이라 하고, 풀이과정에 자동차의 가속도 벡터 $\mathbf{a}(t)$, 속도 벡터 $\mathbf{V}(t)$, 위치벡터 $\mathbf{r}(t)$가 정확히 나타나야 한다.

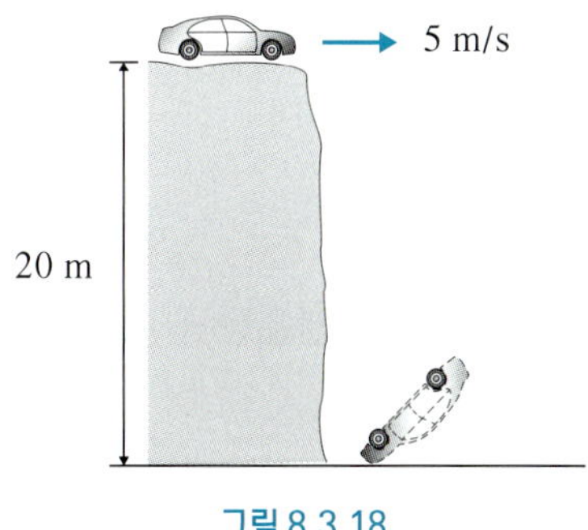

그림 8.3.18

(답) $5\sqrt{17}$ (m/sec)

4. 미식축구에서 쿼터백이 수평에서 45° 각도로 100야드의 패스를 하려고 한다. 필요한 공의 초기속력을 구하

라. 1야드는 3피트이고 중력가속도는 32 ft/sec^{2}이다.

(답) $40\sqrt{6}$ (ft/sec)

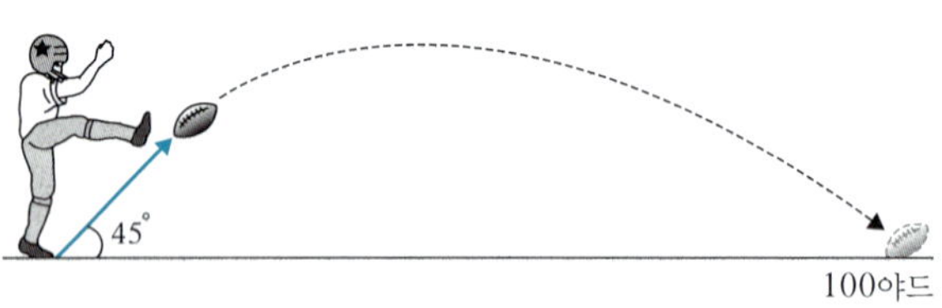

그림 8.3.19

5. 정지된 표적(T)을 향해 대포가 포탄(P)을 쏘았고 같은 시간에 표적은 자유낙하를 시작한다. 포탄이 표적을 명중시키는가? 과정을 보여라.

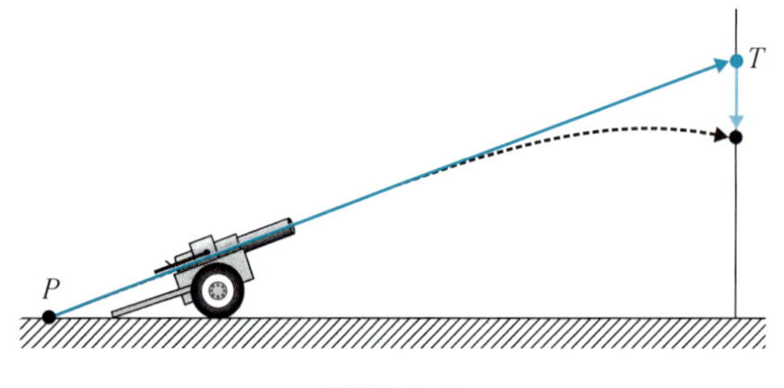

그림 8.3.20

(답) 명중시킨다.

6. 다음의 법선 및 접선 가속도를 구하고 두 가속도가 수직임을 보여라.

(1) $\mathbf{r}(t) = [3t, -t, 2t]$: 등속 직선운동

(2) $\mathbf{r}(t) = [0, 0, t^2]$: 등가속 직선운동

(3) $\mathbf{r}(t) = [e^t, e^{-t}]$: 가속 곡선운동

(4) $\mathbf{r}(t) = t\mathbf{r_0}$, 여기서 $\mathbf{r}_0 = [\cos t, \sin t]$: 평면 나선운동

(답) (1) $\mathbf{a}_T = \mathbf{0}$, $\mathbf{a}_N = \mathbf{0}$

(2) $\mathbf{a}_T = [0, 0, 2]$, $\mathbf{a}_N = [0, 0, 0]$

(3) $\mathbf{a}_T = \dfrac{e^{2t} - e^{-2t}}{e^{2t} + e^{-2t}}[e^t, -e^{-t}]$, $\mathbf{a}_N = \dfrac{2}{e^{2t} + e^{-2t}}[e^{-t}, e^t]$

(4) $\mathbf{a}_T = \dfrac{t}{1 + t^2}(\mathbf{r}_0 + t\mathbf{r}_0{}')$, $\mathbf{a}_N = \dfrac{2 + t^2}{1 + t^2}(\mathbf{r}_0{}' - t\mathbf{r}_0)$

7. 본문의 설명에 의하면 $\mathbf{r}_0 = [\cos t, \sin t]$일 때 평면 나선운동 $\mathbf{r}(t) = t\mathbf{r}_0$의 가속도는 $\mathbf{a} = 2\mathbf{r}_0{}' - t\mathbf{r}_0$였다.

(1) $t = \pi$에서 가속도 $\mathbf{a}$를 구하라.

(2) $t = \pi$에서 $\mathbf{a}_T$와 $\mathbf{a}_N$을 구하고[문제 6의 (4) 이용] 이들을 더하여 (1)의 결과와 비교하라.

(3) $t = \pi$에서 $\mathbf{a}_{\text{cor}}$와 $\mathbf{a}_{\text{cent}}$를 구하고 이들을 더하여 (1)의 결과와 비교하라.

(답) (1) $\mathbf{a} = [\pi, -2]$

(2) $\mathbf{a}_T = \dfrac{\pi}{1 + \pi^2}[-1, -\pi]$, $\mathbf{a}_N = \dfrac{2 + \pi^2}{1 + \pi^2}[\pi, -1]$, $\mathbf{a} = [\pi, -2]$

(3) $\mathbf{a}_{\text{cor}} = [0, -2]$, $\mathbf{a}_{\text{cent}} = [\pi, 0]$, $\mathbf{a} = [\pi, -2]$

8. $\mathbf{r}(u, v)$가 주어진 곡면을 나타냄을 보이고 u 또는 v가 상수일 때의 곡선을 구하여 곡면과 함께 그려라.

(1) $\mathbf{r}(u, v) = [u, v, 0]$: xy−평면($z = 0$)

(2) $\mathbf{r}(u, v) = [a\cos v, b\sin v, u]$, $0 \leqq u \leqq 1$: 타원기둥 $\left(\frac{x}{a}\right)^2 + \left(\frac{y}{b}\right)^2 = 1$, $0 \leqq z \leqq 1$

(3) $\mathbf{r}(u, v) = [u\cos v, u\sin v, u]$, $0 \leqq u \leqq 1$, $0 \leqq v \leqq 2\pi$: 원뿔 $z = \sqrt{x^2 + y^2}$, $0 \leqq z \leqq 1$

(답) (1) $\mathbf{r}(v)$ 직선, $\mathbf{r}(u)$ 직선 (2) $\mathbf{r}(v)$ 타원, $\mathbf{r}(u)$ 직선 (3) $\mathbf{r}(v)$ 원, $\mathbf{r}(u)$ 직선

8.4 기울기벡터

자연과학을 탐구하는 데 유용하게 사용되는 다변수 함수와 관련된 도함수가 있는데, 기울기벡터, 발산, 회전 등이 그 예이다. 이 절에서는 먼저 스칼라함수에 대한 기울기벡터(과거에는 '구배'라고도 하였음)에 대하여 알아본다. 이 절 이후에서 공부할 내용은 열역학, 열전달, 유체역학, 전자기학 등 다양한 전공과목과 관련되어 매우 중요한 부분이다.

기울기벡터

스칼라함수 f에 대해

$$\text{grad}\, f = \nabla f = \frac{\partial f}{\partial x}\mathbf{i} + \frac{\partial f}{\partial y}\mathbf{j} + \frac{\partial f}{\partial z}\mathbf{k} = \left[\frac{\partial f}{\partial x}, \frac{\partial f}{\partial y}, \frac{\partial f}{\partial z}\right] \tag{8.4.1}$$

를 f의 **기울기벡터(gradient)**라 한다.

여기서 ∇은 '델(del)' 또는 '나블라(nabla)'로 불리는 벡터미분 연산자로

$$\nabla = \frac{\partial}{\partial x}\mathbf{i} + \frac{\partial}{\partial y}\mathbf{j} + \frac{\partial}{\partial z}\mathbf{k} = \left[\frac{\partial}{\partial x}, \frac{\partial}{\partial y}, \frac{\partial}{\partial z}\right] \tag{8.4.2}$$

이다. 여기서 f는 스칼라함수지만 이의 기울기벡터 ∇f는 벡터함수임에 유의하자.

예제 1

점 (1, 1, 1)에서 $f(x, y, z) = x^2 + yz + z^3$의 기울기벡터를 구하라.

(풀이) $\nabla f = \left[\frac{\partial f}{\partial x}, \frac{\partial f}{\partial y}, \frac{\partial f}{\partial z}\right] = [2x, z, y + 3z^2]$이므로

$$\nabla f(1, 1, 1) = [2 \cdot 1, 1, 1 + 3 \cdot 1^2] = [2, 1, 4].$$

예제 12

곡면 $z^2 = x^2 + y^2$의 접평면이 항상 원점을 포함함을 보여라.

(풀이) 곡면을 $g(x, y, z) = x^2 + y^2 - z^2 = 0$으로 놓으면 $\nabla g = 2[x, y, -z]$이므로 점 (x_0, y_0, z_0)에서 접평면의 방정식은 $x_0(x - x_0) + y_0(y - y_0) - z_0(z - z_0) = 0$ 또는

$$x_0 x + y_0 y - z_0 z = x_0^2 + y_0^2 - z_0^2$$

이다. 여기서 점 (x_0, y_0, z_0)는 곡면 위의 점이므로 $x_0^2 + y_0^2 - z_0^2 = 0$을 만족하고, 따라서 접평면의 방정식은 $x_0 x + y_0 y - z_0 z = 0$으로 단순해지며 이는 x_0, y_0, z_0의 값에 관계없이 항상 원점 (0,0,0)을 지난다.

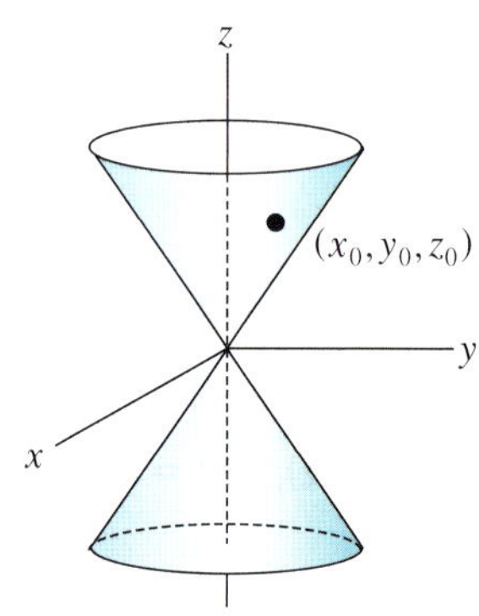

그림 8.4.18 접평면.

☞ 대부분 학생들이 "…을 구하라"보다는 예제 12와 같이 "…을 보여라"라는 문제에 약한 면을 보인다. 사실 "…을 보여라"는 이미 답을 알려준 문제이므로 더 쉬울 수 있다. 예제 12에서는 평면의 방정식 $ax + by + cz + d = 0$이 원점을 지나려면 $d = 0$이어야 한다는 것만 생각하면 간단하게 해결할 수 있다.

8.4 연습문제

1. 온도분포가 T로 주어질 때 열은 T가 최대로 감소하는 방향으로 전도된다. 주어진 점 P에서 열이 전도되는 방향을 구하라.

(1) $T = \tan^{-1}(y/x)$, $P(3, 4)$ (2) $T = e^{x^2 - y^2}\sin 2xy$, $P(1, 1)$

(3) $T = xyz$, $P(1, 1, 1)$ (4) $T = \sin x \cosh(yz)$, $P(\pi/2, 0, 1)$

(답) (1) $[4/25, -3/25]$ (2) $-2[\cos 2 + \sin 2, \cos 2 - \sin 2]$ (3) $[-1, -1, -1]$ (4) $[0, 0, 0]$

2. $f = e^x \cos y$에 대해 점 $P(2, \pi, 0)$에서 $\mathbf{a} = [2, 3]$ 방향의 방향도함수를 구하라.

(답) $-2e^2/\sqrt{13}$

3. $f(x, y) = x^2 + y^2$에 대해 양의 x축과 30° 방향의 방향도함수를 계산하라. 또한 방향도함수의 정의를 이용해 계산하여 결과를 비교하라.

(답) $\sqrt{3}x + y$로 같다.

4. 산의 높이가 $z = 1500 - 3x^2 - 5y^2$일 때 $P(-0.5, 0.1)$에서 높이가 가장 급격히 증가하는 방향과 그때 높이의 증가율을 구하라.

(답) $[3, -1]$, $\sqrt{10}$

5. 평면의 온도분포가 $T(x, y) = x + y \ (x \geqq 0,\ y \geqq 0)$이다. $t = 0$에서 평면 위의 점 $(0,0)$에 있던 열추적기가 온도가 가장 급격히 증가하는 방향으로 움직인다. 움직이는 경로를 x와 y의 관계식으로 나타내고 xy−평면에 그려라.

(답) $y = x$

6. 기울기벡터에 관한 성질 (2)와 (4)가 성립함을 보여라.

7. 벡터장 $\mathbf{V} = \left[\dfrac{x}{x^2 + y^2}, \dfrac{y}{x^2 + y^2}\right]$의 포텐셜 f를 구하라.

(답) $f(x, y) = \dfrac{1}{2}\ln(x^2 + y^2)$

8. 곡선 및 곡면에 대해 주어진 점에서의 단위법선벡터를 구하라.

(1) $y = 1 - x^2$, $P(1, 0)$　　　(2) $z = \sqrt{x^2 + y^2}$, $P(6, 8, 10)$

(답) (1) $\pm\dfrac{1}{\sqrt{5}}[2, 1]$　　　(2) $\pm\dfrac{1}{\sqrt{2}}[3/5, 4/5, -1]$

9. 곡면 $z = x^2 + y^2$ 위에서의 법선벡터가 벡터 $[4, 1, 1/2]$에 평행하게 되는 점을 구하라.

(답) $(-4, -1, 17)$

10. 곡면 $x^2 + y^2 + z^2 = a^2$의 법선벡터 연장선이 항상 원점을 통과함을 보여라.

11. $z = \ln(x^2 + y^2)$ 위의 점 $(1/\sqrt{2}, 1/\sqrt{2}, 0)$에서의 접평면의 방정식을 구하라.

(답) $\sqrt{2}x + \sqrt{2}y - z = 2$

12. 곡면 $x^2 + 4x + y^2 + z^2 - 2z = 11$에 대해 접평면이 수평인($xy$−평면에 평행한) 점 또는 점들을 구하라.

(답) $(-2, 0, 5)$, $(-2, 0, -3)$

쉬어가기 8.4 답만 맞으면 될까?

연습문제 8.4의 문제 12를 시험에 출제한 적이 있는데 한 학생이 다른 문제는 시도조차 못하고 이 문제만 한참 생각하더니 다음과 같이 풀었다.

"곡면 $x^2 + 4x + y^2 + z^2 - 2z = 11$은 $(x + 2)^2 + y^2 + (z - 1)^2 = 16$과 같으므로 중심이 $(-2, 0, 1)$, 반지름이 4인 구이다. 따라서 접평면이 수평이 되는 점은 $(-2, 0, 5)$와 $(-2, 0, -3)$이다."

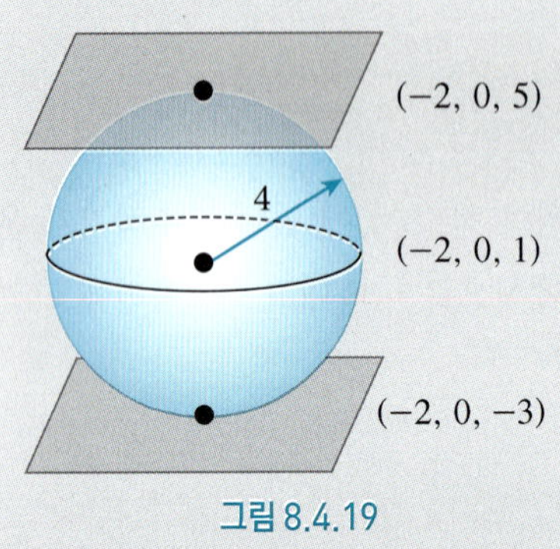

그림 8.4.19

사실 저자는 문제에서 주어진 곡면이 구라는 것을 알지 못했다. 이 답안을 놓고 채점을 고민했는데 별로 많은 점수는 주지 않았던 것으로 기억한다. 답은 맞지만 구면이 아니었다면 (더 나아가 구면이라도 구하는 접평면이 수평면이 아니었다면) 그 학생은 이 문제를 풀지 못했을 것이다. 만약 고등학생에게 이 문제를 내었다면 그리 어려운 문제가 아닐 것이고 거의 모두 위 학생과 같이 풀었을 것이다. 일반적인 면에 대해 법선벡터를 구하는 지식은 분명히 구의 법선벡터를 구하는 지식보다 상위 지식이고 이러한 지식을 습득하는 것이 공부하는 이유가 아닐까?

8.5 발산 및 회전

발산

벡터함수 $\mathbf{V} = [v_1 , v_2, v_3]$에 대해

$$\text{div}\mathbf{V} = \nabla \cdot \mathbf{V} = \frac{\partial v_1}{\partial x} + \frac{\partial v_2}{\partial y} + \frac{\partial v_3}{\partial z} \qquad (8.5.1)$$

를 발산(divergence)이라 한다.

☞ $\nabla = \left[\frac{\partial}{\partial x}, \frac{\partial}{\partial y}, \frac{\partial}{\partial z}\right]$와 벡터 내적을 이용하여 기호적으로

$$\nabla \cdot V = \left[\frac{\partial}{\partial x}, \frac{\partial}{\partial y}, \frac{\partial}{\partial z}\right] \cdot [v_1, v_2, v_3] = \frac{\partial v_1}{\partial x} + \frac{\partial v_2}{\partial y} + \frac{\partial v_3}{\partial z}$$

로 생각하자. 발산을 표시할 때는 두 벡터 ∇과 $\mathbf{V}$ 사이에 반드시 점(dot)을 찍어야 한다.

예제 1

$\mathbf{V} = [xy, xyz, -yz]$의 발산을 계산하라.

(풀이) $\text{div}\mathbf{V} = \nabla \cdot \mathbf{V} = \dfrac{\partial}{\partial x}(xy) + \dfrac{\partial}{\partial y}(xyz) + \dfrac{\partial}{\partial z}(-yz) = y + xz - y = xz$

발산에 관한 성질

벡터함수 **U**, **V**와 스칼라함수 f, g에 대하여 다음이 성립한다.

(1) $\nabla \cdot (c\mathbf{V}) = c\nabla \cdot \mathbf{V}$ (c는 상수)

(2) $\nabla \cdot (\mathbf{U} + \mathbf{V}) = \nabla \cdot \mathbf{U} + \nabla \cdot \mathbf{V}$

(3) $\nabla \cdot (f\mathbf{V}) = \nabla f \cdot \mathbf{V} + f\nabla \cdot \mathbf{V}$

(4) $\nabla \cdot (f\nabla g) = \nabla f \cdot \nabla g + f\nabla^2 g$

☞ Laplace 연산자 ∇^2에 대해서는 식 (8.5.4)를 참고하자.

성질 (3)의 증명

$\mathbf{V} = [v_1, v_2, v_3]$일 때

$$\nabla \cdot (f\mathbf{V}) = (fv_1)_x + (fv_2)_y + (fv_3)_z = f_x v_1 + f v_{1x} + f_y v_2 + f v_{2y} + f_z v_3 + f v_{3z}$$
$$= f(v_{1x} + v_{2y} + v_{3z}) + [v_1, v_2, v_3] \cdot [f_x, f_y, f_z] = f\nabla \cdot \mathbf{V} + \mathbf{V} \cdot \nabla f$$

발산의 물리적 의미

그림 8.5.1과 같이 2차원 운동을 하는 유체 내부에 가로 Δx, 세로 Δy인 평면 영역 R[1]을 생각하자. 유체의 속도벡터는 $\mathbf{V} = [v_1, v_2]$이고, 각 변의 바깥 방향 단위법선벡터(outward unit normal vector)들은 $\mathbf{n}_L = [-1, 0]$, $\mathbf{n}_R = [1, 0]$, $\mathbf{n}_B = [0, -1]$, $\mathbf{n}_T = [0, 1]$이다. 이때 영역 R의 각 변을 통해 단위 시간당 유출되는 유체의 부피[2]는

왼쪽: $\mathbf{V}(x, y) \cdot \mathbf{n_L} \Delta y = [v_1(x, y), v_2(x, y)] \cdot [-1, 0] \Delta y = -v_1(x, y) \Delta y$

오른쪽: $\mathbf{V}(x + \Delta x, y) \cdot \mathbf{n_R} \Delta y = [v_1(x + \Delta x, y), v_2(x + \Delta x, y)] \cdot [1, 0] \Delta y$
$= v_1(x + \Delta x, y)\Delta y$

1) $\Delta z = 1$인 직육면체라고 생각하면 편리하다.

2) 면을 통해 속도 **V**인 유체가 유출되는 양을 계산할 때 유체의 속도 **V**와 면의 단위법선벡터 **n**을 내적하는 이유를 생각해 보자. $\mathbf{V} \cdot \mathbf{n} = |\mathbf{V}||\mathbf{n}|\cos\theta = |\mathbf{V}|\cos\theta$이므로 면 A에 수직성분 $|\mathbf{V}|\cos\theta$만 면 A를 통해 유출되고, $|\mathbf{V}|\sin\theta$는 면 A에 평행한 성분이므로 유출에 기여하지 않는다.

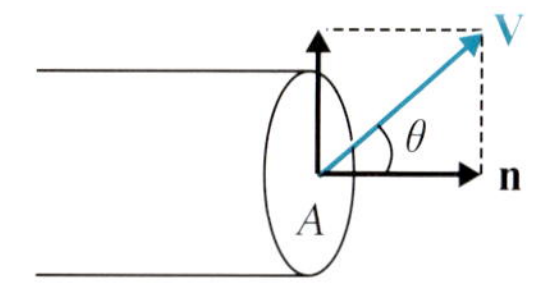

이중적분

이중적분(double integral)은 2변수 함수 $f(x,y)$를 xy-평면 위의 영역 R에 대해 적분하는 것이다. 영역 R을 n개의 직사각형 분할영역으로 나누고 k 번째 분할영역의 넓이를 $\Delta A_k = \Delta x_k \Delta y_k$, 그 영역 안의 한 점을 (x_k^*, y_k^*)라 하면

$$\iint_R f dA = \iint_R f(x,y)dxdy = \lim_{n\to\infty}\sum_{k=1}^{n} f(x_k^*, y_k^*)\Delta x_k \Delta y_k \tag{9.1.2}$$

로 정의한다. 이는 그림 9.1.2에서 보는 것처럼 평면영역 R에 해당하는 곡면 $z=f(x,y)$의 부피를 나타낸다. 특별히 $f(x,y)=1$인 경우 이중적분

$$\iint_R dA = \iint_R dxdy = \lim_{n\to\infty}\sum_{k=1}^{n} \Delta x_k \Delta y_k$$

는 영역 R의 넓이가 된다. 또한 $\rho(x,y)$가 면밀도(단위 면적당 질량)이면

$$\iint_R \rho dA = \iint_R \rho(x,y)dxdy = \lim_{n\to\infty}\sum_{k=1}^{n} \rho(x_k^*, y_k^*)\Delta x_k \Delta y_k$$

는 영역 R의 질량이다.

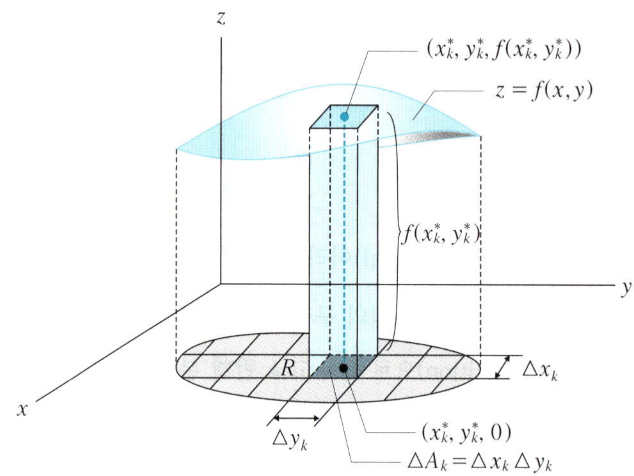

그림 9.1.2 이중적분.

이중적분의 성질

(i) $\iint_R kf(x,y)dxdy = k\iint_R f(x,y)dxdy$ (k는 상수)

(ii) $\iint_R [f_1(x,y) \pm f_2(x,y)]dxdy = \iint_R f_1(x,y)dxdy \pm \iint_R f_2(x,y)dxdy$

(iii) R에서 $f(x,y) \geqq 0$이면 $\iint_R f(x,y)dxdy \geqq 0$.

$f(x,y) < 0$ 이면 $\iint_R f(x,y)dxdy < 0$

(iv) R에서 $f_1(x,y) \leqq f_2(x,y)$ 이면 $\iint_R f_1(x,y)dxdy \leqq \iint_R f_2(x,y)dxdy$

(v) R이 R_1과 R_2의 합이면 $\iint_R f(x,y)dxdy = \iint_{R_1} f(x,y)dxdy + \iint_{R_2} f(x,y)dxdy$

☞ 위의 성질은 이중적분의 정의에 의해 쉽게 증명할 수 있다. 이러한 성질은 뒤에서 설명하는 삼중적분에 대해서도 동일하게 성립한다.

이중적분의 계산방법

이중적분을 계산하는 특별한 방법이 있는 것은 아니며, 영역 R을 변수 x, y로 나타내고 각각의 변수에 대해 연속된 두 번의 단일 정적분으로 계산한다. 영역 R을 정의하는 방법에 따라 두 종류의 이중적분 계산방법이 있다.

(i) $R: a \leqq x \leqq b,\ g_1(x) \leqq y \leqq g_2(x)$인 경우

xy−평면 위의 영역 R이 그림 9.1.3과 같이 $a \leqq x \leqq b,\ g_1(x) \leqq y \leqq g_2(x)$로 정해지면 x를 고정시키고 먼저 y에 대해 적분한 후 x에 대해 다시 적분한다. 즉

$$\iint_R f(x,y)dA = \int_{x=a}^{b}\left(\int_{y=g_1(x)}^{g_2(x)} f(x,y)dy\right)dx$$

로 계산한다. 괄호 안의 적분을 수행하면 x만의 함수가 됨에 주목하자.

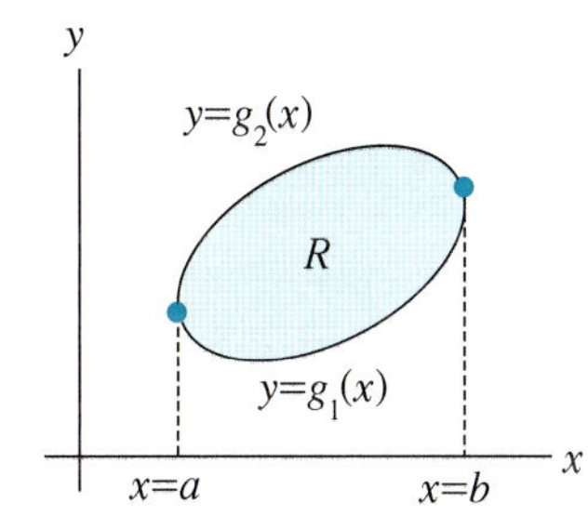

그림 9.1.3 이중적분의 계산 (1).

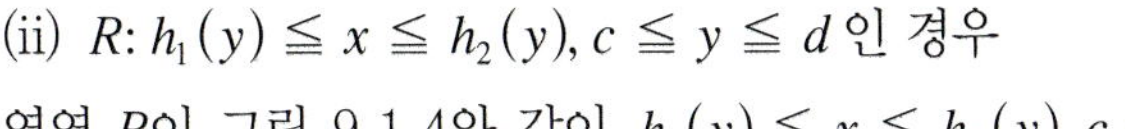

(ii) $R: h_1(y) \leqq x \leqq h_2(y),\ c \leqq y \leqq d$ 인 경우

영역 R이 그림 9.1.4와 같이 $h_1(y) \leqq x \leqq h_2(y),\ c \leqq y \leqq d$로 정해지면 y를 고정시키고 먼저 x에 대해 적분한 후 y에 대해 적분한다. 즉

$$\iint_R f(x,y)dA = \int_{y=c}^{d}\left(\int_{x=h_1(y)}^{h_2(y)} f(x,y)dx\right)dy$$

로 계산한다.

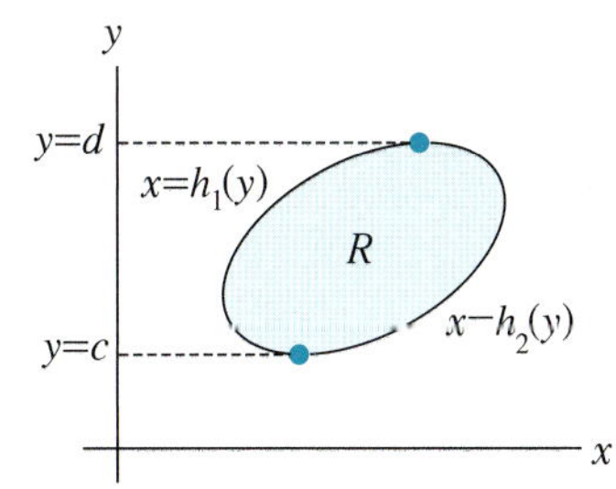

그림 9.1.4 이중적분의 계산 (2).

예제 1

그림 9.1.5와 같이 R이 $y=x$, $y=2x$, $x=1$, $x=2$로 둘러싸인 영역일 때 $\iint_R \frac{x}{y}dxdy$를 계산하라.

(풀이) x의 구간을 고정하고 영역 R을 나타내면 $1 \leqq x \leqq 2,\ x \leqq y \leqq 2x$ 이므로

$$\iint_R \frac{x}{y}dxdy = \int_{x=1}^{2}\int_{y=x}^{2x}\frac{x}{y}dydx = \int_1^2 x\left(\int_x^{2x}\frac{1}{y}dy\right)dx$$

$$= \int_1^2 x[\ln y]_x^{2x} dx = \int_1^2 x \ln 2 dx = \frac{3}{2}\ln 2$$

이다.

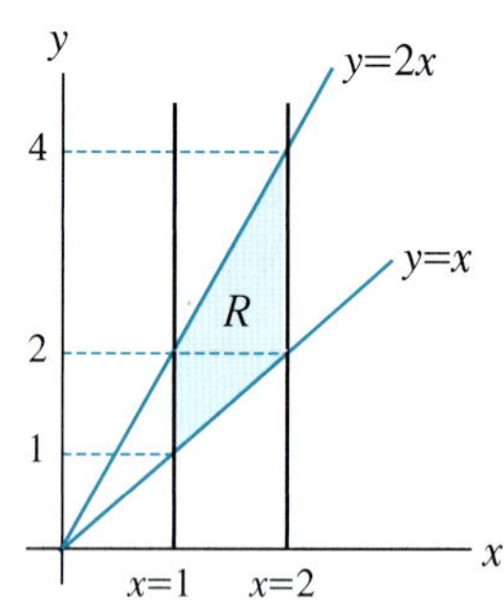

그림 9.1.5 예제 1의 영역.

☞ 예제 1에서 y 구간을 고정하여 영역 R을 나타내면 $1 \leqq y \leqq 2$ 에서는 $1 \leqq x \leqq y$ 이고, $2 \leqq y \leqq 4$ 에서는 $y/2 \leqq x \leqq 2$ 이므로

$$\iint_R \frac{x}{y} dxdy = \int_{y=1}^{2}\int_{x=1}^{y} \frac{x}{y} dxdy + \int_{y=2}^{4}\int_{x=y/2}^{2} \frac{x}{y} dxdy$$

$$= \int_{y=1}^{2} \frac{1}{y}\int_{x=1}^{y} xdxdy + \int_{y=2}^{4} \frac{1}{y}\int_{x=y/2}^{2} xdxdy = \int_{y=1}^{2} \frac{1}{y}\left[\frac{x^2}{2}\right]_1^y dy + \int_{y=2}^{4} \frac{1}{y}\left[\frac{x^2}{2}\right]_{y/2}^2 dy$$

$$= \int_1^2 \frac{1}{y}\left(\frac{y^2}{2} - \frac{1}{2}\right)dy + \int_2^4 \frac{1}{y}\left(2 - \frac{y^2}{8}\right)dy = \int_1^2 \left(\frac{y}{2} - \frac{1}{2y}\right)dy + \int_2^4 \left(\frac{2}{y} - \frac{y}{8}\right)dy$$

$$= \left[\frac{y^2}{4} - \frac{1}{2}\ln y\right]_1^2 + \left[2\ln y - \frac{y^2}{16}\right]_2^4 = \frac{3}{2}\ln 2$$

가 되어 결과는 같지만 과정이 매우 복잡해진다.

직사각형 영역 R

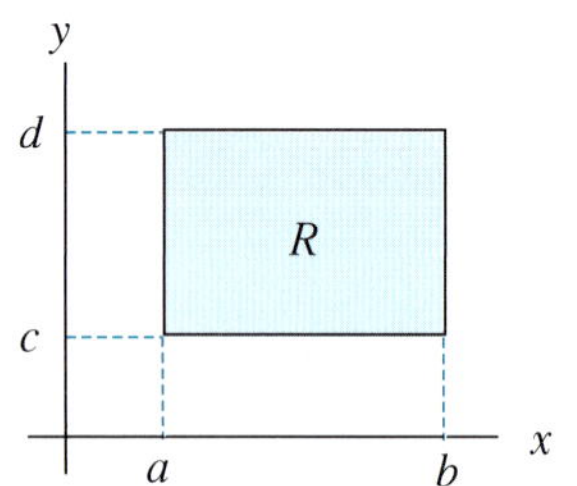

그림 9.1.6 직사각형 영역 R.

영역 R이 그림 9.1.6과 같이 상수 a, b, c, d에 대해 $a \leqq x \leqq b, c \leqq y \leqq d$와 같은 직사각형 영역이면 x, y 중 어느 것이든 하나의 변수에 대해 먼저 적분하고 다시 나머지 변수로 적분하면 된다. 즉

$$\iint_R f(x,y)dxdy = \int_{y=c}^{d}\int_{x=a}^{b} f(x,y)dxdy$$

와 같이 x로 적분한 후 y로 적분하거나 또는

$$\iint_R f(x,y)dxdy = \int_{x=a}^{b}\int_{y=c}^{d} f(x,y)dydx$$

와 같이 y로 적분한 후 x로 적분하는 두 가지 방법 모두 가능하다.

특히 피적분함수 $f(x, y)$가 x만의 함수와 y만의 함수의 곱으로 표현되는 경우에는 x와 y에 대해 동시에 적분할 수 있다. 다음 예를 보자.

예제 2

그림 9.1.7과 같이 영역 R이 $0 \leqq x \leqq 1$, $1 \leqq y \leqq 2$일 때 $\iint_R xydxdy$를 계산하라.

(풀이) 영역 R이 직사각형 영역이고 피적분 함수 $f(x,y) = xy$ 또한 두 변수 x, y에 대해 분리되므로

$$\iint_R xydxdy = \int_{x=0}^{1} xdx \int_{y=1}^{2} ydy = \left[\frac{x^2}{2}\right]_0^1 \left[\frac{y^2}{2}\right]_1^2 = \frac{1}{2} \cdot \frac{3}{2} = \frac{3}{4}$$

과 같이 간단히 계산한다.

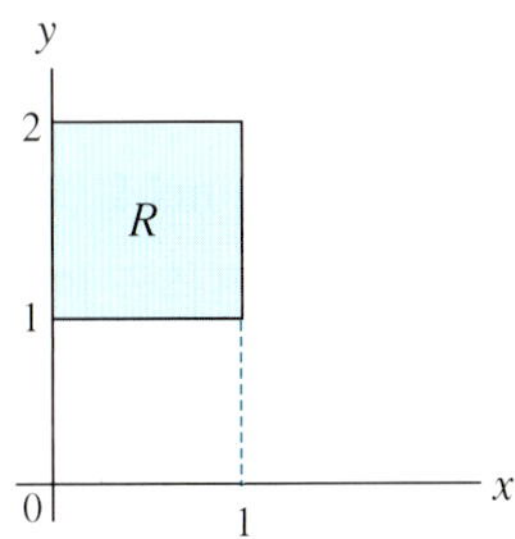

그림 9.1.7 예제 2의 영역 R.

이중적분 사용의 예

단위 면적당 질량을 나타내는 밀도함수(면밀도)가 ρ일 때, 평면 영역 R에 대하여 다음이 성립한다.

- R의 면적: $A = \iint_R dxdy$
- R의 질량: $M = \iint_R \rho dxdy$
- R의 **질량중심(centroid)**: $(\bar{x}, \bar{y})$

$$\bar{x} = \frac{1}{M}\iint_R x\rho dxdy, \quad \bar{y} = \frac{1}{M}\iint_R y\rho dxdy$$

- R의 x축, y축, 원점에 대한 **관성 모멘트(moment of inertia)**:

$$I_x = \iint_R y^2 \rho dxdy, \quad I_y = \iint_R x^2 \rho dxdy, \quad I_0 = \iint_R (x^2 + y^2)\rho dxdy = I_x + I_y$$

☞ 회전운동에서 **관성 모멘트**는 병진운동에서 질량과 유사한 물리량으로 **관성능률**이라고도 부른다. 질량 m인 물체가 속력 v로 병진운동할 때의 운동에너지가 $\frac{1}{2}mv^2$인 것과 같이, 관성 모멘트가 I인 물체가 각속력 ω로 회전운동할 때의 운동에너지는 $\frac{1}{2}I\omega^2$이다. 질량이 같더라도 회전축에 대한 질량의 분포 상태에 따라 관성 모멘트는 달라진다. 플라이휠(flywheel)은 질량을 회전축으로부터 먼 곳에 집중시켜 관성 모멘트를 증가시킨 장치이다.

좌표변환에 의한 삼중적분, Jacobian

앞에서 좌표변환에 의해 이중적분이 쉽게 계산될 수 있음을 보았다. 삼중적분 또한 좌표변환에 의해 쉽게 계산될 수 있는데, xyz−좌표계의 영역 D가 $uv\omega$−좌표계의 영역 D'으로

$$x = g(u, v, \omega), \quad y = h(u, v, \omega), \quad z = k(u, v, \omega)$$

와 같이 일대일 대응되면 Jacobian $|J(u, v, \omega)|$는 행렬식

$$J(u, v, \omega) = \begin{vmatrix} \frac{\partial x}{\partial u} & \frac{\partial x}{\partial v} & \frac{\partial x}{\partial \omega} \\ \frac{\partial y}{\partial u} & \frac{\partial y}{\partial v} & \frac{\partial y}{\partial \omega} \\ \frac{\partial z}{\partial u} & \frac{\partial z}{\partial v} & \frac{\partial z}{\partial \omega} \end{vmatrix}$$

에 의해 계산되고, 이를 이용하면

$$\iiint_D f(x, y, z)dxdydz = \iiint_{D'} f(u, v, \omega)|J(u, v, \omega)|dudvd\omega$$

와 같이 영역 D에서의 적분을 영역 D'에서의 삼중적분으로 계산할 수 있다.

2차원 평면좌표계에 xy−좌표계 외에 극좌표계(polar coordinate)가 있듯이, 3차원 공간좌표계에는 xyz−좌표계(Cartesian coordinate) 외에 **원기둥좌표계**(cylindrical coordinate), **구좌표계**(spherical coordinate)가 있다. 2차원 좌표계에서 사각형 모양의 물체를 다루는 데는 xy−좌표계가, 원형 물체를 다루는 데는 극좌표계가 편리했던 것처럼 3차원 좌표계에서는 직육면체형 물체는 xyz−좌표계, 원기둥형 물체는 원기둥좌표계, 구형 물체는 구좌표계를 사용하는 것이 편리하다.

원기둥좌표계의 삼중적분

원기둥좌표계에서는 그림 9.1.29와 같이 점 P의 위치를 xy−평면 위의 그림자인 점 P'과 원점 사이의 길이 r, 점 P'이 양의 x축과 이루는 각 θ, 점 P의 높이 z로 나타내는데, 원기둥좌표계와 xyz−좌표계와의 관계는

$$x = r\cos\theta, \quad y = r\sin\theta, \quad z = z$$

로 xy−평면 성분만을 극좌표로 표시한 것이다. 이 경우

$$J(r, \theta, z) = \begin{vmatrix} \frac{\partial x}{\partial r} & \frac{\partial x}{\partial \theta} & \frac{\partial x}{\partial z} \\ \frac{\partial y}{\partial r} & \frac{\partial y}{\partial \theta} & \frac{\partial y}{\partial z} \\ \frac{\partial z}{\partial r} & \frac{\partial z}{\partial \theta} & \frac{\partial z}{\partial z} \end{vmatrix} = \begin{vmatrix} \cos\theta & -r\sin\theta & 0 \\ \sin\theta & r\cos\theta & 0 \\ 0 & 0 & 1 \end{vmatrix} = r(\cos^2\theta + \sin^2\theta) = r$$

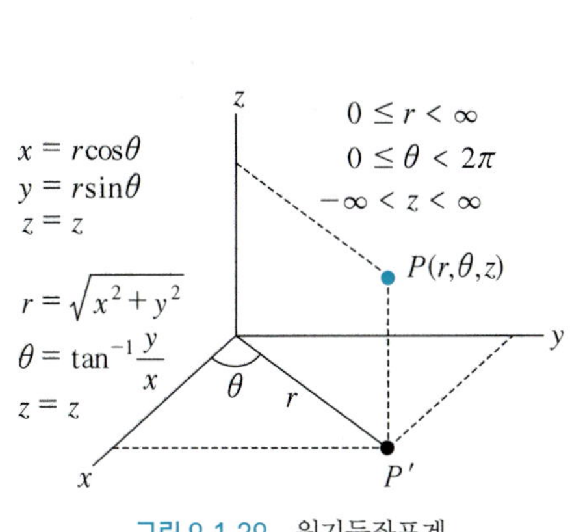

그림 9.1.29 원기둥좌표계.

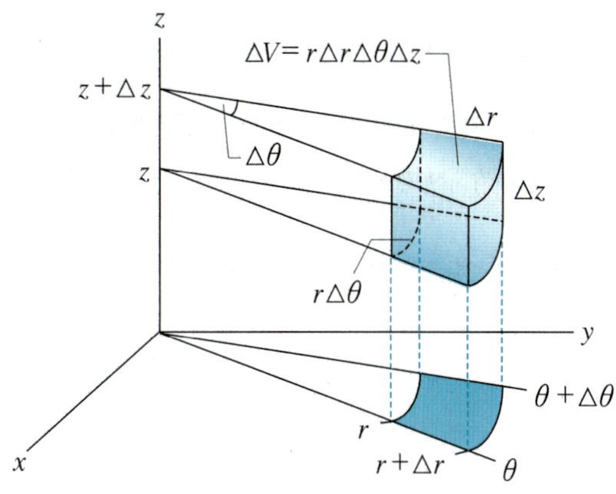

그림 9.1.30 원기둥좌표계의 미소부피.

에서 $|J| = r$ 이므로, 삼중적분의 xyz-좌표계에서 원기둥좌표계로의 변환은

$$\iiint_D f(x, y, z)dxdydz = \iiint_{D'} f(r, \theta, z)rdrd\theta dz$$

이다. 그림 9.1.30은 원기둥좌표계에서의 미소부피 $dV = rdrd\theta dz$를 기하학적으로 보여준다.

예제 15 원기둥의 부피

반지름 a, 높이 h인 원기둥의 부피를 구하라.

(풀이) 원기둥 영역을 D라 하고 원기둥좌표계를 사용하면

$$\begin{aligned} V &= \iiint_D dV = \int_{r=0}^{a}\int_{\theta=0}^{2\pi}\int_{z=0}^{h} rdrd\theta dz = \int_0^a rdr\int_0^{2\pi} d\theta\int_0^h dz \\ &= \frac{a^2}{2}\cdot 2\pi\cdot h = \pi a^2 h \end{aligned}$$

이다. 만약 다른 좌표계를 이용한다면 계산과정이 매우 복잡해질 것이다.

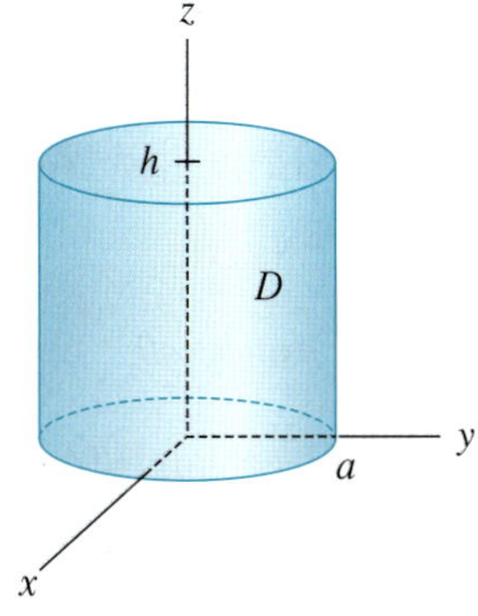

그림 9.1.31 원기둥.

예제 16

옆면 $x^2 + y^2 = 4$, 윗면 $z = x^2 + y^2$, 밑면 $z = 0$인 영역 D의 질량중심을 구하라. 밀도는 1로 일정하다.

(풀이) 옆면이 원기둥 $x^2 + y^2 = 4$, 윗면이 포물면 $z = x^2 + y^2$, 밑면이 $z = 0$이므로 영역 D는 그림 9.1.32와 같다. 원기둥좌표계를 사용하면 $dV = rdrd\theta dz$이고, 밀도가 1이므로

$$M = \iiint_D dV = \int_{r=0}^{2}\int_{\theta=0}^{2\pi}\int_{z=0}^{r^2} rdrd\theta dz = \int_{\theta=0}^{2\pi} d\theta \int_{r=0}^{2} r\left(\int_{z=0}^{r^2} dz\right)dr$$
$$= 2\pi \int_0^2 r^3 dr = 2\pi \cdot 4 = 8\pi$$

이고

$$\iiint_D zdV = \int_{r=0}^{2}\int_{\theta=0}^{2\pi}\int_{z=0}^{r^2} (z)rdrd\theta dz = \int_{\theta=0}^{2\pi} d\theta \int_{r=0}^{2} r\left(\int_{z=0}^{r^2} zdz\right)dr$$
$$= 2\pi \int_0^2 \frac{r^5}{2} dr = 2\pi \cdot \frac{16}{3} = \frac{32\pi}{3}$$

이다. 따라서 $\bar{z} = \frac{1}{M}\iiint_D zdV = \frac{1}{8\pi}\cdot\frac{32\pi}{3} = \frac{4}{3}$이고, 영역 D는 z축에 대해 대칭이므로 $\bar{x} = \bar{y} = 0$이다. 따라서 질량중심의 좌표는 (0, 0, 4/3)이다.

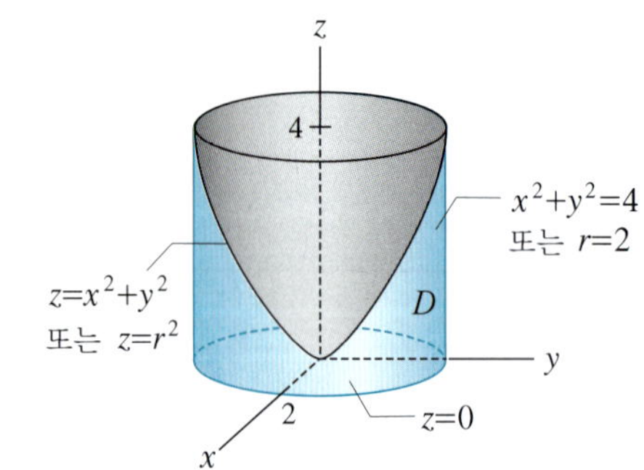

그림 9.1.32 예제 16의 영역.

구좌표계의 삼중적분

구좌표계에서는 그림 9.1.33과 같이 점 P의 위치를 점 P와 원점 사이의 길이 ρ, 점 P의 xy−평면 위의 그림자인 점 P'이 양의 x축과 이루는 각 θ(극각 또는 편각, polar angle), 점 P가 z축과 이루는 각 ϕ(방위각, azimuthal angle)로 나타낸다. xyz−좌표계와의 관계는

$$x = \rho\sin\phi\cos\theta, \quad y = \rho\sin\phi\sin\theta, \quad z = \rho\cos\phi$$

가 될 것이다. 이 경우 Jacobian $|J(\rho, \theta, \phi)|$는 $\rho^2\sin\phi$가 되어(연습문제 참고) 삼중적분의 xyz−좌표계에서 구좌표계로의 변환은

$$\iiint_D f(x, y, z)dxdydz = \iiint_{D'} f(\rho, \theta, \phi)\rho^2\sin\phi d\rho d\theta d\phi$$

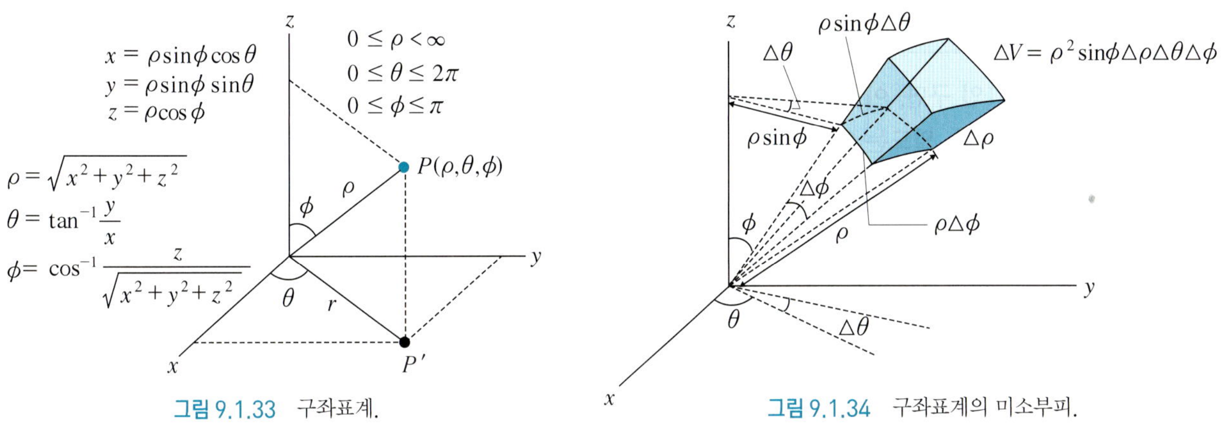

그림 9.1.33 구좌표계.

그림 9.1.34 구좌표계의 미소부피.

이다. 그림 9.1.34는 구좌표계에서의 미소부피 $dV = \rho^2\sin\phi d\rho d\theta d\phi$를 기하학적으로 보여준다.

☞ 구좌표계에서 θ가 한 바퀴(2π) 회전하고 ϕ는 반 바퀴(π)만 회전하면 전체 공간에 대한 방향을 나타냄에 유의하라.

예제 17 구의 부피

반지름 a인 구의 부피를 구하라.

(풀이) 구의 영역을 D라 하고 구좌표계를 사용하면

$$V = \iiint_D dV = \int_{\rho=0}^{a}\int_{\theta=0}^{2\pi}\int_{\phi=0}^{\pi}\rho^2\sin\phi d\rho d\theta d\phi = \int_0^a \rho^2 d\rho\int_0^{2\pi}d\theta\int_0^{\pi}\sin\phi d\phi$$

$$= \frac{a^3}{3}\cdot 2\pi\cdot 2 = \frac{4}{3}\pi a^3$$

이다. 구좌표계를 사용하여 계산이 간단해졌음을 기억하자.

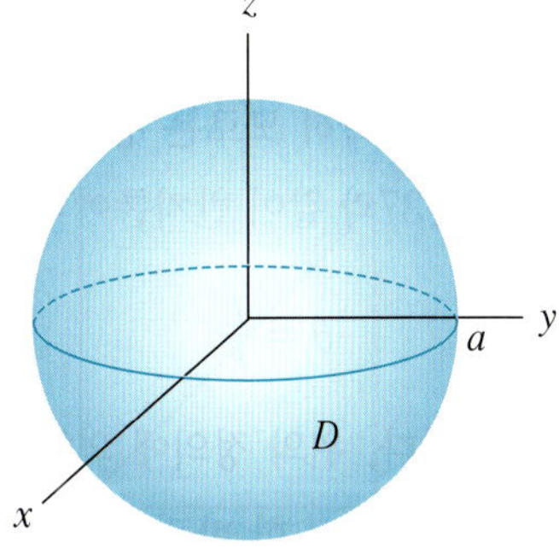

그림 9.1.35 구.

예제 7 운동에너지 증가

$t=a$에서 $t=b$까지 곡선 C를 따라 힘 $\mathbf{F}$로 물체를 이동시키면 물체에 가해진 일만큼 운동에너지(kinetic energy)가 증가함을 보여라.

(풀이) 물체의 속도는 $\mathbf{V}=\frac{d\mathbf{r}}{dt}$ 이므로

$$W=\int_C \mathbf{F}\cdot d\mathbf{r}=\int_{t=a}^{b}\mathbf{F}\cdot\frac{d\mathbf{r}}{dt}dt=\int_a^b \mathbf{F}\cdot\mathbf{V}dt$$

이다. Newton 제2법칙에서 $\mathbf{F}=m\mathbf{a}=m\frac{d\mathbf{V}}{dt}$ 이고

$$\frac{d}{dt}(\mathbf{V}\cdot\mathbf{V})=\mathbf{V}\cdot\frac{d\mathbf{V}}{dt}+\frac{d\mathbf{V}}{dt}\cdot\mathbf{V}=2\frac{d\mathbf{V}}{dt}\cdot\mathbf{V}$$

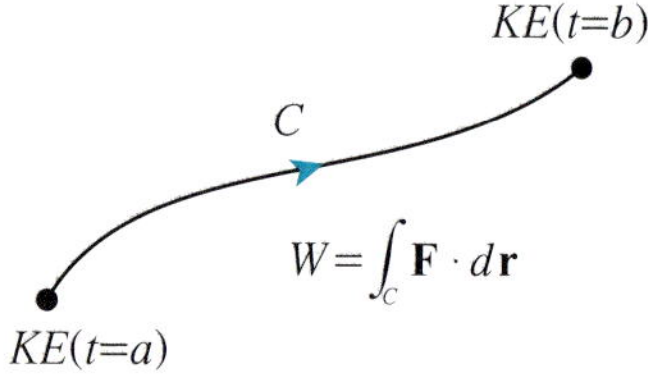

그림 9.2.14 운동에너지의 증가.

이므로

$$\begin{aligned}W&=\int_a^b \mathbf{F}\cdot\mathbf{V}dt=\int_a^b m\frac{d\mathbf{V}}{dt}\cdot\mathbf{V}dt=\frac{1}{2}m\int_a^b\frac{d}{dt}(\mathbf{V}\cdot\mathbf{V})dt\\&=\frac{1}{2}m(\mathbf{V}\cdot\mathbf{V})\Big|_{t=a}^{b}=\frac{1}{2}m|\mathbf{V}|^2\Big|_{t=a}^{b}=\frac{1}{2}m[|\mathbf{V}(b)|^2-|\mathbf{V}(a)|^2]\\&=KE(b)-KE(a)\end{aligned}$$

로 $t=a$와 $t=b$에서의 운동에너지의 차와 같다.

☞ 중력장에서 위에서 아래로 떨어지는 물체는 중력이 일한 만큼 운동에너지가 증가한다.

다음은 공간에서 힘 $\mathbf{F}=[F_1, F_2, F_3]$가 $\mathbf{r}(t)=[x(t), y(t), z(t)]$로 표시되는 곡선 C를 따라 한 일을 표시하는 선적분을 여러 형태로 나타낸 것으로 결과는 모두 동일하다.

(i) $\int_C \mathbf{F}\cdot d\mathbf{r}$

(ii) $\int_C \mathbf{F}\cdot\mathbf{u}dl$, 여기서 $\mathbf{u}=\frac{\mathbf{r}'(t)}{|\mathbf{r}'(t)|}$ 로 곡선 $\mathbf{r}(t)$의 단위접선벡터

(iii) $\int_C F_1dx+F_2dy+F_3dz$

(iv) $\int_{t=a}^{b}\mathbf{F}\cdot\frac{d\mathbf{r}}{dt}dt$

(v) $\int_{t=a}^{b}\left(F_1\frac{dx}{dt}+F_2\frac{dy}{dt}+F_3\frac{dz}{dt}\right)dt$

위의 식들을 암기할 필요는 없다. 힘 $\mathbf{F}$가 한 일이 식 (9.2.11)로 표시된다는 것과 선적분을 정적분으로 바꾸어 계산하는 방법만 알고 있으면 나머지는 계산과정에서 저절로 나타나는 식들이다.

선적분은 일 외에도 곡선 C 주위에서 유체에 관련된 양을 나타내는 데 사용되기도 한다.

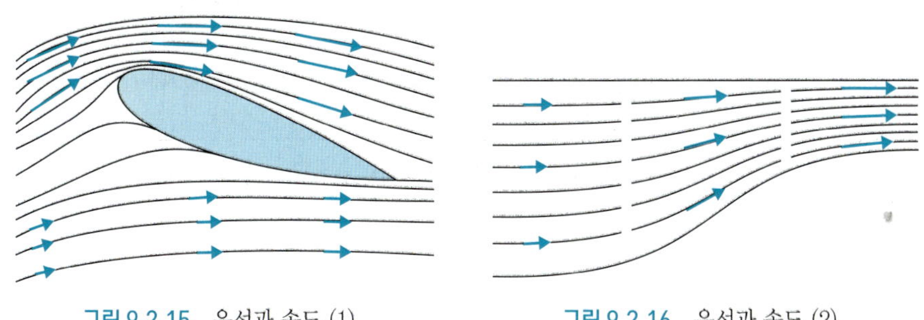

그림 9.2.15 유선과 속도 (1).

그림 9.2.16 유선과 속도 (2).

그림 9.2.15는 풍동(wind tunnel)에서 실험한 익형(airfoil, 비행기 날개의 단면) 주위의 **유선**(stream line)을 나타낸 것으로 아랫면보다 윗면의 유체 속도가 증가하여 양력(lift)이 생긴다. 그림 9.2.16은 좁아지는 관에서 유선을 그린 것으로 관이 좁아짐에 따라 속도가 증가한다.

유체의 속도가 $\mathbf{V} = [v_1(t),\ v_2(t),\ v_3(t)]$이고 곡선 C가 $\mathbf{r}(t) = [x(t),\ y(t),\ z(t)]$, $a \leqq t \leqq b$일 때 곡선 C에 대한 여러 가지 **적분유동**(flow integrated along a curve C)이 있다. 선적분

$$\int_C \mathbf{V} \cdot d\mathbf{r} = \int_{t=a}^{b} \mathbf{V} \cdot \mathbf{r}'(t)\,dt \tag{9.2.12}$$

를 유체의 **순환**(circulation)이라 하는데, 이는 단위 시간당, 단위 길이당 곡선 C의 접선 방향으로 움직이는 유체의 부피를 나타낸다. 곡선 C의 단위법선벡터가 $\mathbf{n}$일 때

$$\int_C \mathbf{V} \cdot \mathbf{n}\,dl \tag{9.2.13}$$

을 곡선 C를 통과하는 **유속**(flow flux)이라 하며[3], 이는 단위 시간당, 단위 길이당 곡선 C의 법선 방향으로 움직이는 유체의 부피를 나타낸다.

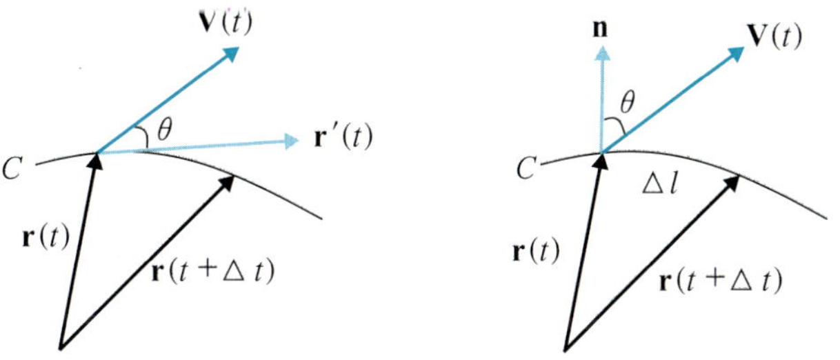

그림 9.2.17 유체의 순환과 유속.

[3] 일반적으로 속(flux)은 단위 시간 동안 단위 면적을 통과하는 양을 나타낸다. 2차원의 경우는 단위 시간 동안 단위 길이를 통과하는 양이다. 유속(flow flux), 열속(heat flux), 전기속(electric flux), 자속(magnetic flux) 등이 있다.

예제 8

평면에서 유체의 속도가 $\mathbf{V} = [x - y, x]$이고 곡선 C가 원 $\mathbf{r}(t) = [\cos t, \sin t]$, $0 \leqq t \leqq 2\pi$일 때 C에서 유체의 (1) 순환과 (2) 유속을 계산하라.

(풀이) 곡선 C에서 $x = \cos t$, $y = \sin t$이므로 $\mathbf{V} = [x - y, x] = [\cos t - \sin t, \cos t]$, $d\mathbf{r} = [-\sin t, \cos t]dt$이다.
(1) 순환은 식 (9.2.12)에서

$$\oint_C \mathbf{V} \cdot d\mathbf{r} = \int_{t=0}^{2\pi} [\cos t - \sin t, \cos t] \cdot [-\sin t, \cos t]dt$$
$$= \int_0^{2\pi} [(\cos t - \sin t)(-\sin t) + \cos t \cdot \cos t]dt = \int_0^{2\pi} (1 - \sin t \cos t)dt$$
$$= \int_0^{2\pi} \left[1 - \frac{1}{2}\sin 2t\right]dt = \left[t + \frac{1}{4}\cos 2t\right]_0^{2\pi} = 2\pi$$

이다. 즉 속도 $\mathbf{V}$는 곡선 C를 반시계 방향으로 순환시킨다.
(2) 곡선 C가 원 $f(x, y) = x^2 + y^2 = 1$이므로

$$\nabla f = [2x, 2y],\ |\nabla f| = \sqrt{(2x)^2 + (2y)^2} = 2\sqrt{x^2 + y^2} = 2\sqrt{1} = 2$$

이다(단위원의 법선벡터가 위치벡터 $\mathbf{r} = [x, y]$인 것은 쉽게 추측할 수 있다). 따라서 곡선 C의 단위법선벡터는

$$\mathbf{n} = \frac{\nabla f}{|\nabla f|} = [x, y] = [\cos t, \sin t]$$

이다. $dl = \sqrt{dx^2 + dy^2} = \sqrt{(-\sin t\,dt)^2 + (\cos t\,dt)^2} = dt$ 이므로, 유속은 식 (9.2.13)에서

$$\oint_C \mathbf{V} \cdot \mathbf{n}dl = \int_{t=0}^{2\pi} [\cos t - \sin t, \cos t] \cdot [\cos t, \sin t]dt$$
$$= \int_0^{2\pi} [(\cos t - \sin t)\cos t + \cos t \cdot \sin t]dt = \int_0^{2\pi} \cos^2 t\,dt$$
$$= \int_0^{2\pi} \frac{1 + \cos 2t}{2}dt = \left[\frac{t}{2} + \frac{\sin 2t}{4}\right]_0^{2\pi} = \pi$$

이다. 결과값이 양이므로 곡선 C를 바깥 방향으로 통과하는 순유속(net flow flux)이 있음을 의미한다.
(1), (2)의 결과를 $\mathbf{V}$의 벡터장을 그린 그림 9.2.18에서 확인해 보라.

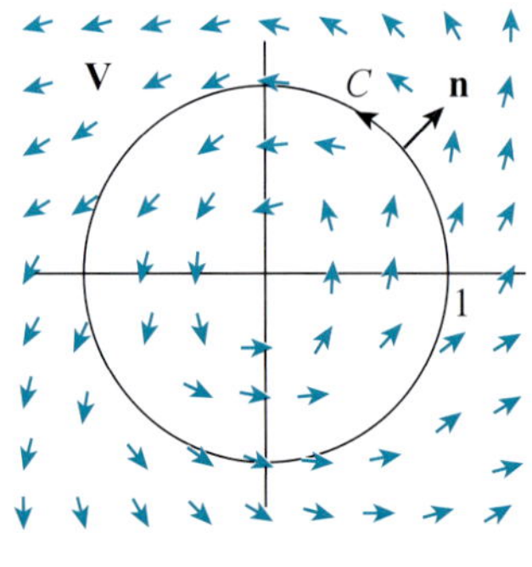

그림 9.2.18 순환과 유속.

선적분은 줄의 질량 계산에도 사용된다. 줄의 선밀도(단위 길이당 질량)가 ρ일 때, 곡선 C로 나타나는 줄의 질량은 선적분 $\int_c \rho dl$로 계산한다.

예제 9

그림 9.2.19와 같은 반원 형태를 갖는 줄의 질량 m을 구하라. 선밀도는 y축과의 거리에 비례한다. ($\rho = kx$, k는 상수)

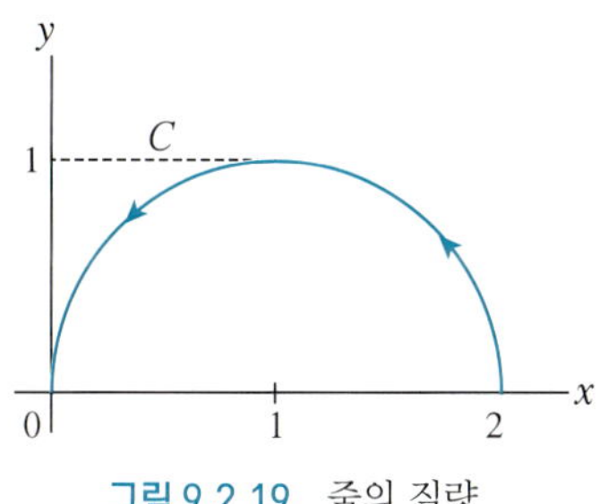

그림 9.2.19 줄의 질량.

(풀이) 중심이 (1,0)이고 반지름이 1인 반원의 방정식은 $(x-1)^2 + y^2 = 1$, $y \geqq 0$이고 이의 벡터방정식은 $\mathbf{r}(t) = [1 + \cos t, \sin t]$, $0 \leqq t \leqq \pi$이다. $x = 1 + \cos t$, $y = \sin t$에서 $dx = -\sin t\, dt$, $dy = \cos t\, dt$이므로

$$dl = \sqrt{dx^2 + dy^2} = \sqrt{(-\sin t dt)^2 + (\cos t dt)^2} = dt,$$

따라서 줄의 질량은

$$m = \int_C \rho dl = \int_C kx dl = k\int_{t=0}^{\pi} (1 + \cos t)dt = k\pi.$$

☞ 줄의 평균 선밀도는 $\bar{\rho} = k$이고 줄의 길이가 $l = \pi$이므로 질량은 $m = \bar{\rho} l = k\pi$가 될 것이다.

9.2 연습문제

1. $G(x, y) = 3x^2 + 6y^2$, C: $y = 2x + 1$, $-1 \leqq x \leqq 0$일 때 선적분을 구하라.

(1) $\int_C G(x, y)dx$　　(2) $\int_C G(x, y)dy$　　(3) $\int_C G(x, y)dl$

(답) (1) 3　　(2) 6　　(3) $3\sqrt{5}$

2. $G(x, y, z) = z$, C: $x = \cos t$, $y = \sin t$, $z = t$, $0 \leqq t \leqq \pi/2$일 때 선적분을 구하라.

(1) $\int_C G(x, y, z)dx$　　(2) $\int_C G(x, y, z)dy$

(3) $\int_C G(x, y, z)dz$　　(4) $\int_C G(x, y, z)dl$

(답) (1) -1　　(2) $\pi/2 - 1$　　(3) $\pi^2/8$　　(4) $\sqrt{2}\pi^2/8$

3. $f(x, y) = 1 - \sinh^2 x$이고 C는 **현수선**(catenary) $\mathbf{r} = [t, \cosh t]$, $0 \leqq t \leqq 2$일 때 $\int_C f dl$을 계산하라.

(답) $\sinh 2 - \frac{1}{3}\sinh^3 2$

4. 힘 $\mathbf{F}$가 경로 C에 작용하여 한 일 $\int_C \mathbf{F} \cdot d\mathbf{r}$을 계산하라.

(1) $\mathbf{F} = [y^2, -x^2]$, C: 직선 (0,0)에서 (1,4)까지

(2) $\mathbf{F} = [y, x]$, C: $y = \ln x$의 (1,0)에서 $(e, 1)$까지

(3) $\mathbf{F} = [2z, x, -y]$, C: $\mathbf{r}(t) = [\cos t, \sin t, 2t]$의 (1,0,0)에서 $(1,0,4\pi)$까지

(답) (1) 4 (2) e (3) 9π

5. 힘 $\mathbf{F}(x, y) = (x + 2y)\mathbf{i} + (6y - 2x)\mathbf{j}$가 점 (1,1), (3,1), (3,2)를 꼭지점으로 하는 삼각형의 둘레를 반시계 방향으로 한 바퀴 돌며 한 일 $W = \oint_C \mathbf{F} \cdot d\mathbf{r}$을 구하라.

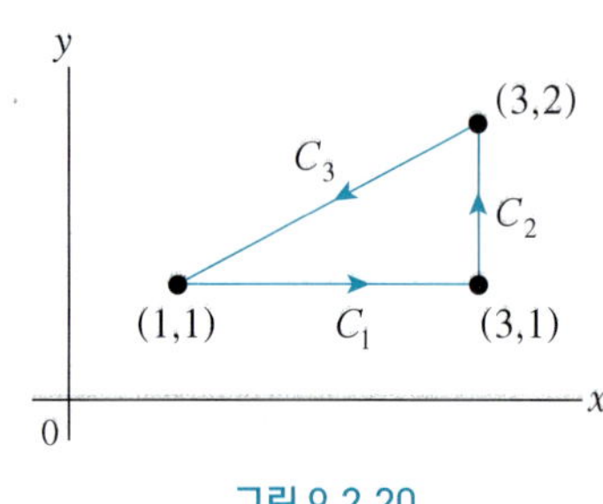

그림 9.2.20

(답) -4

6. 점 (0,0,0)에서 점 (6,8,5)를 연결하는 두 가지 다른 경로를 따라 $\int_C ydx + zdy + xdz$를 계산하라.

(1)

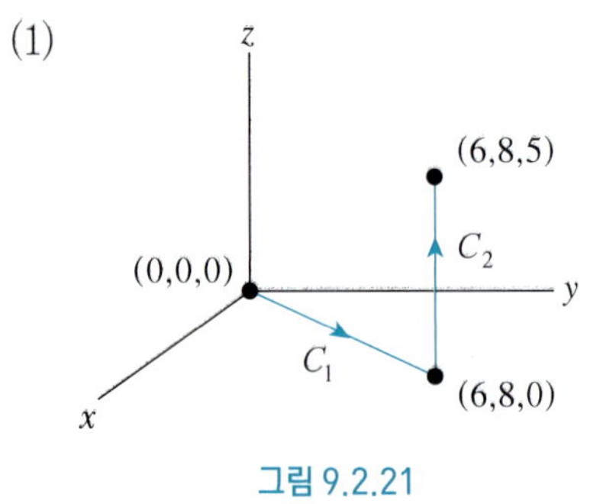

그림 9.2.21

(2)

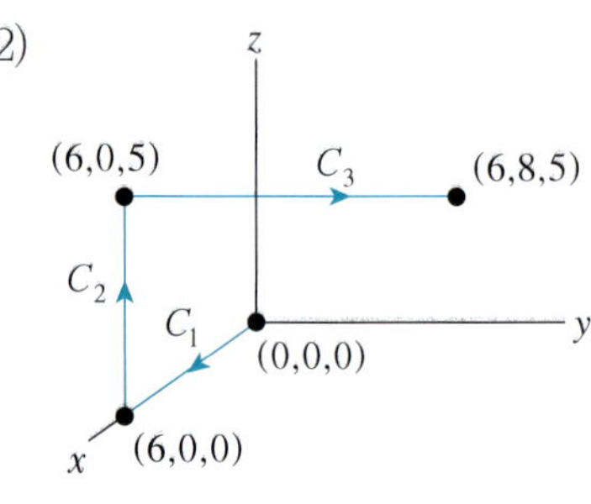

그림 9.2.22

(답) (1) 54 (2) 70

7. 줄의 선밀도를 $\rho(x, y)$, 줄의 질량을 m이라 할 때 줄의 질량중심 좌표는

$$\bar{x} = \frac{1}{m}\int_C x\rho(x, y)dl, \quad \bar{y} = \frac{1}{m}\int_C y\rho(x, y)dl$$

이다. 예제 9의 줄에 대해 질량중심의 좌표를 구하라.

(답) $(3/2, 2/\pi)$

9.3 경로에 무관한 선적분

곡선의 시작점과 끝점이 같더라도 이 두 점을 잇는 곡선은 여러 가지가 있을 수 있다. 이러한 경우 서로 다른 경로 C에 따라 선적분의 값이 다를 수도 있고 같을 수도 있다. 먼저 다음 예제를 보자.

예제 1

(1) $\mathbf{F} = [y, -x]$, (2) $\mathbf{F} = [y, x]$가 점 (0,0)에서 점 (1,1)을 연결하는 서로 다른 세 경로 C_1, C_2, C_3에 대해 한 일 $\int_C \mathbf{F} \cdot d\mathbf{r}$을 계산하라.

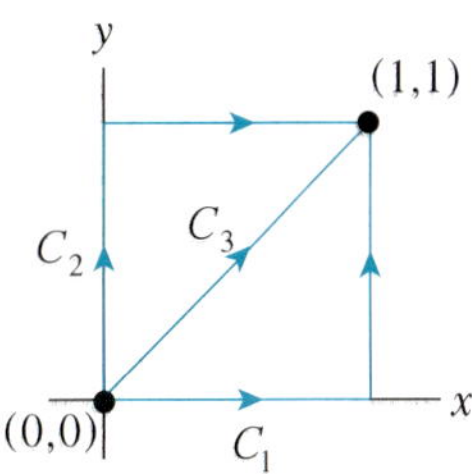

그림 9.3.1 세 가지 경로.

(풀이) C_1은 $0 \leqq x \leqq 1$에서 $y = 0$, $0 \leqq y \leqq 1$에서 $x = 1$이고 C_2는 $0 \leqq y \leqq 1$에서 $x = 0$, $0 \leqq x \leqq 1$에서 $y = 1$이고 C_3는 $0 \leqq x \leqq 1$에서 $y = x$이므로 경로 C_1, C_2, C_3에 대한 선적분은 다음과 같다.

(1) $\int_C \mathbf{F} \cdot d\mathbf{r} = \int_C F_1 dx + F_2 dy = \int_C ydx - xdy$

$$C_1 : \int_{C_1} ydx - xdy = \int_{x=0}^{1} (0 \cdot dx - x \cdot 0) + \int_{y=0}^{1} (y \cdot 0 - 1dy) = -\int_0^1 dy = -1$$

$$C_2 : \int_{C_2} ydx - xdy = \int_{y=0}^{1} (y \cdot 0 - 0 \cdot dy) + \int_{x=0}^{1} (1 \cdot dx - x \cdot 0) = \int_0^1 dx = 1$$

$$C_3 : \int_{C_3} ydx - xdy = \int_{x=0}^{1} (x \cdot dx - x \cdot dx) = 0$$

으로 선적분의 결과가 경로에 따라 모두 다르다.

(2) $\int_C \mathbf{F} \cdot d\mathbf{r} = \int_C F_1 dx + F_2 dy = \int_C ydx + xdy$

$$C_1 : \int_{C_1} ydx + xdy = \int_{x=0}^{1} (0 \cdot dx + x \cdot 0) + \int_{y=0}^{1} (y \cdot 0 + 1dy) = \int_0^1 dy = 1$$

$$C_2 : \int_{C_2} ydx + xdy = \int_{y=0}^{1} (y \cdot 0 + 0 \cdot dy) + \int_{x=0}^{1} (1 \cdot dx + x \cdot 0) = \int_0^1 dx = 1$$

$$C_3 : \int_{C_3} ydx + xdy = \int_{x=0}^{1} (x \cdot dx + x \cdot dx) = \int_{x=0}^{1} 2xdx = 1$$

로 선적분의 결과가 경로에 관계없이 모두 같다.

와 같이 나타낼 수도 있다. 여기서 **k**는 z축 방향의 단위벡터이다(연습문제 참고).

예제 1

C: $x^2 + y^2 = 1$이고 $F_1 = y^2 - 7y$, $F_2 = 2xy + 2x$일 때 Green의 정리가 성립함을 보여라.

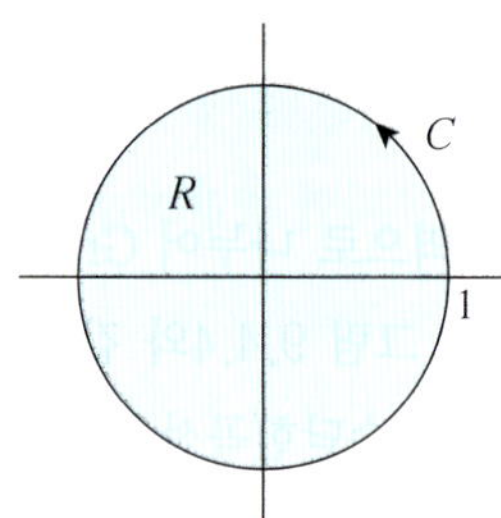

그림 9.4.6 예제 1의 적분경로.

(풀이) 선적분과 이중적분으로 계산하여 결과를 비교한다.

(1) 선적분: C를 매개변수 t를 사용하여 벡터함수로 나타내면 $\mathbf{r}(t) = [\cos t, \sin t]$이므로

$$\begin{aligned}\oint_C F_1 dx + F_2 dy &= \oint_C (y^2 - 7y)dx + (2xy + 2x)dy \\ &= \int_{t=0}^{2\pi} (\sin^2 t - 7\sin t)(-\sin t dt) + (2\cos t \sin t + 2\cos t)(\cos t dt) \\ &= \int_{t=0}^{2\pi} (-\sin^3 t + 7\sin^2 t + 2\cos^2 t \sin t + 2\cos^2 t)dt \\ &= 0 + 7\pi + 0 + 2\pi = 9\pi.\end{aligned}$$

(2) 이중적분: $\dfrac{\partial F_2}{\partial x} = 2y + 2$, $\dfrac{\partial F_1}{\partial y} = 2y - 7$이고 영역 R에서 F_1, F_2, $\partial F_1/\partial y$, $\partial F_2/\partial x$가 연속이므로

$$\begin{aligned}\iint_R \left(\frac{\partial F_2}{\partial x} - \frac{\partial F_1}{\partial y}\right)dxdy &= \iint_R (2y + 2 - 2y + 7)dxdy \\ &= 9\iint_R dxdy = 9 \cdot \pi = 9\pi\end{aligned}$$

로 (1), (2)의 결과가 같으므로 Green의 정리가 성립한다.

예제 2

힘 $\mathbf{F} = [-16y + \sin x^2, 4e^y + 3x^2]$가 $C = C_1 \cup C_2 \cup C_3$를 따라 한 일을 구하라.

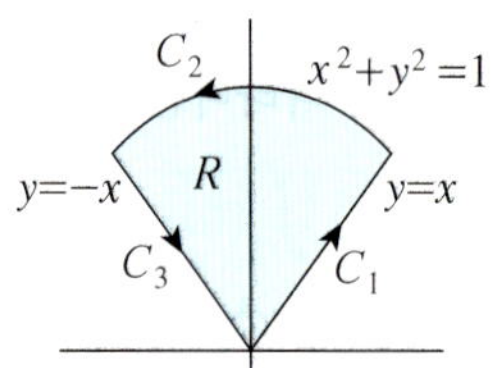

그림 9.4.7 예제 2의 적분경로.

(풀이) $F_1 = -16y + \sin x^2$, $F_2 = 4e^y + 3x^2$에서 $\dfrac{\partial F_2}{\partial x} = 6x$, $\dfrac{\partial F_1}{\partial y} = -16$이고 영역 R에서 F_1, F_2, $\partial F_1/\partial y$, $\partial F_2/\partial x$가 연속이므로 Green의 정리를 사용하여 일을 계산하면

$$W = \oint_C \mathbf{F} \cdot dr = \oint_C F_1 dx + F_2 dy = \iint_R \left(\frac{\partial F_2}{\partial x} - \frac{\partial F_1}{\partial y} \right) dxdy = \iint_R (6x + 16) dxdy$$
$$= \int_{r=0}^{1} \int_{\theta=\pi/4}^{3\pi/4} (6r\cos\theta + 16) r dr d\theta = \int_0^1 r \int_{\pi/4}^{3\pi/4} (6r\cos\theta + 16) d\theta dr$$
$$= \int_0^1 r [6r\sin\theta + 16\theta]_{\pi/4}^{3\pi/4} dr = 8\pi \int_0^1 r dr = 8\pi \cdot \frac{1}{2} = 4\pi.$$

구멍이 있는 영역에서의 선적분

앞에서 내부에 구멍이 있는 영역에 대해서도 Green의 정리가 성립한다고 하였다. 다음 예제를 보자.

예제 3

곡선 $C = C_1 \cup C_2$에 대해 선적분 $\oint_C \dfrac{-y}{x^2 + y^2} dx + \dfrac{x}{x^2 + y^2} dy$를 계산하라.

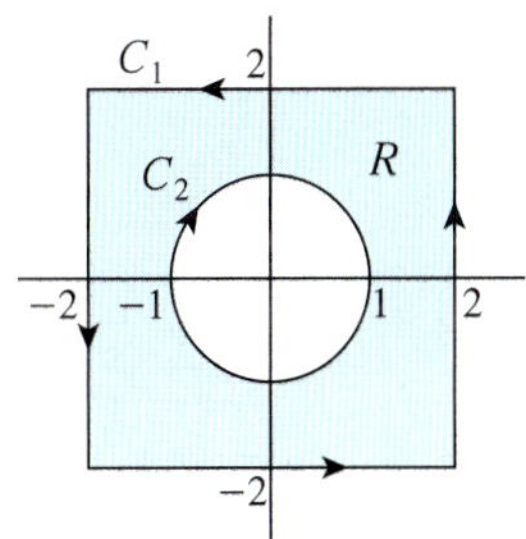

그림 9.4.8 예제 3의 적분경로.

(풀이) $F_1 = -\dfrac{y}{x^2 + y^2}$, $F_2 = \dfrac{x}{x^2 + y^2}$와 $\dfrac{\partial F_1}{\partial y} = \dfrac{y^2 - x^2}{(x^2 + y^2)^2} = \dfrac{\partial F_2}{\partial x}$는 영역 R에서 연속이므로 Green의 정리가 성립하여

$$\oint_C F_1 dx + F_2 dy = \iint_R \left(\frac{\partial F_2}{\partial x} - \frac{\partial F_1}{\partial y} \right) dxdy = 0$$

이다. 이는 9.3절에서 $\dfrac{\partial F_1}{\partial y} = \dfrac{\partial F_2}{\partial x}$일 때 단순연결영역 안의 곡선 C에 대한 선적분이 경로에 무관하고, 특히 C가 닫힌곡선이면 선적분의 값이 0이라는 결론과 일치한다.

예제 4

곡선 C에 대해 선적분 $\oint_C \dfrac{-y}{x^2 + y^2} dx + \dfrac{x}{x^2 + y^2} dy$를 계산하라.

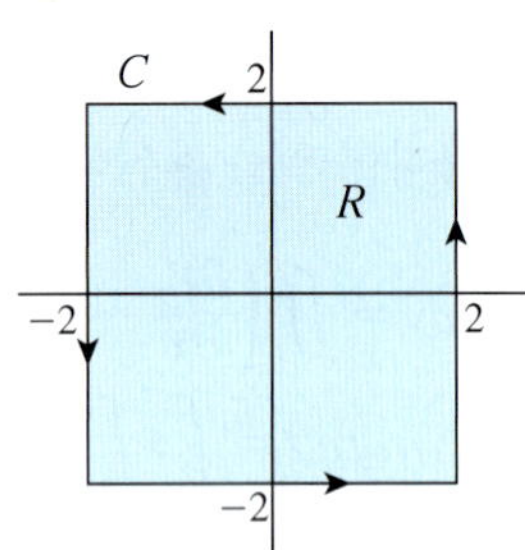

그림 9.4.9 예제 2의 영역.

(풀이) 예제 3과 달리 이번에는 내부에 구멍이 존재하지 않는 경우이다.

$$F_1 = -\frac{y}{x^2+y^2},\ F_2 = \frac{x}{x^2+y^2} \text{에서 } \frac{\partial F_1}{\partial y} = \frac{y^2-x^2}{(x^2+y^2)^2} = \frac{\partial F_2}{\partial x}$$

이지만 영역 R이 원점을 포함하고 F_1, F_2, $\frac{\partial F_1}{\partial y}$, $\frac{\partial F_2}{\partial x}$는 원점에서 연속이 아니므로 Green의 정리를 직접 사용할 수 없다. 하지만 그림 9.4.10과 같이 영역 R 내부에 원점을 포함하는 곡선 C' : $\mathbf{r}(t) = [\cos t, \sin t]$, $0 \leqq t \leqq 2\pi$를 가정하고 C와 $-C'$을 경계로 갖는 영역을 R'이라 하면 영역 R'에서는 Green의 정리가 성립하므로

$$\oint_{C\cup(-C')} F_1 dx + F_2 dy = \int_C F_1 dx + F_2 dy - \int_{C'} F_1 dx + F_2 dy = \iint_{R'} \left(\frac{\partial F_2}{\partial x} - \frac{\partial F_1}{\partial y}\right) dxdy = 0$$

에서

$$\int_C F_1 dx + F_2 dy = \int_{C'} F_1 dx + F_2 dy = \oint_{C'} \frac{-y}{x^2+y^2} dx + \frac{x}{x^2+y^2} dy = 2\pi$$

이다. 위에서 C'에 대한 마지막 선적분은 9.3절 예제 4(3)에서 이미 구했다.

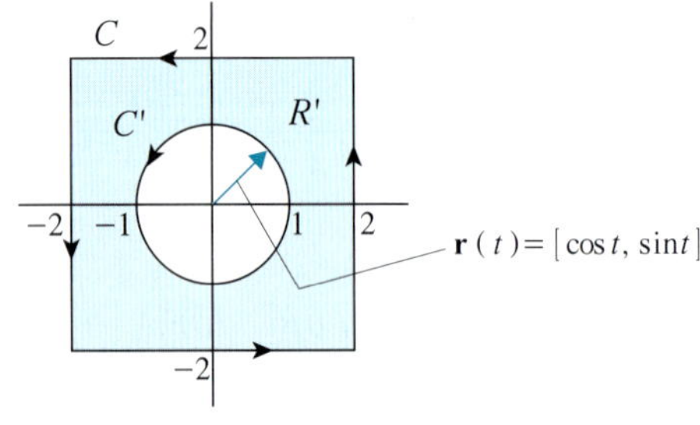

그림 9.4.10

이 예제에서 경로 C에 대한 선적분을 Green의 정리를 이용하여 경로 C'에 대한 선적분으로 대체했음을 기억하자.

☞ 9.3절 예제 4에서와 같이 C'의 반지름이 반드시 1일 필요는 없다.

선적분으로 계산되는 영역의 넓이

식 (9.4.1)의 Green의 정리에서 $F_1 = 0$, $F_2 = x$이면

$$\oint_C xdy = \iint_R dxdy = A(R) \qquad (9.4.5)$$

이고, 마찬가지로 $F_1 = -y$, $F_2 = 0$이면

$$-\oint_C ydx = \iint_R dxdy = A(R) \qquad (9.4.6)$$

이 되어, 이들은 모두 그림 9.4.11과 같이 닫힌곡선 C로 둘러싸인 영역 R의 넓이 $A(R)$을 나타낸다. 식 (9.4.5)와 (9.4.6)을 더하고 2로 나누면 영역 R의 넓이를

$$A(R) = \frac{1}{2}\oint_C xdy - ydx \qquad (9.4.7)$$

로도 구할 수 있다.

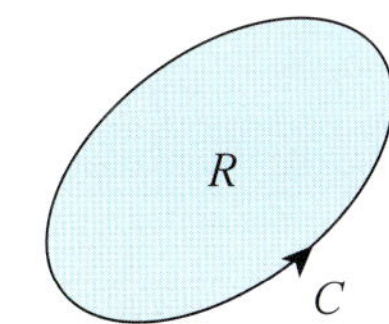

그림 9.4.11 선적분으로 구하는 R의 넓이.

☞ Green의 정리에서 $F_1 = -\frac{1}{2}y$, $F_2 = \frac{1}{2}x$ 로 놓아 식 (9.4.7)을 직접 유도해 보자.

이처럼 영역을 둘러싸는 닫힌곡선에 대한 선적분으로 영역의 넓이를 계산할 수 있는데, 이를 응용한 도구를 **면적계**(planimeter)라 한다. 식 (9.4.5), (9.4.6) 또는 (9.4.7)에서 닫힌곡선 C가 양의 방향이어야 함에 주의하라(연습문제 참고).

예제 5

타원 $\frac{x^2}{a^2} + \frac{y^2}{b^2} = 1$로 둘러싸인 영역의 넓이를 선적분으로 구하라.

(풀이) 타원 C의 벡터방정식은 $\mathbf{r}(t) = [a\cos t, b\sin t]$, $0 \leqq t \leqq 2\pi$이다. 영역 R의 넓이는 식 (9.4.5), (9.4.6), (9.4.7) 중 어느 것을 사용해도 된다. 여기서는 식 (9.4.7)을 이용하여 구한다.

$$A(R) = \frac{1}{2}\oint_C xdy - ydx = \frac{1}{2}\int_{t=0}^{2\pi} a\cos t \cdot b\cos t dt - b\sin t(-a\sin t dt)$$
$$= \frac{ab}{2}\int_0^{2\pi} (\cos^2 t + \sin^2 t)dt = \frac{ab}{2}\int_0^{2\pi} dt = \frac{ab}{2}\cdot 2\pi = \pi ab$$

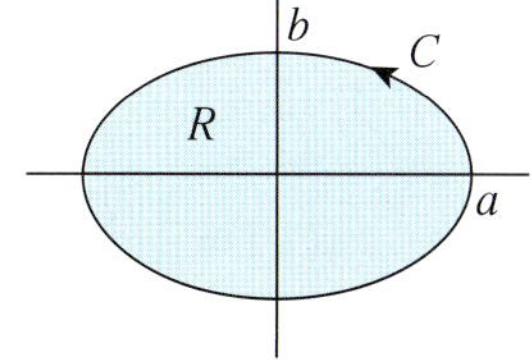

그림 9.4.12 예제 5의 타원.

☞ 예제 5의 결과를 9.1절 예제 10의 결과와 비교하라.

선적분으로 넓이를 계산하는 공식을 극좌표계를 사용해 나타내면 $x(r, \theta) = r\cos\theta$, $y(r, \theta) = r\sin\theta$에서

$$dx = \frac{\partial x}{\partial r}dr + \frac{\partial x}{\partial \theta}d\theta = \cos\theta dr - r\sin\theta d\theta$$
$$dy = \frac{\partial y}{\partial r}dr + \frac{\partial y}{\partial \theta}d\theta = \sin\theta dr + r\cos\theta d\theta$$

이므로, 식 (9.4.7)에서

$$\begin{aligned} A(R) &= \frac{1}{2}\oint_C xdy - ydx \\ &= \frac{1}{2}\oint_C r\cos\theta(\sin\theta dr + r\cos\theta d\theta) - r\sin\theta(\cos\theta dr - r\sin\theta d\theta) \\ &= \frac{1}{2}\oint_C r^2(\cos^2\theta + \sin^2\theta)d\theta = \frac{1}{2}\oint_C r^2 d\theta \end{aligned}$$

즉

$$A(R) = \frac{1}{2}\oint_C r^2 d\theta \tag{9.4.8}$$

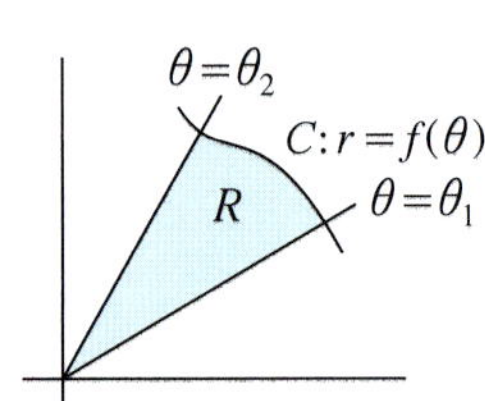

그림 9.4.13

이다. 이는 곡선 C가 닫힌곡선이 아니어도 성립하며, 그림 9.4.13과 같이 C: $r = f(\theta)$, $\theta_1 \leqq \theta \leqq \theta_2$로 이루어진 영역 R의 넓이를

$$A(R) = \frac{1}{2}\int_C r^2 d\theta = \frac{1}{2}\int_{\theta_1}^{\theta_2}[f(\theta)]^2 d\theta \tag{9.4.9}$$

로 계산할 수 있다.

예제 6

심장형(cardioid) $r = a(1 - \cos\theta)$의 넓이를 선적분으로 구하라.

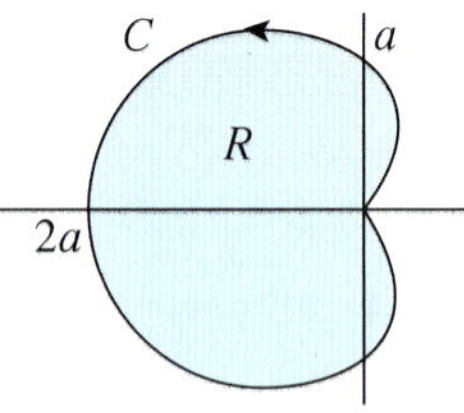

그림 9.4.14 심장형.

(풀이) 식 (9.4.8)을 사용하면

$$\begin{aligned} A(R) &= \frac{1}{2}\oint_C r^2 d\theta = \frac{1}{2}\int_{\theta=0}^{2\pi}[a(1-\cos\theta)]^2 d\theta = \frac{a^2}{2}\int_0^{2\pi}(1 - 2\cos\theta + \cos^2\theta)d\theta \\ &= \frac{a^2}{2}\int_0^{2\pi}\left(1 - 2\cos\theta + \frac{1+\cos 2\theta}{2}\right)d\theta = \frac{a^2}{2}\left[\frac{3}{2}\theta - 2\sin\theta + \frac{1}{4}\sin 2\theta\right]_0^{2\pi} = \frac{3}{2}\pi a^2. \end{aligned}$$

☞ 예제 6의 넓이를 이중적분으로 구하면 $A(R) = \iint_R dA = \int_{r=0}^{a(1-\cos\theta)}\int_{\theta=0}^{2\pi} r dr d\theta = \frac{1}{2}\int_{\theta=0}^{2\pi}[a(1-\cos\theta)]^2 d\theta$가 되고, 이후는 예제 6의 선적분을 사용한 경우와 같다.

9.4 연습문제

1. 연습문제 9.2의 문제 5를 Green의 정리를 사용하여 풀라.

(답) -4

2. C가 영역 R을 둘러싸는 반시계 방향의 곡선일 때 Green의 정리를 사용하여 선적분 $\oint_C \mathbf{F} \cdot d\mathbf{r}$을 계산하라.

(1) $\mathbf{F} = [x^2 + 3y, 2x - e^y]$, C: 원 $(x-1)^2 + (y-5)^2 = 4$

(2) $\mathbf{F} = [x^2e^y, y^2e^x]$, C: (0,0), (2,0), (2,3), (0,3)을 꼭지점으로 하는 직사각형

(3) $\mathbf{F} = \nabla(\sin x \cos y)$, C: 타원 $25x^2 + 9y^2 = 225$

(4) $\mathbf{F} = [\cosh y, -\sinh x]$, R: $1 \leqq x \leqq 3$, $x \leqq y \leqq 3x$인 영역

(5) $\mathbf{F} = [xy, x^2]$, R: 제1, 제4 사분면의 $x^2 + y^2 = 1$의 내부 영역

(답) (1) -4π (2) $9e^2 - \frac{8}{3}e^3 - \frac{19}{3}$ (3) 0

(4) $\sinh 1 - \frac{14}{3}\sinh 3 - \frac{1}{3}\sinh 9 + 2(\cosh 3 - \cosh 1)$ (5) 2/3

3. 힘 $\mathbf{F} = [x + y, 2x]$가 원 $(x-1)^2 + (y-1)^2 = 4$ 위를 반시계 방향으로 한 바퀴 돌면서 한 일 $\oint_C \mathbf{F} \cdot d\mathbf{r}$을 (1) 선적분, (2) Green의 정리를 이용하여 구하라.

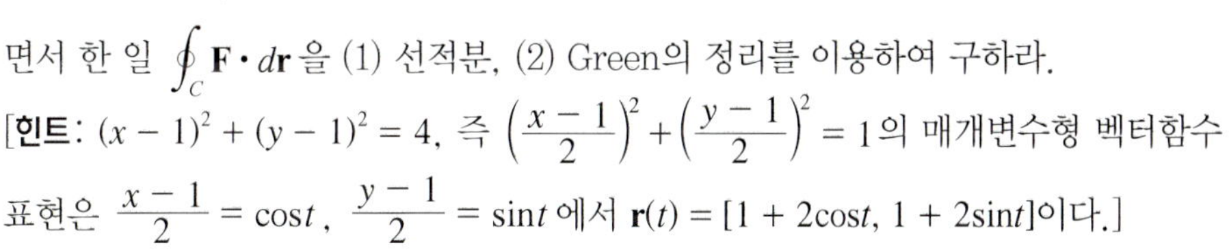

[**힌트**: $(x-1)^2 + (y-1)^2 = 4$, 즉 $\left(\frac{x-1}{2}\right)^2 + \left(\frac{y-1}{2}\right)^2 = 1$의 매개변수형 벡터함수 표현은 $\frac{x-1}{2} = \cos t$, $\frac{y-1}{2} = \sin t$에서 $\mathbf{r}(t) = [1 + 2\cos t, 1 + 2\sin t]$이다.]

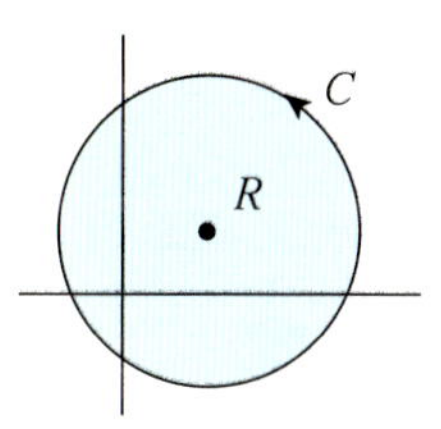

그림 9.4.15

(답) 4π

4. 영역 R의 경계 $C = C_1 \cup C_2$에 대해 $\oint_C (\cos x^2 - y)dx + \sqrt{y^2+1}\,dy$를 계산하라

(답) $72 - 8\pi$

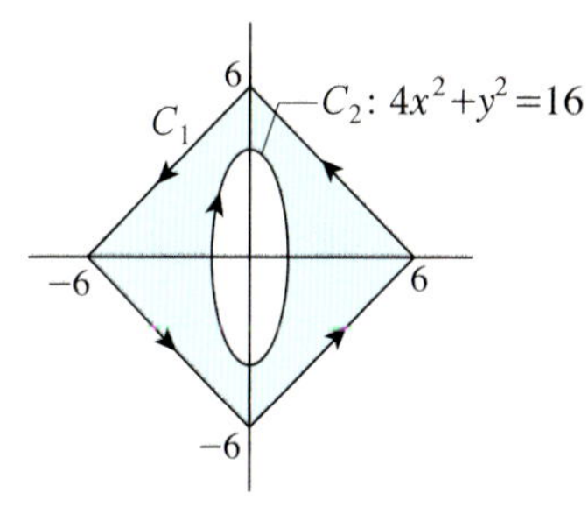

그림 9.4.16

5. Green의 정리가 식 (9.4.4)로 표시됨을 보여라.

6. 예제 5를 식 (9.4.5)와 (9.4.6)을 이용하여 풀라.

7. 곡선 C를 그리고 제1사분면에서 C로 둘러싸인 영역의 넓이를 선적분으로 구하라.

(1) C: $\mathbf{r} = [t - \sin t, 1 - \cos t]$, $0 \leqq t \leqq 2\pi$: 굴렁쇠선(cycloid)

(2) C: $r = 1 + 2\cos\theta$, $0 \leqq \theta \leqq \pi/2$: 달팽이곡선(limacon, 리마숑)

☞ (1), (2)에서 $\mathbf{r}$과 r의 다름을 기억하자.

예제 7

Coulomb의 법칙에 의하면 원점에 위치한 양의 점전하(point charge) q에 의해 $\mathbf{r} = [x, y, z]$에서 발생하는 전기장은 $\mathbf{E} = \dfrac{q}{4\pi\epsilon_0}\dfrac{\mathbf{r}}{|\mathbf{r}|^3}$이다. 여기서 ϵ_0는 유전율이다. 단위 시간당 구면 $x^2 + y^2 + z^2 = a^2$을 통과하는 전기속(electric flux) $\Phi = \iint_S \mathbf{E} \cdot \mathbf{n} ds$를 구하라. 여기서 $\mathbf{n}$은 구의 바깥 방향 단위법선벡터이다.

(풀이) 그림 9.5.10의 곡면 S를 $g(x, y, z) = x^2 + y^2 + z^2 = a^2$으로 놓으면

$$\mathbf{n} = \frac{\nabla g}{|\nabla g|} = \frac{[2x, 2y, 2z]}{\sqrt{(2x)^2 + (2y)^2 + (2z)^2}} = \frac{[x, y, z]}{\sqrt{x^2 + y^2 + z^2}} = \frac{\mathbf{r}}{|\mathbf{r}|}$$

이다. 그러므로

$$\mathbf{E} \cdot \mathbf{n} = \frac{q}{4\pi\epsilon_0}\frac{\mathbf{r}}{|\mathbf{r}|^3} \cdot \frac{\mathbf{r}}{|\mathbf{r}|} = \frac{q}{4\pi\epsilon_0}\frac{|\mathbf{r}|^2}{|\mathbf{r}|^4} = \frac{q}{4\pi\epsilon_0}\frac{1}{|\mathbf{r}|^2}$$

이 되는데, 구면에서는 $|\mathbf{r}| = a$이므로 $\mathbf{E} \cdot \mathbf{n} = \dfrac{q}{4\pi\epsilon_0}\dfrac{1}{a^2}$이다. 따라서

$$\Phi = \iint_S \mathbf{E} \cdot \mathbf{n} ds = \iint_S \frac{q}{4\pi\epsilon_0}\frac{1}{a^2} ds = \frac{q}{4\pi\epsilon_0 a^2}\iint_S ds = \frac{q}{4\pi\epsilon_0 a^2} \cdot 4\pi a^2 = \frac{q}{\epsilon_0}$$

이다. 결과적으로 전기속 Φ는 구의 반지름 a와 무관하며 이를 전자기학에서는 Gauss의 법칙이라 한다.

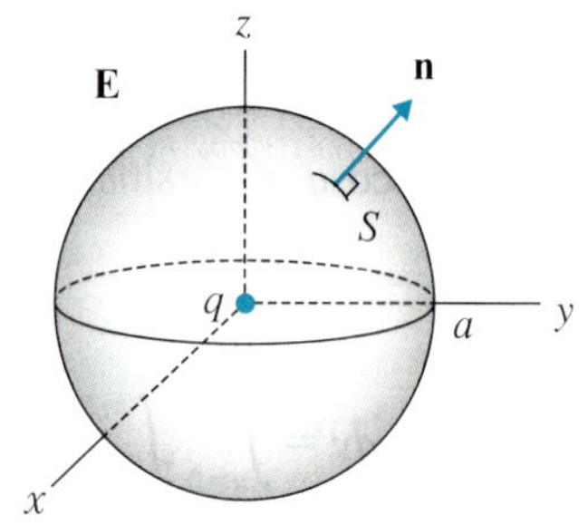

그림 9.5.10 점전하에 의한 전기속 (1).

그림 9.5.11과 같이 곡면 S 위의 모든 점에서 법선벡터 $\mathbf{n}$이 연속적으로 변할 때 **매끄러운 곡면**(smooth surface)이라 하고, 그림 9.5.12와 같이 구간별로 곡면이 매끄러울 때 **구간별 매끄러운 곡면**(piecewise smooth surface)이라 한다. 곡면은 법선벡터에 의해 방향이 결정되는데, 곡면 S의 임의의 점 P에서 주어진 법선 방향이 전체 곡면을 따라 유일하게 연속적으로 유지되는 경우 S를 **방향성 곡면**(oriented surface)이라 하고, $\mathbf{n}$을 곡면 S의 **방향**(orientation)이라 한다. 곡면은 법선벡터 $\mathbf{n}$과 $-\mathbf{n}$을 가지므로 2개의 방향을 갖는다. **비방향성 곡면**도 존재하는데, 그림 9.5.13의 뫼비우스 띠(Möbius strip)는 곡면 위 임의 점에서의 법선벡터가 곡면을 따라 연속적으로 이동하여 원래의 점으로 돌아왔을 때 원래의 법선벡터와 반대 방향이다.

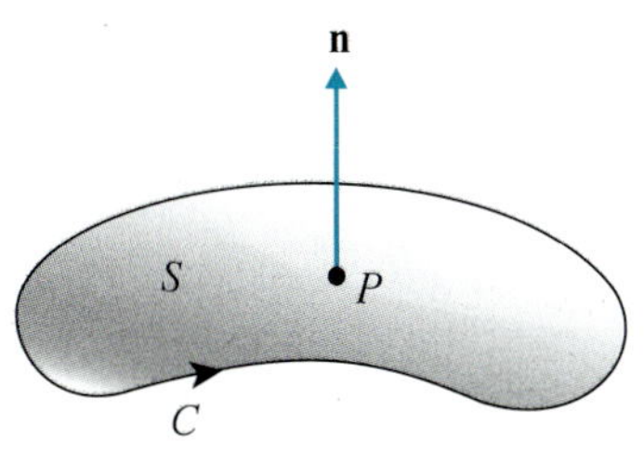

그림 9.5.11 매끄러운 곡면.

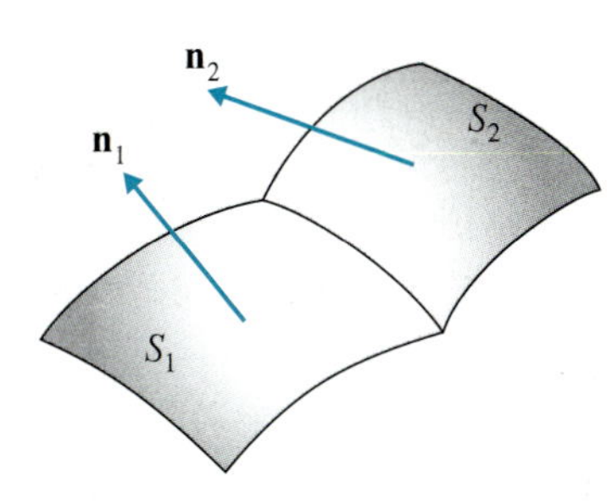

그림 9.5.12 구간별 매끄러운 곡면.

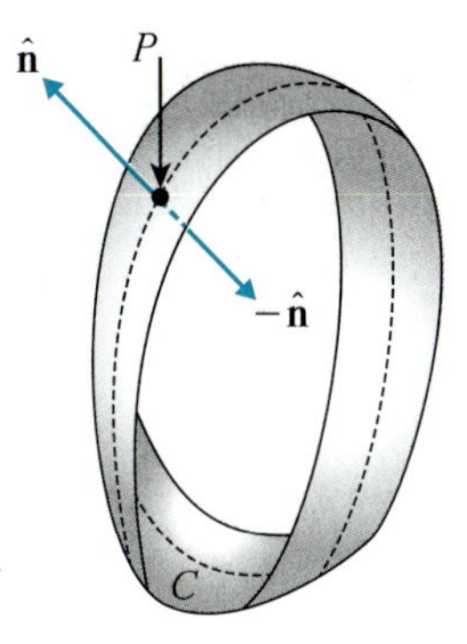

그림 9.5.13 비방향성 곡면.

9.5 연습문제

1. 곡면의 단위법선벡터 $\mathbf{n}$을 x, y, z로 나타내라.

(1) $g(x, y, z) = 4x - 4y + 7z = -3$: 평면 (2) $g(x, y, z) = y^2 + z^2 = a^2$: 원기둥

(답) (1) $\frac{1}{9}[4, -4, 7]$ (2) $\frac{1}{a}[0, y, z]$

2. 곡면을 $\mathbf{r}(u, v)$로 나타내고 법선벡터 $\mathbf{N}$을 u, v로 나타내라.

(1) $3x + 4y + 6z = 24$: 평면 (2) $x^2 + y^2 + \left(\frac{z}{2}\right)^2 = 1$: 타원체(ellipsoid)

(답) (1) [1/2, 2/3, 1] (2) $[2\cos^2 v\cos u,\ 2\cos^2 v\sin u,\ \sin v\cos v]$

3. 원환체(torus)의 벡터방정식은 $0 \leqq u \leqq 2\pi$, $0 \leqq v \leqq 2\pi$에서

$$\mathbf{r}(u, v) = [(a + b\cos v)\cos u,\ (a + b\cos v)\sin u,\ b\sin v]$$

이다. 원환체의 표면적을 구하라.

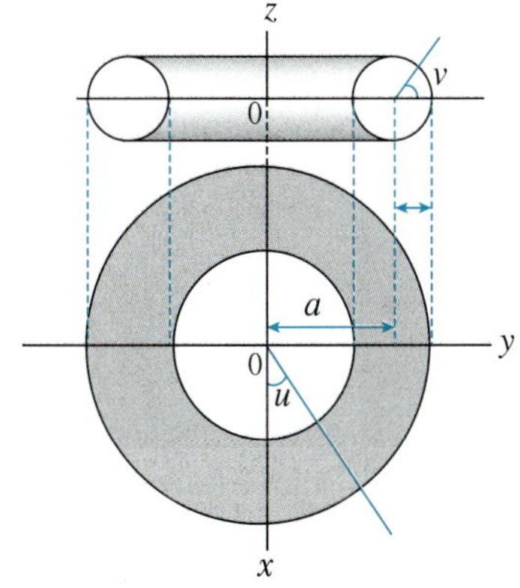

그림 9.5.14 원환체.

(답) $4\pi^2 ab$

4. $\iint_S G ds$ 를 (i) 변수 x, y, z를 사용하는 방법, (ii) 변수 u, v를 사용하는 두 가지 방법으로 구하라.

(1) $G = ye^{-xy}$, S: $z = 3x + 4y$, $x \geqq 1$, $y \geqq 1$

(2) $G = (1 + 9xz)^{3/2}$, S: $\mathbf{r}(u, v) = [u, v, u^3]$, $0 \leqq u \leqq 1$, $-2 \leqq v \leqq 2$

(답) (1) $\sqrt{26}/e$ (2) 272/5

5. $\mathbf{F} = [3z^2, 6, 6xz]$, S: $y = x^2$, $0 \leqq x \leqq 2$, $0 \leqq z \leqq 3$일 때 $\iint_S \mathbf{F} \cdot \mathbf{n} ds$ 를 (1) 변수 x, y, z를 사용하는 방법, (2) 변수 u, v를 사용하는 방법으로 구하라. $\mathbf{n}$을 S의 볼록한 면의 단위법선벡터로 정하라. [**힌트**: (1)에서 영역 R을 xz−평면 위에 정하라.]

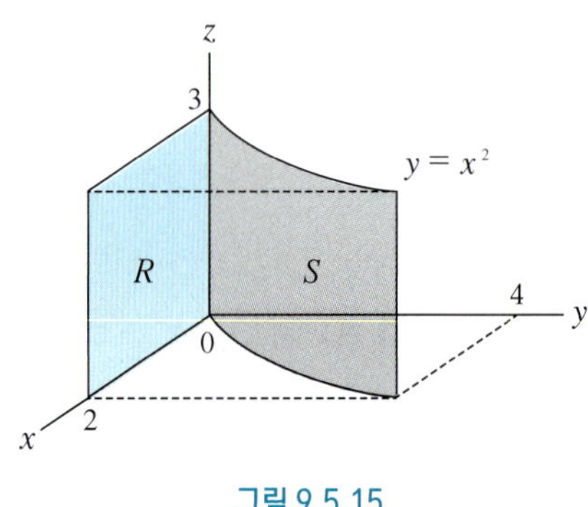

그림 9.5.15

(답) 72

6. Fourier 열전도 법칙(heat conduction law)에 의하면 열전도계수가 k이고 온도가 T인 매질에서 단위 면적당, 단위 시간당 $\mathbf{q} = -k\nabla T$의 열이 전도된다. 온도가 $T(x, y, z) = x^2 + y^2 + z^2$인 매질에서 반지름 a인 구의 표면 S를 통과하는 **열속**(heat flux) $\iint_S \mathbf{q} \cdot \mathbf{n} ds$ 를 구하라. 여기서 $\mathbf{n}$은 구의 바깥 방향을 향하는 단위법선벡터이다. 풀이과정에서 반지름 a인 구의 표면적 $4\pi a^2$은 그대로 사용하라. 답이 음수로 나오는 이유를 설명하라.

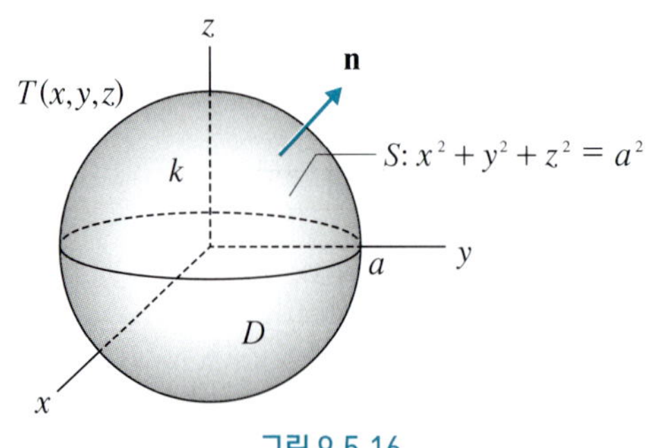

그림 9.5.16

(답) $-8\pi ka^3$. 원점에서 멀어질수록 온도가 높으므로 열은 구의 표면을 통해 유입된다. 따라서 구 표면의 바깥 방향 열속은 음수이다.

9.6 발산정리

9.5절에서 공간에서 정의되는 함수 **F**가 곡면 S를 통해 유출되는 양을 면적분 $\iint_S \mathbf{F}\cdot\mathbf{n}ds$로 나타냈다. 마찬가지로 9.2절에서는 평면에서 정의되는 함수 **F**가 닫힌곡선 C를 통해 유출되는 양을 선적분 $\oint_C \mathbf{F}\cdot\mathbf{n}dl$로 나타냈고, **F**가 유체의 속도일 때 이를 유속(flow flux)이라 하였다. 어떤 벡터량이 곡선 또는 곡면을 통해 유출되는 양을 보다 쉽게 계산하는 방법에 대해 알아보자.

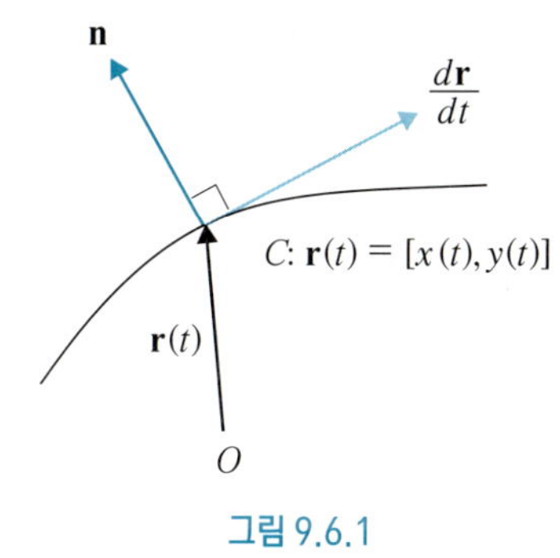

그림 9.6.1

그림 9.6.1에서 곡선 C: $\mathbf{r}(t) = [x(t), y(t)]$의 접선벡터가 $\dfrac{d\mathbf{r}}{dt} = \left[\dfrac{dx}{dt}, \dfrac{dy}{dt}\right]$이므로 C의 단위법선벡터 **n**은 $\mathbf{n}\cdot\dfrac{d\mathbf{r}}{dt} = 0$, $|\mathbf{n}| = 1$을 만족하므로

$$\mathbf{n} = \frac{\left[\dfrac{dy}{dt}, -\dfrac{dx}{dt}\right]}{\sqrt{\left(\dfrac{dx}{dt}\right)^2 + \left(\dfrac{dy}{dt}\right)^2}}$$

이어야 한다. 한편 $\dfrac{dl}{dt} = \sqrt{\left(\dfrac{dx}{dt}\right)^2 + \left(\dfrac{dy}{dt}\right)^2}$ 로부터 $\mathbf{n}\dfrac{dl}{dt} = \left[\dfrac{dy}{dt}, -\dfrac{dx}{dt}\right]$이므로

$$\oint_C \mathbf{F}\cdot\mathbf{n}dl = \int_{t=a}^{b} \mathbf{F}\cdot\mathbf{n}\frac{dl}{dt}dt = \int_a^b [F_1, F_2]\cdot\left[\frac{dy}{dt}, -\frac{dx}{dt}\right]dt$$
$$= \int_a^b \left(F_1\frac{dy}{dt} - F_2\frac{dx}{dt}\right)dt = \oint_C F_1 dy - F_2 dx = \oint_C -F_2 dx + F_1 dy$$

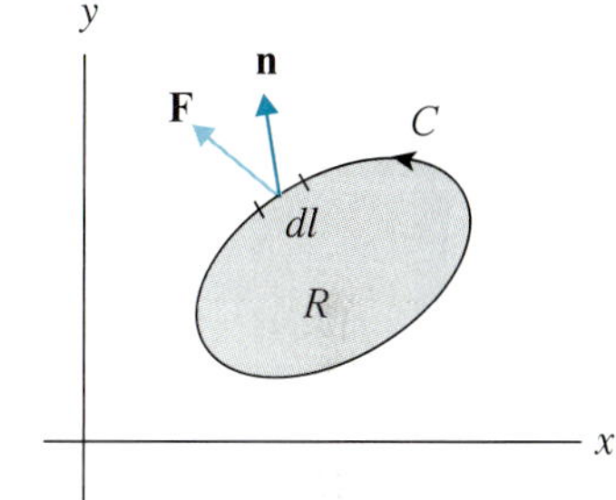

그림 9.6.2 선적분과 이중적분.

이다. 여기에 Green의 정리[식 (9.4.1)]를 적용하면

$$\oint_C \mathbf{F}\cdot\mathbf{n}dl = \iint_R \left(\frac{\partial F_1}{\partial x} + \frac{\partial F_2}{\partial y}\right)dxdy$$

이다. $\mathbf{F} = [F_1, F_2]$일 때 $\nabla\cdot\mathbf{F} = \dfrac{\partial F_1}{\partial x} + \dfrac{\partial F_2}{\partial y}$, $dxdy = dA$이므로 이것은 결국

$$\oint_C \mathbf{F}\cdot\mathbf{n}dl = \iint_R \nabla\cdot\mathbf{F}dA \qquad (9.6.1)$$

가 된다. 식 (9.6.1)은 Green의 정리의 다른 형태이다. 식 (9.6.1)을 3차원으로 일반화한

$$\iint_S \mathbf{F}\cdot\mathbf{n}ds = \iiint_D \nabla\cdot\mathbf{F}dV \qquad (9.6.2)$$

를 발산정리(divergence theorem) 또는 Gauss 정리(Gauss theorem)라 한다. 식 (9.6.1)은 그림 9.6.2와 같이 닫힌곡선 C를 통해 **F**가 유출되는 양을 나타내는 선적분(2차원 속, flux)을 C로 둘러싸인 영역 R의 이중적분으로 계산할 수 있음을 의미

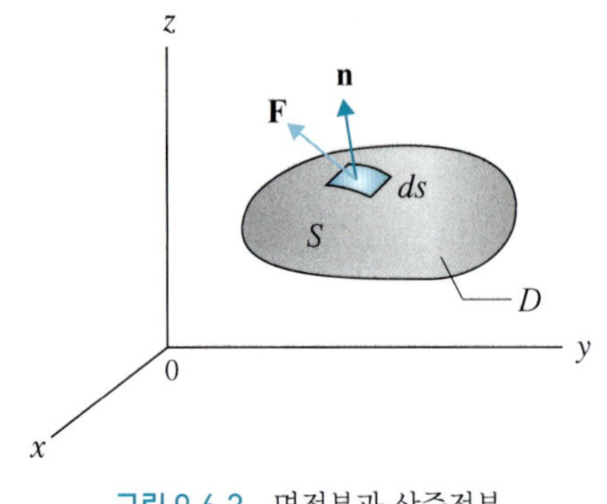

그림 9.6.3 면적분과 삼중적분.

하며, 식 (9.6.2)는 그림 9.6.3과 같이 닫힌곡면 S를 통해 $\mathbf{F}$가 유출되는 양을 나타내는 면적분(3차원 속, flux)을 S로 둘러싸인 공간영역 D의 삼중적분으로 계산할 수 있음을 의미한다. 식 (9.6.1)과 (9.6.2) 좌변의 $\mathbf{n}$은 각각 C와 S에 수직이고 영역 R과 영역 D의 **바깥 방향 단위법선벡터(outward unit normal vector)**임에 유의해야 한다.

☞ 8장에서 $\mathbf{V}$가 속도벡터일 때 발산 $\nabla \cdot \mathbf{V}$는 단위 시간당, 단위 체적당 유체의 순수 유출을 나타낸다고 하였다. 따라서 식 (9.6.2)는 닫힌곡면 S를 통해 순수 유출되는 양이 S로 둘러싸인 영역 D 안의 모든 점에서 순수 유출되는 양과 같다는 의미이다.

발산정리의 엄밀한 증명은 이 교재의 수준을 넘어서므로 생략한다. 대신 다음 예제를 통해 발산정리가 성립함을 확인해 보자.

예제 1

영역 D는 구의 표면 $x^2 + y^2 + (z-1)^2 = 9$와 평면 $z = 1$로 둘러싸인 영역이고, S는 영역 D의 표면이다. $\mathbf{F} = [x, y, z-1]$일 때 발산정리를 확인하라.

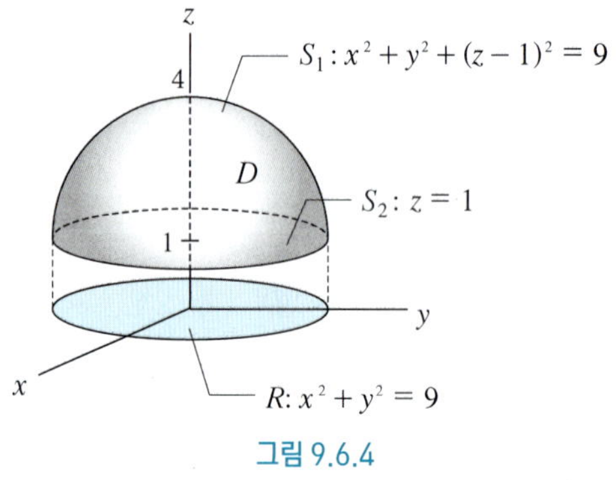

그림 9.6.4

(풀이) 발산정리 좌변의 면적분과 우변의 삼중적분을 계산하여 비교한다.

(1) 면적분: 곡면 S_1: $g(x, y, z) = x^2 + y^2 + (z-1)^2 = 9$에 대해

$$\mathbf{n} = \frac{\nabla g}{|\nabla g|} = \frac{[2x, 2y, 2(z-1)]}{2\sqrt{x^2 + y^2 + (z-1)^2}} = \frac{1}{6}[2x, 2y, 2(z-1)] = \frac{1}{3}[x, y, z-1]$$

이므로, S_1을 통해 유출되는 양은

$$\begin{aligned}\iint_{S_1} \mathbf{F} \cdot \mathbf{n} ds &= \iint_{S_1} [x, y, z-1] \cdot \frac{1}{3}[x, y, z-1] ds \\ &= \frac{1}{3} \iint_{S_1} [x^2 + y^2 + (z-1)^2] ds = \frac{1}{3} \iint_{S_1} 9 ds = 3 \iint_{S_1} ds = 3 \cdot 2\pi(3)^2 = 54\pi\end{aligned}$$

이다. 곡면 S_2의 바깥 방향 단위법선벡터는 $\mathbf{n} = [0, 0, -1]$이므로 S_2를 통해 유출되는 양은

$$\iint_{S_2} \mathbf{F}\cdot\mathbf{n}ds = \iint_{S_2} [x, y, z-1]\cdot[0, 0, -1]ds = \iint_{S_2} (1-z)ds = 0 \text{ ; } s_2\text{에서 } z=1$$

이다. 따라서 전체 S를 통해 유출되는 양은

$$\iint_S \mathbf{F}\cdot\mathbf{n}ds = \iint_{S_1} \mathbf{F}\cdot\mathbf{n}ds + \iint_{S_2} \mathbf{F}\cdot\mathbf{n}ds = 54\pi + 0 = 54\pi.$$

(2) 삼중적분: $\mathbf{F} = [x, y, z-1]$에서

$$\nabla\cdot\mathbf{F} = \frac{\partial F_1}{\partial x} + \frac{\partial F_2}{\partial y} + \frac{\partial F_3}{\partial z} = 1 + 1 + 1 = 3$$

이므로

$$\iiint_D \nabla\cdot\mathbf{F}dV = \iiint_D 3dV = 3\iiint_D dV = 3\cdot\frac{2}{3}\pi(3)^3 = 54\pi.$$

(1), (2)에서 발산정리가 성립함을 확인할 수 있다.

예제 2

유체의 속도는 $\mathbf{V} = [xy, yz, zx]$이고 곡면 S는 $0 \leqq x \leqq 1$, $0 \leqq y \leqq 1$, $0 \leqq z \leqq 1$인 정육면체의 표면이다. S를 통하여 단위시간당 유출되는 유체의 부피 $\iint_S \mathbf{V}\cdot\mathbf{n}ds$를 계산하라.

(풀이) $\nabla\cdot\mathbf{V} = \frac{\partial V_1}{\partial x} + \frac{\partial V_2}{\partial y} + \frac{\partial V_3}{\partial z} = y + z + x$ 이므로 발산정리에 의해

$$\begin{aligned}\iint_S \mathbf{V}\cdot\mathbf{n}ds &= \iiint_D \nabla\cdot\mathbf{V}dV = \iiint_D (y+z+x)dV \\ &= \int_{x=0}^{1}\int_{y=0}^{1}\int_{z=0}^{1}(y+z+x)dzdydx = \int_{x=0}^{1}\int_{y=0}^{1}\left[(x+y)z + \frac{z^2}{2}\right]_0^1 dydx \\ &= \int_{x=0}^{1}\int_{y=0}^{1}\left(x+y+\frac{1}{2}\right)dydx = \int_{x=0}^{1}\left[\left(x+\frac{1}{2}\right)y + \frac{y^2}{2}\right]_0^1 dx \\ &= \int_{x=0}^{1}(x+1)dx = \frac{3}{2}.\end{aligned}$$

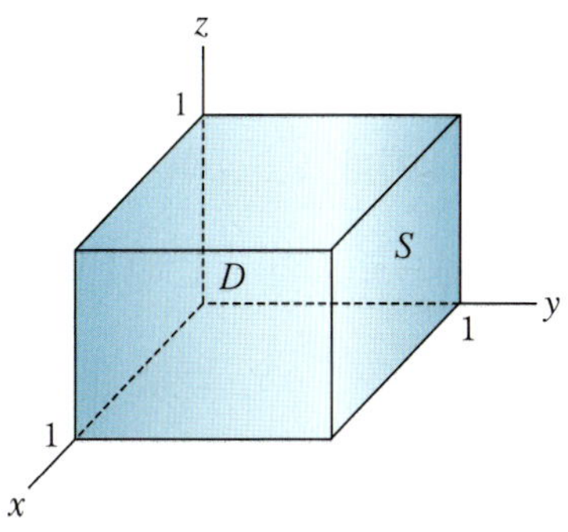

그림 9.6.5

☞ 예제 2의 문제를 면적분으로 계산한다면 정육면체의 여섯 면에 대해 각각 면적분 계산을 해야 한다.

예제 3

9.5절 예제 7에서 원점에 위치한 양의 점전하 q에 대해 $\mathbf{r} = [x, y, z]$에서의 전기장은 $\mathbf{E} = \dfrac{q}{4\pi\epsilon_0}\dfrac{\mathbf{r}}{|\mathbf{r}|^3}$ 이라고 하였다.

(1) 임의의 닫힌곡면 S의 내부에 $x^2 + y^2 + z^2 = a^2$인 구 S'이 위치한다. S와 S'을 면으로 갖는 입체를 D라 할 때 $\Phi = \iint_{S \cup S'} \mathbf{E} \cdot \mathbf{n} ds = 0$ 임을 보여라.

(2) (1)의 결과를 이용하여 내부에 점전하 q를 포함하는 임의의 닫힌곡면 S에 대해 Gauss 법칙 $\Phi = \iint_S \mathbf{E} \cdot \mathbf{n} ds = \dfrac{q}{\epsilon_0}$가 성립함을 보여라.

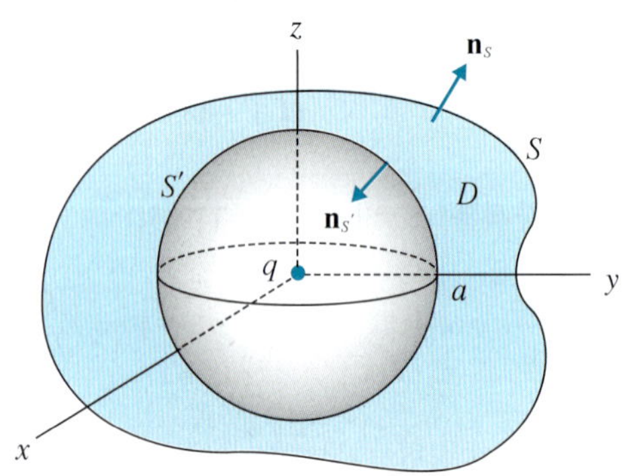

그림 9.6.6 점전하에 의한 전기장 (2).

(풀이) (1) $\mathbf{E} = \dfrac{q}{4\pi\epsilon_0}\dfrac{\mathbf{r}}{|\mathbf{r}|^3} = \dfrac{q}{4\pi\epsilon_0}\dfrac{[x, y, z]}{(x^2 + y^2 + z^2)^{3/2}} = \dfrac{q}{4\pi\epsilon_0}[E_1, E_2, E_3]$로 놓으면

$$\frac{\partial E_1}{\partial x} = \frac{-2x^2 + y^2 + z^2}{(x^2 + y^2 + z^2)^{5/2}}, \quad \frac{\partial E_2}{\partial y} = \frac{x^2 - 2y^2 + z^2}{(x^2 + y^2 + z^2)^{5/2}}, \quad \frac{\partial E_3}{\partial z} = \frac{x^2 + y^2 - 2z^2}{(x^2 + y^2 + z^2)^{5/2}}$$

이므로

$$\nabla \cdot \mathbf{E} = \frac{q}{4\pi\epsilon_0}\left(\frac{\partial E_1}{\partial x} + \frac{\partial E_2}{\partial y} + \frac{\partial E_3}{\partial z}\right) = 0$$

이다. 따라서 발산정리에 의해

$$\iint_{S \cup S'} \mathbf{E} \cdot \mathbf{n} ds = \iiint_D \nabla \cdot \mathbf{E} dV = \iiint_D 0 dV = 0$$

이고, 이는 S'을 통해 영역 D로 유입되는 모든 전기속이 S를 통해 유출됨을 의미한다.

(2) 그림 9.6.6과 같이 곡면 S와 S'에서 영역 D의 바깥 방향 단위법선벡터를 각각 $\mathbf{n}_s$와 $\mathbf{n}_{s'}$이라 할 때 (1)의 결과를 이용하면

$$\iint_{S \cup S'} \mathbf{E} \cdot \mathbf{n} ds = \iint_{S'} \mathbf{E} \cdot \mathbf{n}_{s'} ds + \iint_S \mathbf{E} \cdot \mathbf{n}_s ds = 0$$

즉 $\iint_S \mathbf{E} \cdot \mathbf{n}_s ds = -\iint_{S'} \mathbf{E} \cdot \mathbf{n}_{s'} ds$ 임을 이용한다. 9.5절 예제 7에 의하면 내부에 점전하 q를 포함하는 구면 S'에서 $\iint_{S'} \mathbf{E} \cdot \mathbf{n}_{s'} ds = -\dfrac{q}{\epsilon_0}$가 성립하므로($S'$의 법선벡터 방향이 9.5절 예제 7과는 반대이므로 '−' 부호가 나타남)

$$\iint_S \mathbf{E} \cdot \mathbf{n}_s ds = -\iint_{S'} \mathbf{E} \cdot \mathbf{n}_{s'} ds = -\left(-\frac{q}{\epsilon_0}\right) = \frac{q}{\epsilon_0}$$

가 된다. 이는 내부에 점전하 q를 포함하는 임의 형태의 닫힌곡면 S에서도 Gauss 법칙이 성립함을 의미한다.

예제 3은 원점에 위치하는 점전하 $q(=$ 상수)에 대한 Gauss 법칙을 다루고 있다. 일반적인 경우로 전하 q가 공간의 함수 $q(x, y, z)$인 경우에 대한 Gauss 법칙은 연습문제를 참고하라.

발산정리로 보는 발산의 의미

그림 9.6.7과 같이 중심이 점 $P_0(x_0, y_0, z_0)$이고 반지름이 r인 작은 구를 생각하자. 구의 표면은 S_r, 구의 영역은 D_r이다. 발산정리에 의해

$$\iint_{S_r} \mathbf{F} \cdot \mathbf{n} ds = \iiint_{D_r} \nabla \cdot \mathbf{F} dV \tag{9.6.3}$$

그림 9.6.7

이 성립하는데, 구의 모든 내부점 $P(x, y, z)$에 대해 $\nabla \cdot \mathbf{F}(P) \simeq \nabla \cdot \mathbf{F}(P_0)$를 가정하면

$$\iint_{S_r} \mathbf{F} \cdot \mathbf{n} ds \simeq \iiint_{D_r} \nabla \cdot \mathbf{F}(P_0) dV = \nabla \cdot \mathbf{F}(P_0) \iiint_{D_r} dV = \nabla \cdot \mathbf{F}(P_0) V_r$$

이 된다. 여기서 V_r은 구의 부피이다. 이는 $r \to 0$일 때

$$\nabla \cdot \mathbf{F}(P_0) = \lim_{r \to 0} \frac{1}{V_r} \iint_{S_r} \mathbf{F} \cdot \mathbf{n} ds \tag{9.6.4}$$

가 되어 $\nabla \cdot \mathbf{F}$가 단위부피당 순수 유출량, 즉 순수 유출율을 나타낸다. 이는 8.5절에서 설명한 발산의 의미와 같다.

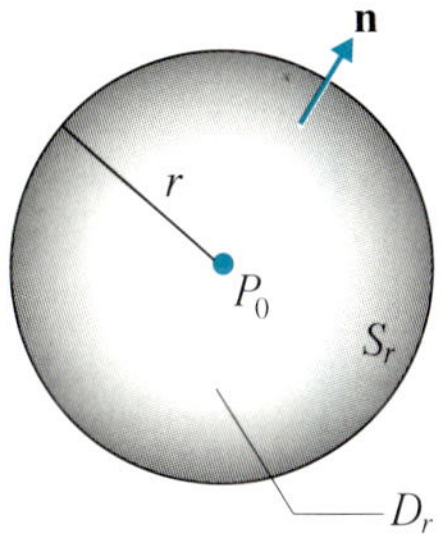

벡터 표현의 편리성

벡터를 사용하면 어떤 현상을 기술하는 방정식을 차원이나 좌표계에 관계없이 비교적 간단히 유도할 수 있다. 8.5절에서 유체의 **연속방정식**을 먼저 xyz-좌표계에 대해서 유도한 후 결과를

$$\frac{\partial \rho}{\partial t} = -\nabla \cdot (\rho \mathbf{V}) \tag{9.6.5}$$

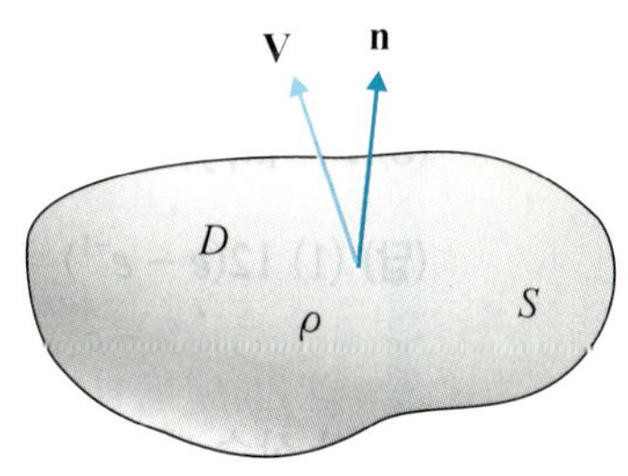

그림 9.6.8 곡면 S와 영역 D.

와 같은 벡터 형태로 쓸 수 있음을 보였다. 식 (9.6.5)를 특정 좌표계나 차원에 관계없이 직접 유도해 보자. 그림 9.6.8과 같이 밀도가 ρ이고 속도가 $\mathbf{V}$인 유체의 흐름 안에 닫힌곡면 S를 갖는 영역 D를 생각한다.

9.5절에 의하면 표면 S를 통해 단위 시간당 유출되는 유체의 질량은 $\iint_S \rho \mathbf{V} \cdot \mathbf{n} ds$이고, 이는 영역 D 안에 있는 유체 질량의 시간 변화율 $\frac{d}{dt} \iiint_D \rho dV$와 같아야 하므로

$$\frac{d}{dt} \iiint_D \rho dV = -\iint_S \rho \mathbf{V} \cdot \mathbf{n} ds \tag{9.6.6}$$

Fourier 급수를 사용하는 또 다른 예를 보자. 질량-용수철계의 진동에 대해서는 2.9절을 참고하자.

예제 4

질량-용수철계의 강제진동은 $m\dfrac{d^2y}{dt^2}+\beta\dfrac{dy}{dt}+ky=f(t)$로 나타난다. 여기서 m은 질량, y는 질량의 수직변위, β는 매질의 감쇠상수, k는 용수철의 힘상수, $f(t)$는 외부힘이다. $m=1$, $\beta=0.02$, $k=25$이고

$$f(t)=\begin{cases}\pi/2+t & (-\pi<t<0)\\ \pi/2-t & (0<t<\pi)\end{cases}$$

와 같은 주기함수($p=2\pi$)일 때 정상해, 즉 특수해(particular solution=steady-state solution) $y_p(t)$를 구하라.

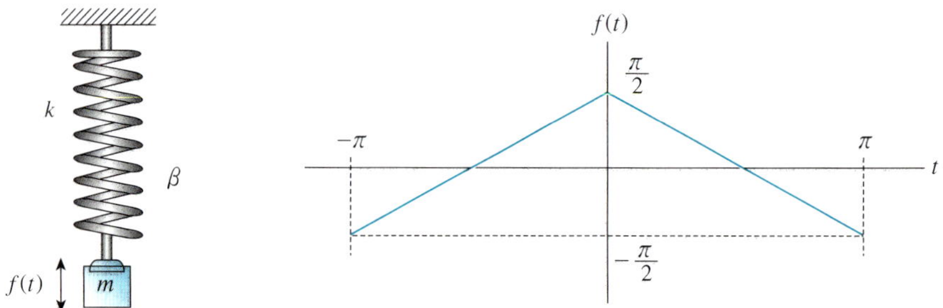

그림 10.3.11 질량-용수철계

그림 10.3.12 외부힘 $f(t)$

(풀이) $f(t)$가 우함수이므로 Fourier 코사인급수로 나타내면,

$$a_0=\frac{1}{L}\int_0^L f(t)dt=\frac{1}{\pi}\int_0^\pi(\pi/2-t)dt=0$$
$$a_n=\frac{2}{L}\int_0^L f(t)\cos\frac{n\pi t}{L}dt=\frac{2}{\pi}\int_0^\pi(\pi/2-t)\cos nt\,dt=\frac{2}{n^2\pi}[1-(-1)^n]$$

에서

$$f(t)=\sum_{n=1}^{\infty}\frac{2[1-(-1)^n]}{n^2\pi}\cos nt$$

이다. 따라서 미분방정식은

$$\frac{d^2y}{dt^2}+0.02\frac{dy}{dt}+25y=\sum_{n=1}^{\infty}\frac{[1-(-1)^n]}{n^2\pi}\cos nt$$

가 된다. $y_p=\sum_{n=1}^{\infty}(A_n\cos nt+B_n\sin nt)$로 가정하여 미분방정식에 대입하여 정리하면[2.5절 참고]

$$\begin{aligned}&y_p''+0.02y_p'+25y_p\\&=\sum_{n=1}^{\infty}\{[(25-n^2)A_n+0.02nB_n]\cos nt+[-0.02nA_n+(25-n^2)B_n]\sin nt\}\\&=\sum_{n=1}^{\infty}\frac{2[1-(-1)^n]}{n^2\pi}\cos nt\end{aligned}$$

에서

$$A_n = \frac{2[1-(-1)^n](25-n^2)}{[(0.02n)^2+(25-n^2)^2]n^2\pi}, \quad B_n = \frac{0.04[1-(-1)^n]}{[(0.02n)^2+(25-n^2)^2]n\pi}$$

이다. 즉 질량의 변위는 과도구간을 지나는 동안 과도해(제차해)는 0이 되어 사라지고 정상해(특수해)

$$y_p = \sum_{n=1}^{\infty}(A_n \cos nt + B_n \sin nt)$$

만 남게 된다. 감쇠진동이므로 당연한 결과다.

삼각함수 합성[부록 A11]을 이용하여 예제 4의 결과를 다시 쓰면

$$y_p = \sum_{n=1}^{\infty} A_n \cos nt + B_n \sin nt = \sum_{n=1}^{\infty} C_n \sin(nt+\theta), \quad \theta = \tan^{-1}(A_n/B_n)$$

이다. 즉 정상상태에서 질량의 수직변위 $y_p(t)$가 무한개의 사인함수의 합으로 나타나는데 이들 중 n번째 사인함수의 진폭

$$C_n = \sqrt{A_n^2 + B_n^2}$$

은 $n = 5$일 때 최대가 된다. 외부힘의 진동수가 $\frac{1}{2\pi}$ 이므로 $n = 5$인 진동은 $\sin 5t$, 즉 진동수가 $\frac{5}{2\pi}$ 이므로 외부힘의 5배의 진동수를 갖는 진동이 가장 지배적이다. 실제로 각 진동수에 대한 진폭을 계산하면

$$C_1 = 0.0530, \quad C_3 = 0.0088, \quad C_5 = 0.5100, \quad C_7 = 0.0011, \quad C_9 = 0.0003$$

등이다.

이렇게 각각의 진동수(또는 주파수)에 대한 진폭의 크기를 나타낸 것을 **진동수(주파수) 스펙트럼**(frequency spectrum)이라고 한다. 그림 10.3.13은 예제 4의 진동수 스펙트럼을 그린 것이다.

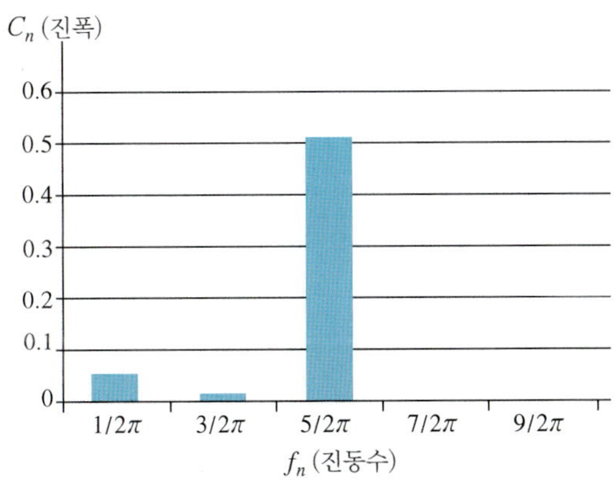

그림 10.3.13 예제 4의 진동수 스펙트럼

10.3 연습문제

1. 함수가 우함수인지, 기함수인지, 우함수도 기함수도 아닌지를 말하고 함수를 그려라.

(1) $f(x) = x^3$ (2) $f(x) = \sin 3x$ (3) $f(x) = x^2 + x$ (4) $f(x) = x^3 - 4x$

(5) $f(x) = 2|x| - 1$ (6) $f(x) = |x|^5$ (7) $f(x) = x\cos x$ (8) $f(x) = e^{|x|}$

(9) $f(x) = \begin{cases} x^2, & -1 < x < 0 \\ -x^2, & 0 \leqq x < 1 \end{cases}$ (10) $f(x) = \begin{cases} x + 5, & -2 < x < 0 \\ -x + 5, & 0 \leqq x < 2 \end{cases}$

(답) (1) 기함수 (2) 기함수 (3) 둘 다 아님 (4) 기함수 (5) 우함수
(6) 우함수 (7) 기함수 (8) 우함수 (9) 기함수 (10) 우함수

2. 함수에 대해 적절한 코사인급수 또는 사인급수를 구하라.

(1) $f(x) = x,\ -\pi < x < \pi$ (2) $f(x) = x^2,\ -1 < x < 1$

(답) (1) $f(x) = \sum_{n=1}^{\infty} \frac{2}{n}(-1)^{n+1} \sin nx$ (2) $f(x) = \frac{1}{3} + \sum_{n=1}^{\infty} \frac{4}{n^2\pi^2}(-1)^n \cos n\pi x$

3. 함수에 대해 세 가지 반구간 전개를 구하고 0이 아닌 처음 세 항까지의 합을 그려라. (x가 음인 구간에서 그래프의 형태를 보기 위해 구간 [−1, 2]에서 그려라.)

$$f(x) = \begin{cases} 1, & 0 < x < 1/2 \\ 0, & 1/2 < x < 1 \end{cases}$$

(답) Fourier 급수 : $f(x) = \frac{1}{2} + \frac{1}{\pi}\sum_{n=1}^{\infty} \frac{1-(-1)^n}{n} \sin 2n\pi x = \frac{1}{2} + \frac{2}{\pi}\sin 2\pi x + \frac{2}{3\pi}\sin 6\pi x + \cdots$

코사인급수 : $f(x) = \frac{1}{2} + \frac{2}{\pi}\sum_{n=1}^{\infty} \frac{\sin n\pi/2}{n} \cos n\pi x = \frac{1}{2} + \frac{2}{\pi}\cos \pi x - \frac{2}{3\pi}\cos 3\pi x + \cdots$

사인급수 : $f(x) = \frac{2}{\pi}\sum_{n=1}^{\infty} \frac{1-\cos n\pi/2}{n} \sin n\pi x = \frac{2}{\pi}\sin \pi x + \frac{2}{\pi}\sin 2\pi x + \frac{2}{3\pi}\sin 3\pi x + \cdots$

4. 예제 3을 $W(x)$를 Fourier 코사인급수로 나타내어 다시 풀고 그림 10.3.10과 같은 그래프를 그려라. 예제 3의 결과와 같은가?

(답) 같다

5. 예제 4와 같은 질량-용수철계에서 $m = 1$, $\beta = 0$(비감쇠), $k = 10$이고 외부힘은 $f(t) = 1 - t,\ 0 < t < 2$이다. $f(t)$를 주기적 기함수로 가정하여 정상해(특수해)를 구하고 진동의 최대 진폭을 구하라.

(답) $A_1 = \frac{2}{\pi(10 - \pi^2)} \approx 4.8822$

10.4 복소 Fourier 급수

이제까지는 Fourier 급수를 삼각함수로 표현하였다. 하지만 Fourier 급수를 복소수가 포함된 지수형으로 표현하면 더욱 편리하다. 이 절에서는 이러한 **복소 Fourier 급수**(complex Fourier series)에 대해 공부한다. 먼저 Euler 공식을 정리한다. 여기서 i는 허수단위(imaginary unit)로 $i = \sqrt{-1}$ 이다.

Euler 공식

2.3절과 4.1절에서 소개한 바와 같이 **Euler 공식**은

$$e^{ix} = \cos x + i\sin x \tag{10.4.1}$$

이다. 식 (10.4.1)의 x에 $-x$를 대입하면 $e^{i(-x)} = \cos(-x) + i\sin(-x) = \cos x - i\sin x$ 이므로

$$e^{-ix} = \cos x - i\sin x \tag{10.4.2}$$

이다. 식 (10.4.1)과 식 (10.4.2)를 더하여 2로 나누면

$$\cos x = \frac{e^{ix} + e^{-ix}}{2} \tag{10.4.3}$$

이고, 식 (10.4.1)에서 식 (10.4.2)를 빼서 $2i$로 나누면

$$\sin x = \frac{e^{ix} - e^{-ix}}{2i} \tag{10.4.4}$$

이다. 식 (10.4.3)과 식 (10.4.4)는 Euler 공식의 다른 형태다. Euler 공식에 의하면 n이 정수일 때

$$e^{\pm in\pi} = \cos n\pi \pm i\sin n\pi = (-1)^n \pm 0 = (-1)^n \tag{10.4.5}$$

이다. 자주 나오는 식이므로 기억해 두자. Fourier 급수로부터 복소 Fourier 급수를 유도하자.

복소 Fourier 급수

Fourier 급수

$$f(x) = a_0 + \sum_{n=1}^{\infty}\left(a_n \cos\frac{n\pi x}{L} + b_n \sin\frac{n\pi x}{L}\right)$$

에 Euler 공식을 적용하면

$$f(x) = a_0 + \sum_{n=1}^{\infty}\left[a_n \frac{e^{in\pi x/L} + e^{-in\pi x/L}}{2} + b_n \frac{e^{in\pi x/L} - e^{-in\pi x/L}}{2i}\right]$$
$$= a_0 + \sum_{n=1}^{\infty}\left[\frac{1}{2}(a_n - ib_n)e^{in\pi x/L} + \frac{1}{2}(a_n + ib_n)e^{-in\pi x/L}\right]$$

가 된다. 여기서 $a_0 = c_0$, $\frac{1}{2}(a_n - ib_n) = c_n$, $\frac{1}{2}(a_n + ib_n) = c_{-n}$, $n = 1, 2, \cdots$로 놓으면

$$f(x) = c_0 + \sum_{n=1}^{\infty}(c_n e^{in\pi x/L} + c_{-n}e^{-in\pi x/L})$$

이다. 여기서 복소 Fourier 급수의 계수는

$$c_0 = a_0 = \frac{1}{2L}\int_{-L}^{L} f(x)dx$$
$$c_n = \frac{1}{2}(a_n - ib_n) = \frac{1}{2}\left(\frac{1}{L}\int_{-L}^{L} f(x)\cos\frac{n\pi x}{L}dx - \frac{i}{L}\int_{-L}^{L} f(x)\sin\frac{n\pi x}{L}dx\right)$$
$$= \frac{1}{2L}\int_{-L}^{L} f(x)\left(\cos\frac{n\pi x}{L} - i\sin\frac{n\pi x}{L}\right)dx = \frac{1}{2L}\int_{-L}^{L} f(x)e^{-in\pi x/L}dx$$
$$c_{-n} = \frac{1}{2}(a_n + ib_n) = \frac{1}{2}\left(\frac{1}{L}\int_{L}^{L} f(x)\cos\frac{n\pi x}{L}dx + \frac{i}{L}\int_{-L}^{L} f(x)\sin\frac{n\pi x}{L}dx\right)$$
$$= \frac{1}{2L}\int_{-L}^{L} f(x)\left(\cos\frac{n\pi x}{L} + i\sin\frac{n\pi x}{L}\right)dx = \frac{1}{2L}\int_{-L}^{L} f(x)e^{in\pi x/L}dx$$

와 같이 구한다. 그런데 위에서 구한 $f(x)$의 복소 Fourier 급수와 급수의 계수 c_0, c_n, c_{-n}은 정수 $n(n = 0, \pm 1, \pm 2, \cdots)$에 대해 다음과 같이 간단히 쓸 수 있다.

복소 Fourier 급수

구간 $[-L, L]$에서 정의되는 함수 $f(x)$의 복소 Fourier 급수는

$$f(x) = \sum_{n=-\infty}^{\infty} c_n e^{in\pi x/L} \tag{10.4.6}$$

이고, 급수의 계수는

$$c_n = \frac{1}{2L}\int_{-L}^{L} f(x)e^{-in\pi x/L}dx \tag{10.4.7}$$

이다.

예제 1

$f(x) = e^x$, $-\pi < x < \pi$ 의 복소 Fourier 급수를 구하라.

(풀이) 먼저 급수의 계수를 구하면 식 (10.4.7)에서

$$c_n = \frac{1}{2L}\int_{-L}^{L} f(x)e^{-in\pi x/L}dx = \frac{1}{2\pi}\int_{-\pi}^{\pi} e^x e^{-inx}dx = \frac{1}{2\pi}\int_{-\pi}^{\pi} e^{(1-in)x}dx$$
$$= \frac{1}{2\pi(1-in)}[e^{(1-in)\pi} - e^{-(1-in)\pi}]$$

이다. 여기에 식 (10.4.5)를 이용하면

$$c_n = \frac{(-1)^n}{2\pi(1-in)}(e^{\pi} - e^{-\pi}) = \frac{(-1)^n(1+in)}{\pi(1+n^2)}\sinh\pi .$$

따라서 식 (10.4.6)에 의해 $f(x)$의 복소 Fourier 급수는

$$f(x) = \sum_{n=-\infty}^{\infty} c_n e^{inx} = \frac{\sinh\pi}{\pi}\sum_{n=-\infty}^{\infty}\frac{(-1)^n(1+in)}{1+n^2}e^{inx} \qquad (10.4.8)$$

이다.

복소 Fourier 급수를 이용해서 구한 식 (10.4.8)은 연습문제 10.2의 문제 3에서 구한 Fourier 급수와 모양은 다르지만 같은 식이다. [연습문제 참고]

Euler 공식 $e^{i\omega t} = \cos\omega t + i\sin\omega t$ 에서 ω를 **각진동수**(angular frequency)라 하며 진동수 f와 $\omega = 2\pi f$의 관계를 갖는다. 식 (10.4.8)에서 최소 각진동수는 $\omega = n = 1$ 인데 이를 **기본 각진동수**(fundamental angular frequency)라고 한다. ($n = 0$ 인 경우는 상수가 되지만 상수함수는 임의의 주기, 즉 임의의 각진동수를 갖는 함수로 볼 수 있다. 연습문제 참고) 또한 진폭 c_n이 복소수로 표현되므로 복소수의 크기를 구하는 공식 $|a+ib| = \sqrt{a^2+b^2}$ 을 사용하여 진폭을 $|c_n|, n = \cdots, -1, 0, 1, \cdots$ 로 표현한다. 예제 1의 결과에 대해 10.3절에서와 마찬가지로 **진동수 스펙트럼**을 구해보자.

예제 2 진동수 스펙트럼

예제1의 결과에서 $n = 0, \pm1, \pm2, \pm3$ 에 대한 진동수 스펙트럼을 계산하라.

(풀이) 식 (10.4.8)에서 $c_n = \dfrac{(-1)^n(1+in)}{\pi(1+n^2)}\sinh\pi$ 이므로

$$|c_n| = \frac{\sinh\pi}{\pi}\frac{1}{\sqrt{1+n^2}}$$

이고 각각의 n에 대해 $|c_n|$을 계산하면 다음과 같다.

n	−3	−2	−1	0	1	2	3
$\lvert c_n\rvert$	1.162	1.644	2.599	3.676	2.599	1.644	1.162

$$f(x)=\frac{2}{\pi}\int_0^\infty \frac{1}{\alpha}\sin\alpha\cos\alpha x d\alpha$$

가 되어 예제 1의 결과와 같다.

Fourier 적분을 이용하여 피적분함수에 미지함수가 포함된 적분방정식의 해를 구할 수 있다.

예제 6 적분방정식

적분방정식 $\int_0^\infty f(x)\sin\alpha x dx=\begin{cases}1, & 0<\alpha<1\\ 0, & \alpha>1\end{cases}$ 의 해를 구하라.

(풀이) Fourier 사인적분에서 $B(\alpha)=\int_0^\infty f(x)\sin\alpha x dx=\begin{cases}1, & 0<\alpha<1\\ 0, & \alpha>1\end{cases}$ 로 놓으면

$$f(x)=\frac{2}{\pi}\int_0^\infty B(\alpha)\sin\alpha x d\alpha=\frac{2}{\pi}\int_0^1 1\cdot\sin\alpha x d\alpha=\frac{2}{\pi x}(1-\cos x).$$

10.5 연습문제

1. 함수의 Fourier 적분을 구하라.

(1) $f(x)=\begin{cases}0, & x<0\\ 1, & 0<x<2\\ 0, & x>2\end{cases}$ (2) $f(x)=\begin{cases}|x|, & |x|<\pi\\ 0, & |x|>\pi\end{cases}$

(답) (1) $f(x)=\frac{2}{\pi}\int_0^\infty \frac{\sin\alpha\cos[\alpha(1-x)]}{\alpha}d\alpha$ (2) $f(x)=\frac{2}{\pi}\int_0^\infty \frac{1}{\alpha^2}(\pi\alpha\sin\pi\alpha+\cos\pi\alpha-1)\cos\alpha x d\alpha$

2. (1) 문제 1의 (1)의 결과를 이용하여 $\int_0^\infty \frac{\sin 2t}{t}dt=\frac{\pi}{2}$ 임을 보여라.

(2) 일반적으로 $k>0$일 때 $\int_0^\infty \frac{\sin kt}{t}dt=\frac{\pi}{2}$ 임을 보여라.

3. $f(x)=e^{-|x|}$, $-\infty<x<\infty$의 복소 Fourier 적분을 구하고 예제 4 (1)의 결과와 같음을 보여라.

(답) $f(x)=\frac{2}{\pi}\int_0^\infty \frac{\cos\alpha x}{1+\alpha^2}d\alpha$

4. 적분방정식을 풀라.

(1) $\int_0^\infty f(x)\cos\alpha x dx=e^{-\alpha}$ (2) $\int_0^\infty f(x)\sin\alpha x dx=\begin{cases}1-\alpha, & 0<\alpha<1\\ 0, & \alpha>1\end{cases}$

(답) (1) $f(x)=\frac{2}{\pi}\frac{1}{1+x^2}$ (2) $f(x)=\frac{2}{\pi}\left(\frac{1}{x}-\frac{\sin x}{x^2}\right)$

10.6 Fourier 변환

10.5절에서 공부한 Fourier 적분으로부터 Fourier 변환(Fourier transform)을 정의할 수 있다. 이 획기적인 아이디어는 공학 전반에서 응용성이 매우 크다. 먼저 일반적인 적분변환(integral transform)에 대해 알아보자.

적분변환쌍

함수 $f(t)$의 Laplace 변환(3장 참고)

$$\mathscr{L}[f(t)] = \int_0^\infty e^{-st} f(t)\,dt = F(s) \tag{10.6.1}$$

를 이용하여 t-영역에서 정의되는 $f(t)$를 s-영역에서 정의되는 $F(s)$로 바꿀 수 있었다. 이러한 Laplace 변환은 일종의 적분변환이다. $F(s)$를 다시 $f(t)$로 바꾸는 것은 **Laplace 역변환**이며

$$\mathscr{L}^{-1}[F(s)] = \frac{1}{2\pi i}\int_{\sigma - i\infty}^{\sigma + i\infty} e^{st} F(s)\,ds = f(t) \tag{10.6.2}$$

로 정의되는 적분변환이다. 식 (10.6.1)과 (10.6.2)를 합하여 **Laplace 변환쌍**(Laplace transform pair)이라 부른다.

일반적인 **적분변환쌍**(integral transform pair)은 $f(x)$를 $F(\alpha)$로 바꾸는 **적분변환**

$$F(\alpha) = \int_a^b f(x) K(\alpha, x)\,dx \tag{10.6.3}$$

와 다시 $F(\alpha)$를 $f(x)$로 바꾸는 **적분역변환**

$$f(x) = \int_c^d F(\alpha) H(\alpha, x)\,d\alpha \tag{10.6.4}$$

로 구성된다. 여기서, $K(\alpha, x)$와 $H(\alpha, x)$를 변환의 **핵**(kernel)이라 하는데, 식 (10.6.1)과 (10.6.2)와 같은 Laplace 변환의 경우는 $K(s, t) = e^{-st}$, $H(s, t) = e^{st}/2\pi i$이다.

Fourier 변환

적분변환의 일종으로 복소 Fourier 적분, Fourier 코사인적분, Fourier 사인적분에 기초하여 세 가지 Fourier 변환쌍을 정의한다.

10.5절에서 공부한 복소 Fourier 적분을 다시 살펴보자. 식 (10.5.11)에서 $C(\alpha)$를 $F(\alpha)$로 쓰면 이는 함수 $f(x)$의 Fourier 변환 $F(\alpha)$가 된다. 이렇게 보면 식 (10.5.10)은 $F(\alpha)$의 Fourier 역변환이 $f(x)$임을 의미한다. 이를 정리하면 다음과 같다.

복소 Fourier 변환과 역변환

$$\mathcal{F}[f(x)] = \int_{-\infty}^{\infty} f(x)e^{-i\alpha x}dx = F(\alpha) \qquad (10.6.5)$$

$$\mathcal{F}^{-1}[F(\alpha)] = \frac{1}{2\pi}\int_{-\infty}^{\infty} F(\alpha)e^{i\alpha x}d\alpha = f(x) \qquad (10.6.6)$$

앞으로 복소 Fourier 변환을 간단히 **Fourier 변환**이라고 부르겠다. Fourier 코사인변환과 Fourier 사인변환도 Fourier 코사인적분과 Fourier 사인적분으로부터 유도할 수 있다. 이를 정리하면 다음과 같다.

Fourier 코사인변환과 역변환

$$\mathcal{F}_c[f(x)] = \int_{0}^{\infty} f(x)\cos\alpha x dx \qquad (10.6.7)$$

$$\mathcal{F}_c^{-1}[F(\alpha)] = \frac{2}{\pi}\int_{0}^{\infty} F(\alpha)\cos\alpha x d\alpha \qquad (10.6.8)$$

Fourier 사인변환과 역변환

$$\mathcal{F}_s[f(x)] = \int_{0}^{\infty} f(x)\sin\alpha x dx \qquad (10.6.9)$$

$$\mathcal{F}_s^{-1}[F(\alpha)] = \frac{2}{\pi}\int_{0}^{\infty} F(\alpha)\sin\alpha x d\alpha \qquad (10.6.10)$$

Laplace 변환은 변수 t를 매개변수 s로 변환하는 적분변환인 반면에 Fourier 변환은 변수 x 또는 y를 매개변수 α로 변환하는 적분변환이라는 점을 기억하기 바란다. 이는 13장에서 이러한 변환을 이용하여 편미분방정식의 해를 구할 때 시간변수 t와 위치변수 x, y에 대한 적절한 변환을 구하는데 사용될 것이다.

Fourier 변환의 존재성

$f(x)$가 구간 $(-\infty, \infty)$ 에서 절대적분가능하고 $f(x)$와 $f'(x)$가 모든 유한구간에서 구간별 연속이면 함수 $f(x)$에 대해 Fourier 변환이 존재한다.

Fourier 변환의 선형성

Laplace 변환이 선형변환인 것처럼 Fourier 변환도 선형변환으로 상수 c_1, c_2에 대해

$$\mathcal{F}[c_1 f(x) + c_2 g(x)] = c_1 \mathcal{F}[f(x)] + c_2 \mathcal{F}[g(x)] \qquad (10.6.11)$$

가 성립한다[연습문제 참고].

Fourier 변환과 Laplace 변환의 비교

Laplace 변환[식 (3.1.1)에서 t를 x로 나타냈다.]

$$\mathcal{L}[f(x)] = \int_0^\infty f(x)e^{-sx}dx = F(s) \qquad (10.6.12)$$

와 Fourier 변환

$$\mathcal{F}[f(x)] = \int_{-\infty}^\infty f(x)e^{-i\alpha x}dx = F(\alpha) \qquad (10.6.13)$$

를 비교하는 것도 흥미롭다. $x < 0$에서 $f(x) = 0$인 함수에 대해 $s = \sigma + i\alpha$ (σ, α는 실수)로 놓으면 식 (10.6.13)은 식 (10.6.12)에서 $\sigma = 0$, 즉 $s = i\alpha$인 경우다. 즉 Fourier 변환은 Laplace 변환의 특수한 형태임을 알 수 있다. 이를 이용하면 Laplace 역변환[식 (3.1.7)]이

$$\mathcal{L}^{-1}[F(s)] = \frac{1}{2\pi i}\int_{\sigma - i\infty}^{\sigma + i\infty} F(s)e^{sx}ds = f(x) \qquad (10.6.14)$$

로 나타남을 보일 수도 있다. 관심있는 학생은 증명해 보기 바란다.

예제 1

다음 함수의 Fourier 변환을 구하라. $U(x)$는 3.2절에서 설명한 단위계단함수이다.

(1) $f(x) = e^{-x}U(x)$ (2) $g(x) = e^{x}U(x)$

(풀이) (1) $f(x)$와 $f'(x)$가 $(-\infty, \infty)$에서 구간별 연속이고 $x < 0$에서 $U(x) = 0$이므로

$$\int_{-\infty}^\infty |f(x)|dx = \int_{-\infty}^\infty |e^{-x}U(x)|dx = \int_0^\infty e^{-x}dx = -e^{-x}\Big|_0^\infty = 1 < \infty$$

이므로 $f(x)$는 절대적분가능하다. 따라서

$$\mathcal{F}[f(x)] = \int_{-\infty}^\infty e^{-x}U(x)e^{-i\alpha x}dx = \int_0^\infty e^{-x}e^{-i\alpha x}dx = \int_0^\infty e^{-(1+i\alpha)x}dx$$
$$= -\frac{e^{-(1+i\alpha)x}}{1+i\alpha}\Big|_0^\infty = \frac{1}{1+i\alpha}$$

(5) 매개변수 Bessel 방정식 (4.6절 참고)

$0 \leqq x \leqq b$에서 정의되는 v계 매개변수 Bessel 방정식

$$x^2y'' + xy' + (\lambda^2x^2 - v^2)y = 0,\ v = 0, 1, 2, \cdots$$

의 해는

$$y = c_1J_v(\lambda x) + c_2Y_v(\lambda x)$$

이고, $x = 0$에서 유계인 함수는 $J_v(\lambda x)$이다. 여기서

$$J_v(x) = \sum_{m=0}^{\infty} \frac{(-1)^m}{2^{2m+v}m!\Gamma(m+v+1)}x^{2m+v} \ : \text{제1종 } v\text{계 Bessel 함수}$$

$$Y_v(x) = \frac{1}{\sin v\pi}[J_v(x)\cos v\pi - J_{-v}(x)] \ : \text{제2종 } v\text{계 Bessel 함수}$$

이다. Bessel 함수의 그래프는 그림 4.6.1과 4.6.2를 참고하라.

(예1) $x^2y'' + xy' + \lambda^2x^2y = 0 \longrightarrow y = c_1J_0(\lambda x) + c_2Y_0(\lambda x)$

일반적으로 고유값 문제를 Sturm-Liouville(스텀-루이빌) 문제라 부른다. 먼저 경계조건이 두 점에서 주어지는 정칙 Sturm-Liouville 문제에 대해 알아보자.

정칙 Sturm-Liouville 문제

ω, p, q와 p'이 구간 $[a, b]$에서 연속인 실함수이고 구간 내의 모든 x에 대해 $p > 0$, $\omega > 0$ 일 때 λ를 매개변수로 갖는 Sturm-Liouville 방정식

$$\frac{d}{dx}(py') + (q + \lambda\omega)y = 0 \qquad (11.1.1)$$

과 경계조건

$$\alpha_1y(a) + \beta_1y'(a) = 0 \ (\alpha_1,\ \beta_1 \text{ 이 동시에 0이 아님}) \qquad (11.1.2)$$

$$\alpha_2y(b) + \beta_2y'(b) = 0 \ (\alpha_2,\ \beta_2 \text{ 가 동시에 0이 아님.}) \qquad (11.1.3)$$

을 합하여 **정칙 Sturm-Liouville 문제**(regular Sturm-Liouville problem)라고 한다.

정칙 Sturm-Liouville 문제의 성질

(1) $\lambda_1 < \lambda_2 < \cdots < \lambda_n < \cdots$을 만족하는 무한개의 고유값이 존재한다.

(2) 고유값 λ_n에 대응하는 고유함수 y_n이 존재한다.

(3) 서로 다른 고유값 λ_n에 대응하는 고유함수는 구간 $[a, b]$에서 1차 독립이다.

(4) 서로 다른 고유함수는 구간 $[a, b]$에서 **가중함수** $\omega(x)$에 대해 직교성을 갖는다. 즉

$$\int_a^b \omega(x) y_m y_n dx = 0, \quad \lambda_m \neq \lambda_n \tag{11.1.4}$$

이 성립한다. 식 (11.1.4)에서 가중함수 ω는 식 (11.1.1)의 ω와 같은 것 임에 유의한다.

성질 (4)의 증명

y_m과 y_n을 서로 다른 고유값 λ_m과 λ_n에 대응하는 고유함수라고 하자. 그러면 y_m과 y_n은 λ_m과 λ_n에 대해 식 (11.1.1)을 만족하므로

$$\frac{d}{dx}[p(x)y_m'] + [q(x) + \lambda_m \omega(x)]y_m = 0 \tag{11.1.5}$$

$$\frac{d}{dx}[p(x)y_n'] + [q(x) + \lambda_n \omega(x)]y_n = 0 \tag{11.1.6}$$

이 성립한다. 식 (11.1.5)에 y_n을 곱한 식에서 식 (11.1.6)에 y_m을 곱한 식을 빼면

$$(\lambda_m - \lambda_n)\omega(x) y_m y_n = y_m \frac{d}{dx}[p(x)y_n'] - y_n \frac{d}{dx}[p(x)y_m'] \tag{11.1.7}$$

이다. 식 (11.1.7)의 양변을 구간 $[a, b]$에 대해 적분하면

$$\begin{aligned}(\lambda_m - \lambda_n)\int_a^b \omega(x) y_m y_n dx &= \int_a^b y_m \frac{d}{dx}[p(x)y_n']dx - \int_a^b y_n \frac{d}{dx}[p(x)y_m']dx \\ &= [y_m p(x) y_n']_a^b - \int_a^b y_m' p(x) y_n' dx - [y_n p(x) y_m']_a^b + \int_a^b y_n' p(x) y_m' dx \\ &= p(b)[y_m(b)y_n'(b) - y_n(b)y_m'(b)] - p(a)[y_m(a)y_n'(a) - y_n(a)y_m'(a)] \end{aligned} \tag{11.1.8}$$

이다. y_m과 y_n은 식 (11.1.2)의 경계조건을 만족하므로

$$\alpha_1 y_m(a) + \beta_1 y_m'(a) = 0$$
$$\alpha_1 y_n(a) + \beta_1 y_n'(a) = 0$$

이 되는데 α_1과 β_1이 동시에 0이 되지 않아야 하므로

$$\begin{vmatrix} y_m(a) & y_m'(a) \\ y_n(a) & y_n'(a) \end{vmatrix} = 0$$

즉

$$y_m(a)y_n'(a) - y_n(a)y_m'(a) = 0 \tag{11.1.9}$$

이어야 한다. 마찬가지로 식 (11.1.3)의 경계조건에 대해서도

$$y_m(b)y_n'(b) - y_n(b)y_m'(b) = 0 \tag{11.1.10}$$

이 성립한다. 식 (11.1.8)에 식 (11.1.9)와 식 (11.1.10)을 적용하면 $\lambda_m \neq \lambda_n$이므로

$$\int_a^b \omega(x) y_m y_n dx = 0$$

이다.

정칙 Sturm-Liouville 문제의 예로 다음을 생각해 보자.

예제 2

경계값 문제 $y'' + ky = 0$, $y(0) = 0$, $y(L) = 0$의 고유값 k_n과 고유함수 y_n을 구하고, 처음 두 개의 고유함수를 그려라.

(풀이) 매개변수 k의 부호에 따라 미분방정식의 일반해의 형태가 달라지므로 $k = 0$, $k < 0$, $k > 0$으로 구분한다.

(i) $k = 0$: $y = c_1 + c_2 x$

경계조건 $y(0) = 0$에서 $c_1 = 0$이고 $y(L) = c_2 L = 0$에서 $L \neq 0$이므로 $c_2 = 0$이다. 따라서 자명해 $y = 0$을 갖는다.

(ii) $k = -\lambda^2 < 0$ $(\lambda > 0)$: $y = c_1 \cosh\lambda x + c_2 \sinh\lambda x$

경계조건 $y(0) = 0$에서 $c_1 = 0$이고 $y(L) = c_2 \sinh\lambda L = 0$에서 $\sinh\lambda L \neq 0$이므로 $c_2 = 0$이다. 따라서 자명해 $y = 0$을 갖는다.

(iii) $k = \lambda^2 > 0$ $(\lambda > 0)$: $y = c_1 \cos\lambda x + c_2 \sin\lambda x$

경계조건 $y(0) = 0$에서 $c_1 = 0$이고 $y(L) = c_2 \sin\lambda L = 0$에서 $c_2 \neq 0$이기 위해서는 $\sin\lambda L = 0$, 즉 $\lambda_n = n\pi/L$ $(n = 1, 2, 3, \cdots)$이어야 한다. 따라서 고유값은

$$k_n = \left(\frac{n\pi}{L}\right)^2, \quad n = 1, 2, 3, \cdots$$

이고, 이에 대응하는 고유함수는

$$y_n = \sin\frac{n\pi x}{L}, \quad n = 1, 2, 3, \cdots$$

이다. 처음 2개의 고유함수는 그림 11.1.1과 같다.

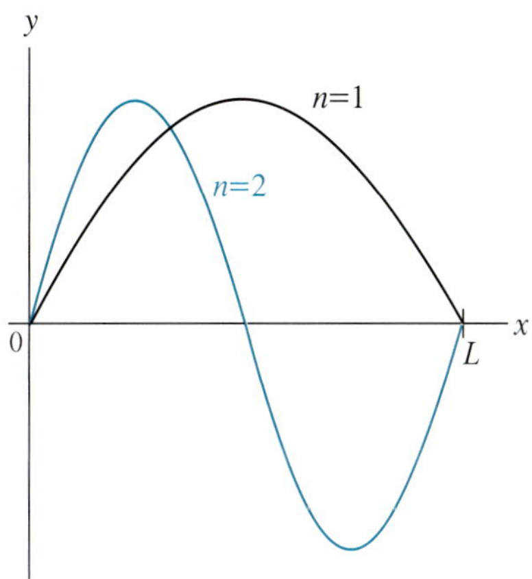

그림 11.1.1 고유함수

☞ (1) 예제 2는 정칙 Sturm-Liouville 문제[식 (11.1.1)]에서 $p = 1$, $q = 0$, $\omega = 1$, $\lambda = k$이고 식 (11.1.2)와 식 (11.1.3)에서 $\alpha_1 = 1$, $\beta_1 = 0$, $\alpha_2 = 1$, $\beta_2 = 0$인 경우이다.
(2) 예제 2의 풀이 (iii)에서 $k > 0$이 되기 위해서는 $\lambda > 0$ 또는 $\lambda < 0$이어도 되지만 양의 정수 n과 음의 정수 n에 대해 고유함수 $y_n = \sin(n\pi x/L)$는 서로 상수배 차이 뿐이므로 고유함수의 중복을 피하기 위해 $\lambda > 0$으로 한정한다.

예제 3

예제 2에서 구한 고유함수가 구간 $[0, L]$에서 직교성을 가짐을 보여라.

(풀이) 예제 2는 Sturm-Liouville 문제에서 $\omega(x) = 1$인 경우이므로 식 (11.1.4)에 의해 1을 가중함수로 직교성을 갖는다. 즉 $m \neq n$일 때

$$\begin{aligned}\int_0^L y_m y_n dx &= \int_0^L \sin\frac{m\pi x}{L}\sin\frac{n\pi x}{L}dx \\ &= -\frac{1}{2}\int_0^L\left[\cos\frac{(m+n)\pi x}{L} - \cos\frac{(m-n)\pi x}{L}\right]dx \\ &= -\frac{1}{2}\left[\frac{L}{(m+n)\pi}\sin\frac{(m+n)\pi x}{L} - \frac{L}{(m-n)\pi}\sin\frac{(m-n)\pi x}{L}\right]_0^L = 0\end{aligned}$$

이 성립한다.

10.2절에서 함수 $f(x)$를 Fourier 급수로 전개할 수 있음을 배웠다. 사실 Fourier 급수에 사용된 직교함수 $\left\{1, \cos\frac{n\pi x}{L}, \sin\frac{n\pi x}{L}\right\}$는 미분방정식 $y'' + ky = 0$과 **주기적 경계조건**(periodic boundary condition) $y(-L) = y(L)$, $y'(-L) = y'(L)$로 이루어진 정칙 Sturm–Liouville 문제의 고유함수다. 이 함수들은 $\omega(x) = 1$을 가중함수로 구간 $[-L, L]$에서 직교성을 가짐을 다시 한번 확인할 수 있다[연습문제 참고].

예제 4

길이가 L이고 단면적이 일정한 막대 위쪽에서 하중 P가 작용한다. 막대가 좌우로 휘는 정도를 나타내는 수평변위 y가 경계값 문제

$$EI\frac{d^2y}{dx^2} + Py = 0, \quad y(0) = y(L) = 0$$

으로 나타난다. 여기서 E와 I는 막대의 탄성계수(Young's modulus)와 단면의 관성 모멘트이다.

(1) **임계하중**(critical load) $P_n = (n\pi/L)^2EI$가 작용하기 전에는 막대가 더 이상 휘지 않음을 보여라.

(2) 첫 임계하중 $P_1 = (\pi/L)^2EI$에 대한 막대의 첫 휨곡선을 구하라.

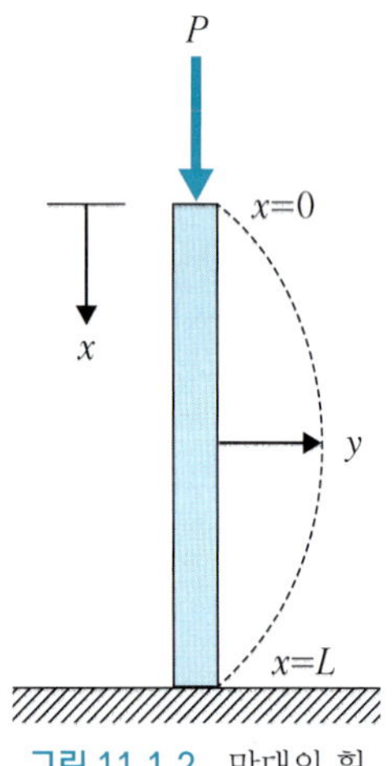

그림 11.1.2 막대의 휨

(풀이) (1) $\lambda^2 = \frac{P}{EI} > 0$ 으로 놓으면 미분방정식은

$$\frac{d^2y}{dx^2} + \lambda^2 y = 0$$

이 되고, 해는 $y = c_1\cos\lambda x + c_2\sin\lambda x$이다. 경계조건 $y(0) = c_1 = 0$, $y(L) = c_2\sin\lambda L = 0$에서 비자명해를 갖기 위해서는 $\lambda L = n\pi$ 또는

$$\lambda_n = \frac{n\pi}{L} \, (n = 1, 2, 3, \cdots)$$

이어야 한다. $\lambda_n^2 = \frac{P}{EI} = \left(\frac{n\pi}{L}\right)^2$ 이므로 임계하중(고유값)은

$$P_n = \left(\frac{n\pi}{L}\right)^2 EI$$

이다.

(2) 첫 임계하중은 $P_1 = \left(\frac{\pi}{L}\right)^2 EI$ 이고, 이에 해당하는 첫 휨곡선(고유함수)은

$$y_1 = \sin\left(\frac{\pi x}{L}\right)$$

이다. 고유함수의 그래프는 예제 2의 경우와 같다.

고유값 문제로 나타나는 응용의 예를 보자.

예제 4에서 하중이 연속적으로 증가한다고 막대가 연속적으로 변형되지 않음을 알았다. 고유값 문제로 나타나는 현상은 주변에서 자주 볼 수 있다. 의자 위에 사람이 한명씩 추가적으로 올라간다고 의자의 변형이 연속적으로 증가하지 않는다. 멀쩡하던 의자는 어느 한 사람이 더 올라가는 순간에 갑자기 파손될 것이다. 원자 내 궤도 전자(orbital electron)의 에너지가 증가한다고 전자궤도가 곧바로 바뀌지 않고 특정 에너지가 되었을 때 전자의 궤도가 바뀐다.

Sturm–Liouville 문제에서 경계조건이 하나, 또는 하나도 주어지지 않는 경우에 특이 Sturm–Liouville 문제가 될 수 있다.

특이 Sturm–Liouville 문제

$p(a) = 0$ 또는 $p(b) = 0$, 또는 $p(a) = p(b) = 0$일 때

$$\frac{d}{dx}(py') + (q + \lambda\omega)y = 0 \qquad (11.1.11)$$

을 **특이 Sturm–Liouville 문제**(singular Sturm–Liouville problem)라고 한다.

특이 Sturm–Liouville 문제의 성질

정칙 Sturm–Liouville 문제와 특이 Sturm–Liouville 문제의 중요한 차이는 고유

$\frac{\partial u}{\partial t} = \alpha \nabla^2 u$ 이며, 이는 8.5절에서 소개한 확산방정식과 형태가 유사하다.

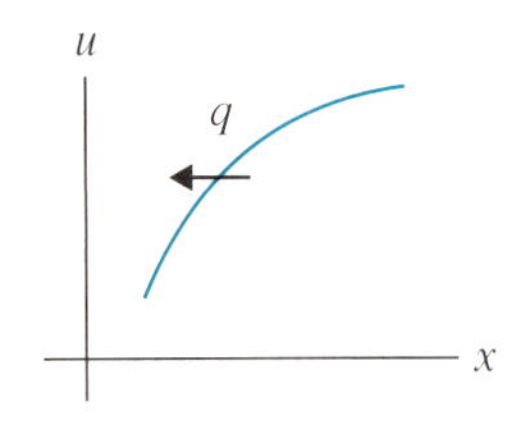

그림 11.3.2 Fourier 열전도 법칙

☞ Fourier 열전도 법칙 $q = -ku_x$: 단위면적당 열전도율 q는 온도의 기울기 u_x에 비례하는데 이 때 비례상수가 열전도계수 k이다. 열은 온도의 기울기를 감소시키는 방향으로 흐른다. 즉, 온도가 높은 곳에서 낮은 곳으로 열이 전도되므로 부호는 (−)이다. 이는 8.5절에서 소개한 입자 확산에 대한 Fick의 법칙과 유사하다.

쉬어가기 11.1 나무벤치와 철봉

그림 11.3.3

열이 전달되는 방법에는 전도(conduction), 대류(convection), 복사(radiation)가 있다. 대류는 물질 자체가 이동하여 열을 전달하는 현상으로 온도가 다른 유체의 밀도 차이에 의한 순환의 결과다. 예를 들면 방안에 난로를 피웠을 때 더워진 공기가 직접 이동하여 방 전체가 따뜻해진다. 복사는 전자기파에 의한 열전달로 열원과 직접 접촉하거나 매개물질을 거치지 않고 열이 전달되는 현상으로 태양열이 지구로 전달되고, 난로 옆에 가면 뜨거운 느낌을 받는 경우다. 전도는 물질 이동을 수반하지 않고 접촉에 의해 열이 물체의 고온부에서 저온부로 이동하는 현상으로 난로 위에 여러 개의 도시락을 포개어 올려놓았을 때 처음에는 맨 아래 도시락이 더워지고 순차적으로 맨 위의 도시락도 더워진다.

좀 더 상식적인 이야기를 해보자. 어느 겨울날 아침에 학교 운동장에 있는 나무벤치와 철봉을 맨 손으로 만졌다.

(1) 어느 것을 만졌을 때 더 차갑게 느껴지겠는가?

(2) 충분히 오랜 시간 동안 추운 온도에 같이 있었던 나무벤치와 철봉의 표면 온도가 다를까?

(3) 철봉을 만졌을 때 더 차갑게 느껴지는 이유에 대해 설명하라. 과연 차갑다는 표현이 적절한 표현일까?

열은 온도가 높은 곳에서 낮은 곳으로 전도된다. 즉 열은 손에서 나무벤치 또는 철봉으로 흐른다. 철봉의 온도가 더 낮은 것이 아니라 철의 열전도계수가 나무에 비해 더 크므로 같은 온도 차에 대해 나무에 비해 더 많은 열이 손에서 철봉으로 전달되기 때문에 차갑다는 느낌을 더 받는 것이다. 공학도나 과학도는 항상 과학적인 사고를 해야 한다. 일기예보를 들으면 체감온도라는 것이 있는데 이는 실제 기온(대기온도)과 달리 사람이 느끼는 온도를 의미한다. 바람이 많이 부는 날은 공기의 흐름이 빠르므로 대류효과가 커지고 특히 수분을 포함하는 신체에서 수분이 빨리 증발되어 기화열을 많이 뺏기므로 더 춥게 느껴지는데 이는 실제 기온과 다르다.

1차원 열전도방정식의 해를 구해보자.

예제 1 변수분리법

식 (11.3.1)의 열전도방정식을 식 (11.3.2)의 경계조건과 식 (11.3.3)의 초기조건에 대해 풀어라.

(풀이) 변수분리법 $u(x, t) = X(x)T(t)$를 사용하면, 식 (11.3.1)은

$$XT' = \alpha X'' T$$

가 된다. 양변을 αXT로 나누어

$$\frac{T'}{\alpha T} = \frac{X''}{X}$$

을 얻을 수 있는데, 여기서 좌변은 t만의 함수, 우변은 x만의 함수다. 따라서 식이 성립하려면 양변이 모두 상수이어야 하는데, 상수가 양, 0, 음이 되는 세 가지 경우를 생각하자.

(i) $\dfrac{X''}{X} = \dfrac{T'}{\alpha T} = \lambda^2 > 0$인 경우 $(\lambda > 0)$

$X(x)$와 $T(t)$에 대해 두 개의 상미분방정식

$$X'' - \lambda^2 X = 0, \quad T' - \alpha\lambda^2 T = 0$$

을 얻으며, 이들의 해는 각각

$$X(x) = c_1 \cosh\lambda x + c_2 \sinh\lambda x, \quad T(t) = c_3 e^{\alpha\lambda^2 t}$$

이다. (11.1절 주요 상미분방정식과 일반해 참고. 위와 같이 편미분방정식의 해를 구하기 위해서는 편미분방정식의 독립변수 수만큼의 상미분방정식을 풀어야 한다.) 한편 $u(x, t)$에 대한 경계조건을 $X(x)$에 대한 경계조건으로 바꾸어야 하는데

$$u(0, t) = X(0)T(t) = 0, \quad u(L, t) = X(L)T(t) = 0$$

에서 $T(t) = 0$이면 $u(x, t) = 0$, 즉 자명해가 되므로 $T(t) \neq 0$이 되려면

$$X(0) = 0, \quad X(L) = 0$$

이어야 한다. 즉,

$$X(0) = c_1 = 0, \quad X(L) = c_2 \sinh\lambda L = 0$$

이다. 그러나 $L > 0$에 대해 $\sinh\lambda L \neq 0$이므로 $c_2 = 0$이다. 따라서 $X(x) = 0$이고 결과적으로 $u(x, t) = 0$, 즉 자명해를 얻을 뿐이다.

(ii) $\dfrac{X''}{X} = \dfrac{T'}{\alpha T} = 0$인 경우

(i)에서와 유사하게 다음과 같은 두 개의 상미분방정식과 두 개의 해를 구할 수 있다.

$$X'' = 0 \rightarrow X(x) = c_1 + c_2 x$$
$$T' = 0 \rightarrow T(t) = c_3.$$

$X(x)$에 경계조건을 적용하면 $X(0) = c_1 = 0$이고 $X(L) = c_2L = 0$에서 $L > 0$이므로 $c_2 = 0$이다. 따라서 $X(x) = 0$이고 (i)에서와 마찬가지로 $u(x, t) = 0$이다.

(iii) $\dfrac{X''}{X} = \dfrac{T'}{\alpha T} = -\lambda^2 < 0$인 경우 $(\lambda > 0)$

두 개의 상미분방정식과 해는 다음과 같다.

$$X'' + \lambda^2 X = 0 \to X(x) = c_1\cos\lambda x + c_2\sin\lambda x,$$
$$T' + \alpha\lambda^2 T = 0 \to T(t) = c_3 e^{-\alpha\lambda^2 t}.$$

경계조건을 적용하면 $X(0) = c_1 = 0$이고 $X(L) = c_2\sin\lambda L = 0$에서 $c_2 \neq 0$이려면($c_2 = 0$이면 $u = 0$이다.) $\sin\lambda L = 0$이어야 한다. 즉 $n = 1, 2, \cdots$에 대해

$$\lambda_n = \frac{n\pi}{L}$$

가 고유값이며, 고유값에 해당하는 고유함수는 각각

$$X_n(x) = c_2\sin\frac{n\pi x}{L}, \quad T_n(t) = c_3 e^{-\alpha(n\pi/L)^2 t}$$

이다. 결과적으로

$$u_n(x,t) = X_n(x)T_n(t) = A_n e^{-\alpha(n\pi/L)^2 t}\sin\frac{n\pi x}{L}$$

이며, 여기서 $A_n = c_2c_3$이다. 중첩의 원리에 의해

$$u(x,t) = \sum_{n=1}^{\infty} u_n(x,t) = \sum_{n=1}^{\infty} A_n e^{-\alpha(n\pi/L)^2 t}\sin\frac{n\pi x}{L} \tag{11.3.5}$$

도 해이며, 계수 A_n을 구하기 위해 식 (11.3.5)에 초기조건 $u(x, 0) = f(x)$를 적용하면

$$u(x,0) = f(x) = \sum_{n=1}^{\infty} A_n\sin\frac{n\pi x}{L}$$

가 되는데, 이는 식 (10.3.4)와 같이 함수 $f(x)$를 Fourier 사인급수로 전개한 것이다. 따라서 계수 A_n은 식 (10.3.5)에 의해

$$A_n = \frac{2}{L}\int_0^L f(x)\sin\frac{n\pi x}{L}dx \tag{11.3.6}$$

을 만족한다. 결과적으로 1차원 열전도방정식과 경계조건, 초기조건을 만족하는 해는 식 (11.3.5)이고, 이때 계수 A_n은 식 (11.3.6)으로 계산할 수 있다.

☞ 예제 1의 풀이에서 중첩의 원리를 사용하지 않으면 초기조건 $u(x, 0) = f(x)$를 만족하는 계수 A_n을 구할 수 없다..

예제 1에서는 $u(x, t) = X(x)T(t)$와 같이 변수분리 한 후 세 가지 다른 경우에 대해 $X(x)$와 $T(t)$에 대한 상미분방정식을 풀어야 했다. 아래의 예제 2에서 매우 간편한 다른 풀이 방법을 소개하겠다. 구해야 할 미지함수 $u(x, t)$를 직접 Fourier 급수로 표현하여 해를 구하는 방법으로 원리적으로 매우 단순하고 유용한 방법이다.

예제 2 Fourier 급수 직접 사용

Fourier 급수를 직접 사용하여 예제 1을 다시 풀라.

(풀이) 풀이의 요점은 식 (11.3.1)에서 구해야 할 미지함수 $u(x, t)$를 직접 Fourier 급수로 나타내는 것이다. 이 때 주의해야 할 점은 $u(x, t)$가 주어진 경계조건을 만족하도록 적절한 형태의 Fourier 급수(사인급수 또는 코사인급수)를 사용한다는 것이다.

경계조건을 만족하도록 $u(x, t)$를 식 (10.3.4)와 같은 사인급수로 나타내면

$$u(x,t)=\sum_{n=1}^{\infty} b_n(t)\sin\frac{n\pi x}{L} \tag{11.3.7}$$

이다. 위 식은 경계조건 $u(0, t) = u(L, t) = 0$을 이미 만족하며, Fourier 계수 b_n이 t의 함수가 됨에 주목한다. 이를 편미분방정식 $u_t = \alpha u_{xx}$에 대입하면

$$\sum_{n=1}^{\infty} b_n'(t)\sin\frac{n\pi x}{L} = -\alpha\sum_{n=1}^{\infty}\left(\frac{n\pi}{L}\right)^2 b_n(t)\sin\frac{n\pi x}{L}$$

또는

$$\sum_{n=1}^{\infty}\left[b_n'(t)+\alpha\left(\frac{n\pi}{L}\right)^2 b_n(t)\right]\sin\frac{n\pi x}{L}=0$$

에서 $b_n(t)$에 관한 상미분방정식과 해

$$b_n'(t)+\alpha\left(\frac{n\pi}{L}\right)^2 b_n(t)=0 \longrightarrow b_n(t)=A_n e^{-\alpha(n\pi/L)^2 t}$$

를 얻는다. 따라서 식 (11.3.7)에서

$$u(x,t)=\sum_{n=1}^{\infty} A_n e^{-\alpha(n\pi/L)^2 t}\sin\frac{n\pi x}{L} \tag{11.3.8}$$

이 되고 이는 예제 1의 결과인 식 (11.3.5)와 같다. 계수 A_n은 예제 1에서와 같은 방법으로 구한다.

☞ 식 (11.3.7)에서도 $u(x, t)$를 t의 함수 $b_n(t)$와 x의 함수 $\sin(n\pi x/L)$의 곱으로 표현했으므로 이 역시 변수분리법에 해당한다. 단지 $u(x, t)$를 경계조건을 만족하도록 직접 Fourier 급수로 나타내어 풀이과정을 단순화하였다.

예제 3

식 (11.3.5)로 나타나는 $u(x, t)$의 그래프를 그려라. $\alpha = 1$, $L = 1$, 무한급수의 항수 n을 5까지 사용하고 $0 \leqq t \leqq 0.4$초까지 0.05초 간격으로 그려라. 초기온도는 다음과 같다.

$$f(x)=\begin{cases} x, & 0 < x < 1/2 \\ 1-x, & 1/2 < x < 1 \end{cases}$$

d'Alembert 해의 일반화

앞에서는 Fourier 급수를 이용하여 구한 파동방정식의 해를 이용하여 d'Alembert 해를 구하였다. 파동방정식에 대한 일반적인 d'Alembert 해를 구해보자. 길이가 무한대인 줄의 진동이 파동방정식

$$\frac{\partial^2 u}{\partial t^2} = c^2 \frac{\partial^2 u}{\partial x^2}, \; -\infty < x < \infty \tag{11.4.16}$$

과 초기조건

$$u(x, 0) = f(x), \; \left.\frac{\partial u}{\partial t}\right|_{t=0} = g(x) \tag{11.4.17}$$

로 나타난다. 줄의 길이가 무한대이므로 경계조건은 주어지지 않는다. 이러한 파동방정식은

$$\xi(x, t) = x + ct, \quad \eta(x, t) = x - ct \tag{11.4.18}$$

로 정의되는 새로운 독립변수를 이용하여 해를 쉽게 구할 수 있다. $\xi_x = 1$, $\xi_t = c$, $\eta_x = 1$, $\eta_t = -c$와 편미분의 연쇄율[식 (8.1.7) 참고]을 이용하면

$$\begin{aligned}
u_x &= u_\xi \xi_x + u_\eta \eta_x = u_\xi + u_\eta \\
u_{xx} &= (u_x)_x = (u_\xi + u_\eta)_x = u_{\xi x} + u_{\eta x} \\
&= u_{\xi\xi}\xi_x + u_{\xi\eta}\eta_x + u_{\eta\xi}\xi_x + u_{\eta\eta}\eta_x = u_{\xi\xi} + 2u_{\xi\eta} + u_{\eta\eta} \\
u_t &= u_\xi \xi_t + u_\eta \eta_t = c(u_\xi - u_\eta) \\
u_{tt} &= (u_t)_t = c(u_\xi - u_\eta)_t = c(u_{\xi t} - u_{\eta t}) \\
&= c(u_{\xi\xi}\xi_t + u_{\xi\eta}\eta_t - u_{\eta\xi}\xi_t - u_{\eta\eta}\eta_t) = c^2(u_{\xi\xi} - 2u_{\xi\eta} + u_{\eta\eta})
\end{aligned}$$

이 되는데, 이들을 파동방정식 식 (11.4.16)에 대입하면

$$c^2(u_{\xi\xi} - 2u_{\xi\eta} + u_{\eta\eta}) = c^2(u_{\xi\xi} + 2u_{\xi\eta} + u_{\eta\eta})$$

에서

$$u_{\xi\eta} = 0 \tag{11.4.19}$$

을 얻는다. 이는 파동방정식의 다른 형태이며 **d'Alembert 파동방정식**이라 부른다. d'Alembert 파동방정식은 식 (11.4.18)로 정의된 독립변수 ξ와 η에 대해 연속적으로 적분하여 쉽게 해를 구할 수 있다. 먼저 식 (11.4.19)를 η에 대해 적분하면

$$\frac{\partial u}{\partial \xi} = h(\xi)$$

가 되는데, 여기서 $h(\xi)$는 ξ만의 함수를 의미한다. 위 식을 다시 ξ에 대해 적분하여

$$u(\xi, \eta) = \int h(\xi)\, d\xi = F(\xi) + G(\eta) \tag{11.4.20}$$

를 얻을 수 있다. 여기서 $F(\xi)$는 $h(\xi)$의 부정적분으로 역시 ξ만의 함수이고, $G(\eta)$는 1변수 함수의 적분상수에 해당하는 것으로 η만의 함수이다. [식 (11.4.20)의 유도 과정이 이해가 안 된다면 과정을 역순으로 따라가 보아라.] 따라서 변수 ξ와 η를 다시 x와 t로 바꾸면 파동방정식의 해는 식 (11.4.20)에 의해

$$u(x, t) = F(x + ct) + G(x - ct) \tag{11.4.21}$$

가 된다. 초기조건을 적용하기 위해 먼저 식 (11.4.21)을 t로 편미분하면

$$u_t(x, t) = cF'(x + ct) - cG'(x - ct) \tag{11.4.22}$$

이다. 여기서 F'와 G'은 $x + ct$와 $x - ct$ 전체에 대한 미분을 의미한다. 식 (11.4.21)과 (11.4.22)에 초기조건 $u(x, 0) = f(x)$와 $u_t(x, 0) = g(x)$를 적용하면

$$F(x) + G(x) = f(x) \tag{11.4.23}$$

$$cF'(x) - cG'(x) = g(x) \tag{11.4.24}$$

이고, 식 (11.4.24)를 c로 나누어 구간 $[x_0, x]$에 대해 적분하면

$$F(x) - G(x) = \frac{1}{c}\int_{x_0}^{x} g(s)ds + c_0 \tag{11.4.25}$$

가 된다. 여기서 $c_0 = F(x_0) - G(x_0)$, x_0는 임의의 상수이다. 식 (11.4.23)과 식 (11.4.25)를 더하고 2로 나누면

$$F(x) = \frac{1}{2}f(x) + \frac{1}{2c}\int_{x_0}^{x} g(s)ds + \frac{c_0}{2} \tag{11.4.26}$$

가 되고, 다시 식 (11.4.23)으로부터

$$G(x) = \frac{1}{2}f(x) - \frac{1}{2c}\int_{x_0}^{x} g(s)ds - \frac{c_0}{2} \tag{11.4.27}$$

를 구할 수 있다. 마지막으로 식 (11.4.26)과 (11.4.27)을 식 (11.4.21)에 대입하면

$$\begin{aligned} u(x, t) &= F(x + ct) + G(x - ct) \\ &= \frac{1}{2}f(x + ct) + \frac{1}{2c}\int_{x_0}^{x+ct} g(s)ds + \frac{1}{2}f(x - ct) - \frac{1}{2c}\int_{x_0}^{x-ct} g(s)ds \end{aligned}$$

또는

$$u(x, t) = \frac{1}{2}[f(x + ct) + f(x - ct)] + \frac{1}{2c}\int_{x-ct}^{x+ct} g(s)ds \tag{11.4.28}$$

를 얻는다. 이는 식 (11.4.16)의 파동방정식과 식 (11.4.17)의 초기조건을 만족하는 d'Alembert 해이다. 만약 초기속도가 0, 즉 $g(x) = 0$인 경우에는

$$u(x, t) = \frac{1}{2}[f(x + ct) + f(x - ct)] \tag{11.4.29}$$

로 단순한 형태가 되고 이는 식 (11.4.15)와 유사하다. 식 (11.4.15)에서는 줄의 길이가 L로 유한한 파동이므로 $0 \leqq x \leqq L$에서 정의된 초기파형 $f(x)$를 주기적으로 확장한 $f^*(x)$를 사용하였지만 식 (11.4.29)에서는 $-\infty < x < \infty$에서 정의된 초기파형 $f(x)$를 그대로 사용하였음에 유의하자.

예제 4

파동방정식 $\dfrac{\partial^2 u}{\partial t^2} = \dfrac{\partial^2 u}{\partial x^2}$, $-\infty < x < \infty$과 초기조건 $u(x, 0) = 0$, $\left.\dfrac{\partial u}{\partial t}\right|_{t=0} = \sin x$의 d'Alembert 해를 구하고 $t = 0, \pi/2, \pi, 3\pi/2, 2\pi$에서 $u(x, t)$의 그래프를 그려라.

(풀이) 식 (11.4.28)에 $f(x) = 0$, $g(x) = \sin x$를 대입하면

$$u(x,t) = 0 + \frac{1}{2}\int_{x-t}^{x+t} \sin s\,ds = \frac{1}{2}[-\cos s]_{x-t}^{x+t}$$
$$= -\frac{1}{2}[\cos(x+t) - \cos(x-t)] = \sin x \sin t$$

즉

$$u(x, t) = \sin t \sin x$$

이다. $t = 0, \pi/2, \pi, 3\pi/2, 2\pi$에서 $u(x, t)$의 그래프는 다음과 같다. 아래에서는 구간 $[-\pi, \pi]$에서만 그렸지만 전체 구간 $-\infty < x < \infty$에 대해 같은 파형이 반복된다.

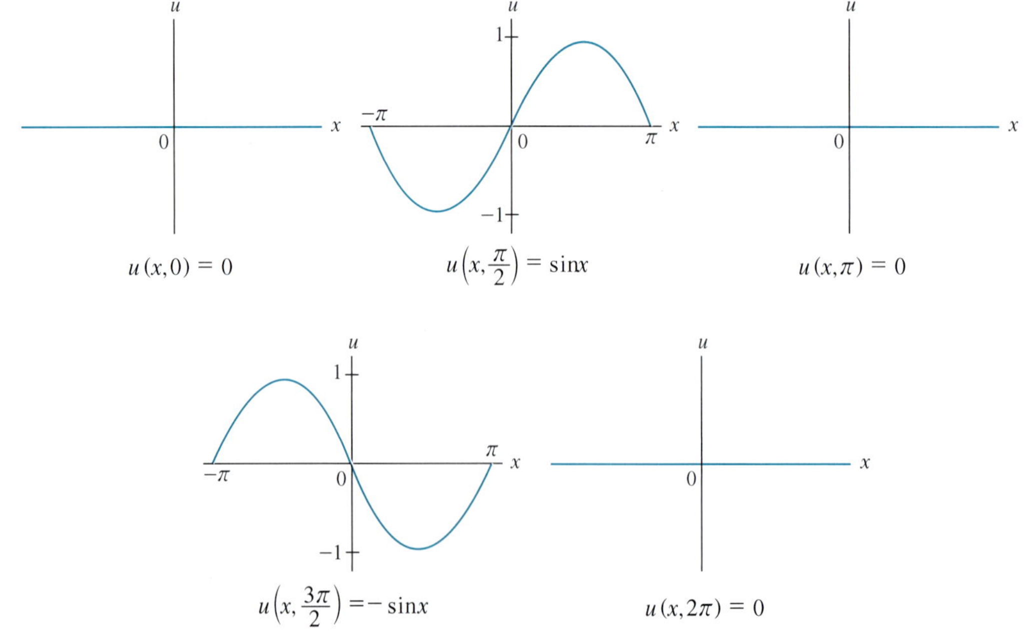

그림 11.4.10 파동의 변화

☞ 예제 4의 해 $u(x, t)$가 무한급수로 나타나지 않는 이유가 무엇일까? 초기속도가 사인함수 하나의 항으로 주어졌기 때문이다.

11.4 연습문제

1. 예제 1을 $u(x, t) = X(x)T(t)$로 가정하는 변수분리법을 사용하여 풀고 결과가 같음을 보여라.

2. 식 (11.4.15)에서 경계조건 $u(0, t) = u(L, t) = 0$을 만족하기 위해서는 함수 $f^*(x)$가 기함수이고 주기가 $2L$임을 보여라.

3. 탄성 막대의 축방향 진동이 파동방정식 $u_{tt} = c^2 u_{xx}$와 초기조건 $u(x, 0) = x$, $u_t(x, 0) = 0$, 그리고 경계조건 $u_x(0, t) = u_x(L, t) = 0$으로 주어진다. $c = L = 1$일 때 x축방향 변위 $u(x, t)$를 구하라. 이러한 경계조건을 **자유단 조건**(free-end condition)이라 한다.

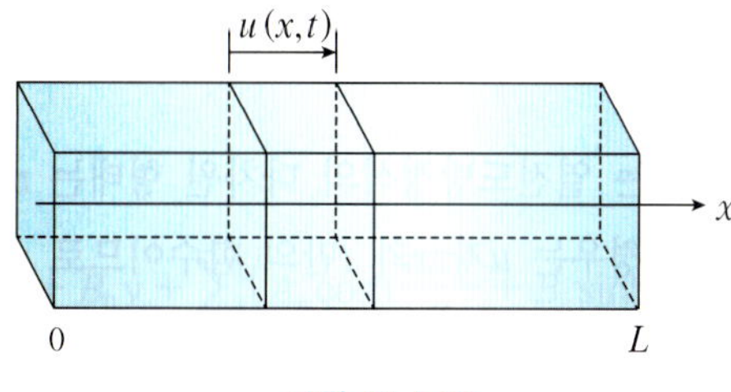

그림 11.4.11

(답) $u(x,t) = \dfrac{1}{2} + \dfrac{2}{\pi^2}\displaystyle\sum_{n=1}^{\infty}\dfrac{(-1)^n - 1}{n^2}\cos n\pi t \cos n\pi x$

4. (1) 파동방정식 $u_{tt} = 4u_{xx}$, $u(0, t) = 0$, $u(1, t) = 0$, $u(x, 0) = \sin\pi x$, $u_t(x, 0) = 0$의 Fourier 급수해를 구하라.
(2) 문제 (1)에 대해 d'Alembert 해를 구하고 (1)의 결과와 같음을 보여라.
(3) 결과가 무한급수로 나타나지 않는 이유를 생각해 보자.
(4) (1), (2)의 결과를 0.125초 간격으로 한 주기까지 그려라.

(답) (1) $u(x, t) = \cos 2\pi t \sin\pi x$

5. 무한히 긴 줄의 수직변위가 초기값 문제

$$u_{tt} = c^2 u_{xx},\ -\infty < x < \infty,\ u(x, 0) = f(x),\ u_t(x, 0) = g(x)$$

로 나타난다. $c = 1$, $f(x) = \dfrac{1}{1 + x^2}$, $g(x) = 0$일 때, d'Alembert 해를 구하고 $t = 0, 1, 2, 3, 4, 5$에서 해를 그려라.

(답) $u(x,t) = \dfrac{1}{2}\left[\dfrac{1}{1+(x+t)^2} + \dfrac{1}{1+(x-t)^2}\right]$: 줄의 길이가 무한대이므로 반향파 없이 초기파형이 둘로 나뉘어 좌우로 계속 진행하는 모양을 볼 수 있다.

예제 1

$f(x, y) = 1$, $0 \leqq x \leqq \pi$, $0 \leqq y \leqq \pi$의 이중 Fourier 사인급수를 구하라.

(풀이) 식 (11.7.2)에서

$$C_{mn} = \frac{4}{\pi \cdot \pi}\int_0^{\pi}\int_0^{\pi} 1 \cdot \sin mx \sin ny\, dx\, dy = \frac{4}{\pi^2}\int_0^{\pi}\sin mx\, dx \int_0^{\pi}\sin ny\, dy$$
$$= \frac{4}{\pi^2}\left[-\frac{1}{m}\cos mx\right]_0^{\pi}\left[-\frac{1}{n}\cos ny\right]_0^{\pi} = \frac{4}{mn\pi^2}[1-(-1)^m][1-(-1)^n]$$

이므로

$$f(x, y) = 1 = \frac{4}{\pi^2}\sum_{m=1}^{\infty}\sum_{n=1}^{\infty}\frac{[1-(-1)^m][1-(-1)^n]}{mn}\sin mx \sin ny$$

이다.

예제 1에서 $f(x, y) = 1$의 이중 Fourier 사인급수를 m과 n 각각에 대해 0이 아닌 3항까지 그리면 그림 11.7.1과 같다. 항수를 늘리면 그림의 위쪽 면이 더욱 평평해질 것이다.

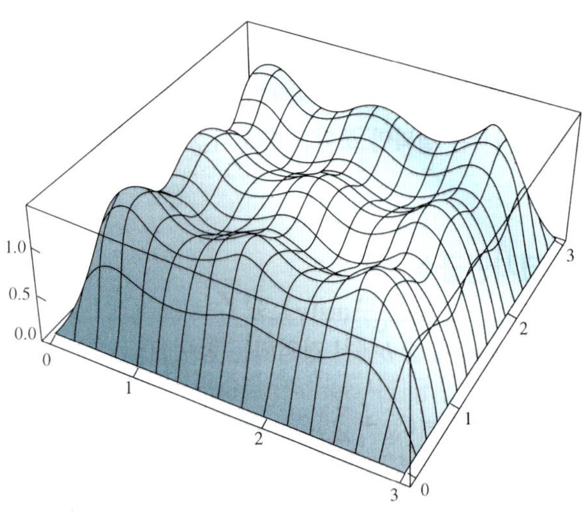

그림 11.7.1 $f(x, y) = 1$의 이중 Fourier 사인급수

이중 Fourier 급수를 이용하여 편미분방정식의 해를 구하는 방법을 소개한다.

2차원 열전도방정식

1차원 열전도 방정식 $\frac{\partial u}{\partial t} = \alpha\frac{\partial^2 u}{\partial x^2}$의 다차원 형태는 $\frac{\partial u}{\partial t} = \alpha\nabla^2 u$이므로 평판의 열전도를 나타내는 2차원 시간종속 열전도방정식은

$$\frac{\partial u}{\partial t} = \alpha\left(\frac{\partial^2 u}{\partial x^2} + \frac{\partial^2 u}{\partial y^2}\right) \tag{11.7.9}$$

이다. 먼저 $u(x, y, t) = X(x)Y(y)T(t)$로 놓는 변수분리법을 소개한다.

예제 2

그림 11.7.2와 같은 평면 영역에 대해 경계조건이 $u(0, y, t) = u(a, y, t) = 0$, $u(x, 0, t) = u(x, b, t) = 0$이고, 초기조건이 $u(x, y, 0) = f(x, y)$일 때, 온도 $u(x, y, t)$를 구하라.

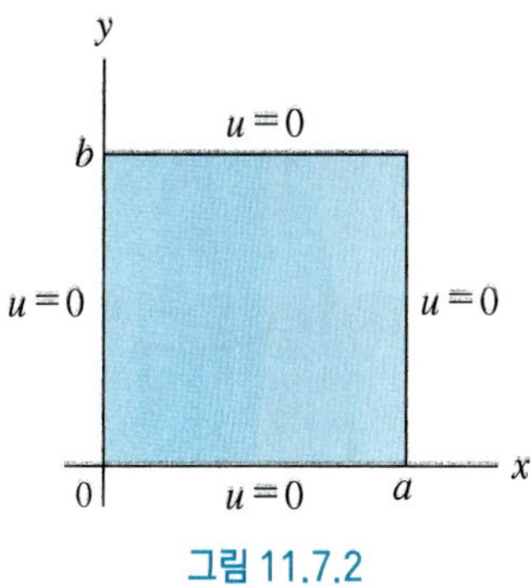

그림 11.7.2

(풀이) 변수분리법을 사용하여 $u(x, y, t) = X(x)Y(y)T(t)$로 놓고 식 (11.7.9)에 대입하면

$$XYT' = \alpha(X''YT + XY''T)$$

가 되고, 양변을 αXYT로 나누면 $\frac{T'}{\alpha T} = \frac{X''}{X} + \frac{Y''}{Y}$ 또는 $\frac{X''}{X} = -\frac{Y''}{Y} + \frac{T'}{\alpha T}$이 된다. 여기서 좌변은 x의 함수이고 우변은 y와 t의 함수의 합이므로 양변은 모두 상수이어야 한다. 상수가 양이거나 0인 경우는 자명해 $u(x, y, t) = 0$이 되므로(각자 해볼 것.) 음의 상수에 대하여, 즉

$$\frac{X''}{X} = -\frac{Y''}{Y} + \frac{T'}{\alpha T} = -\lambda^2 < 0$$

인 경우를 생각한다. 먼저 $\frac{X''}{X} = -\lambda^2$에서 $X(x)$에 관한 상미분방정식과 해

$$X'' + \lambda^2 X = 0 \longrightarrow X(x) = c_1\cos\lambda x + c_2\sin\lambda x$$

를 구한다. 나머지 식 $-\frac{Y''}{Y} + \frac{T'}{\alpha T} = -\lambda^2$을 $\frac{Y''}{Y} = \frac{T'}{\alpha T} + \lambda^2$으로 놓으면 좌변은 y만의 함수이고, 우변은 t만의 함수이므로 이 또한 (음의) 상수이어야 한다. 따라서

$$\frac{Y''}{Y} = \frac{T'}{\alpha T} + \lambda^2 = -\mu^2$$

으로 놓으면 $\frac{Y''}{Y} = -\mu^2$, $\frac{T'}{\alpha T} + \lambda^2 = -\mu^2$으로부터 상미분방정식과 해

$$Y'' + \mu^2 Y = 0 \rightarrow Y(y) = c_3\cos\mu y + c_4\sin\mu y$$

$$T' + \alpha(\lambda^2 + \mu^2)T = 0 \rightarrow T(t) = c_5 e^{-\alpha(\lambda^2+\mu^2)t}$$

를 구할 수 있다. 경계조건이 $X(0) = X(a) = 0$, $Y(0) = Y(b) = 0$이므로

$$c_1 = c_3 = 0,\ c_2 \sin \lambda a = 0,\ c_4 \sin \mu b = 0$$

에서 고유값

$$\lambda_m = \frac{m\pi}{a} \ (m = 1, 2, \cdots),\ \mu_n = \frac{n\pi}{b} \ (n = 1, 2, \cdots)$$

을 구한다. 고유함수는 각각

$$X_m(x) = \sin\frac{m\pi x}{a},\ Y_n(y) = \sin\frac{n\pi y}{b},\ T_{mn}(t) = e^{-\alpha[(m\pi/a)^2 + (n\pi/b)^2]t}$$

이다. $T(t)$는 2개의 고유값 λ_m과 μ_n을 포함하므로 T_{mn}으로 표현하였다. 따라서 해는

$$u_{mn}(x, y, t) = X_m(x)Y_n(y)T_{mn}(t) = A_{mn}e^{-\alpha[(m\pi/a)^2 + (n\pi/b)^2]t}\sin\frac{m\pi x}{a}\sin\frac{n\pi y}{b}$$

이다. 마지막으로 중첩의 원리 $u = \sum_{m=1}^{\infty}\sum_{n=1}^{\infty} u_{mn}$를 적용하면 식 (11.7.9)의 해는

$$u(x, y, t) = \sum_{m=1}^{\infty}\sum_{n=1}^{\infty} A_{mn}e^{-\alpha[(m\pi/a)^2 + (n\pi/b)^2]t}\sin\frac{m\pi x}{a}\sin\frac{n\pi y}{b} \tag{11.7.10}$$

이다. 초기조건 $u(x, y, 0) = f(x, y)$를 식 (11.7.10)에 적용하면

$$f(x, y) = \sum_{m=1}^{\infty}\sum_{n=1}^{\infty} A_{mn}\sin\frac{m\pi x}{a}\sin\frac{n\pi y}{b}$$

가 되는데, 이는 $f(x, y)$의 이중 Fourier 사인급수이므로 식 (11.7.2)에 의해

$$A_{mn} = \frac{4}{ab}\int_{y=0}^{b}\int_{x=0}^{a} f(x, y)\sin\frac{m\pi x}{a}\sin\frac{n\pi y}{b}\,dxdy \tag{11.7.11}$$

이다.

11.3절에서와 마찬가지로 2차원 열전도방정식의 해도 Fourier 급수를 직접 사용하여 구할 수 있다. 하지만 지금은 2차원 문제이므로 이중 Fourier 급수를 사용해야 한다. 다음 예제를 보자.

예제 3

예제 2를 이중 Fourier 급수를 사용하여 풀어라.

(풀이) 제차 경계조건 $X(0) = X(a) = 0,\ Y(0) = Y(b) = 0$을 만족하도록 해를 이중 사인급수인 식 (11.7.1)로 나타내면

$$u(x,y,t)=\sum_{m=1}^{\infty}\sum_{n=1}^{\infty}C_{mn}(t)\sin\frac{m\pi x}{a}\sin\frac{n\pi y}{b} \tag{11.7.12}$$

이다. 이를 열전도방정식 식 (11.7.9)에 대입하면

$$\begin{aligned}&\sum_{m=1}^{\infty}\sum_{n=1}^{\infty}C_{mn}'(t)\sin\frac{m\pi x}{a}\sin\frac{n\pi y}{b}\\&=-\alpha\sum_{m=1}^{\infty}\sum_{n=1}^{\infty}\left[\left(\frac{m\pi}{a}\right)^2+\left(\frac{n\pi}{b}\right)^2\right]C_{mn}(t)\sin\frac{m\pi x}{a}\sin\frac{n\pi y}{b}\end{aligned}$$

에서 $C_{mn}'(t)+\alpha\left[\left(\frac{m\pi}{a}\right)^2+\left(\frac{n\pi}{b}\right)^2\right]C_{mn}(t)=0$이므로

$$C_{mn}(t)=A_{mn}e^{-\alpha[(m\pi/a)^2+(n\pi/b)^2]t}$$

이다. 따라서 식 (11.7.12)는

$$u(x,y,t)=\sum_{m=1}^{\infty}\sum_{n=1}^{\infty}A_{mn}e^{-\alpha[(m\pi/a)^2+(n\pi/b)^2]t}\sin\frac{m\pi x}{a}\sin\frac{n\pi y}{b}$$

가 되고 이는 식 (11.7.10)과 같다. 이하 A_{mn}을 구하는 방법은 예제 2와 같다.

이중 Fourier 급수를 사용하는 방법은 2차원 파동방정식과 3차원 Laplace 방정식에도 동일하게 적용할 수 있다. 연습문제 3, 4를 참고하라.

11.7 연습문제

1. 본문의 이중 코사인급수에 관한 정리가 성립함을 증명하라.

2. $f(x,y)=xy,\ 0\leqq x\leqq 1,\ 0\leqq y\leqq 1$의 이중 코사인급수를 구하라.

(답) $$xy=\frac{1}{4}+\frac{1}{\pi^2}\sum_{m=1}^{\infty}\frac{[(-1)^m-1]}{m^2}\cos m\pi x+\frac{1}{\pi^2}\sum_{n=1}^{\infty}\frac{[(-1)^n-1]}{n^2}\cos n\pi y$$
$$+\frac{4}{\pi^4}\sum_{m=1}^{\infty}\sum_{n=1}^{\infty}\frac{[(-1)^m-1][(-1)^n-1]}{m^2n^2}\cos m\pi x\cos n\pi y$$

3. [직사각형막(rectangular membrane)의 진동] 2차원 파동방정식 $u_{tt}=c^2\nabla^2u$를

경계조건 $u(0,y,t)=u(\pi,y,t)=0,\ u(x,0,t)=(x,\pi,t)=0$,

초기조건 $u(x,y,0)=xy(x-\pi)(y-\pi),\ u_t(x,y,0)=0$에 대해

(1) $u(x,y,t)=X(x)Y(y)T(t)$로 놓는 변수분리법

(2) $u(x,y,t)$를 직접 이중 사인급수로 전개하는 방법의 두 가지 방법으로 풀어라.

(3) $c=1$일 때 결과를 그래프로 그려라.

(답) $u(x, y, t) = \sum_{m=1}^{\infty}\sum_{n=1}^{\infty} A_{mn}\cos c\sqrt{m^2+n^2}\,t\sin mx\sin ny$,

$$A_{mn} = \frac{16}{\pi^2 m^3 n^3}[(-1)^m - 1][(-1)^n - 1]$$

4. [3차원 Laplace 방정식] 직육면체의 정상온도가 Laplace 방정식 $\nabla^2 u = 0$을 만족한다. $z = c$인 윗면에서의 온도는 $f(x, y)$이고 나머지 면에서의 온도는 모두 0일 때 직육면체의 온도 $u(x, y, z)$를 구하라.

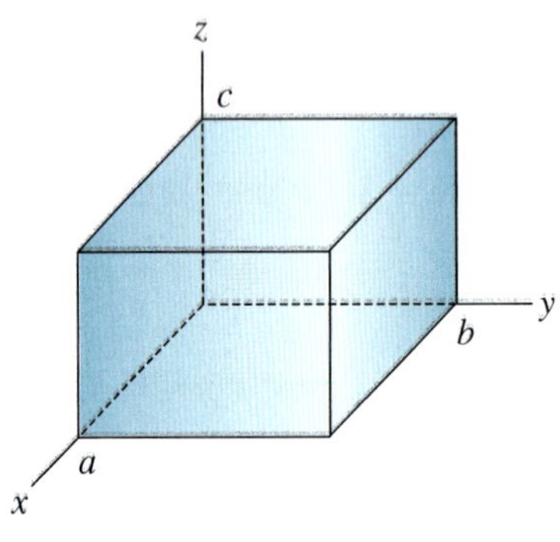

그림 11.7.3

(답) $u(x, y, z) = \sum_{m=1}^{\infty}\sum_{n=1}^{\infty} B_{mn}\sinh\sqrt{\left(\frac{m\pi}{a}\right)^2 + \left(\frac{n\pi}{b}\right)^2}\, z\sin\frac{m\pi x}{a}\sin\frac{n\pi y}{b}$

$$B_{mn} = \frac{4}{ab\sinh\sqrt{\left(\frac{m\pi}{a}\right)^2 + \left(\frac{n\pi}{b}\right)^2}\,c}\int_0^b\int_0^a f(x, y)\sin\frac{m\pi x}{a}\sin\frac{n\pi y}{b}\,dxdy$$

11.8 기타 직교함수를 이용한 풀이

편미분방정식의 경계조건에 따라 최종해가 Fourier 급수가 아닌 다른 직교함수의 급수로 나타나기도 한다. 예제 1에서는 경계조건 $\left.\frac{\partial u}{\partial x}\right|_{x=1} = -hu(1, t)$가 나오는데 이는 Newton의 냉각법칙과 유사한 개념으로 물체의 오른쪽 경계에서 온도가 0인 외부 매질로 열이 전달되는 **대류조건**(convective condition)으로 11.2절에서 설명한 혼합경계조건의 예이다.

예제 1

1차원 열전도방정식 $\frac{\partial u}{\partial t} = a\frac{\partial^2 u}{\partial x^2}$을 경계조건 $u(0, t) = 0$, $\left.\frac{\partial u}{\partial x}\right|_{x=1} = -hu(1, t)$와 초기조건 $u(x, 0) = 1$에 대해 풀어라.

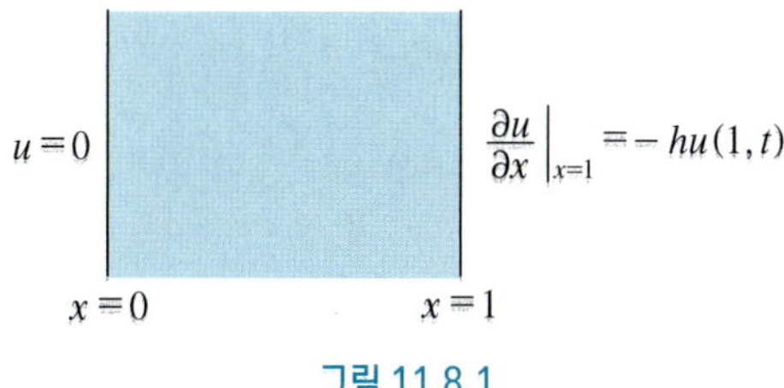

그림 11.8.1

(풀이) 경계조건의 특수성 때문에 Fourier 급수를 직접 사용해서 풀 수 없다. 따라서 $u(x, t) = X(x)T(t)$로 놓고 편미분방정식에 대입하면 $XT' = \alpha X''T$이고 양변을 αXT로 나누면 $\frac{T'}{\alpha T} = \frac{X''}{X}$이 된다. 여기서, 좌변은 t의 함수이고 우변은 x의 함수이므로 양변은 모두 상수이어야 한다. 상수가 양이거나 0인 경우는 $u(x, t) = 0$이 되므로(각자 해볼 것)

$$\frac{T'}{\alpha T} = \frac{X''}{X} = -\lambda^2$$

으로 놓으면

$$X'' + \lambda^2 X = 0 \longrightarrow X(x) = c_1\cos\lambda x + c_2\sin\lambda x$$
$$T' + \alpha\lambda^2 T = 0 \longrightarrow T(t) = c_3 e^{-\alpha\lambda^2 t}$$

이다. $u(0, t) = X(0)T(t)$이므로 경계조건 $u(0, t) = 0$은 $X(0) = 0$으로, $\left.\frac{\partial u}{\partial x}\right|_{x=1} = X'(1)T(t)$이고 $-hu(1, t) = -hX(1)T(t)$이므로 경계조건 $\left.\frac{\partial u}{\partial x}\right|_{x=1} = -hu(1,t)$는 $X'(1) = -hX(1)$으로 대응된다. 결과적으로 $X(0) = 0$에서 $c_1 = 0$이고 $X'(1) = -hX(1)$에서 $c_2\lambda\cos\lambda = -c_2 h\sin\lambda$ 이므로 $\tan\lambda = -\lambda/h$이어야 한다. λ_n이 $\tan\lambda = -\lambda/h$를 만족하는 양의 값이라면 고유값은 λ_n $(n = 1, 2, \cdots)$이고, 고유함수는 $X_n(x) = \sin\lambda_n x$이다. 따라서

$$u_n(x,t) = X_n(x)T_n(t) = A_n e^{-\alpha\lambda_n^2 t}\sin\lambda_n x$$

이고, 해는

$$u(x,t) = \sum_{n=1}^{\infty} A_n e^{-\alpha\lambda_n^2 t}\sin\lambda_n x \tag{11.8.1}$$

이다. 초기조건 $u(x, 0) = 1$로부터

$$1 = \sum_{n=1}^{\infty} A_n \sin\lambda_n x \tag{11.8.2}$$

가 되는데, 이는 상수 1에 대한 $\{\sin\lambda_n x\}$의 급수이다. [참고 : 여기서 유의해야 할 점은 식 (11.8.2) 우변의 급수가 삼각함수 $\sin\lambda_n x$로 표시되었지만 이것이 Fourier 사인급수가 아니라는 점이다. Fourier 사인급수가 되려면 $\lambda_n = n\pi/L$이어야 하는데, 여기서는 λ_n이 $\tan\lambda_n = -\lambda_n/h$의 양의 근이다.] 함수 $\{\sin\lambda_n x\}$는 $X'' + \lambda^2 X = 0$ (Sturm-Liouville 방정식 $\frac{d}{dx}[p(x)y'] + [q(x) + \lambda\omega(x)]y = 0$에서 $y = X$, $p = \omega = 1$, $q = 0$, $\lambda = \lambda^2$인 경우)를 만족하는 함수로 $\omega(x) = 1$을 가중함수로

$$\int_0^1 \sin\lambda_m x \sin\lambda_n x dx = 0\,,\ (\lambda_m \neq \lambda_n) \tag{11.8.3}$$

를 만족하는 직교함수이다. 따라서 식 (11.8.2)의 양변에 $\sin\lambda_m x$를 곱하고 구간 [0,1]에 대해 적분하면

$$\int_0^1 \sin\lambda_m x dx = \sum_{n=1}^{\infty} A_n \int_0^1 \sin\lambda_m x \sin\lambda_n x dx$$

인데, 식 (11.8.3)의 직교성에 의해

$$\int_0^1 \sin\lambda_n x dx = A_n \int_0^1 \sin^2\lambda_n x dx\,,$$

즉

$$A_n = \frac{\int_0^1 \sin\lambda_n x dx}{\int_0^1 \sin^2\lambda_n x dx}$$

가 된다.

$$\int_0^1 \sin\lambda_n x dx = -\frac{1}{\lambda_n}\cos\lambda_n x\Big|_0^1 = \frac{1}{\lambda_n}(1-\cos\lambda_n)$$

$$\int_0^1 \sin^2\lambda_n x dx = \frac{1}{2}\int_0^1 (1-\cos 2\lambda_n x)dx = \frac{1}{2}\left[x - \frac{\sin 2\lambda_n x}{2\lambda_n}\right]_0^1 = \frac{1}{2}\left(1 - \frac{\sin 2\lambda_n}{2\lambda_n}\right)$$

이므로

$$A_n = \frac{\frac{1}{\lambda_n}(1-\cos\lambda_n)}{\frac{1}{2}\left(1-\frac{\sin 2\lambda_n}{2\lambda_n}\right)} = \frac{2h(1-\cos\lambda_n)}{\lambda_n(h+\cos^2\lambda_n)} \tag{11.8.4}$$

이다($\lambda_n\cos\lambda_n = -h\sin\lambda_n$ 사용함).

☞ 예제 1에서 $h = 1$로 가정하면 고유값 λ_n ($n = 1, 2, \cdots$)은 그림 11.8.2와 같이 $\tan\lambda = -\lambda$를 만족하는 값들이다. ($\lambda_1 = 2.02876$, $\lambda_2 = 4.91318$, $\lambda_3 = 7.97867$, $\cdots$) 11.1절 연습문제 1의 (2)를 참고하라.

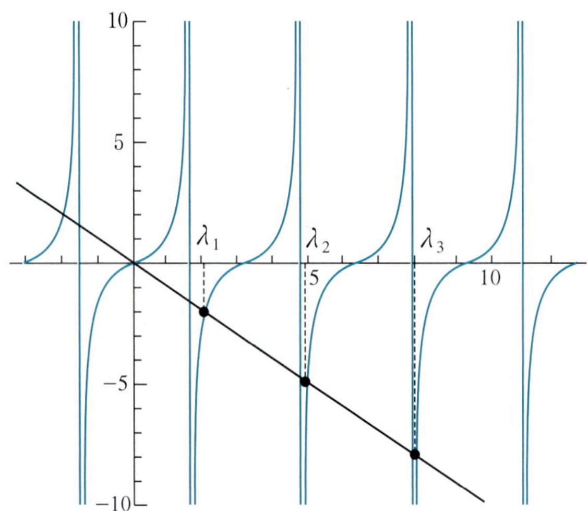

그림 11.8.2 $\tan\lambda = -\lambda$

11.8 연습문제

1. 길이 1인 원형 막대의 x축을 중심으로 하는 **비틀림 진동**(torsional vibration)은 $\dfrac{\partial^2 \theta}{\partial t^2} = c^2 \dfrac{\partial^2 \theta}{\partial x^2}$ 으로 나타난다. 여기서 $\theta(x, t)$는 위치 x, 시간 t에서 막대의 회전각이다. 경계조건이 $\theta(0, t) = 0$, $\left.\dfrac{\partial \theta}{\partial x}\right|_{x=1} = 0$ (자유단 조건, free-end condition)이고, 초기조건이 $\theta(x, 0) = x$, $\left.\dfrac{\partial \theta}{\partial t}\right|_{t=0} = 0$ 일 때 $\theta(x, t)$를 구하라.

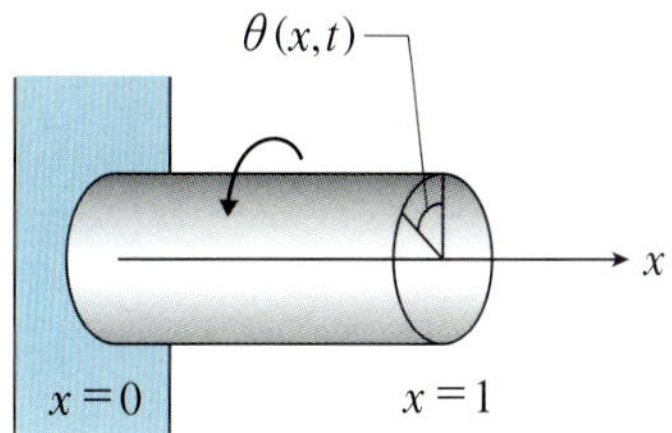

그림 11.8.3 비틀림 진동

(답) $\theta(x, t) = \dfrac{8}{\pi^2} \displaystyle\sum_{n=1}^{\infty} \dfrac{(-1)^{n+1}}{(2n-1)^2} \cos\left(\dfrac{2n-1}{2}\right) c\pi t \sin\left(\dfrac{2n-1}{2}\right) \pi x$

2. 열전도방정식 $\dfrac{\partial u}{\partial t} = \alpha \dfrac{\partial^2 u}{\partial x^2}$ 을 경계조건 $u(0, t) = 0$, $\left.\dfrac{\partial u}{\partial x}\right|_{x=\pi/2} = 0$과 초기조건 $u(x, 0) = 1$에 대해 풀라.

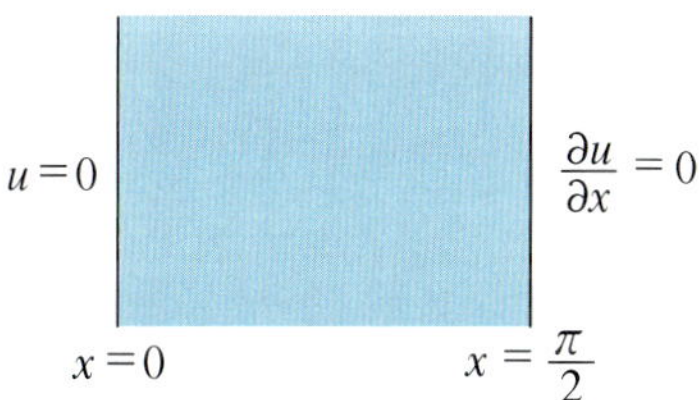

그림 11.8.4

(답) $u(x, t) = \dfrac{4}{\pi} \displaystyle\sum_{n=1}^{\infty} \dfrac{1}{2n-1} e^{-\alpha(2n-1)^2 t} \sin(2n-1)x = \dfrac{4}{\pi}\left[e^{-\alpha t}\sin x + \dfrac{1}{3} e^{-9\alpha t} \sin 3x + \cdots\right]$

3. 대칭성을 이용하면 문제 2를 영역 $0 \leqq x \leqq \pi$에서 경계조건 $u(0, t) = 0$, $u(\pi, t) = 0$인 문제로 볼 수 있다. 새로운 경계조건에 대한 해를 구하여 문제 2의 결과와 같음을 확인하라.

(답) $u(x, t) = \dfrac{2}{\pi} \displaystyle\sum_{n=1}^{\infty} \dfrac{1-(-1)^n}{n} e^{-\alpha n^2 t} \sin nx = \dfrac{4}{\pi}\left[e^{-\alpha t}\sin x + \dfrac{1}{3} e^{-9\alpha t} \sin 3x + \cdots\right]$

기타 좌표계의 편미분방정식

12

11장에서는 1차원 열전도방정식과 1차원 파동방정식, 2차원 Laplace 방정식에 대해 공부했다. 편미분방정식의 차원이 2차원 또는 3차원으로 증가하면 해당 문제의 기하학적 형태에 따라 2차원의 경우는 xy-좌표계보다 $r\theta$-극좌표계를 3차원의 경우는 xyz-좌표계보다 $r\theta z$-원기둥좌표계 또는 $\rho\theta\phi$-구좌표계를 사용하는 것이 더 효과적일 수도 있다. 여기서는 다른 좌표계로 표현되는 편미분방정식의 풀이에 대해 공부한다.

12.1 극좌표계의 편미분방정식

11장에서 소개한 편미분방정식 중에서 열전도방정식과 파동방정식은 시간변수 t와 위치변수 x를 독립변수로 가지므로 위치변수에 대해서는 1차원 좌표계만 사용하면 되었다. 하지만 Laplace 방정식은 두 개의 위치변수 x와 y를 가지므로 2차원 평면 좌표계를 사용해야 한다. 여기서는 평면 좌표계로 **극좌표계**(polar coordinate)를 사용한 경우에 대해 공부한다. 극좌표계에 대해서는 쉬어가기 9.1을 참고하자.

극좌표계의 Laplace 방정식

xy-좌표계에서 Laplace 연산

$$\nabla^2 u = \frac{\partial^2 u}{\partial x^2} + \frac{\partial^2 u}{\partial y^2} \qquad (12.1.1)$$

이 극좌표계에서는 어떤 형태가 될까? 식 (12.1.1)에서 u는 x와 y의 함수로 표현되었지만 x와 y가 다시 $x = r\cos\theta$, $y = r\sin\theta$와 같이 r과 θ의 함수이다. 따라서 편미분의 연쇄율[식 (8.1.7) 참고]을 사용하면

가 되는데 $r \longrightarrow 0$, $r \longrightarrow \infty$일 때, u가 유한하므로 $A_n = B_n = 0$이 되어

$$u(r, \theta) = \frac{120}{\pi}\theta$$

즉 u가 θ만의 함수이다.

(별해) 문제에서 주어진 경계조건으로 보아 u가 r의 함수가 아니고 θ만의 함수는 것을 알 수 있으므로 $u = u(\theta)$이다. 따라서

$$\nabla^2 u = \frac{1}{r^2}\frac{d^2 u}{d\theta^2} = 0$$

에서 $u = c_1 + c_2\theta$이고 경계조건 $u(0) = 0 = c_1$, $u(\pi/4) = 30 = c_1 + c_2\left(\frac{\pi}{4}\right)$에서 $c_1 = 0$, $c_2 = \frac{120}{\pi}$이므로 $u(\theta) = \frac{120}{\pi}\theta$로 간단히 해를 구할 수 있다.

12.1 연습문제

1. 본문에서 식 (12.1.4)가 성립함을 보여라.

2. 다음 영역에 대해 온도분포 $u(r, \theta)$를 Laplace 방정식 $\nabla^2 u = 0$을 풀어 구하라. 단, $u(r, 0) = u(r, \pi/2) = 0$, $u(b, \theta) = f(\theta)$이고 $r \longrightarrow 0$일 때 u는 유한하다.

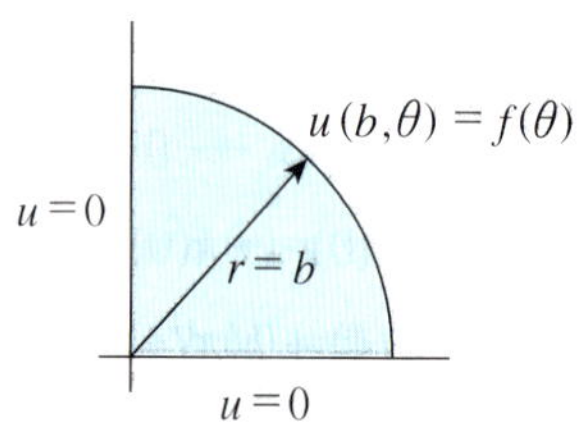

그림 12.1.5

(답) $u(r, \theta) = \sum_{n=1}^{\infty} A_n r^{2n} \sin 2n\theta$, $A_n = \frac{4}{\pi b^{2n}}\int_0^{\pi/2} f(\theta)\sin 2n\theta d\theta$

3. 정전기 포텐샬은 Laplace 방정식 $\nabla^2 u = 0$을 만족한다. 다음 영역에서 포텐샬 $u(r, \theta)$를 구하라. 단, $u(a, \theta) = f(\theta)$, $u(b, \theta) = 0$이다.

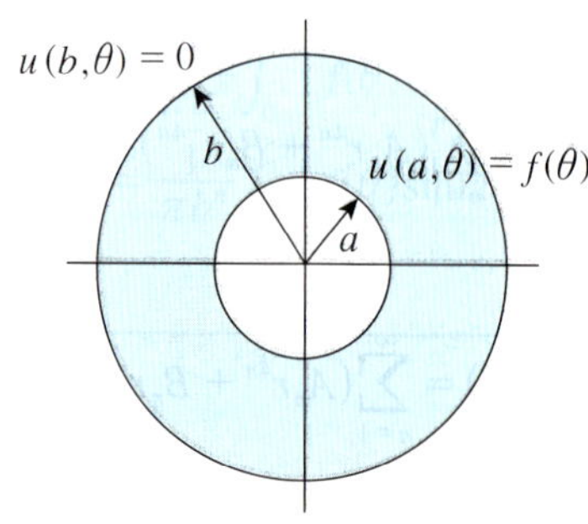

그림 12.1.6

(답) $u(r, \theta) = A_0 \ln(b/r) + \sum_{n=1}^{\infty} [(r/b)^n - (b/r)^n](A_n \cos n\theta + B_n \sin n\theta)$

$$A_0 = \frac{1}{2\pi \ln(b/a)} \int_0^{2\pi} f(\theta)d\theta, \quad A_n = \frac{1}{\pi[(a/b)^n - (b/a)^n]} \int_0^{2\pi} f(\theta)\cos n\theta d\theta$$

$$B_n = \frac{1}{\pi[(a/b)^n - (b/a)^n]} \int_0^{2\pi} f(\theta)\sin n\theta d\theta$$

4. 반지름이 b인 원의 바깥 영역에서의 온도를 Laplace 방정식 $\nabla^2 u = 0$을 풀어 구하라. 여기서, $u(b, \theta) = f(\theta)$이고 $r \to \infty$일 때 u는 유한하다.

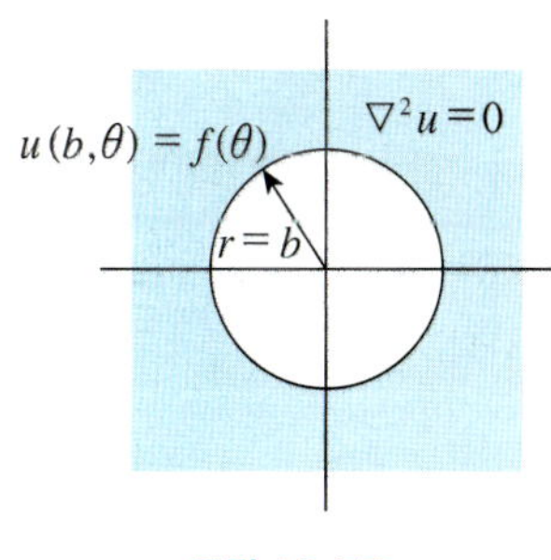

그림 12.1.7

(답) $u(r, \theta) = A_0 + \sum_{n=1}^{\infty} r^{-n}[C_n \cos n\theta + D_n \sin n\theta]$,

$$A_0 = \frac{1}{2\pi} \int_0^{2\pi} f(\theta)d\theta, \quad C_n = \frac{b^n}{\pi} \int_0^{2\pi} f(\theta)\cos n\theta d\theta, \quad D_n = \frac{b^n}{\pi} \int_0^{2\pi} f(\theta)\sin n\theta d\theta$$

5. 안쪽반지름 1에서 0°C, 바깥쪽 반지름 e에서 100°C로 유지되는 2차원 환형 물체가 있다. 그 내부에서의 온도가 r만의 함수이고 Laplace 방정식 $\nabla^2 u = 0$를 만족한다면, 반지름이 $\sqrt{e}$ 인 곳의 온도를 구하라.

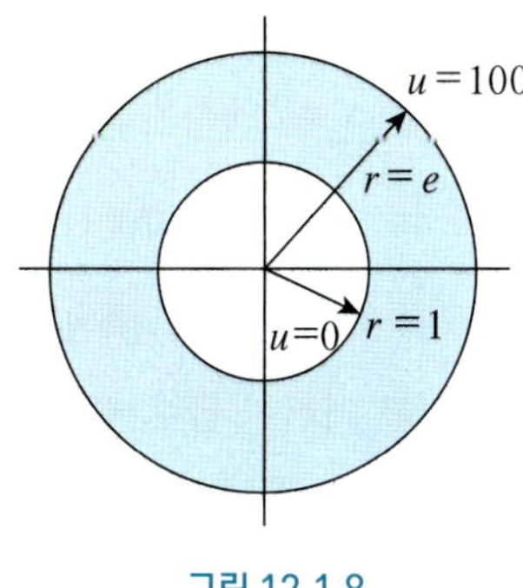

그림 12.1.8

(답) $u(r) = 100 \ln r, \ u(\sqrt{e}) = 50$(°C)

12.2 원기둥좌표계의 편미분방정식, Bessel 함수

Fourier-Bessel 급수

4.6절에서 매개변수형 Bessel 방정식

$$x^2y'' + xy' + (\lambda^2x^2 - \nu^2)y = 0 \tag{12.2.1}$$

과 해

$$y = c_1J_\nu(\lambda x) + c_2Y_\nu(\lambda x) \tag{12.2.2}$$

를 소개한 바 있다. 식 (12.2.1)의 양변에 적분인자 [식(11.1.17) 참고]

$$\frac{1}{a(x)}e^{\int(b/a)dx} = \frac{1}{x^2}e^{\int\frac{x}{x^2}dx} = \frac{1}{x^2}e^{\ln|x|} = \frac{1}{x}$$

를 곱하면 $xy'' + y' + \left(\lambda^2x - \frac{\nu^2}{x}\right)y = 0$ 또는

$$\frac{d}{dx}(xy') + \left(\lambda^2x - \frac{\nu^2}{x}\right)y = 0 \tag{12.2.3}$$

이 되고, 이는 $p = x$, $q = -\frac{\nu^2}{x}$, $\omega = x$, $\lambda = \lambda^2$인 특이 Sturm-Liouville 방정식이다. 여기서 $p(0) = 0$이므로 $x = 0$에서 경계조건이 불필요하며, 식 (12.2.2)에서 $J_\nu(\lambda x)$만 $x = 0$에서 유계이므로[$\lim_{x\to0+}Y_\nu(\lambda x) = -\infty$이다. 그림 4.6.2 참고] $\{J_\nu(\lambda_nx)\}$, $n = 1, 2, 3, \cdots$은 구간 $[0, b]$에서 가중함수 $\omega(x) = x$에 대해

$$\int_0^b xJ_\nu(\lambda_mx)J_\nu(\lambda_nx)dx = 0, \quad \lambda_m \neq \lambda_n \tag{12.2.4}$$

의 직교성을 갖는다[식 (11.1.4), (11.1.19) 참고]. 여기서 고유값 λ_n, $n = 1, 2, 3, \cdots$은 식(11.1.20)과 같이 $x = b$에서의 경계조건

$$\alpha_2J_\nu(\lambda b) + \lambda\beta_2J_\nu'(\lambda b) = 0 \tag{12.2.5}$$

에 의해 결정된다. 따라서 구간 $[0, b]$에서 정의되는 함수 $f(x)$를 직교함수 $J_\nu(\lambda_nx)$의 급수로 표시할 수 있고 이러한 급수

$$f(x) = \sum_{n=1}^{\infty}c_nJ_\nu(\lambda_nx) \tag{12.2.6}$$

를 Fourier-Bessel 급수라 한다. 식 (12.2.6)의 양변에 $xJ_\nu(\lambda_mx)$를 곱하여 구간 $[0, b]$로 적분하고 식 (12.2.4)의 직교성을 이용하면 **계수는**

$$c_n = \frac{\int_0^b xJ_\nu(\lambda_n x)f(x)dx}{\int_0^b x[J_\nu(\lambda_n x)]^2 dx} \tag{12.2.7}$$

이다. 식 (12.2.7)의 분모는 식 (12.2.5)의 경계조건에 의해 결정된다. 먼저 식 (12.2.3)에 $2xy'$을 곱하면

$$\frac{d}{dx}(xy')^2 + (\lambda^2x^2 - \nu^2)\frac{d}{dx}(y^2) = 0$$

이 되는데 이를 구간 $[0, b]$로 적분하면

$$\int_0^b \frac{d}{dx}(xy')^2 dx + \int_0^b (\lambda^2x^2 - \nu^2)\frac{d}{dx}(y^2)dx = 0$$

이다. 위 식을 좌변의 첫 항을 계산하고 둘째 항을 부분적분하여 다시 쓰면

$$[(xy')^2]_0^b + [(\lambda^2x^2 - \nu^2)y^2]_0^b - \int_0^b 2\lambda^2 xy^2 dx = 0$$

에서

$$2\lambda^2 \int_0^b xy^2 dx = [(xy')^2]_0^b + [(\lambda^2x^2 - \nu^2)y^2]_0^b$$

이다. 여기에 $y = J_\nu(\lambda x)$, $y' = \lambda J_\nu'(\lambda x)$를 대입하면

$$2\lambda^2 \int_0^b x[J_\nu(\lambda x)]^2 dx = \lambda^2 b^2 [J_\nu'(\lambda b)]^2 + (\lambda^2 b^2 - \nu^2)[J_\nu(\lambda b)]^2$$

즉

$$\int_0^b x[J_\nu(\lambda x)]^2 dx = \frac{\lambda^2 b^2 [J_\nu'(\lambda b)]^2 + (\lambda^2 b^2 - \nu^2)[J_\nu(\lambda b)]^2}{2\lambda^2} \tag{12.2.8}$$

이다. 고유값 λ_n을 결정하기 위한 식 (12.2.5)의 경계조건에 대해 다음 세 가지 경우를 생각한다.

(1) $J_\nu(\lambda b) = 0$일 때: 제차 Dirichlet 경계조건

식 (12.2.5)의 경계조건에서 $\alpha_2 = 1$, $\beta_2 = 0$인 경우로 $J_\nu(x) = 0$을 만족하는 양의 영점을 $x_n(n = 1, 2, \cdots)$이라 하면 $J_\nu(\lambda b) = 0$에서 고유값은 $\lambda_n = \frac{x_n}{b}$이다. 4.6절에서 소개한 Bessel 함수의 성질 $xJ_\nu'(x) = \nu J_\nu(x) - xJ_{\nu+1}(x)$에서

$$J_\nu'(\lambda_n b) = \frac{\nu}{\lambda_n b}J_\nu(\lambda_n b) - J_{\nu+1}(\lambda_n b) = -J_{\nu+1}(\lambda_n b)$$

이므로 식 (12.2.8)은

$$\int_0^b x[J_\nu(\lambda_n x)]^2 dx = \frac{b^2}{2}[J_{\nu+1}(\lambda_n b)]^2$$

이다.

(2) $J_0'(\lambda b) = 0$일 때: 제차 Neumann 경계조건

식 (12.2.5)에서 $\nu = 0$이고 $\alpha_2 = 0$인 경우다. Bessel 함수의 성질에서 $J_0'(x) = -J_1(x)$이므로 경계조건 $J_0'(\lambda b) = 0$은 $J_1(\lambda b) = 0$으로 쓸 수 있으며 x_n을 $J_1(x)$의 0 또는 양의 영점이라 하면 고유값은 $\lambda_n = \frac{x_n}{b}$ $(n = 1, 2, \cdots)$이다. 여기서 주의할 점은 $\lambda = 0$도 $J_1(\lambda b) = 0$을 만족하고 $J_0(0) = 1$, 즉 $J_0(0) \neq 0$이므로 $\lambda_1 = 0$도 고유값이 된다는 것이다. 따라서 $\lambda_1 = 0$에 대해서는

$$\int_0^b x[J_0(0)]^2 dx = \int_0^b x \cdot 1^2 dx = \frac{b^2}{2}$$

이고, λ_n $(n = 2, 3, \cdots)$에 대해서는 (3)의 결과에 $\nu = 0$, $h = 0$을 사용하면

$$\int_0^b x[J_0(\lambda_n x)]^2 dx = \frac{b^2}{2}[J_0(\lambda_n b)]^2$$

이다.

(3) $hJ_\nu(\lambda b) + \lambda b J_\nu'(\lambda b) = 0$일 때: 제차 Robin 경계조건

식 (12.2.5)에서 $\alpha_2 = h > 0$이고 $\beta_2 = b$인 경우이다. 이 경우도 양의 λ에 대해 $hJ_\nu(\lambda b) + \lambda b J_\nu'(\lambda b) = 0$을 만족하는 고유값은, x_n이 $J_\nu(x)$의 양의 영점일 때, $\lambda_n = \frac{x_n}{b}$ $(n = 1, 2, \cdots)$이다. $\lambda_n b J_\nu'(\lambda_n b) = -hJ_\nu(\lambda_n b)$를 식 (12.2.8)에 대입하면

$$\int_0^b x[J_\nu(\lambda_n x)]^2 dx = \frac{\lambda_n^2 b^2 - \nu^2 + h^2}{2\lambda_n^2}[J_\nu(\lambda_n b)]^2$$

이다.

Fourier–Bessel 급수

구간 $[0, b]$에서 정의되는 함수 $f(x)$의 Fourier–Bessel 급수는 다음과 같다.

(1) λ_n이 $J_\nu(\lambda b) = 0$으로 결정될 때

$$f(x) = \sum_{n=1}^{\infty} c_n J_\nu(\lambda_n x) \tag{12.2.9}$$

$$c_n = \frac{2}{b^2[J_{\nu+1}(\lambda_n b)]^2}\int_0^b x J_\nu(\lambda_n x) f(x)\, dx \tag{12.2.10}$$

(2) λ_n이 $J_0'(\lambda b) = 0$으로 결정될 때

$$f(x) = c_1 + \sum_{n=2}^{\infty} c_n J_0(\lambda_n x) \tag{12.2.11}$$

$$c_1 = \frac{2}{b^2}\int_0^b xf(x)dx \tag{12.2.12}$$

$$c_n = \frac{2}{b^2[J_0(\lambda_n b)]^2}\int_0^b xJ_0(\lambda_n x)f(x)dx \tag{12.2.13}$$

(3) λ_n이 $hJ_v(\lambda b) + \lambda bJ_v'(\lambda b) = 0$으로 결정될 때

$$f(x) = \sum_{n=1}^{\infty} c_n J_v(\lambda_n x) \tag{12.2.14}$$

$$c_n = \frac{2\lambda_n^2}{(\lambda_n^2 b^2 - v^2 + h^2)[J_v(\lambda_n b)]^2}\int_0^b xJ_v(\lambda_n x)f(x)dx \tag{12.2.15}$$

예제 1

$f(x) = x,\ 0 < x < 3$을 경계조건 $J_1(3\lambda) + \lambda J_1'(3\lambda) = 0$에 대해 Fourier-Bessel 급수로 나타내어라.

(풀이) 주어진 경계조건의 양변에 3을 곱하여 $3J_1(3\lambda) + 3\lambda J_1'(3\lambda) = 0$로 나타내면, 이는 Fourier-Bessel 급수 중 식 (12.2.14)에서 $h = 3,\ b = 3,\ v = 1$인 경우가 된다. 따라서 식 (12.2.15)에 의해

$$c_n = \frac{2\lambda_n^2}{(9\lambda_n^2 + 8)[J_1(3\lambda_n)]^2}\int_0^3 x^2 J_1(\lambda_n x)dx$$

이다. 여기서, $t = \lambda_n x$로 치환하고, Bessel 함수의 성질 $[x^v J_v(x)]' = x^v J_{v-1}(x)$에서 $\frac{d}{dt}[t^2 J_2(t)] = t^2 J_1(t)$임을 이용하면

$$\begin{aligned} c_n &= \frac{2}{\lambda_n(9\lambda_n^2 + 8)[J_1(3\lambda_n)]^2}\int_0^{3\lambda_n} \frac{d}{dt}[t^2 J_2(t)]dt \\ &= \frac{2}{\lambda_n(9\lambda_n^2 + 8)[J_1(3\lambda_n)]^2}\cdot(3\lambda_n)^2 J_2(3\lambda_n) = \frac{18\lambda_n J_2(3\lambda_n)}{(9\lambda_n^2 + 8)[J_1(3\lambda_n)]^2} \end{aligned}$$

이다. 따라서 식 (12.2.14)에서

$$f(x) = 18\sum_{n=1}^{\infty} \frac{\lambda_n J_2(3\lambda_n)}{(9\lambda_n^2 + 8)[J_1(3\lambda_n)]^2} J_1(\lambda_n x)$$

이다.

예제 1의 급수를 처음 5항까지 나타내면

$$\begin{aligned} S_5(x) = &\ 4.01844J_1(0.98320x) - 1.86937J_1(1.94704x) + 1.07106J_1(2.95758x) \\ &-0.70306J_1(3.98538x) + 0.50343J_1(5.02078x) \end{aligned}$$

$$\frac{d\Phi}{d\phi} = \frac{d\Phi}{dx}\frac{dx}{d\phi} = -\sin\phi\frac{d\Phi}{dx}$$

$$\frac{d^2\Phi}{d\phi^2} = \frac{d}{d\phi}\left(\frac{d\Phi}{d\phi}\right) = \frac{d}{d\phi}\left(-\sin\phi\frac{d\Phi}{dx}\right) = -\cos\phi\frac{d\Phi}{dx} - \sin\phi\frac{d}{d\phi}\left(\frac{d\Phi}{dx}\right)$$

$$= -\cos\phi\frac{d\Phi}{dx} - \sin\phi\left[\frac{d}{dx}\left(\frac{d\Phi}{dx}\right)\cdot\frac{dx}{d\phi}\right] = -\cos\phi\frac{d\Phi}{dx} + \sin^2\phi\frac{d^2\Phi}{dx^2}$$

이다. 따라서 식 (12.3.12)는

$$\sin^2\phi\frac{d^2\Phi}{dx^2} - 2\cos\phi\frac{d\Phi}{dx} + \lambda^2\Phi = 0 \text{ 또는 } (1-\cos^2\phi)\frac{d^2\Phi}{dx^2} - 2\cos\phi\frac{d\Phi}{dx} + \lambda^2\Phi = 0$$

이 되고, 여기서 $x = \cos\phi$이므로 이는 식 (12.3.14)가 된다.

예제 3

예제 2에서 $f(\phi)$가 다음과 같이 주어질 때 $u(\rho, \phi)$를 구하라.

$$f(\phi) = \begin{cases} u_0, & 0 \leqq \phi \leqq \pi/2 \\ 0, & \pi/2 < \phi \leqq \pi \end{cases}$$

(풀이) $x = \cos\phi$로 놓으면 $f(\phi)$는

$$f(x) = \begin{cases} 0, & -1 \leqq x < 0 \\ u_0, & 0 \leqq x \leqq 1 \end{cases}$$

이 되고, 예제 1의 결과를 이용하면

$$f(x) = u_0\left[\frac{1}{2}P_0(x) + \frac{3}{4}P_1(x) - \frac{7}{16}P_3(x) + \frac{11}{32}P_5(x) + \cdots\right]$$

이다. 한편 $dx = -\sin\phi d\phi$이므로 식 (12.3.16)은

$$A_n = \frac{2n+1}{2a^n}\int_1^{-1} f(x)P_n(x)(-dx) = \frac{2n+1}{2a^n}\int_{-1}^{1} f(x)P_n(x)dx$$

가 되고, 여기에 식 (12.3.3)과 식 (12.3.4)를 이용하면

$$A_0 = \frac{2\cdot 0+1}{2a^0}\int_{-1}^{1} f(x)P_0(x)dx$$

$$= \frac{u_0}{2}\int_{-1}^{1}\left[\frac{1}{2}P_0(x) + \frac{3}{4}P_1(x) - \frac{7}{16}P_3(x) + \frac{11}{32}P_5(x) + \cdots\right]P_0(x)dx$$

$$= \frac{u_0}{2}\frac{1}{2}\int_{-1}^{1} P_0^2(x)dx = \frac{u_0}{2}\frac{1}{2}2 = \frac{u_0}{2}$$

$$A_1 = \frac{2\cdot 1+1}{2a^1}\int_{-1}^{1} f(x)P_1(x)dx$$

$$= \frac{3u_0}{2a}\int_{-1}^{1}\left[\frac{1}{2}P_0(x) + \frac{3}{4}P_1(x) - \frac{7}{16}P_3(x) + \frac{11}{32}P_5(x) + \cdots\right]P_1(x)dx$$

$$= \frac{3u_0}{2a}\frac{3}{4}\int_{-1}^{1} P_1^2(x)dx = \frac{3u_0}{2a}\frac{3}{4}\frac{2}{3} = \frac{3u_0}{4a}$$

이고, 같은 방법으로

$$A_2 = 0,\ A_3 = -\frac{7u_0}{16a^3},\ A_4 = 0,\ A_5 = \frac{11u_0}{32a^5},\ \cdots$$

이다. 따라서 식 (12.3.15)에 의해

$$\begin{aligned} u(\rho\,\phi) &= \sum_{n=0}^{\infty} A_n \rho^n P_n(\cos\phi) \\ &= u_0\left[\frac{1}{2}P_0(\cos\phi) + \frac{3}{4}\left(\frac{\rho}{a}\right)P_1(\cos\phi) - \frac{7}{16}\left(\frac{\rho}{a}\right)^3 P_3(\cos\phi) + \frac{11}{32}\left(\frac{\rho}{a}\right)^5 P_5(\cos\phi) + \cdots\right] \end{aligned}$$

이다.

12.3 연습문제

1. $f(x) = \begin{cases} 0, & -1 < x < 0 \\ x, & 0 \leqq x < 1 \end{cases}$ 의 Fourier–Legendre 급수를 0이 아닌 처음 4항까지 구하고 결과를 그려라.

(답) $f(x) = \frac{1}{4}P_0(x) + \frac{1}{2}P_1(x) + \frac{5}{16}P_2(x) - \frac{3}{32}P_4(x)$

2. $f(x) = x^2$, $-1 \leqq x \leqq 1$의 Fourier–Legendre 급수를 구하라. 유한급수가 된다면 이유를 설명하라.

(답) $f(x) = \frac{1}{3}P_0(x) + \frac{2}{3}P_2(x) = x^2$

3. 예제 2는 구의 표면에 분포하는 전하 $f(\phi)$에 의해 발생하는 구 내부의 **정전기 포텐샬** $u(\rho, \phi)$를 구한 것으로 해석할 수 있다. 동일한 경계조건에 의해 발생하는 구 외부의 포텐샬을 구하라.

(답) $u(\rho, \phi) = \sum_{n=0}^{\infty} A_n \rho^{-(n+1)} P_n(\cos\phi)$, $\quad A_n = \frac{(2n+1)a^{n+1}}{2}\int_0^{\pi} f(\phi)P_n(\cos\phi)\sin\phi\, d\phi$

4. 반지름이 a인 반구의 정상온도 $u(\rho, \phi)$를 구하라. 단, $\left.\frac{\partial u}{\partial\phi}\right|_{\phi=\pi/2} = 0$, $u(a, \phi) = f(\phi)$이다. [**힌트** : 4.4절, Legendre 다항식의 성질 [3]에서 $n = 0, 2, 4, \cdots$일 때 $P_n'(0) = 0$을 이용하라.]

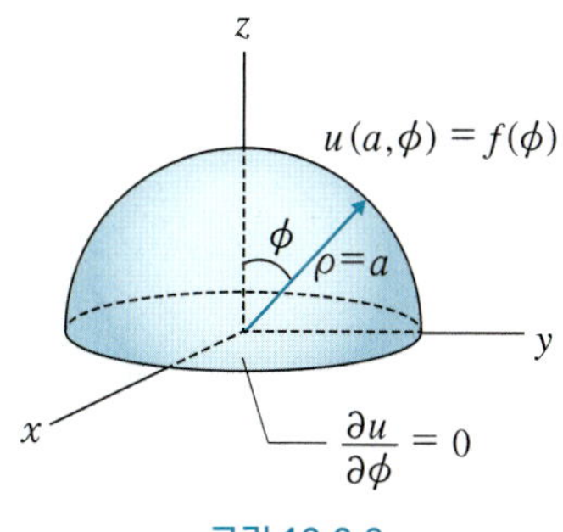

그림 12.3.3

(답) $u(\rho, \phi) = \sum_{n=0}^{\infty} A_{2n} \rho^{2n} P_{2n}(\cos\phi), \quad A_{2n} = \frac{4n+1}{a^{2n}} \int_0^{\pi/2} f(\phi) P_{2n}(\cos\phi) \sin\phi d\phi$

5. (선택적 문제) 구좌표계의 Laplace 연산[식 (12.3.9)]을 유도하라. 식 (12.3.9)가 식 (12.3.10)과 같음도 보여라.

적분변환을 이용한 편미분방정식의 풀이

13

11장과 12장에서 공부한 변수분리법만으로 편미분방정식을 풀 수는 없다. 경계 조건이 시간에 종속되거나 공간변수의 영역이 무한대를 포함하는 경우는 **적분변환**(integral transform)을 이용해야 한다. 이 장에서는 **Laplace 변환**과 **Fourier 변환**과 같은 적분변환을 이용해 편미분방정식이 포함된 초기값 문제와 경계값 문제의 해를 구하는 방법을 소개한다. Fourier 변환에 대해서는 10장에서 이미 공부했고, 3장에서 공부한 Laplace 변환을 복습하고 새로운 특수함수인 오차함수에 대해 알아보자.

13.1 오차함수

3장에서 Laplace 변환을 이용하여 상미분방정식이 포함된 초기값 문제의 해를 구했다. 편미분방정식의 풀이에도 Laplace 변환법이 사용된다. 이 장을 공부하기 위해서는 3장에 대한 복습이 필요함을 강조한다.

기초미적분학에서 로그함수를 $\ln x = \int_1^x 1/t\,dt$와 같은 적분형태로 정의하기도 한다. 3장에서 공부한 감마함수 또한 $\Gamma(x) = \int_0^\infty e^{-t}t^{x-1}dt$와 같이 적분형태로 정의된다. 이와 같이 적분에 의해 정의되는 함수로 오차함수와 여오차함수에 대해 공부한다. 당연한 말이지만 어떤 함수를 적분형태로 정의하는 이유는 일반적으로 적분을 계산할 수 없기 때문이다. 여기서 소개하는 오차함수와 여오차함수는 다음절에서 소개하는 편미분방정식의 풀이에 사용된다.

오차함수와 여오차함수

오차함수(error function) erf(x)와 **여오차함수**(complementary error function) erfc(x)를 각각

$$\text{erf}(x) = \frac{2}{\sqrt{\pi}} \int_0^x e^{-u^2} du \qquad (13.1.1)$$

$$\text{erfc}(x) = 1 - \text{erf}(x) \qquad (13.1.2)$$

로 정의한다.

9.1절에서 $\int_0^\infty e^{-u^2} du = \frac{\sqrt{\pi}}{2}$, 즉 $\frac{2}{\sqrt{\pi}} \int_0^\infty e^{-u^2} du = 1$임을 배웠다. 따라서

$$\text{erfc}(x) = 1 - \text{erf}(x) = \frac{2}{\sqrt{\pi}} \int_0^\infty e^{-u^2} du - \frac{2}{\sqrt{\pi}} \int_0^x e^{-u^2} du = \frac{2}{\sqrt{\pi}} \int_x^\infty e^{-u^2} du$$

에서

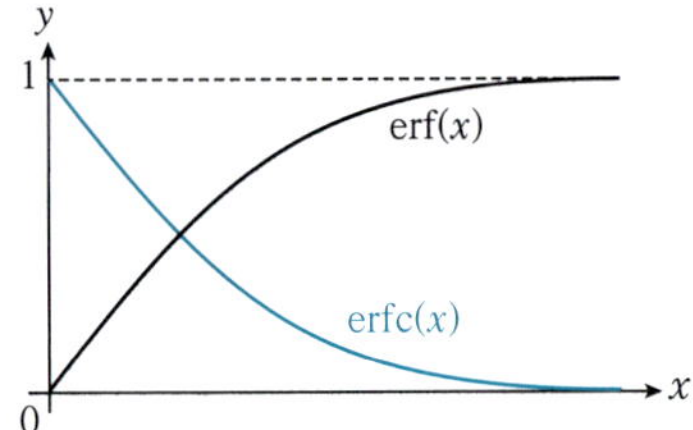

그림 13.1.1 오차함수와 여오차함수

$$\text{erfc}(x) = \frac{2}{\sqrt{\pi}} \int_x^\infty e^{-u^2} du \qquad (13.1.3)$$

로 쓸 수 있다. 오차함수와 여오차함수의 그래프는 그림 13.1.1이고, $\text{erf}(0) = 0$, $\text{erfc}(0) = 1$이고 $\lim_{x\to\infty} \text{erf}(x) = 1$, $\lim_{x\to\infty} \text{erfc}(x) = 0$이다.

다음 예제는 오차함수와 관련된 Laplace 변환의 예다.

예제 1

(1) $\text{erf}(\sqrt{t}) = \frac{1}{\sqrt{\pi}} \int_0^t \frac{e^{-\tau}}{\sqrt{\tau}} d\tau$ (2) $\mathcal{L}[\text{erf}(\sqrt{t})] = \frac{1}{s\sqrt{s+1}}$ 임을 보여라.

(풀이) (1) 식 (13.1.1)에서

$$\text{erf}(\sqrt{t}) = \frac{2}{\sqrt{\pi}} \int_0^{\sqrt{t}} e^{-u^2} du$$

인데 $u^2 = \tau$로 치환하면 $2udu = d\tau$이고 $u = \sqrt{t}$ 일 때 $\tau = t$이므로

$$\text{erf}(\sqrt{t}) = \frac{1}{\sqrt{\pi}} \int_0^t \frac{e^{-\tau}}{\sqrt{\tau}} d\tau$$

이다.

(2) (1)의 결과에 $\mathcal{L}[t^{-1/2}] = \frac{\sqrt{\pi}}{\sqrt{s}}$ 와 Laplace 변환의 제1이동정리, 적분의 Laplace 변환(이상 3장 참고)을 이용하면

$$\begin{aligned}\mathcal{L}[\text{erf}\sqrt{t}] &= \frac{1}{\sqrt{\pi}} \mathcal{L}\left[\int_0^t \frac{e^{-\tau}}{\sqrt{\tau}} d\tau\right] = \frac{1}{\sqrt{\pi}} \left\{\frac{1}{s} \mathcal{L}\left[\frac{e^{-t}}{\sqrt{t}}\right]\right\} \\ &= \frac{1}{\sqrt{\pi}} \left\{\frac{1}{s} \mathcal{L}[t^{-1/2}]\Big|_{s\to s+1}\right\} = \frac{1}{\sqrt{\pi}} \left\{\frac{1}{s} \frac{\sqrt{\pi}}{\sqrt{s+1}}\right\} = \frac{1}{s\sqrt{s+1}}.\end{aligned}$$

오차함수와 여오차함수와 관련된 Laplace 변환을 표 13.1.1에 정리하였다. 이는 다음 절에서 자주 사용된다. 공식의 유도는 이 절의 논의를 벗어나므로 생략한다.

표 13.1.1 오차함수, 여오차함수에 관한 Laplace 변환

	$f(t), a>0,$	$\mathscr{L}[f(t)]$
1	$\frac{1}{\sqrt{\pi t}}e^{-a^2/4t}$	$\frac{e^{-a\sqrt{s}}}{\sqrt{s}}$
2	$\frac{a}{2\sqrt{\pi t^3}}e^{-a^2/4t}$	$e^{-a\sqrt{s}}$
3	$\mathrm{erfc}\left(\frac{a}{2\sqrt{t}}\right)$	$\frac{e^{-a\sqrt{s}}}{s}$
4	$2\sqrt{\frac{t}{\pi}}e^{-a^2/4t} - a\mathrm{erfc}\left(\frac{a}{2\sqrt{t}}\right)$	$\frac{e^{-a\sqrt{s}}}{s\sqrt{s}}$
5	$e^{ab}e^{b^2t} - a\mathrm{erfc}\left(b\sqrt{t}+\frac{a}{2\sqrt{t}}\right)$	$\frac{e^{-a\sqrt{s}}}{\sqrt{s}(\sqrt{s}+b)}$
6	$-e^{ab}e^{b^2t} - \mathrm{erfc}\left(b\sqrt{t}+\frac{a}{2\sqrt{t}}\right) + \mathrm{erfc}\left(\frac{a}{2\sqrt{t}}\right)$	$\frac{be^{-a\sqrt{s}}}{s(\sqrt{s}+b)}$

13.1 연습문제

1. (1) $\int_a^b e^{-u^2}du = \frac{\sqrt{\pi}}{2}[\mathrm{erf}(b) - \mathrm{erf}(a)]$ 임을 보여라.

(2) $\int_{-a}^{a} e^{-u^2}du = \sqrt{\pi}\,\mathrm{erf}(a)$ 임을 보여라.

2. 오차함수 erf(x)의 무한급수식을 구하라. [**힌트** : erf(x)의 정의에서 피적분함수를 McLaurin 급수[4장 참고]로 전개하고 항별 적분하여 구한다.]

(답) $\mathrm{erf}(x) = \frac{2}{\sqrt{\pi}}\sum_{n=0}^{\infty}(-1)^n\frac{x^{2n+1}}{(2n+1)n!}$

3. G, C, R, x가 상수일 때 다음을 보여라.(표 13.1.1의 3번과 제1이동정리를 이용하라.)

$$\mathscr{L}\left[e^{-Gt/C}\mathrm{erf}\left(\frac{x}{2}\sqrt{\frac{RC}{t}}\right)\right] = \frac{C}{Cs+G}(1 - e^{-x\sqrt{RCs+RG}})$$

4. a가 상수일 때 $\mathscr{L}^{-1}\left[\frac{\sinh a\sqrt{s}}{s\sinh\sqrt{s}}\right] = \sum_{n=0}^{\infty}\left[\mathrm{erf}\left(\frac{2n+1+a}{2\sqrt{t}}\right) - \mathrm{erf}\left(\frac{2n+1-a}{2\sqrt{t}}\right)\right]$ 임을 보여라. 쌍곡선함수의 지수적 정의와 $(1-e^{-2\sqrt{s}})^{-1}$ 의 등비급수와 표 13.1.1의 3번을 이용하라.

$$U(x, \alpha) = \frac{\sinh \alpha x}{(1+\alpha^2)\sinh \alpha\pi}$$

이고, 구하는 해는 Fourier 코사인역변환에 의해

$$u(x, y) = \mathcal{F}_c^{-1}[U(x, \alpha)] = \frac{2}{\pi}\int_0^\infty \frac{\sinh \alpha x}{(1+\alpha^2)\sinh \alpha\pi}\cos \alpha y d\alpha \tag{13.3.16}$$

이다.

예제 2는 y에 대해 반무한구간 문제이므로 y에 대한 Fourier 코사인변환을 사용하였다. 사실 예제 1도 $f(x) = \begin{cases} 1, & 0 \leqq x \leqq 1 \\ 0, & x > 1 \end{cases}$, $u_x(0, t) = 0$으로 놓아 구간이 $0 \leqq x < \infty$인 문제로 변형하여 해를 구할 수도 있다. 예제 2에서 경계조건 $u_y(x, 0) = 0$ 대신에 $u(x, 0) = 0$이 주어지면 Fourier 사인변환을 사용해야 한다.

13.3 연습문제

1. 구간 $-\infty < x < \infty$에서 열전도방정식 $\frac{\partial u}{\partial t} = k\frac{\partial^2 u}{\partial x^2}$, $u(x, 0) = e^{-|x|}$의 해를 구하라. $u(x, t)$를 실함수의 적분으로 나타내어라.

(답) $u(x, t) = \frac{2}{\pi}\int_0^\infty \frac{\cos \alpha x}{1+\alpha^2}e^{-k\alpha^2 t}d\alpha$

2. 파동방정식 $\frac{\partial^2 u}{\partial t^2} = c^2\frac{\partial^2 u}{\partial x^2}$, $0 \leqq x < \infty$을 풀어 파동의 수직변위 $u(x, t)$를 구하라. 경계조건은 $u(0, t) = 0$이고, 초기조건은 $u(x, 0) = xe^{-x}$, $\left.\frac{\partial u}{\partial t}\right|_{t=0} = 0$ 이다.

(답) $u(x, t) = \frac{4}{\pi}\int_0^\infty \frac{\alpha}{(1+\alpha^2)^2}\cos c\alpha t \sin \alpha x d\alpha$

3. Laplace 방정식 $\nabla^2 u = 0$을 풀어 반무한판의 정상온도 $u(x, y)$를 구하라. 경계조건은

$$u(x, 0) = 0, \ u(x, 1) = \frac{1}{2}e^{-|x|}, \ -\infty < x < \infty$$

이다. $u(x, y)$를 실함수의 적분으로 나타내어라.

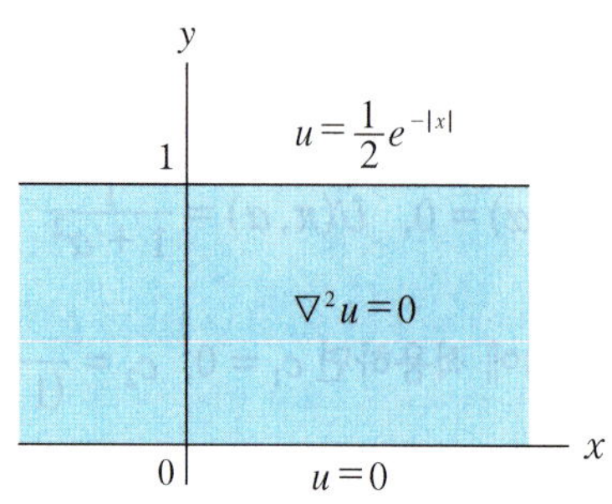

(답) $u(x, y) = \frac{1}{\pi}\int_0^\infty \frac{\sinh\alpha y\cos\alpha x}{(1+\alpha^2)\sinh\alpha}d\alpha$

4. (1) 적당한 Fourier 적분변환을 사용하여 $\nabla^2 u = 0$을 풀어 무한평판($x \geqq 0$, $y \geqq 0$)의 정상온도 $u(x, y)$를 구하라. 경계조건은

$$\left.\frac{\partial u}{\partial x}\right|_{x=0} = 0, \quad u(x, 0) = \begin{cases} 50, & 0 < x < 1 \\ 0, & x > 1 \end{cases}$$

이다.

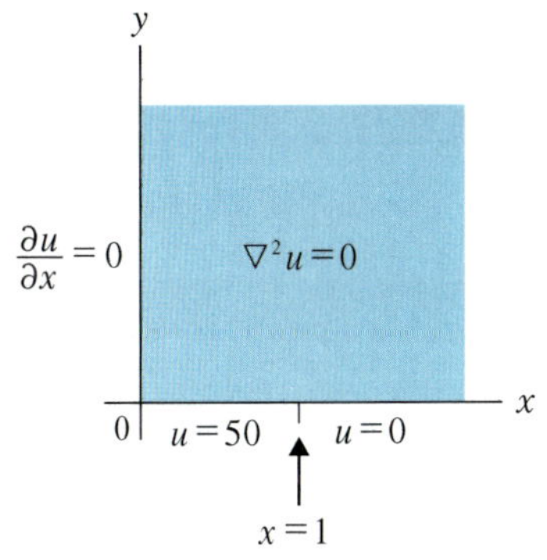

그림 13.3.3

(2) Laplace 변환공식[부록 C 44번 공식]

$$\mathcal{L}\left[\frac{\sin at\cos bt}{t}\right] = \int_0^\infty \left(\frac{\sin at\cos bt}{t}\right)e^{-st}dt = \frac{1}{2}\left(\tan^{-1}\frac{a+b}{s} + \tan^{-1}\frac{a-b}{s}\right)$$

을 이용하여 (1)의 결과를 적분하라.

(답) (1) $u(x, y) = \frac{100}{\pi}\int_0^\infty \frac{\sin\alpha}{\alpha}e^{-\alpha y}\cos\alpha x d\alpha$

(2) $u(x, y) = \frac{50}{\pi}\left[\tan^{-1}\left(\frac{1+x}{y}\right) + \tan^{-1}\left(\frac{1-x}{y}\right)\right]$

쉬어가기 13.1 Laplace 변환공식을 이용한 적분계산

연습문제 13.3의 문제 4의 (2)에 Laplace 변환공식을 이용하여 적분을 계산하는 예가 소개되었다. 문제 2의 풀이과정에서도 적분 $I = \int_0^\infty xe^{-x}\sin\alpha x dx$ 를 계산해야 한다. 물론 부분적분을 반복적으로 사용하여

$$\begin{aligned}
I &= \int_0^\infty xe^{-x}\sin\alpha x dx : \int xe^{-x}dx = -(x+1)e^{-x} + C \text{ 사용} \\
&= -(x+1)e^{-x}\sin\alpha x\Big|_0^\infty + \alpha\int_0^\infty (x+1)e^{-x}\cos\alpha x dx \\
&= \alpha\left[\int_0^\infty xe^{-x}\cos\alpha x dx + \int_0^\infty e^{-x}\cos\alpha x dx\right] \\
&= \alpha\left[-(x+1)e^{-x}\cos\alpha x\Big|_0^\infty - \alpha\int_0^\infty (x+1)e^{-x}\sin\alpha x dx + \frac{1}{1+\alpha^2}\right] \\
&= \alpha\left[1 - \alpha\int_0^\infty xe^{-x}\sin\alpha x dx - \alpha\int_0^\infty e^{-x}\sin\alpha x dx + \frac{1}{1+\alpha^2}\right] \\
&= \alpha\left[1 - \alpha I - \frac{\alpha^2}{1+\alpha^2} + \frac{1}{1+\alpha^2}\right] \qquad \therefore I = \frac{2\alpha}{(1+\alpha^2)^2}
\end{aligned}$$

와 같이 구할 수 있다. 하지만 Laplace 변환공식[부록 C 21번 공식]

$$\mathcal{L}[t\sin at] = \int_0^\infty t\sin at e^{-st}dt = \frac{2as}{(s^2+a^2)^2}$$

에 $s = 1$, $a = \alpha$를 대입하여

$$I = \int_0^\infty xe^{-x}\sin\alpha x dx = \frac{2\alpha}{(1+\alpha^2)^2}$$

임을 쉽게 알 수 있다. 이와 같이 Lapalce 변환공식을 이용하여 복잡한 적분을 쉽게 구할 수도 있다.

14 경계값 문제의 수치해법

5장에서 수치해석의 기초와 상미분방정식과 초기조건이 더해진 **초기값 문제**(initial value problem)의 수치해법에 관해 공부했고, 이 장에서는 상미분방정식 또는 편미분 방정식의 **경계값 문제**(boundary value problem)에 대한 수치해법에 대해 공부한다. 초기값 문제와 경계값 문제의 구분은 2.1절을 참고하자.

미분방정식(differential equation)을 수치적으로 풀기 위해서는 컴퓨터의 빠른 사칙연산 능력을 활용하기 위해 미분방정식을 차분하여 미분연산을 사칙연산으로 대체시킨 **차분방정식**(difference equation)으로 바꾸어야 한다. 이러한 차분법에는 크게 **유한차분법**(FDM, Finite Difference Method)과 **유한요소법**(FEM, Finite Element Method)이 있으며 이들 외에도 다양한 기법들이 개발되고 있다. 대개의 수치해석 관련 강의는 수치해석 전반과 함께 주로 유한차분법에 대해 설명하며, 유한요소법에 대한 내용은 별도의 강의로 제공된다. 여기서도 비교적 간단한 유한차분법에 대해서만 설명하겠다.

이 장에서는 경계값 문제의 해를 구하는 매우 기본적인 수치적 방법을 간단히 소개하고 있다. 하지만 이러한 방법들의 응용성은 매우 크니 관심을 가지고 공부하기 바란다.

14.1 도함수의 차분

먼저 미분, 즉 도함수의 **차분**(difference)에 대해 공부한다. 미분연산을 사칙연산으로 바꾸는 차분을 설명하기 위해 Taylor 급수가 사용된다. Taylor 급수는 4.1절에 자세히 설명되어 있다.

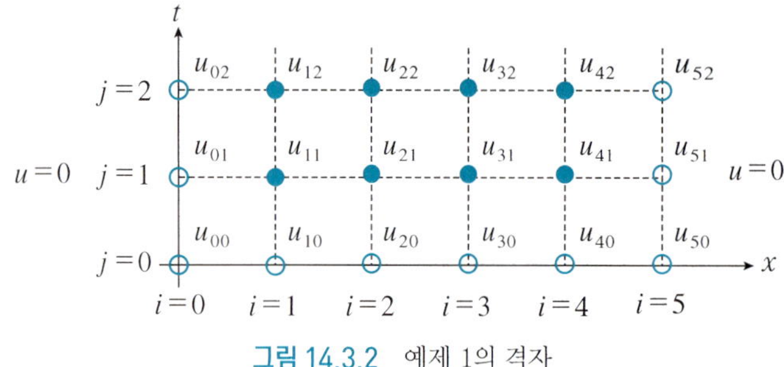

그림 14.3.2 예제 1의 격자

이 된다. 초기조건으로부터

$$u_{00} = \sin(0 \cdot \pi) = 0, \quad u_{10} = \sin(0.2\pi) = 0.5878, \quad u_{20} = \sin(0.4\pi) = 0.9511$$

$$u_{30} = \sin(0.6\pi) = 0.9511, \quad u_{40} = \sin(0.8\pi) = 0.5878, \quad u_{50} = \sin(\pi) = 0$$

이므로 $j = 0$일 때

$$\begin{aligned} i = 1: u_{11} &= 0.25u_{00} + 0.5u_{10} + 0.25u_{20} \\ &= 0.25(0) + 0.5(0.5878) + 0.25(0.9511) = 0.5317 \\ i = 2: u_{21} &= 0.25u_{10} + 0.5u_{20} + 0.25u_{30} \\ &= 0.25(0.5878) + 0.5(0.9511) + 0.25(0.9511) = 0.8602 \\ i = 3: u_{31} &= 0.25u_{20} + 0.5u_{30} + 0.25u_{40} \\ &= 0.25(0.9511) + 0.5(0.9511) + 0.25(0.5878) = 0.8602 \\ i = 4: u_{41} &= 0.25u_{30} + 0.5u_{40} + 0.25u_{50} \\ &= 0.25(0.9511) + 0.5(0.5878) + 0.25(0) = 0.5317 \end{aligned}$$

를 구할 수 있으며 마찬가지 방법으로 $j = 1, 2, \cdots$에 대하여 계산하면 표 14.3.1의 결과를 얻는다.

표 14.3.1 열전도방정식에 대한 Explicit 법 ($h = 0.2$, $k = 0.01$, $\lambda = 0.25$)

Time	$x = 0.2$	$x = 0.4$	$x = 0.6$	$x = 0.8$
0.00	0.5878	0.9511	0.9511	0.5878
0.01	0.5317	0.8602	0.8602	0.5317
0.02	0.4809	0.7781	0.7781	0.4809
0.03	0.4350	0.7038	0.7038	0.4350
0.04	0.3934	0.6366	0.6366	0.3934
0.05	0.3559	0.5758	0.5758	0.3559
0.06	0.3219	0.5208	0.5208	0.3219
0.07	0.2911	0.4711	0.4711	0.2911
0.08	0.2633	0.4261	0.4261	0.2633
0.09	0.2382	0.3854	0.3854	0.2382
0.10	0.2154	0.3486	0.3486	0.2154
0.11	0.1949	0.3153	0.3153	0.1949

Time	$x = 0.2$	$x = 0.4$	$x = 0.6$	$x = 0.8$
0.12	0.1763	0.2852	0.2852	0.1763
0.13	0.1594	0.2580	0.2580	0.1594
0.14	0.1442	0.2333	0.2333	0.1442
0.15	0.1304	0.2111	0.2111	0.1304
0.16	0.1180	0.1909	0.1909	0.1180
0.17	0.1067	0.1727	0.1727	0.1067
0.18	0.0965	0.1562	0.1562	0.0965
0.19	0.0873	0.1413	0.1413	0.0873
0.20	0.0790	0.1278	0.1278	0.0790
0.21	0.0714	0.1156	0.1156	0.0714
0.22	0.0646	0.1045	0.1045	0.0646
0.23	0.0584	0.0946	0.0946	0.0584
0.24	0.0529	0.0855	0.0855	0.0529
0.25	0.0478	0.0774	0.0774	0.0478
…	…	…	…	…
0.40	0.0106	0.0172	0.0172	0.0106
0.41	0.0096	0.0155	0.0155	0.0096
0.42	0.0087	0.0140	0.0140	0.0087
0.43	0.0079	0.0127	0.0127	0.0079
0.44	0.0071	0.0115	0.0115	0.0071
0.45	0.0064	0.0140	0.0140	0.0064
0.46	0.0058	0.0094	0.0094	0.0058
0.47	0.0053	0.0085	0.0085	0.0053
0.48	0.0048	0.0077	0.0077	0.0048
0.49	0.0043	0.0070	0.0070	0.0043
0.50	0.0039	0.0063	0.0063	0.0039

예제 1은 문제의 대칭성에 의해 $u_{0j} = u_{5j}$, $u_{1j} = u_{4j}$, $u_{2j} = u_{3j}$ $(j \geqq 0)$이므로 $i = 1, 2$에 대해서만 풀어도 같은 결과를 얻는다. [연습문제 참고]

Explicit 법은 계산과정이 단순한 반면에 $\lambda \leqq 0.5$일 때만 **안정해**(stable solution)를 갖는다.(증명생략) 예제 1은 $\lambda = 0.25$인 경우이고, 이를 $h = 0.2$, $k = 0.04$ $(\lambda = 1)$를 사용하여 푼 결과를 표 14.3.2에 보였는데 온도가 음이 되는 등 결과가 전혀 현실적이지 못하다. 이는 explicit 법이 $\lambda \leqq 0.5$일 때만 안정해를 갖는 **조건적 안정성**(conditional stability)을 갖기 때문이다. 수치해법이 어떠한 경우에서도 안정성을 갖는 경우에는 **무조건적 안정성**(unconditional stability)을 갖는다고 말한다.

표 14.3.2 열전도방정식에 대한 Explicit법 ($h = 0.2$, $k = 0.04$, $\lambda = 1$)

Time	$x = 0.2$	$x = 0.4$	$x = 0.6$	$x = 0.8$
0.00	0.5878	0.9511	0.9511	0.5878
0.04	0.3633	0.5878	0.5878	0.3633
0.08	0.2245	0.3633	0.3633	0.2245
0.12	0.1288	0.2245	0.2245	0.1388
0.16	0.0858	0.1388	0.1388	0.0858
0.20	0.0530	0.0857	0.0858	0.0530
0.24	0.0327	0.0530	0.0530	0.0328
0.28	0.0203	0.0327	0.0328	0.0202
0.32	0.0124	0.0204	0.0201	0.0126
0.36	0.0080	0.0121	0.0129	0.0075
0.40	0.0041	0.0088	0.0067	0.0054
0.44	0.0047	0.0020	0.0075	0.0012
0.48	−0.0026	0.0102	−0.0043	0.0063
0.52	0.0128	−0.0171	0.0208	−0.0106
0.56	−0.0299	0.0507	−0.0485	0.0314
0.60	0.0806	−0.1291	0.1306	−0.0799
0.64	−0.2097	0.3403	−0.3396	0.2105
0.68	0.5500	−0.8895	0.8903	−0.5500
0.72	−1.4396	2.3298	−2.3299	1.4403
0.76	3.7693	−6.0992	6.1000	−3.7702
0.80	−9.8685	15.9685	−15.9693	9.8702
0.84	25.8370	−41.8063	41.8080	−25.8395
0.88	−67.6432	109.4512	−109.4538	67.6475
0.92	177.0945	−286.5482	286.5525	−177.1013
0.96	−463.6426	750.1950	−750.2019	465.6537
1.00	1213.8374	−1964.0393	1964.0503	−1213.8555

Implicit 법

열전도방정식[식 (14.3.1)]에 대해 x의 2계 도함수에는 explicit 법과 같이 중간차분을 사용하지만 시간 t에 대한 1계 도함수에 후진차분

$$\frac{\partial u}{\partial t} \simeq \frac{u(x,t) - u(x,t-k)}{k} = \frac{u_{ij} - u_{ij-1}}{k} \tag{14.3.6}$$

을 사용하면

$$\frac{u_{ij} - u_{ij-1}}{k} = \alpha\left[\frac{u_{i+1j} - 2u_{ij} + u_{i-1j}}{h^2}\right] \tag{14.3.7}$$

또는

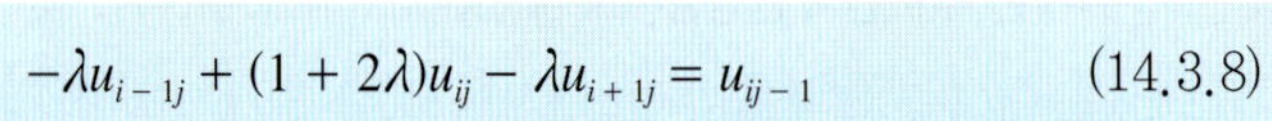

$$-\lambda u_{i-1j} + (1 + 2\lambda)u_{ij} - \lambda u_{i+1j} = u_{ij-1} \tag{14.3.8}$$

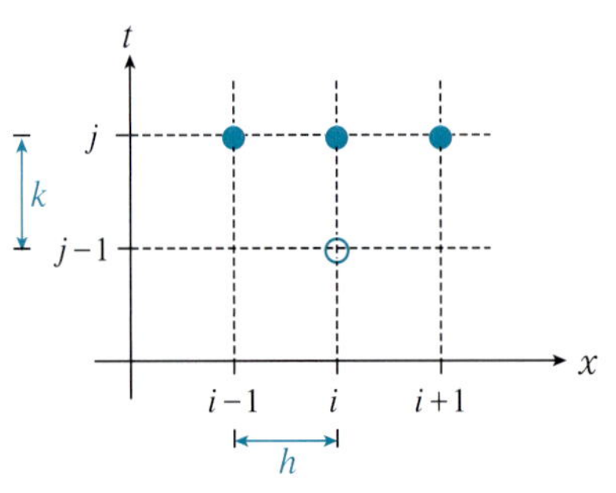

그림 14.3.3 implicit 법

을 얻는데, 이를 implicit 법이라 한다. 여기서 $\lambda = \alpha k/h^2$이다. Implicit 법은 explicit 법과 달리 시간단계 j에서 미지수들이 서로 연관되어 매 시간단계에서 연립방정식을 풀어야 한다. 포물선형 편미분방정식에 대한 implicit 법은 h, k의 선택에 관계없이 무조건적 안정성을 갖는다.(증명생략)

예제 2

예제 1을 $h = 0.2$, $k = 0.04$를 사용하는 implicit 법으로 풀어라.

(풀이) $\lambda = k/h^2 = 0.04/(0.2)^2 = 1.0$을 식 (14.3.8)에 대입하면

$$-u_{i-1j} + 3u_{ij} - u_{i+1j} = u_{ij-1},\ 1 \leqq i \leqq 4,\ j \geqq 1$$

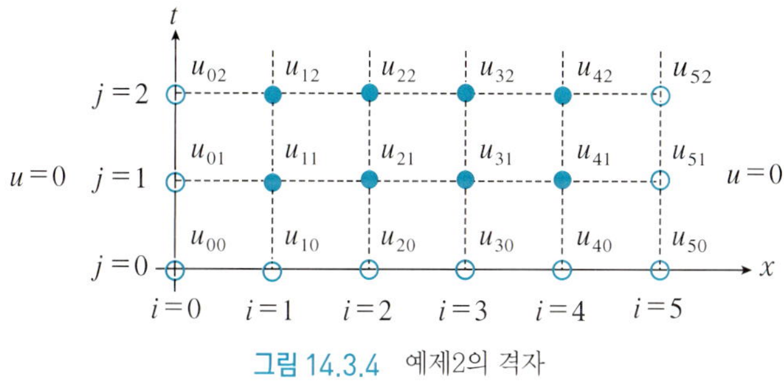

그림 14.3.4 예제2의 격자

이다. $j = 1$에서

$$i = 1: -u_{01} + 3u_{11} - u_{21} = u_{10}$$
$$i = 2: -u_{11} + 3u_{21} - u_{31} = u_{20}$$
$$i = 3: -u_{21} + 3u_{31} - u_{41} = u_{30}$$
$$i = 4: -u_{31} + 3u_{41} - u_{51} = u_{40}$$

이다. 초기조건에서 $u_{10} = u_{40} = 0.5878$, $u_{20} = u_{30} = 0.9511$, 경계조건에서 $u_{01} = u_{51} = 0$이므로

$$\begin{pmatrix} 3 & -1 & 0 & 0 \\ -1 & 3 & -1 & 0 \\ 0 & -1 & 3 & -1 \\ 0 & 0 & -1 & 3 \end{pmatrix} \begin{pmatrix} u_{11} \\ u_{21} \\ u_{31} \\ u_{41} \end{pmatrix} = \begin{pmatrix} 0.5878 \\ 0.9511 \\ 0.9511 \\ 0.5878 \end{pmatrix}$$

이 되고, 이 선형계를 풀면

$$u_{11} = 0.4253,\ u_{21} = 0.6882,\ u_{31} = 0.6882,\ u_{41} = 0.4253$$

이다. 이후의 시간단계에서도 유사한 방법을 사용하여 표 14.3.3의 결과를 얻는다.

(2) implicit법

(3) Crank–Nicolson법

(4) 해석적 방법(Fourier 급수를 사용한 해석해 u의 처음 10항으로 계산)

(5) (1)–(4)의 결과를 $t = 0$에서 $t = 1$까지 각 시간간격에 대해 표로 나타내고 $t = 0.0$, 0.5, 1.0 에서의 온도분포를 그래프로 그려라.(만약 explicit법이 불안정하면 그래프에서 제외하라.)

(답)

$t = 1.0$에서 계산 결과

결과 / 방법	$u(x = 0.25)$	$u(x = 0.5)$
해석해	.9437E−05	.1335E−04
Explicit	.3141E+03	−.4442E+03
Implicit	.8359E−04	.1182E−03
Crank–Nicolson	.1297E−04	.1834E−04

14.4 쌍곡선형 편미분방정식

11.1절에서 공부한 바와 같이 쌍곡선형 편미분방정식의 예로 **1차원 파동방정식**

$$\frac{\partial^2 u}{\partial t^2} = c^2 \frac{\partial^2 u}{\partial x^2} \tag{14.4.1}$$

$$u(x, 0) = f(x), \ \left.\frac{\partial u}{\partial t}\right|_{t=0} = g(x) \ : \text{초기조건} \tag{14.4.2}$$

$$u(0, t) = 0, \ u(L, t) = 0 : \text{경계조건} \tag{14.4.3}$$

을 풀자. 식 (14.4.1)은 시간 t 및 길이 x 모두에 대해 2계 도함수이므로 중간차분만을 사용하겠다.

Explicit 법

시간 t의 2계 도함수에 중간차분

$$\frac{\partial^2 u}{\partial t^2} \simeq \frac{u(x, t+k) - 2u(x, t) + u(x, t-k)}{k^2} = \frac{u_{ij+1} - 2u_{ij} + u_{ij-1}}{k^2} + O(k^2) \tag{14.4.4}$$

을 사용하고 x의 2계 도함수에 대해서도 중간차분

$$\frac{\partial^2 u}{\partial x^2} \simeq \frac{u(x+h, t) - 2u(x, t) + u(x-h, t)}{h^2} = \frac{u_{i+1j} - 2u_{ij} + u_{i-1j}}{h^2} + O(h^2) \tag{14.4.5}$$

을 적용하면 식 (14.4.1)은

$$\frac{u_{ij+1} - 2u_{ij} + u_{ij-1}}{k^2} = c^2\left[\frac{u_{i+1j} - 2u_{ij} + u_{i-1j}}{h^2}\right] \tag{14.4.6}$$

또는

$$u_{ij+1} = \lambda u_{i-1j} + 2(1-\lambda)u_{ij} + \lambda u_{i+1j} - u_{ij-1} \tag{14.4.7}$$

이 된다. 여기서, $\lambda = c^2k^2/h^2$이다. 그림 14.4.1에서 보는 바와 같이 $j+1$ 시간단계에서 미지수가 하나뿐이므로 이 또한 **explicit 법**이며 쌍곡선형 편미분방정식의 explicit 법은 **5-점 관계식**이다.

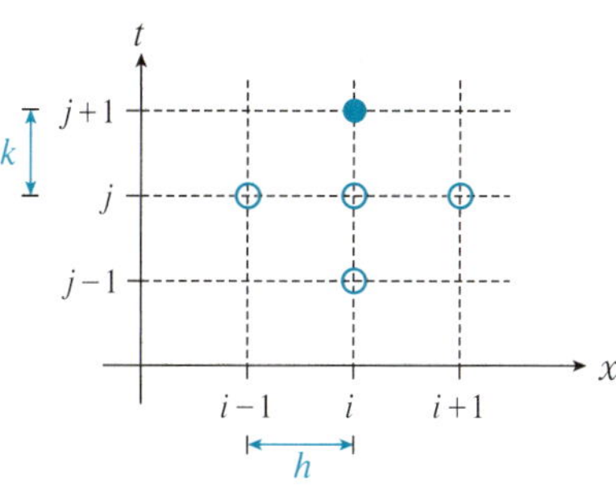

그림 14.4.1 explicit 법

이 방법의 문제점은 첫 번째 시간단계에서 식 (14.4.7)을 직접 사용할 수 없다는 것인데, 이는 $j=0$에서 식 (14.4.7)이

$$u_{i,1} = \lambda u_{i-1,0} + 2(1-\lambda)u_{i,0} + \lambda u_{i+1,0} - u_{i,-1} \tag{14.4.8}$$

이 되어 $u_{i-1,0}$, $u_{i,0}$, $u_{i+1,0}$는 식 (14.4.2)의 첫 번째 초기조건에 의해 주어지지만 $u_{i,-1}$은 주어지지 않기 때문이다. $u_{i,-1}$을 구하기 위해 식 (14.4.2)의 두 번째 초기조건에 1계 도함수의 중간차분을 적용하자. 즉

$$\left.\frac{\partial u(x_i,t)}{\partial t}\right|_{t=0} \simeq \frac{u_{i,1} - u_{i,-1}}{2k} = g(x_i)$$

또는

$$u_{i,-1} = u_{i,1} - 2kg(x_i)$$

이므로, 이를 식 (14.4.8)에 적용하면 $j=0$일 때

$$u_{i,1} = \frac{\lambda}{2}u_{i+1,0} + (1-\lambda)u_{i,0} + \frac{\lambda}{2}u_{i-1,0} + kg(x_i) \tag{14.4.9}$$

이 된다.

참고로 쌍곡선형 편미분방정식에 대한 explicit 법 또한 **조건적 안정성**을 가지며, $\lambda \leq 1$일 때만 안정하다.(증명생략)

예제 1

파동 방정식 $\frac{\partial^2 u}{\partial t^2} = 4\frac{\partial^2 u}{\partial x^2}$, $u(0,t)=0$, $u(1,t)=0$, $u(x,0)=\sin\pi x$, $\left.\frac{\partial u}{\partial t}\right|_{t=0} = 0$을 풀어라.

(풀이) $h=0.2$, $k=0.05$를 사용하면 $\lambda = c^2k^2/h^2 = 4\cdot 0.05^2/0.2^2 = 0.25$이고 이를 식 (14.4.9)와 식 (14.4.7)에 적용하여 $(g=0)$

14.4 연습문제

1. 예제 1을 대칭성을 이용하여 두 번째 시간단계까지 풀어라.

2. 양쪽이 고정된 길이 60cm의 줄이 초기 변위

$$f(x)=\begin{cases}0.01x, & 0 \leqq x \leqq 30 \\ 0.3-0.01(x-30), & 30 < x \leqq 60\end{cases}$$

를 가지고 정지상태에서 진동을 시작하였다. 선밀도 $\rho = 0.025$ g/cm 이고, 줄의 장력이 $T = 1.4 \times 10^7$dyne으로 주어질 때, $h = 10$, $k = \frac{h}{2}\sqrt{\frac{\rho}{T}}$ 를 사용하여 50번째 시간단계에서 파동의 변위를 구하라.

(답)

50번째 시간단계에서 파동의 변위

Time	$x=0$	$x=10$	$x=20$	$x=30$	$x=40$	$x=50$	$x=60$
.1056E−01	.0000E+00	.1226E+00	.1822E+00	.2461E+00	.1822E+00	.1226E+00	.0000E+00

부 록 Appendix

A1. 극한의 성질

$\lim\limits_{x\to a} f(x) = L_1$, $\lim\limits_{x\to a} g(x) = L_2$ 일 때

(1) $\lim\limits_{x\to a} kf(x) = k\lim\limits_{x\to a} f(x) = kL_1$, k는 상수

(2) $\lim\limits_{x\to a}[f(x) \pm g(x)] = \lim\limits_{x\to a} f(x) \pm \lim\limits_{x\to a} g(x) = L_1 \pm L_2$

(3) $\lim\limits_{x\to a}[f(x)g(x)] = \lim\limits_{x\to a} f(x) \lim\limits_{x\to a} g(x) = L_1 L_2$

(4) $\lim\limits_{x\to a} \dfrac{f(x)}{g(x)} = \dfrac{\lim\limits_{x\to a} f(x)}{\lim\limits_{x\to a} g(x)} = \dfrac{L_1}{L_2}$ $(L_2 \neq 0)$

A2. 함수 $y = f(x)$의 미분의 정의

$$\frac{dy}{dx} \equiv \lim_{\Delta x\to 0} \frac{f(x+\Delta x) - f(x)}{\Delta x}$$

A3. 미분의 성질

(1) $[kf(x)]' = kf'(x)$, k는 상수

(2) $[f(x) \pm g(x)]' = f'(x) \pm g'(x)$

(3) $[f(x)g(x)]' = f'(x)g(x) + f(x)g'(x)$

(4) $\left[\dfrac{1}{g(x)}\right]' = -\dfrac{g'(x)}{g(x)^2}$

(5) $\left[\dfrac{f(x)}{g(x)}\right]' = \dfrac{f'(x)g(x) - f(x)g'(x)}{g(x)^2}$

※ 미분의 성질이 성립함은 고등학교 과정에서 이미 배웠다. 공식 (1)-(4)는 극한의 성질(A1)과 미분의 정의(A2)를 직접 사용하고, 식 (5)는 공식 (3)과 (4)를 이용하여 쉽게 유도할 수 있다.

A4. 삼각함수

$$\sin\theta = \frac{y}{r}, \quad \cos\theta = \frac{x}{r},$$

$$\tan\theta = \frac{\sin\theta}{\cos\theta}, \quad \csc\theta = \frac{1}{\sin\theta}, \quad \sec\theta = \frac{1}{\cos\theta}, \quad \cot\theta = \frac{1}{\tan\theta}$$

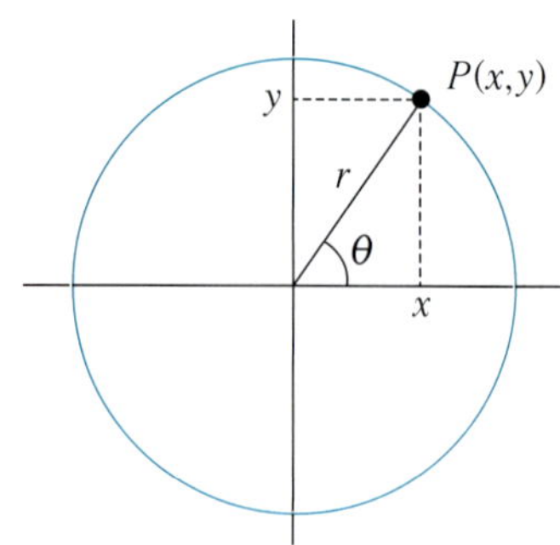

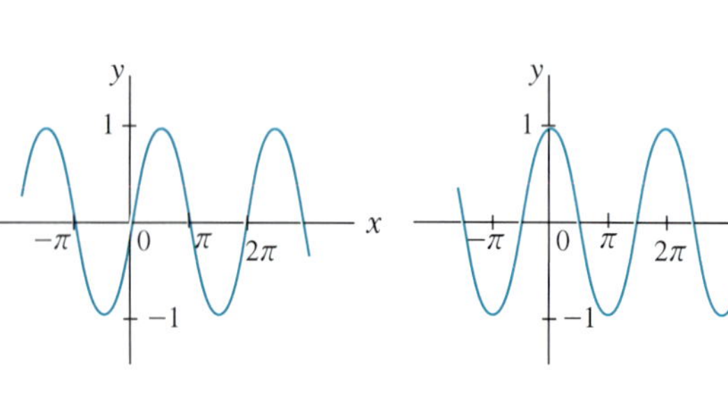

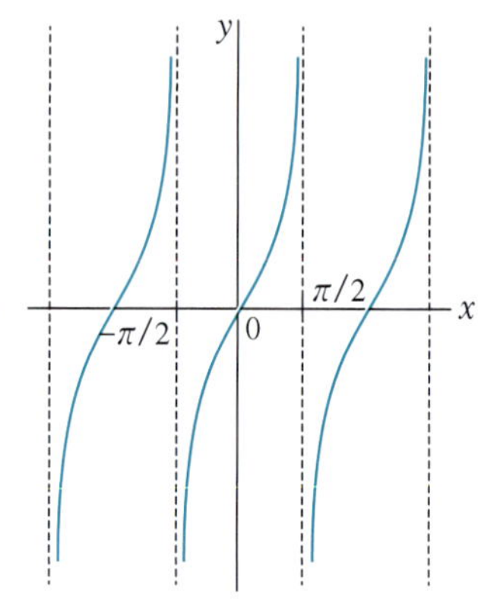

θ(도)	θ(라디안)	sinθ	cosθ	tanθ
0°	0	0	1	0
30°	$\pi/6$	$1/2$	$\sqrt{3}/2$	$1/\sqrt{3}$
45°	$\pi/4$	$1/\sqrt{2}$	$1/\sqrt{2}$	1
60°	$\pi/3$	$\sqrt{3}/2$	$1/2$	$\sqrt{3}$
90°	$\pi/2$	1	0	∞

A5. 삼각함수에 관한 항등식

$$\cos^2\theta + \sin^2\theta = 1, \quad 1 + \tan^2\theta = \sec^2\theta, \quad \cot^2\theta + 1 = \csc^2\theta$$

A6. 덧셈 공식

$$\sin(x \pm y) = \sin x \cos y \pm \cos x \sin y$$
$$\cos(x \pm y) = \cos x \cos y \mp \sin x \sin y$$
$$\tan(x \pm y) = \frac{\tan x \pm \tan y}{1 \mp \tan x \tan y}$$

A7. 배각 공식

$$\sin 2x = 2\sin x\cos x$$

$$\cos 2x = \cos^2 x - \sin^2 x = 2\cos^2 x - 1 = 1 - 2\sin^2 x$$

$$\tan 2x = \frac{2\tan x}{1-\tan^2 x}$$

A8. 반각 공식

$$\sin^2 x = \frac{1-\cos 2x}{2}, \quad \cos^2 x = \frac{1+\cos 2x}{2}, \quad \tan^2 x = \frac{1-\cos 2x}{1+\cos 2x}$$

A9. 곱을 합 또는 차로 변형하는 공식

$$\sin x\cos y = \frac{1}{2}[\sin(x+y) + \sin(x-y)]$$

$$\cos x\sin y = \frac{1}{2}[\sin(x+y) - \sin(x-y)]$$

$$\cos x\cos y = \frac{1}{2}[\cos(x+y) + \cos(x-y)]$$

$$\sin x\sin y = -\frac{1}{2}[\cos(x+y) - \cos(x-y)]$$

A10. 합 또는 차를 곱으로 변형하는 공식

$$\sin A + \sin B = 2\sin\frac{A+B}{2}\cos\frac{A-B}{2}$$

$$\sin A - \sin B = 2\cos\frac{A+B}{2}\sin\frac{A-B}{2}$$

$$\cos A + \cos B = 2\cos\frac{A+B}{2}\cos\frac{A-B}{2}$$

$$\cos A - \cos B = -2\sin\frac{A+B}{2}\sin\frac{A-B}{2}$$

A11. 삼각함수 합성

$$a\cos x + b\sin x = \sqrt{a^2+b^2}\,\sin(x+\theta), \quad \tan\theta = \frac{a}{b}$$

$$a\cos x + b\sin x = \sqrt{a^2+b^2}\,\cos(x-\theta), \quad \tan\theta = \frac{b}{a}$$

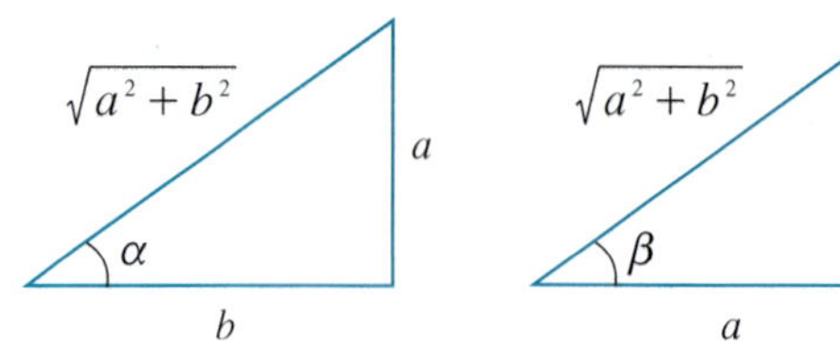

A12. 삼각함수의 도함수

(1) $(\cos x)' = -\sin x$ (2) $(\sin x)' = \cos x$ (3) $(\tan x)' = \sec^2 x$

(4) $(\sec x)' = \sec x \tan x$ (5) $(\csc x)' = -\csc x \cot x$ (6) $(\cot x)' = -\csc^2 x$

A13. 삼각함수의 적분

(1) $\int \sin x \, dx = -\cos x + c$ (2) $\int \cos x \, dx = \sin x + c$

(3) $\int \sec^2 x \, dx = \tan x + c$ (4) $\int \sec x \tan x \, dx = \sec x + c$

(5) $\int \csc x \cot x \, dx = -\csc x + c$ (6) $\int \csc^2 x \, dx = -\cot x + c$

A14. 지수함수의 미분

(1) $(a^x)' = a^x \ln a \quad (a > 0,\ a \neq 1)$ (2) $(e^x)' = e^x$

A15. 지수함수의 적분

(1) $\int a^x \, dx = \dfrac{a^x}{\ln a} + c \quad (a > 0,\ a \neq 1)$ (2) $\int e^x \, dx = e^x + c$

A16. 로그함수의 미분

(1) $(\log_a x)' = \dfrac{1}{x \ln a} \quad (a > 0,\ a \neq 1)$ (2) $(\ln x)' = \dfrac{1}{x}$

A17. 쌍곡선함수

$$\cosh x = \frac{e^x + e^{-x}}{2}, \quad \sinh x = \frac{e^x - e^{-x}}{2}$$

$$\tanh x = \frac{\sinh x}{\cosh x}, \quad \operatorname{sech} x = \frac{1}{\cosh x}, \quad \operatorname{csch} x = \frac{1}{\sinh x}, \quad \coth x = \frac{1}{\tanh x}$$

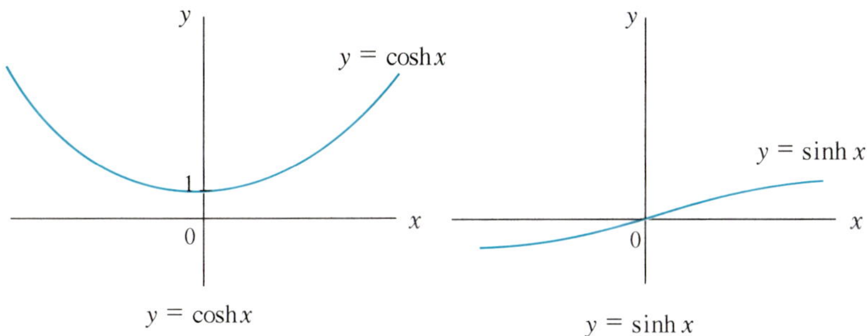

y = cosh x y = sinh x

A18. 쌍곡선함수의 도함수

(1) $(\cosh x)' = \sinh x$ (2) $(\sinh x)' = \cosh x$

(3) $(\tanh x)' = \operatorname{sech}^2 x$ (4) $(\operatorname{sech} x)' = -\operatorname{sech} x \tanh x$

(5) $(\operatorname{csch} x)' = -\operatorname{csch} x \coth x$ (6) $(\coth x)' = -\operatorname{csch}^2 x$

A19. 쌍곡선함수의 적분

(1) $\int \sinh x\, dx = \cosh x + c$ (2) $\int \cosh x\, dx = \sinh x + c$

(3) $\int \operatorname{sech}^2 x\, dx = \tanh x + c$ (4) $\int \operatorname{sech} x \tanh x\, dx = -\operatorname{sech} x + c$

(5) $\int \operatorname{csch} x \coth x\, dx = -\operatorname{csch} x + c$ (6) $\int \operatorname{csch}^2 x\, dx = -\coth x + c$

A20. 역삼각함수의 도함수

(1) $(\sin^{-1} x)' = \frac{1}{\sqrt{1-x^2}}, \ |x| < 1$ (2) $(\cos^{-1} x)' = -\frac{1}{\sqrt{1-x^2}}, \ |x| < 1$

(3) $(\tan^{-1} x)' = \frac{1}{1+x^2}$ (4) $(\sec^{-1} x)' = \frac{1}{|x|\sqrt{x^2-1}}, \ |x| > 1$

(5) $(\csc^{-1} x)' = \frac{-1}{|x|\sqrt{x^2-1}}, \ |x| > 1$ (6) $(\cot^{-1} x)' = -\frac{1}{1+x^2}$

[기타]